상용식용식물 II

성분과 생리활성

상용식용식물 II

성분과 생리활성

한 용 봉

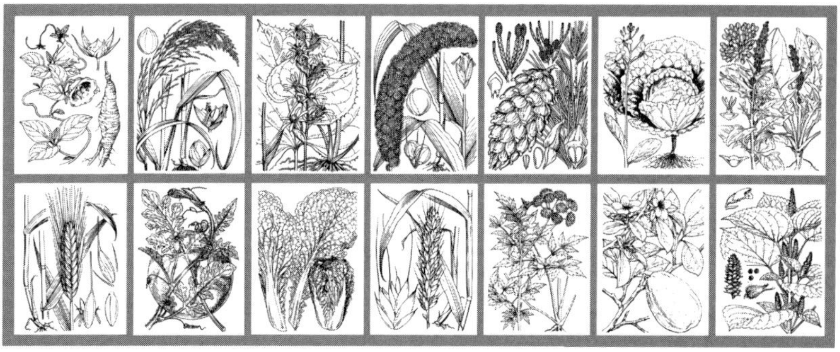

고려대학교출판부
KOREA UNIVERSITY PRESS

책머리에

근래 국민의 경제 수준이 향상됨에 따라 식생활도 다양화되고 있다. 신속성을 요구하는 현대생활에서 자연히 신속성과 편의성을 추구하는 식생활로 변화되면서 패스트푸드를 빈번히 찾게 되었고, 더구나 육체적인 활동보다는 정신적인 활동이 요구되는 현대인들의 운동 부족과 쌓이는 스트레스로 비만과 같은 성인병이 사회문제로 대두되면서 저칼로리 식품 및 기능성 건강식품에 대한 관심이 고조되고 있다.

상용식용식물은 곡류나 채소류, 과실류 등 천연식품으로, 식생활에서 현대인에게 부족하기 쉬운 각종 비타민과 무기질을 공급하며, 섬유소가 많아 변비나 각종 성인병 예방에 도움이 되고, 특수성분은 여러 생리활성 기능도 있다. 근래 이들에 대한 연구동향도 항산화 효과와 노화와의 관계, 병균에 대한 항균효과, 당뇨와 고혈압 등 대사질환과의 관계, 면역기능 및 항암 작용 등 질병의 예방 및 치료나 건강 증진에 초점이 맞춰지고 있다.

그러나 우리는 일상 섭취하는 곡류나 과실류, 채소류 등에 대하여 영양성분 외에는 이들의 생리활성이나 특수성분을 잘 알지 못하고 지내왔다. 본 원고를 정리하면서 일상적 식품들이 오래전부터 민간과 한방에서 효능이 응용되어 왔음을 문헌에서 찾게 되었고, 근래에 와서 이들의 특수성분과 생리활성이 현대적인 연구방법으로 그 과학적 근거가 속속 밝혀지고 있어 건강에 가장 좋은 보

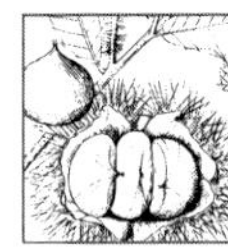

약은 '食補' 임을 확인할 수 있었다. 따라서 현재까지(2005년) 국내 관련 학회지에 보고된 내용을 중심으로 영양 성분과 특수 성분(2차 대사산물) 및 생리 활성을 중심으로 정리하여, 각 식품에 대한 연구 내용을 알 수 있게 소개하였고, 더 자세한 내용이 필요한 이들이 찾아 볼 수 있도록 참고문헌을 제시하였다. 미흡하나마 도움이 되었으면 한다. 또한 I, II권에 소개 되지 않은 식품에 대해서는 계속 자료가 모아지는 대로 발표코자 한다.

이 책이 완성되기까지 원고정리를 도와준 조교 이명주를 비롯한 여러 대학원생에게도 고마움을 전한다.

끝으로 출판을 선뜻 허락하여 주신 고려대학교 출판부에 감사한다.

2006년 2월

저자 **한 용 봉**

일러두기

본서에서는 식용식물의 식물학적 특성, 과명, 식물명, 일반명, 원산지 또는 산지, 용도(식용, 약용, 기타)에 대하여, 또 성분이나 생리활성, 용도 등에 대한 참고문헌을 열거하였다.

1. 식물학적 특성과 그림

1) **한국식물도감**(이영노 저, 교문사, 1996)
2) **대한식물도감**(이창복 저, 향문사, 1979)
3) **日本・世界の700種 食用植物圖說**(星川清親, 千原光雄 著, 女子榮養大學出版部, 1972)
4) **新日本 植物圖鑑**(牧野 著, 北隆館, 昭和 36年)
5) Ensminger Ensminger Konlande Robson, Food & Nutrition Encyclopedia, 2nd ed. CDC press, 1994

2. 성분

1) 영양성분 : **한국인 영양권장량**(식품영양가표), 제7개정판, 2000
   영양성분 중 〈식이섬유〉는 Food & Nutrition Encyclopedia에 의한 data이다.
2) 특수성분 : Dictionary of Natural Products(DNP, Buckingham, J. et al, Chapman & Hall, London), **東洋醫藥 科學大典**과 TradiMed. (CD-ROM)(서울대학교, 천연물연구소)와 식물성분에 관련된 국내외 학회지를 참고하였다. 성분명 후미의 번호는 DNP에 있는 번호로 그 성분의 구조나 물리적, 화학적 및 생리활성(드물게) 등을 찾아볼 수 있도록 하였다.

   즉, β-Sitosterol (S-01368)
   (성분명: β-Sitosterol, DNP 번호: S-01368)

3. 생리활성

여러 학회지, 단행본을 참고하였고 그 식품 자체에 대하여 활성이 연구되지 않은 것은 그 식물에서 분리 규명된 성분에 대한 생리활성을 참고로 언급하였다.

4. 효능과 이용

"한방요법"은 주로 동의보감, 본초학, 생약학, 동양의약 과학대전에 의거하였고, "민간요법"은 여러 민간요법 책을 참고하였다.

5. 참고문헌

문헌보기 예)

Steele, J. A et al, J. Org. Chem., 1963, 28, 571

(leaves, deriv, Antilipidemic, -Sitosterol)

β-Sitosterol : 성분명

leaves : 그 성분이 많이 함유하였거나, 추출된 곳

deriv.: 그 물질의 유도체

Antilipidemic : 생리활성 등을 나타내고 있다.

※ 영문으로 표기된 참고문헌은 영문판 참고문헌이고 한글로 표기된 참고문헌은 한글판 참고문헌이다.

6. 약자

· isol : isolation · deriv : derivative · Pruif. : Purify, Purification

· Cryst : Crystalline · Struct : Structure · Amorph : Amorphous

· Pharmacol : Pharmacology, Pharmacological properties · Ex : Extract

참고문헌

· 안덕균 : **한국 본초도감**, (주) 교학사, 1998

· 우원식 : **천연물화학 연구법**(개정판), 서울대학교 출판부, 2001

· 이영노 : **한국식물도감**, 교문사, 1996

· 이창복 : **대한식물도감**, 향문사, 1979

· 星川清親, 千原光雄 著 : **日本・世界の700種 食用植物圖說**, 女子榮養大學 出版部, 1972

· 牧野 著 : **新日本 植物圖鑑**, 北隆館, 昭和 36年

· 江蘇新医學院編 : 中藥大辭典, 上海科學技術出版社, 1978

· 한국영양학회 : **한국인영양권장량**(식품영양자료), 제 7개정판, 2000

· Ensminger Ensminger Konlande Robson, Food & Nutrition Encyclopedia, 2nd Ed, CRC Press, Boca Raton, Ann Arbor, London, Tokyo, 1994

· Buckingham, J. et al, Dictionary of Natural Products, Vol. 1-11, Chapman & Hall, London, Glasgow, New York, Tokyo, Melbourne, Madras, 1994

· Dictionary of Food Compounds & with CD-ROM, Edited by Samuel Yannai(ed), Chapman & Hall, CRC Press, 2004

· 대한가정학회지

· 한국균학회지

· 한국산업미생물학회지

· 한국생물공학회지

· 한국생약학회지

· 한국생화학회지

· 한국수산학회지

· 한국식생활문화학회지

· 한국식품과학회지

· 한국식품영양과학회지(구: 한국영양식량학회지)
· 한국식품위생안전성학회지
· 한국식품저장유통학회지
· 한국약용작물학회지
· 한국약학회지
· 한국영양학회지
· 한국응용생명과학회지(구: 한국농화학회지)
· 한국조리과학회지
· Heterocycles
· Indian Journal of Chemistry
· Indian Journal of Natural Products
· Indian Journal of Pharmaceutical Sciences
· International Journal of Pharmacognosy
· Journal of Agricultural Food Chemistry
· Journal of Ethnopharmacology
· Journal of Herbs, Spices and Medicinal Plants
· Journal of Lipid Research
· Journal of Natural Products
· Journal of the Chinese Chemical Society (Taipei)
· Natural Product Letters
· Natural Product Research and Development
· Natural Product Sciences (Seoul)
· Phytochemical Analysis
· Phytochemistry
· Phytomedicine
· Phytotherapy Research
· Planta Medica
· Shoyakugaku Zasshi
· Tetrahedron
· Tetrahedron Letters
· Yakugaku Zasshi

차 례

1 감 *Diospyros kaki* Thunberg

감나무과(Ebenaceae)

Persimmon(英), Kakino-ki(日), 柿子, 柿蒂(中)

원산지 : 열대지방, 아열대(한국)

용도 : 잎, 열매(식용, 약용)
잎, 설익은 열매(물감)

식물학적 특성

중부 이남의 인가 부근에 심는 키 15m의 낙엽 교목. 잎은 가죽질로 난형 또는 넓은 타원형이다. 밑은 둥근 모양이고, 끝은 아주 뾰족하며, 가장자리는 밋밋하다. 암꽃은 잎겨드랑이에 1송이씩 붙었고, 꽃받침은 4갈래이다. 열매는 등황색의 장과이며, 10월에 붉은색으로 익는다.

동속식물로는 고욤나무(*D. lotus*)와 2종이 우리나라에 있다.

성분

1) 영양성분

① **단감**(8001) 100g 중 열량 44.0kcal, 단백질 0.5g, 지질 0.1g, 당질 11.4g, 조섬유 1.10g, Ca 8.0mg, P 18.0mg, Fe 0.3mg, Zn 0.11mg, vitamin A 23.0RE, β-carotene 139.0μg, B_1 0.03mg, B_2 0.03mg, B_6 0.02mg, C 50.0mg, niacin 0.3mg,

엽산 3.2㎍, E 0.10mg. 〈식이섬유 1.98g〉

② 연시(8002) 100g 중 열량 66.0kcal, 단백질 0.6g, 지질 0.1g, 당질 17.4g, 조섬유 0.60g, Ca 9.0mg, P 17.0mg, Fe 0.4mg, Zn 0.11mg, vitamin A 20.0RE, β-carotene 120.0㎍, B_1 0.03mg, B_2 0.02mg, B_6 0.02mg, C 15.0mg, niacin 0.2mg, 엽산 3.2㎍, E 0.10mg.

③ 곶감(8003) 100g 중 열량 237.0kcal, 단백질 2.2g, 지질 0.2g, 당질 63.2g, 조섬유 2.80g, Ca 28.0mg, P 65.00mg, Fe 1.3mg, Zn 0.24mg, vitamin A 31.0RE, β-carotene 187.0㎍, B_1 0.02mg, B_2 0.01mg, B_6 0.02mg, C 4.0mg, niacin 0.8mg, 엽산 3.2㎍, E 0.10mg. 〈식이섬유 17.73g〉

④ 감잎차(15069) 100g 중 열량 293.0kcal, 단백질 12.2g, 지질 2.8g, 당질 55.4g, 조섬유 12.1g, Ca 740.0mg, P 75.0mg, Fe 22.6mg, Zn 3.26mg, vitamin A 687.0RE, B_1 0.5mg, B_2 0.6mg, B_6 0.1mg, C 10.0mg, 엽산 109.5㎍, E 63.4mg.

2) 특수성분

Diospyrin+(H-00383), Hirsutrin : 2'-*O*-(3,4,5-Trihydroxybenzoyl)(H-00908), 8-Hydroxy-2-methoxy-6-methyl-1,4-naphthoquinone(H-02256), 2-Methoxy-1,4-benzoquinone(H-01263), Neodiospyrin(N-00186), Shinanolone(R, S-00691) 등이 있다.

Triterpenoid로는 Betulinic acid(H-02195), Oleanolic acid(O-00774), Ursolic acid(H-03166)가, Naphthoquinone으로는 Diospyrol(D-03362), Mamegakinone(M-00179), Isodiospyrin(I-00422), Bisdiospyrin, Plumbagin(H-02407), Diospyrin(D-03361), Neodiopyrin(N-00186), 7-Methyljuglone(H-02477)이, Flavonoid인 Lupeol(L-00847), Astragalin(G-00470) 등이 분리되었다.

Tannin은 Leucoanthocyanin(H-00709)이 주성분, Shibuol, 잎의 Flavonoide glycoside로는 Astragalin(G-00470), Myricitrin(H-00734), Kamepferol-3-glucoside(T-00770) 등이 있다. 뿌리에는 Anthraquinone glycoside(A-01879), Plumbagin(H-02407), Diospyrol(D-03362), 7-Methyljuglone(H-02408), 3-Methoxy-7-methyljuglone(H-02256), Diospyrin(D-03361), Neodiosyprin(N-

00186) 등이 있다.

열매꼭지에 Oleanolic acid(O-00774), Ursolic acid(H-03166), Betulinic acid(H-02195), Glucose, Fructose, Tannin, Limonic acid, Malic acid(H-01327) 등이 있다.

동속식물에서 Diosindigo A(D-03359), Diospyrin(D-03361), *5-Hydrozy-7-Methyl-1,4-naphthoquinone(H-02408), Ilexol(B-00166), Isodiospyrin(I-00422), Isoshinanolone(3R, 4R, I-00801), Mamegakinone(M-00179), 8-Methoxy-3-Methyl-1,2-naphthoquinone(H-02410), *Plumbagin(H-02407), *Scopoletin(H-02227), Trifolin^{+}(T-01900) 등이 분리되었다.

생리활성

Allergy저하 효과 : 한국산 감잎에서 polyphenol 화합물을 분리하여 allergy성 접촉피부염에 미치는 영향을 알고자 실험한 결과, 대조군에 비해 polyphenol 화합물군에서 car swelling이 감소되었으며, 비만 세포의 분포에서도 대조군에 비해 polyphenol 투여군에서 매우 적은 수가 확인되었다. 이 결과는 제 4형 allergy 반응을 지연 또는 예방할 수 있는 가능성을 시사하고 있다. 또한 allergy저해 효과를 관찰한 결과, 수동 피부 anaphylaxsis에 있어 대조군에 비하여 모든 군에서 유의하게 격감되어 3차에 걸친 항원 투여 기간에도 이러한 경향이 계속되었고, 항원 투여 후에 혈중 histamine 측정 결과 거의 정상군에 가깝게 감소시키는 역할을 하여, 감잎이 allergy 치료제의 부작용을 최소화할 수 있는 새로운 치료 자원으로 인정되었다.

지질대사① : 흰쥐에 1% cholesterol과 0.25% Na-cholate를 첨가한 고 cholesterolemia 유발 식이와 감잎 추출물 Ⅰ(126mg/kg), Ⅱ(252mg/kg)를 각각 경구 투여하여 녹차 추출물 126mg/kg과 비교한 결과, 혈청과 간 조직의 중성지질 농도는 녹차 추출물군에서 가장 낮았고, 반면 총 cholesterol(TC), 유리 cholesterol 농도는 녹차 시료보다 감잎 Ⅰ군의 감소가 컸다. chylomicron, LDL-cholesterol 역시 감잎 시료에서 현저히 감소하였으며, Ⅱ보다 Ⅰ이 효과가 우수하였다. VLDL-cholesterol은 감잎 Ⅱ가 Ⅰ보다 감소하였고, 또한

HDL/TC 비는 감잎 II보다 I이 증가하였으나 동맥경화지수는 감소하여, 감잎 시료가 고 cholesterol증 흰쥐의 지질대사 개선 효과가 있었다.

지방대사와 항산화② : 감잎과 녹차의 건분과 EtOH 추출물도 체내 지방 저하 효과와 항산화능이 있어 동맥경화, 암 등 성인병 및 노화 예방이 기대되며, 솔잎은 이런 효과보다는 체중 저하 효과가 큰 것으로 이를 이용한 diet 식품 개발이 기대되었다.

Polyphenol의 효소저해 효과① : 감잎의 polyphenol 화합물의 화학구조결정과 효소저해 효과 연구에서 procyanidin C-1-3'-3''-3-*O*-trigallate tyrosinase에 대해 100 μM에서 70%의 강한 저해 효과가 있었고, epigallocatechin-(4β→8)-epigallocatechin(4β→8) catechin의 경우에는 51%의 저해 효과가 있었으며, basophilic leukemia cell에서 분리되는 β-hexosaminidase에 대해 억제 작용이 있었다.

Polyphenol의 효소저해 효과② : 감잎의 60% acetone 추출 용액을 동결건조한 후 농도별로 만들어 glucosyltransferase(GTf)와 tyrosinase(Tya) 효소저해를 관찰한 결과, GTf는 1.8×10^{-1}mg/ml에서 82.84%, Tya는 0.80mg/ml에서 21.65%의 저해활성이 확인되었다. Sephadex G-50으로 여과한 fraction 1, 2, 3, 4, 5(F-1, 2, 3, 4, 5) 중 F-1, F-2에서 효소저해활성을 보여 이를 분리한 결과, F-1에서 4종 화합물, F-2에서 2종 화합물, F-3에서 3종 화합물을 분리하였고, 정제한 flavan-3-ol은 체내 지방에 축합탄닌반응을 보였으며, monomer가 2종, dimer가 3종, trimer가 1종이 확인되었다.

납 투여와 간 보호 효과① : 납 투여 흰쥐의 heme 합성과 적혈구 중의 항산화효소활성에 미치는 녹차, 감잎, 홍화 열 추출물의 영향을 연구하고자 전통차(녹차, 감잎, 홍화) 열 추출물을 매일 일정 시간에 1.26g/kg(체중) 수준이 되도록 4주간 사육했는데, 그 결과 간 조직 중 과산화지질 함량은 납 단독 투여군이 정상군에 비해 유의성 증가를 보였고, 전통차 급여 시 과산화지질 생성을 현저히 억제하는 것으로 나타났다. 또한 납 투여로 증가된 간 조직의 XP와 SOD의 활성은 전통차 열 추출물 급여 시 유의성 억제를 보였다. MAO활성은 납 투여 시 유의성은 없었으나 증가되었고, 특히 녹차와 감잎 열 추출물 급여로 활성 증가가 현저히 억제되었다. GSH-Px와 GST활성 및 glutathion 함량은 정상군에 비해 납 단독 투여 시 유의성 감소를 보였으나, 한국 전통차 급여로 회복되었다.

CCl_4 투여와 간 보호 효과② : ALT 활성도는 CCl_4 단독 투여군보다 감잎의 hexane, $CHCl_3$ 및 H_2O 분획 투여군에서 감소하였고, AST 활성도는 H_2O 분획 투여군에서 유의적 감소를 보였다. ALP 활성도는 $CHCl_3$ 및 H_2O 분획물을 각각 투여한 군에서 감소하였으나 유의성은 없었다. LDH 활성도는 EtOAc 분획 투여군에서, bilirubin은 $CHCl_3$, EtOAc 분획 투여군에서, CCl_4 단독 투여군보다 유의적 증가를 보였다. TG와 cholesterol의 경우 감잎 분획물을 투여한 모든 군에서 유의적 감소는 없었으나, HDL-cholesterol 함량은 hexane과 $CHCl_3$ 분획 투여군에서 유의적 증가를 나타내었다. 간 조직 중의 malonaldehyde(MDA)는 H_2O 분획 투여군에서 유의적 감소를 보였다. 따라서 감잎 분획물이 CCl_4 유발 흰쥐의 간 손상에 미치는 영향을 보면, 간세포의 변성과 괴사의 지표인 ALT · AST 활성도와 free radical 생성으로 인한 조직 내의 과산화지질을 유의적으로 감소시킨 H_2O 분획에서 간 손상 보호 효과가 가장 컸으며, 그 다음이 $CHCl_3$ 분획이었다.

암세포 증식억제① : 감잎의 시료 중 항돌연변이 효과와 암세포 증식 억제 효과가 큰 hexane, $CHCl_3$ 획분과 감잎 탄닌의 항암 효과를 알고자 sarcoma-180 종양세포에서 세포독성을 관찰한 결과, 정상세포에는 큰 영향 없이 고형암 성장저지 효과와 수명연장 효과가 있었는데, hexane 획분에서 59.6%로 고형암 성장저지 효과가 가장 높았고 대조군 17.4일보다 23.6일로 수명연장 효과가 더 있었다. 면역 관련 기관인 비장의 체중에 대한 중량 변화는 대조군 0.6%보다 hexane, $CHCl_3$ 획분과 감잎 탄닌이 각각 0.7%, 0.8%로 약간 증가하는 경향을 보였다.

암세포 성장억제② : 추출용매 EtOH(0%, 50%, 75%)로 감잎을 추출한 후 위암세포주 SNU-16의 세포독성을 알아내고 SNU-16 이식 nude mouse를 조사한 결과, 항암 효과와 면역기능은 75% EtOH 감잎 추출물이 가장 컸고, 그 다음으로 50% EtOH ex, H_2O ex 순이었다. EtOH 75% ex가 flavonoid와 vitamin A · E

함량이 가장 많았으며, SNU-16에 대한 항암 효과를 나타내었다. 또한 SNU-16 이식 nude mouse에서 감잎 75% EtOH ex(80℃)의 경우 비장의 natural killer cell이 대조군보다 유의적으로 높았고 cytotoxic T-cell도 증가하여 세포성 면역도 증강되었다.

항돌연변이 효과① : sister chromatid exchange(SCE) 방법으로 감잎차 추출액의 항돌연변이 효과를 알고자 돌연변이 유발물질인 mitomycin C(MMC)를 처리한 후 배양시킨 chinese hamster ovary(CHO) cell에 대한 감잎차 추출액의 항돌연변이 효과를 SCE로 측정했는데, 그 결과 MMC 처리 CHO 세포에 대한 감잎차 추출액의 항돌연변이 효과가 있었고, 이 효과는 S9 mixture의 존재 하에 저농도 시료가 G_1 phase에서 처리되었을 때 나타났다. 시료의 이런 항돌연변이 기전은 시료 대사산물이 MMC 처리 CHO 세포에 대한 DNA excision repair activity를 촉진시킨 때문으로 사료되었다.

돌연변이억제② : *S. typhymurium* TA98 · 100에 대한 감잎차, 녹차, 우롱차 추출물의 돌연변이억제 효과를 알고자 실험한 결과, 각 차 추출물의 돌연변이억제 효과는 각각의 차 추출물이 돌연변이물질과 직접 결합하여 억제하는 것이라기보다 돌연변이 물질이 체내활성화 대사과정을 억제하는 작용이 있는 것으로 생각된다.

항돌연변이 효과③ : 46종(갈화, 감나무잎, 인진호, 보리수, 상백피 등)의 민간생약재에 대해 항돌연변이 효과를 실험하였다. 46종의 MeOH 추출물들은 *S. typhimurium* TA100에서 aflatoxin B_1(AFB_1)의 돌연변이성을 크게 억제하였으며, 상백피, 갈화, 감잎, 보리수, 두릅 등에서 그 효과가 컸다. TA98에 대해서도 항돌연변이 효과가 컸다. 직접 돌연변이 MNNG에 대한 항돌연변이 효과에 있어서 50% 이상 효과를 보인 것은 감잎과 보리수였다.

보체활성물질 : 감잎을 100℃에서 3시간 동안 열수추출한 후 EtOH 침전과 MeOH 추출로 조다당류(DKC)를 얻었고, 이때 정제 다당류의 DKC-1c는 분자량이 66.6KDa이며 구성당은 glucose(29.0㏖%), arabinose(24.3㏖%), galactose(16.2㏖%)이다. 이를 면역전기영동한 결과 DKC-1c가 C_3를 C_3a, C_3b로 활성화시키는 보체활성물질임을 확인하였다.

항산화능(Tannin)① : 녹숙감(떫은감)의 탄닌성분은 ascorbic acid와 유사한 항산화능이 있고, pH 1.2에서 30mg 탄닌 처리 시 아질산염 제거능이 거의 100%였다. 또 녹숙기 탄닌은 부패성 미생물에 현저한 저해를 보였고, 특히 *E. coli*와 *Vibrio parahaemolyticus*에 대한 저해가 현저하였다. 완숙기 탄닌성분은 BHT와 유사한 항산화능과 pH 1.2에서 93.91%의 아질산염 제거능을 보였다. 이에 반해 연시의 탄닌성분은 항산화능 및 아질산염 제거능이 매우 낮았고 미생물 생육 저해능도 미미하여 차이를 보였다.

항산화 효과② : 감잎 건분과 에탄올 추출물은 체지방 저하에 큰 효과를 보였고, 혈장과 간의 지질과산화를 효과적으로 억제하였다. 또한 녹차와 마찬가지로 감잎 건분과 에탄올 추출물도 항산화 효과가 큰 것으로 나타나 동맥경화나 암 등의 성인병을 예방하는 데 효과적이며 노화 예방에도 도움이 되리라 생각된다.

노령쥐의 체지방 저하 및 항산화 효과① : 감잎차 · 녹차의 건분과 EtOH 추출물이 12개월 된 흰쥐(노령쥐)에서 지방대사와 항산화능에 미치는 영향을 조사한 결과, 항산화능은 감잎 · 녹차군에서 대조군보다 증진되었는데, 이는 효소적 및 비효소적 기전에 의하며 항산화물질의 종류와 양, 체조직부위에 따라 달랐다. 즉, 감잎차와 녹차의 건분, EtOH와 물 추출물은 노령 쥐에서 체지방저하 효과와 항산화능 증진 효과가 있었다. flavonoid와 수용성 식이섬유 함량이 가장 많은 녹차 건분은 혈장 중성지방 및 cholesterol저하 효과, 혈장 과산화지질 저하 효과, 간의 SOD 및 GSH-px 활성증진 효과가 가장 컸다. 시료로 사용한 감잎차와 녹차의 건조분말을 분석한 결과, 녹차 건분은 총 flavonoids와 수용성 식이섬유가 많았고, 감잎 EtOH 추출물은 β-carotene과 vitamin E가 많았다.

노령쥐의 지방대사와 항산화능② : 감잎 · 녹차의 건분과 물 추출물, 75%와 95%의 EtOH 추출물을 노령 쥐(12개월)에 투여한 결과, 물 추출물보다 EtOH 추출물(75%와 95%의 EtOH)이 혈중지질 저하와 항산화능 증진에 더 효과적이었으나, 75% EtOH 추출물과 95% EtOH 추출물 사이에는 차이가 없었다.

감잎의 지방대사와 항산화능③ : 감잎 · 녹차의 건분과 EtOH 추출물도 체내 지방저하 효과와 항산화능이 있어 동맥경화나 암 등의 성인병 예방 및 노화 예방도 기대되며, 솔잎은 이런 효과보다는 체중저하 효과가 큰 것으로 이를 이용한 diet 식품 개발이 기대된다.

혈액응고 저해 : 감꼭지로부터 나오는 혈액응고 저해물질의 특성을 조사한 결과, 분자량이 130,000~180,000이고, C, H, O로 구성된 열에 안정하며, periodate oxidation 시 활성이 거의 손실되었고, glucose와 galactose로 구성된 다당류로 추정되었다.

Cd중독 경감① : Cd 중독 동물장기의 GOT, GPT, SOD, GST 활성 및 과산화지질에 대해 감잎의 polyphenol이 미치는 영향을 조사한 결과, GOT는 대조군에 비해 P-1군(polyphenol 10,000ppm)과 P-2군(polyphenol 25,000ppm) 모두에서 차이가 없었으나, GPT활성은 P-1군은 5%에서, P-2군은 1%에서 유의적으로 감소하였다. 간 조직의 SOD활성은 대조군에 비해 P-1군은 5%에서, P-2군은 1%에서 증가하였고, GST활성은 대조군에 비해 P-1군은 조금 높았으나 P-2군은 5%에서 유의적으로 증가하였다. 과산화지질은 대조군에 대해 P-1군과 P-2군 모두 1%에서 증가하였다.

Cd 제거 효과② : 감잎에서 polyphenol 화합물을 분리한 후 중금속 Cd 단독 투여(F-1)와 감잎 병합 투여(F-2)로 사육한 결과, 식이섭취량은 감소하였고, 증체량과 식이효율은 F-1군과 F-2군에서 차이가 없었다. 간과 신장, 대퇴골의 Cd 함량을 분석한 결과, F-1군과 F-2군 모두 1% 수준에서 유의적으로 감소하였다. 즉, 간에서 F-1군이 25%, F-2군이 28% 감소하였고, 신장에서는 F-1군이 22%, F-2군이 25% 감소하였으며, 대퇴골에서 F-1군이 53%, F-2군은 59% 감소하였다. 변의 Cd 함량은 대조군보다 F-1군과 F-2군 모두 1% 수준에서 유의적으로 증가하였는데, F-1군이 42%, F-2군은 54% 증가하였다. 이로써 감잎의 polyphenol 화합물은 Cd 제거 효과가 있는 것으로 판명되었다.

Cd 투과 억제③ : 감과피의 TDF(total dietary fiber)에는 IDF(insoluble dietary fiber)가 SDF(soluble dietary fiber)의 6.5배이고 건대추의 TDF에는 IDF가 SDF의 2.9배로 건대추의 SDF가 감과피의 경우보다 많았다. glucose 투과 억제는 대추 SDF가 감과피 SDF보다 효과적으로, 감귤류 pectin과 유사한 효과를 보였다. bile acid 투과 억제는 감과피와 건대추의 TDF, IDF, SDF 모두 효과를 보였

으나, 건대추가 더 효과적이었고, SDF가 TDF와 IDF보다 효과가 더 컸다. 특히 건대추의 SDF는 감귤 pectin의 효과와 비슷하였다. Cd 투과 억제 효과는 감과피 식이섬유가 건대추 식이섬유보다 컸다. 특히 감과피 SDF와 IDF가 매우 높았다.

감잎의 성분 : 당류로는 glucose, fructose, sucrose, mannitol이 확인되었고, caffeine 0.3g, choline 480mg% 등이 있다.

감잎차의 SOD 유사활성 : 감잎차의 효과적인 제조와 음용 방법을 알아보고자 재래식, 증자법, 발효법으로 각각 차를 제조한 후 vitamin C와 SOD 유사활성의 변화를 조사한 결과, vitamin C는 발효법에 의한 제조품에서 약간 많았다. 추출 온도와 관계없이 증자법 감잎차의 vitamin C는 추출시간에 따라 감소하였고, 발효법 감잎차는 60℃와 70℃에서 시간이 지남에 따라 증가하였으나 80℃와 90℃에서는 5분까지 증가하다가 그 후에는 감소하였다. 발효법 감잎차의 vitamin C 최적 추출조건은 80℃와 90℃에서 3~5분, 70℃에서 5~10분, 60℃에서 10분이었다. 재래식 감잎차는 추출시간에 따라 80℃와 90℃에서 증가 경향이 있었고, 발효법 감잎차는 80℃와 90℃에서 증가-감소-증가를 보였다. 발효법 감잎차는 재래식 및 증자법에 의한 감잎차보다 80℃와 90℃에서 추출 시간에 관계없이 SOD 유사활성이 높았으며, 추출 조건은 3분과 10분이었다.

감잎차 채취 적기[①] : 감잎차 제조를 위한 시기별 성분을 청도반시, 사곡시, 경산반시, 평핵무 감잎에 대해 조사한 결과, 수분은 5월 초 이후에 감소하였고(79~81%), 수용성 tannin 함량은 5월 중순과 6월 초에 최고함량(1.55~2.25%)이었으며, 축합형 탄닌의 전구체인 catechins는 5월 중순에 12~27mg%, 6월 중순에 17~34mg%로 최고 함량이었고, 각 catechin 함량은 (+)catechin〉(-)epicatechin〉(-)epigallocatechin gllate〉(-)epigallocatechin〉(-)epicatechin gllate 순이었다. 유리당은 sucrose, glucose, fructose, raffinose이고, 또한 mannitol도 있다. sucrose는 감잎이 성장함에 따라 증가하였고, glucose와 fructose는 감소하였으며, 총 vitamin C 함량은 청도반시 · 사곡시 · 경산반시의 경우 5월 중순과 6월 초에, 평핵무는 7월 중순에 최고였다. 이상의 결과로 보아 감잎차 재료를 채취하는 것은 개화기인 5월 중순과 6월 초순이 적기라고 생각된다.

감잎 채취기② : 한국산 감잎인 청도반시, 상주둥시, 부유의 3품종으로 고기능성 감잎차 음료를 개발하기 위해 유리당, 총 vitamin C, 유리아미노산 등 차의 맛과 기능적 특성을 나타내는 성분을 조사하였다. 3품종의 수분은 5월에 77.0~80.1%였다가 성장함에 따라 차차 감소하였고, 조단백 및 조지방은 성장과 함께 점차 증가하여 8월에 최고치에 이르렀다가 이후 차차 감소하였다. 유리당은 3품종 모두 sucrose, glucose, fructose, raffinose의 4종류가 검출되었고, 부유 종의 sucrose 함량은 7월 기준으로 청도반시보다 1,378배, 상주둥시보다 143배 높았다. vitamin C 함량은 개화기부터 증가하여 7월에 최고였고, 부유 단감이 7월 기준 2249mg%로 가장 많았으며, 3품종 모두 7월까지 증가하다가 이후 감소하였다. 유리 amino acid는 3품종 모두 18개가 검출되었다. 이상의 결과로 감잎 채취기로는 6월이 적절함을 알 수 있었다.

β-Galactosidase활성 : 미숙감에서는 β-galactosidase(β-Gal)의 활성이 없었으나, 완숙감과 연시에서는 각각 21.79unit/100g.fr.wt, 380.23unit/100g.fr.wt으로 나타나 연시에서 그 활성이 급격히 증가하였다. β-Gal은 isoenzyme이 없었고, 분자량은 115,000dalton이었다. β-Gal의 Km은 1.84×10^{-2}mM, Vmax는 0.095mmol *p*-nitrophenyl-β-galactoside degraded/ml/15min이었고, 최적 pH는 4.2, 최적온도는 45℃였으며, 60℃에서 10분간의 열처리로 활성이 50% 소실되었다. β-Gal의 활성은 SDS는 저해하였으나 Mg^{++}와 Ca^{++}에는 영향을 주지 않았다.

Polygalacturonase활성 : 미숙감에서는 polygalcturonase(PG)의 활성이 없었으나, 완숙감과 연시에서는 각각 55.01unit/100g.fr.wt, 206.7unit/100g.fr.wt으로 나타나 연시에서 그 활성이 급증하였다. 연시에서 추출한 PG의 isoenzyme 2종(molwt. 55,000dalton)의 특성을 보면, PG-Ⅰ의 Vmax는 0.195㎛ol reducing sugar/ml/30min, Km은 3.50mg/ml, 최적온도는 40℃, 최적 pH는 3.5였고, 60℃ 열처리 시 안정하였다. 한편 PG-Ⅱ의 Vmax는 0.11μmol reducing sugar/ml/30min, Km은 2.50mg/ml, 최적 온도는 35℃, 최적 pH는 4.0이었고, 40℃까지 열처리 시 안정하였다. PG-Ⅰ과 Ⅱ는 K^{+}, Cu^{++}, Zn^{++}, SDS, EDTA에 의해 활성이 저해되었고, Ca^{++}에 의해 다소 촉진되었다.

Invertase의 특성 : 감의 건조에 따라 invertase의 활성은 증가하는데, 건조 10일째에 최고 활성을 보였고 그 이후 감소하였다. 건시에서 invertase를 250mM K_3PO_4(pH 7.4)로 추출하고 $(NH_4)_2SO_4$로 염석하여 DEAE-cellulose 및 sephadex G-200 column chromatography로 정제하고 난 회수율은 11%였다. 최적 pH는 sucrose, raffinase에 대해 각각 5.0, 6.0이었고, 최적 온도는 40℃ 였으며, 열 및 pH 안정성에 있어서는 50℃까지, 그리고 pH 5 부근에서 안정하였다. sucrose에 대한 Km 값은 2.5mM이었고, 정제 invertase는 polyacrylamide gel 전기영동상에서 하나의 band를 나타내었다.

당 조성 : 감이 건조됨에 따라 acetaldehyde와 alcohol이 증가하는 것과는 반대로 가용성 tannin은 급격히 감소하였으며, 이러한 변화는 경산반시와 평택무에서 비교적 컸다. 건조 중 당 조성의 변화는 sucrose가 건조 초기에 급격히 감소하는 반면, glucose와 fructose는 증가하였다. 또한 건시과육의 당 조성은 품종에 따라 다르나, glucose와 fructose가 비슷하였고, 표면의 백분은 glucose로 구성되었다. 생과와 건시의 물성을 측정하고 관능검사를 해본 결과, 평핵무·사곡시는 건시제조용으로, 장둥이·남양수시는 생과용으로 더 좋다고 평가되었다.

단감 조청 : 단감을 당화하여 조청을 제조할 때, 멥쌀과 단감의 비율이 3 : 7이 되도록 하는 것이 당도가 높았고 기호도도 높았다.

단감 Wine : 경남 창원산 단감을 *Saccharomyces cerevisiae* KCTC 7106, 7238, 7904의 3균주로 각각 실험한 결과, 발효 21일에 알코올 생성이 가장 좋은 것은 KCTC 7106 효모였다. 1년간 저장된 저품질 단감의 총 당 함량은 25%인데 30℃ 알코올 발효 결과 15일 후에 11.6%가 되었고, 발효 초기의 pH는 5였는데 점차 감소하여 5일 후에는 pH 4를 유지하였다. vitamin C는 초기에 5.04 mg/ml이었다가 이후 점차 감소하였다. 20℃ 발효 시에는 30일 후에 13%의 알코올이 생성되었고, 30℃ 발효 시에는 15일 후에 11.8%, 35일 후에 13.4%의 알코올이 생성되었다.

감식초 내산성 *Acetobacter* : 감식초에서 초산 생성능이 우수한 *Acetobacter sp.* S-1, S-2, S-3를 분리·동정하고 미생물학적 특성과 내산성을 평가하였다.

분리균들은 모두 gram(-)의 단간균으로, 포자를 형성하지 않았고, 운동성은 있었으며, catalase, methyl red, oxidation fermentation, Voges-Proskaus 및 nitrate reduction에 양성을 보였고, hydrogen sulfide와 ONPG 시험에서 음성으로 나타났다. 분리균은 Carr 배지에서 표준균인 *A. aceti, A. liquefaciens, A. diazotrophicus*와 유사한 정상적인 생육곡선을 보였으며, 산 생산도 비슷하였다. 최적 배양온도는 30℃이고 최적 초기 EtOH 농도는 6%였으며, *Aspergillus. sp.* 균주는 4% 이상의 초산 농도에서 생육과 산 생성이 억제되었다. 초산 농도가 증가할수록 *Aspergillus.* sp. 세포 내의 Mg^{++} 누출량이 증가하여 6% 농도에서는 Mg^{++}가 거의 다 누출되었다. 분리 균주들의 glycolysis 능력은 알칼리보다 산에서 더 안정적이었다. 최적 pH는 6.0~7.0인데, *A. sp* S-1과 S-3의 경우는 H^+-ATPase의 최적 pH가 5.5~7.5였고, *Acetobacter sp.* S-2의 경우는 pH 6.0~7.5였다.

감장아찌의 성분과 관련 미생물 : 감을 염액에 침지한 감장아찌 침지액에서 미생물을 동정한 결과, *Bacillus* 속인 *B. subtilis, B. cereus, B. pumilus, B. thuringiensis*의 4종, 효모로는 *Candida* 속인 *C. glabrata, C. guilliermondi*의 2종과 *Hansenula* 속인 *H. anomala* 1종이었다. 감장아찌 완제품을 플라스틱 진공포장 하여 유통하는 과정에서 흰 앙금이 생기고 부풀어 올라 상품가치가 상실되는 원인은 효모 *Candida glabrata*인 것으로 확인되었다. 감장아찌의 유리당 중 포도당은 7.68%, 과당은 5.76%, 자당은 2.09%였고, 유리아미노산은 Asp, Thr, Ser, Glu, Pro, Gly, Ala, Cys, Val, Met, Ilue Leu, Tyr, Phe, His, Lys, Arg 등 17종이었으며, glutamic acid가 24.97mg%로 가장 많았고 그 다음으로 Asp, Leu 순이었다. methionine은 2.42mg%로 가장 적었다. 감장아찌 완제품은 수분이 80.04%, 당질이 13.72%였고, 수용성 탄닌은 81.04mg%로 원료감의 635.45mg%보다 감소하였으며, 총 vitamin C는 23.76mg%로 약간 감소하였다.

감 과육과 껍질의 유용성분 : 감 과육과 껍질의 유용성분 및 가공이용에 관한 연구에서, 감 껍질은 과육보다 조단백, 조지방, 조회분이 많았고 가용성 탄닌은 과육이 다소 많았다. 총 당 함량은 과육부가 많았는데, 유리당의 경우 껍질에 있는 glucose와 fructose가 과육에 있는 것의 절반이었다. 총 아미노산 함량은 과육보다 껍질에 많았으나, 유리아미노산은 과육부에 많았다. 과육의 주요 지방산은 oleic acid, palmitic acid 및 linoleic acid였고, 껍질에는 oleic acid, linoleic acid 및 palmitic acid 순으로 많았으며 특히 불포화지방산이 많았다. 곶감떡에 있어 감절편을 10~20% 첨가 시 기호도가 높았고, 감 과육 및 껍질 분말을 3~10% 첨가한 과자에서 기호도가 인정되었다. 한편 과육을 3% 첨가한 죽에서는 기호도가 인정되었으나 껍질을 첨가한 죽에서는 기호도가 인정되지 않았다.

곶감 흰 가루① : 곶감 표면의 흰 가루는 mannit인데, 이는 오래될수록 많아진다. 감의 색소성분은 leucocyanin과 carotenoid이며, 떫은맛은 tannin 성분 때문이다.

곶감 백색 분말② : 곶감 과육의 당 함량은 56~59%인데, 주로 glucose와 fructose였다. 구체적으로 당 조성은 glucose가 83.3%, fructose가 16.7%였다. 한편 곶감 백색 분말은 당이 84.6%, 수분이 12.5%, 불용성 물질이 2.7%였다. 현미경 관찰에서 백색 분말은 판, 꽃, 침, 뿔 등의 형태를 나타내었다.

기타 연구 : 항암성분으로는 betulinic acid, oleanolic acid, ursolic acid, plumbagin, astragalin, myricitrin이 있고, hepatoprotective 물질로는 oleanolic acid, ursolic acid 등이 있다. cardiotonic effect물질은 oleanolic acid, leucoanthocyanidin를, hypotensive effect 물질은 plumbagin, astragalin, leucoanthocyanidin 등을 함유하고 있다.

효능과 이용

1) 효능 : 열매(柿子) - 지갈(止渴), 윤폐(潤肺).
꽃받침(柿蒂) - 딸꾹질, 야뇨증(열매꼭지).
잎(柿葉) - 해천(咳喘), 천식, 내출혈(內出血), 고혈압.
곶감(柿餠) - 지혈(止血), 이질.

2) 식용 : 영양이 풍부한 건강식품이나 많이 먹으면 변비가 된다. 특히 vitamin A와 C가 많아 건강식이며, 생강 및 계피를 넣어 수정과를 만들어 먹는다.

3) 약용 : 한방과 민간에서 감잎차를 장복하는데, 동맥경화나 고혈압을 예방하는 데 쓰이고, 뱀에 물렸을 때 해독을 위해 떫은 감즙을 환부에 바르며, 설사 · 야뇨증에 곶감 달인 물을 마시거나 딸꾹질에 감꼭지를 달여 복용한다. 폐렴, 알코올중독, 급성위염, 이질, 객혈, 고혈압 및 방광염에도 곶감이나 감을 먹으면 효과가 있다.

4) 기타 : 잎과 설익은 열매는 물감용(옻감)으로, 목재는 무늬가 특이하여 가구재로 쓰인다.

참고문헌

1) 강우원, 김귀영, 김종국, 오상룡, **조리과학회지**, 2000, 16(4), 336 (감잎분말을 첨가한 식빵의 품질특성)

2) 강인규, 김위섭, 하재균, **원예학회지**, 1996, 37(4), 548 (감 과실 세포벽 구성성분의 변형에 미치는 β-Galactosidase의 역할)

3) 김덕진, 조수열, 신경희, 이미경, 김명주. **영양학회지**, 2003, 36(2), 117 [한국 전통차(녹차, 감잎, 홍화, 두충) 열 추출물이 납 투여 흰쥐의 간조직 중 유해활성산소 생성과 제거효소 활성에 미치는 영향]

4) 김석기, 이영철, 서광기, 최혜선, **식품영양과학회지**, 2001, 30(5), 954 (감과 가공식품의 알콜대사 촉진물질)

5) 김순동, 박남숙, 강명수, **식품과학회지**, 1986, 18(2), 158 (감의 연화와 관련된 세포벽 다당류의 변화)

6) 김옥경, **식품영양과학회지**, 2001, 30(1), 97 (감잎 추출물이 사염화탄소 유발 흰쥐의 간 손상에 미치는 효과)

7) 김원순, **식품영양과학회지**, 1975, 4(1), 19 (감의 영양적 성분 및 Gel화 요소 함량 조사 연구)

8) 김은성, 김미경, **영양학회지**, 1999, 32(4), 337 (감잎, 녹차, 솔잎의 건분 및 EtOH 추출물이 흰쥐의 지방대사와 항산화능에 미치는 영향)

9) 김종군, 최희숙, 김우정, 오훈일, **조리과학회지**, 1999, 15(1), 50 (효소처리한 감

주스로 제조한 감잼의 물리적 및 관능적 특성)
10) 김중성, 이혜진, 김미경, **영양학회지**, 2001, 34(5), 499 (추출조건을 달리한 감잎과 녹차의 물 및 에탄올 추출물이 노령쥐의 지방대사와 항산화능에 미치는 영향)
11) 김호정, 김미경. **영양학회지**, 2003, 36(2), 133 (감잎의 물 및 에탄올 추출물이 한국인 위암 세포주에 미치는 항암 효과)
12) 노홍균, 이명희, **식품영양과학회지**, 1998, 27(4), 648 (Chitosan을 이용한 감의 탈삽)
13) 문광덕, 김종국, 김준환, 오상용, **식생활문화학회지**, 1995, 10(4), 321 (감 과육과 껍질의 유용성분 및 가공이용에 관한 연구)
14) 문광덕, 손태화, **식생활문화학회지**, 1988, 3(4), 385 (건시 제조 중 감과실의 당조성의 변화와 물성)
15) 문광덕, 이낙훈, 김종국, 김준한, **식생활문화학회지**, 1996, 11(1), 1 (곶감 표면에 생성되는 백색 분말의 화학 조성 및 현미경적 관찰)
16) 문숙희, 김광혁, 박건영, **식품영양과학회지**, 1996, 25(5), 865 (Sarcoma-180 세포를 이용한 *in vivo*에서 감잎의 항암 효과)
17) 문숙희, 김정옥, 이숙희, 박건영, 김광혁, 류태형, **식품영양과학회지**, 1993, 22(3), 307 (감잎 Hexane 획분의 항돌연변이 효과와 항돌연변이물질의 GC/MS를 이용한 동정)
18) 문숙희, 박건영, **식품영양과학회지**, 1995, 24, 880 (감잎 열수 추출물 및 감잎 탄닌의 항돌연변이 효과)
19) 문숙희, 박건영, 정해영, 양한석, **식품위생안전성학회지**, 1995, 10(4), 219 [민간생약재(엉겅퀴, 보리수, 도인, 감나무잎, 갈화, 상백피, 두릅, 인진호 등 47종)의 아플라톡신 B_1에 대한 항돌연변이 효과]
20) 박무희, 최청, 배만종, **식품영양과학회지**, 2000, 29(1), 111 (감잎 Polyphenol 화합물군의 알레르기성 접촉피부에 미치는 영향)
21) 박상규, 강성국, 정희종, **산업미생물학회지**, 1994, 22, 217 (떫은 감잎의 정유성분이 김치 발효에 미치는 영향)
22) 박수정, **원예학회지**, 2002, 43(3), 316 (절단 정도가 감나무의 생장과 비구조적 탄수화물의 경시 변화)

23) 박원기, 유영희, 현중순, **식품영양과학회지**, 1975, 4(1), 24 (감을 이용한 잼의 제조 연구)

24) 박윤주, 강명희, 김종익, 박옥진, 이미숙, 장해동, **식품과학회지**, 1995, 27(3), 281 (추출조건에 따른 감잎차의 Vitamin C와 Superoxide Dismutase 유사활성의 변화)

25) 박재옥, 김행자, **가정학회지**, 1976, 17, 31 (조리방법에 따른 감나무잎차의 Ascorbic acid함량)

26) 박지윤, 박은미, 이미경, 장주연, 김명주, 조수열, **식품영양과학회지**, 2000, 29(3), 537 (감잎 추출물이 고콜레스테롤혈증 흰쥐의 혈청 및 간지질 함량에 미치는 영향)

27) 배두경, 최희진, 손준호, 박무희, 배종호, 안봉전, 배만종, 최청, **식품과학회지**, 2000, 32(4), 860 (한국산 감잎음료 제조와 안정성)

28) 배두경, 최희진, 손준호, 박무희, 배종호, 안봉전, 배만종, 최청, **응용생명화학회지**, 2000, 43(3), 218 (반응표면분석법을 이용한 감잎 에탄올 추출물의 최적화)

29) 배성문, 박강주, 김정목, 신동주, 황용일, 이승철, **응용생명화학회지**, 2002, 45(2), 66 (단감을 이용한 발효와인의 제조 및 특성)

30) 배성문, 박강주, 신동주, 황용일, 이승철, **응용생명화학회지**, 2001, 44(2), 88 (단감을 이용한 조청의 제조 특성)

31) 사유선, 김경아, 최혜선, **식품영양학회지**, 2003, 32(8), 1323 (감꼭지로부터 혈액응고 저해물질의 정제와 특성)

32) 서지영, 신승렬, 정용진, 김광수, **식품영양과학회지**, 1997, 26(2), 175 (감과 대추의 연화 중 가용성 단백질의 변화)

33) 서지형, 신승렬, 정용진, 김광수, **식품영양과학회지**, 1997, 26(2), 180 (감과 대추의 연화 중 Polygalacturonase의 변화)

34) 서지영, 정용진, 김광수, **식품과학회지**, 2000, 32(1), 212 (떫은 감에서 분리한 탄닌성분의 기능적 특성)

35) 서지형, 정용진, 신승렬, 김광수, **식품영양과학회지**, 2000, 29(3), 407 (떫은 감 탄닌성분이 감식초의 알콜 발효에 미치는 영향)

36) 서지형, 정용진, 신승렬, 김주남, **농산물저장유통학회지**, 1999, 6, 328 (떫은 감에

서 분리한 탄닌성분의 패턴 변화)
37) 송보현, 김동연, **응용생명화학회지**, 1983, 26(3), 169 (감의 염침저장에 관한 연구)
38) 송현순, 이현걸, 강명희, **식품영양과학회지**, 2000, 29(5), 881 [마우스 소핵(Micronuclei, MN)을 이용한 감잎차 추출물의 돌연변이억제 효과]
39) 송현순, 이현걸, 장해동, 김종익, 박옥진, 이미숙, 강명희, **식품영양과학회지**, 1996, 25(2), 232 [감잎차 추출액의 Sister Chromatid Exchange(SCE) 방법에 따른 항돌연변이 효과]
40) 신동주, 김광호, 김은실, 이기순, 이기춘, **식품영양과학회지**, 2000, 29(3), 420 (적과 단감의 장아찌 제조 중 이화학적 특성 변화)
41) 신승렬, 김주남, 김순동, 김광수, **응용생명화학회지**, 1991, 34, 32(감과실의 성숙과 추숙 중의 염가용성 및 세포벽 단백질의 변화)
42) 신승렬, 김진구, 김순동, 김광수, **식품영양과학회지**, 1990, 19(6), 596 (감과실의 성숙과 추숙 중의 Polygalacturonase활성 변화 및 특성)
43) 신승렬, 문광덕, 이광희, 김광수, **식품과학회지**, 1993, 22(5), 611 (감의 연화 중 효소활성 펙틴 및 조직의 변화)
44) 신승렬, 하유덕, 김진구, 김순동, 김광수, **식품영양과학회지**, 1990, 19(6), 605 (감과실의 성숙과 추숙 중의 β-Galactosidase활성 변화 및 특성)
45) 심규창, 이갑상, 김동한, 류일환, 이정성, **식품과학회지**, 2001, 33(5), 574 (감식초에서 분리한 *Acetobacter sp.* 의 내산성에 관한 연구)
46) 심기환, 최진상, 주옥수, 강갑석, **식품영양과학회지**, 1990, 19(6), 555 [과실(사과, 배, 감, 수박) 주스의 동결건조 중 휘발성분 보유력]
47) 안봉전, 배만종, 최희진, 장운빈, 성태수, 최청, **응용생명화학회지**, 2002, 45(4), 212 (한국산 감잎으로부터 Polyphenol계 생리활성물질 분리)
48) 안봉전, 최희진, 손준호, 우희섭, 한호석, 박정혜, 손규목, 최청, **식생활문화학회지**, 2004, 18(5), 443 (한국산 감잎의 Polyphenol 화합물의 생리활성물질의 구조와 효소저해 효과)
49) 양현석, 이영춘, **식품과학회지**, 2000, 32(2), 335 [연시(軟) 및 감 퓨레의 냉동저장 중 이화학적 특성 변화]

50) 연미영, 현태선, **영양학회지**, 2005, 38(7), 586 (한국인 상용 식품의 엽산 함량 분석에 의한 식품영양가표의 보완)

51) 오현명, 김미경, **영양학회지**, 2001, 34(3), 395 (노령쥐에서 감잎, 녹차의 체지방 저하 및 항산화 효과)

52) 위흡, **임학회지**, 1971, 2, 1 (감나무 과실 내 Tannin, 당 및 단백질의 시기적 변화)

53) 이기동, 정용진, 서지형, 이명희, **동아시아식생활학회지**, 1998, 8, 308 (감식초 및 감고추장을 이용한 감초고추장의 최적배합비 설정)

54) 이기동, 정용진, **식품영양과학회지**, 1998, 27(6), 1132 (감과실 첨가 고추장의 관능적 특성 최적화)

55) 이병우, 문광덕, 손태화, **식생활문화학회지**, 1990, 5(2), 269 (건시 제조 중 Invertase의 정제 및 그 특성)

56) 이은옥, **영양학회지**, 1969, 2(2), 87 [한국 시취식품(콩나물, 감) 중의 Hg 함량 조사]

57) 이종화, **순천향대학논문집**, 1992, 49, 1103 (심장에 작용하는 감잎성분의 분리 및 생리활성)

58) 이혜진, 김미경, **영양학회지**, 1998, 31(4), 809 (감과피와 대추로부터 분리한 식이섬유의 포도당, 담즙산, 카드뮴 투과 억제 *in vitro* 연구)

59) 정동욱, 정희종, **식생활문화학회지**, 1995, 10(3), 133 (감장아찌의 성분 특성 및 관련 미생물)

60) 정선영, 이수정, 성낙주, 조종수, 강신권, **식품영양과학회지**, 1995, 24(5), 720 (감잎차의 화학성분)

61) 정선화, 문광덕, 김종국, 성종환, 손태화, **식품과학회지**, 1994, 26(2), 141 (감잎의 성장시기별 함유성분의 변화)

62) 정소형, 김주형, 정용진, 최미자, **동아시아식생활학회지**, 1999, 9, 421 (감식초가 고 Cholesterol 식이를 한 흰쥐의 혈중지질성분에 미치는 영향)

63) 정영주, 전혁, 김경임, 안정희, 신동훈, 홍범식, 조홍연, 양한철, **식품과학회지**, 2002, 34(5), 879 (감잎으로부터 정제한 보체계 활성화 다당류)

64) 정용진, 서지영, 박난영, 신승렬, 김광수, **농산물저장유통학회지**, 1999, 6, 228 [2단계 발효에 의한 감식초성분 변화(1)];233 [감식초의 성분 변화(2)]

65) 정용진, 서지형, 이기동, 이명희, 윤성란, **식품영양과학회지**, 2000, 29(4), 575 (감과실을 첨가한 고추장의 숙성 중 성분 변화)

66) 정용진, **식품산업과 영양**, 2000, 5(2), 53 [경북특산물(감, 사과, 포고)을 이용한 과실 식초 및 음료의 생산]

67) 정용진, 이기동, 이면희, 여명재, 이경횐, 최신양, **식품영양과학회지**, 1999, 28, 810 (감식초 청징화를 위한 Pectinase 처리 조건의 모니터링)

68) 조국영, 최희진, 손준호, 배두경, 우희섭, 안봉전, 배만종, 최청, **응용생명화학회지**, 1999, 42(4), 361 (감나무 잎으로부터 분리한 Polyphenol 화합물이 카드뮴 중독 흰쥐의 피해 경감 효과에 미치는 영향)

69) 조국영, 최희진, 손준호, 배두경, 박무희, 우희섭, 안봉전, 배만종, 최청, **응용생명화학회지**, 2000, 43(3), 213 (감잎으로부터 분리한 Polyphenol 화합물의 카드뮴 제거 효과)

70) 최성희, **식품과학회지**, 1990, 22(4), 411 (두충차와 감잎차의 향기성분)

71) 최희진, 손준호, 우희섭, 안봉전, 배만종, 최청, **식품과학회지**, 1998, 30(3), 529 (품종별 감잎의 성장에 따른 성분 변화)

72) 한국영양학회, **한국인 영양 권장량**, 제7차 개정판, 2000 (영양소)

73) Aguinagalde, I. et al., Phytochemistry, 1982, 21, 2875 [(Yellow Needles, derivs, Hirsutrin : 2'-*O*-(3,4,5-Trihydroxybenzoyl)]

74) An, B.-J. et al., Korean J. Food Culture, 2003, 18(3), 407 (ACE, Xanthine Oxidase, Tyrosinase Inhibition Effect, Korean Persimmon Leaves Polyphenol Structure)

75) Ben-Arie, R., Sonego, L., J. Food Sci., 1993, 58, 1397 (Temperature Affects Astringency Removal and Recurrence in Persimmon)

76) Bergman, J. et al., Acta Chem. Scand., 1965, 19, 1661 (Betulinic Acid, Deriv)

77) Bhattacharyya, J. et al., Phytochemistry, 1986, 25, 764 (3R, 4R, isol, Isoshinanolone)

78) Bin Zakaria, M. et al., Phytochemistry, 1984, 23, 1481 (Roots, isol, Neodiospyrin)

79) Brockmann, H. et al., Justus Liebigs Ann. Chem., 1983, 433 (Mamegaketone)

80) Choi, S.H., Korean J. Food Sci. Technol., 1990, 22, 405 (The Aroma Components of Duchung Tea and Persimmon Leaf Tea)

81) Ensminger, Ensminger, Konalande, Robson, Food and Nutrition Encyclopedia, 2nd ed., CRC Press, 1994, 898 (Nutritive Value)

82) Ferrecira, M.A. et al., Phytochemistry, 1973, 12, 433 (isol, Mamegakinone)

83) Fukuoka, M. et al., Chem. Pharm. Bull., 1972, 20, 974 (isol, Struct, Ilexol)

84) Funayama, S., Hikino, H., Chem. Pharm. Bull., 1979, 27, 2865 (Hypotensive Principles of Diospyros *kaki* Leaves)

85) Ganguly, A.K. et al., Tetrahedron, 1959, 6, 21 (Leucocyanidin)

86) Ganguly, A.K. et al., Tetrahedron Lett., 1966, 3373, 4796 (isol, Diospyrin)

87) Gorinstein, S., Kulasek, G.W., Barnikowska, E., Leontowicz, M., Zemser, M., Morawiec, M., Trakhtenberg, S., J. Nutr. Biochem., 1998, 9, 223 (The Influence of Persimmon Peel and Pulp on the Lipid Metabolism and Antioxidant Activity of Rats Fed Cholesterol)

88) Hayashi, H. et al., Agic. Biol. Chem., 1979, 43, 113 (isol, Yellow Plates, deriv, 2-Methoxy-1,4-benzoquinone)

89) Herath, W.H.M. et al., Phytochemistry, 1978, 17, 1007 (Needles, isol, *scopoletin)

90) Huneck, S. et al., Phytochemistry, 1971, 10, 3279 (Ursolic Acid)

91) Innami, S., Tabata, K., Shimizu, I., Plant Foods Human Nutr., 1998, 52, 55 (Dried Green Leaf Powders of *Cocchorus, D. kaki*, and *Ipomoea batatas* Lower Hepatic Cholesterol Concentration and Increase Fecal Bile Acid Excretion in Rats Fed a Cholesterol-free Diet)

92) Iseda, S. et al., Yakugaku Zasshi, 1955, 75, 230 (Triterpenoid, Betulinic Acid)

93) Ito, S., Oshima, Y., Agric. Biol. Chem., 1962, 26, 156 [Studies on the Tannin of Japanese Persimmon(*Diospyros kaki* L.)]

94) Jeong, Y.J., Seo, K.I., Shin, S.R., Seo, J.H., Kang, M.J., Kim, K.S., J. East Asian Dietary Life, 1997, 7, 538 (Yeast Isolate for Alcohol Fermentation of Persimmon Fruits)

95) Kataoka, M. et al., Natural Medicines, 1996, 50, 344 (β-Hexosaminidase Release Inhibition)
96) Kawano, J., Shimizu, A., Kameoka, M,. Kimura, S., Jpn. J. Food Microbiol. 1992, 9, 101 (Antibacterial Activities of Tea Leaves, Mushrooms and Vegetables Against *Staphyllococci*)
97) Kon, M., Shimba, R., Nippon Shokuhin Kogyo Gakkaishi, 1987, 34(3), 155 (Changes of Carotenoids in Japanese Persimmon(Yotsumizo) during Maturation, Storage and Drying Process)
98) Kusunoki, K., Hara, T., Fujita, M., Minari, Y., Tadokoro, T., Innami, S., Maekawa, A., J. Nutr. Sci. Vitaminol., 1998, 44, 11 (Histochemical Observation and Cellular Distribution of Ascorbic Acid in Persimmon Leaves)
99) Lewis, R.J., Sax' s Dangerous Properties of Industrial Materials, 8th ed., Van Nostrand-Reinhold, 1992, WAT000 (Juglone, *QJ 5775000)
100) Lillie, T.J. et al., J. Chem. Soc. Perkin Trans. 1, 1976, 2155;1977, 355 (Diospyrin, derivs)
101) Matsuo, T., Ito, S., Agric. Biol. Chem., 1978, 42(9), 1637 [The Chemical Structure of Kaki Tannin(*Diospyros kaki* L.) from Immature Fruit of the Persimmon]
102) Matsuura, S. et al., Yakugaku Zasshi, 1971, 91, 905 (Triterpenoid, Ursolic Acid)
103) Moir, M. et al., Phytochemistry, 1973, 12, 13581 (Juglone, Antihemarrhagic, Allelopathic)
104) Nair, A.G. et al., Indian J. Chem., Sect. B, 1977, 15, 1405 (Yellow Needles, Trifolin+)
105) Nakabayashi, T., Abe, K., Ina, K., Nippon Shokuhin Kogyo Gakkaishi, 1971, 18(1), 20 (On the Foul Smell of Kaki, the Astringent Extract of Persimmon Fruits)
106) Nakayama, T. et al., Nature(London), 1963, 199, 72 (Powder, Diospyrin+)
107) Naoko, S., Keiko, I., J. Japanese Soc. Nutr. Food Sci., 1991, 44, 213 [The Relationship between Vitamin C and Polyphenol Content in Persimmon Leaves(in Japanese)]

108) Nokaoiki, T. et al., Yoshihira, K. et al., Yakugaku Zasshi, 1960, 80, 1298 (Astragalin)

109) Okonogi, T., Hattori, Z., Ogiso, A., Mitsui, S., Toxicol., 1979, 17, 524 (Detoxication by Persimmon Tannin of Snake Venoms and Bacterial Toxins)

110) Park, K.H., Kwon, Y.D., Park, M.A., Park, B.J., J. Korean Soc. Environ Anal., 2001, 4, 159 [A Study on the Adsorption Kinetics of the Heavy Merals, Cd(II), Pb(II), Cu(II), and Zn(II) Ions by the Persimmon Leaves]

111) Rameda, K., Takatu, T., Okuda, H., Kimura, Y., J. Naturl. Products, 1989, 50, 68 (Inhibitory Effects of Various Flavonoids Isolated from Leaves of Persimmon on Angiotensin-converting Enzymes Activity)

112) Senter, S.D., Chapman, G.W., Forbus, W.R.Jr., Payne, J.A., J. Food Sci., 1991, 56, 989 (Sugars and Nonvolatile Acid Composition of Persimmons during Maturation)

113) Seo, S. et al., Tetrahedron Lett., 1975, 7 (Oleanolic Acid)

114) Sidhu, G.S. et al., Indian J. Chem., 1968, 6, 681 (Plumbagin, Bactericidal, Fungicidal, Tubercul Ostatic Activity, Antifeedant, Heart Wood, Red Cryst, 8-Methoxy-3-methyl-1,2-naphthoquinone)

115) Tezuka, M. et al., Chem. Pharm. Bull., 1972, 20 2029 (Cryst, Shinanolone)

116) Tezuka, M. et al., Phytochemistry, 1973, 12, 175 (isol, *5-Hydrozy-7-methyl-1,4-naphthoquinone, Pigment, Diosindigo A)

117) Toye, J.O., Glucina, P.G., Minamide, T., New Zealand J. Experim. Agric., 1987, 15, 351 (Removal of Astringency and Storage of "Hirataenashi" Persimmon Fruit)

118) Tsuyuki, H.Y., Abe, T., Bull. Coll. Agr. Vet. Med. (Nihon Univ.), 1986, 43, 57 (Changes of Free Organic Acid Composition in the Process of "Hoshigaki" Sundried Persimmon)

119) Uchida, S., Ohta, H., Niwa, M., Mori, A., Nonaka, G., Nishioka, I., Ozaki, M., Chem. Pham. Bull., 1990, 38, 1049 [Prolongation of Life Span of Stroke-prone

Spontaneously Hypertensive Rats(SHRSP) Ingesting Persimmon Tannin]

120) Waterman, P.G. et al., Planta Med., 1979, 37, 241 (isol, Roots, Barks, Isodiospyrin)

121) Yoshihira, K. et al., Chem. Pharm. Bull., 1971, 19, 851 (Roots, isol, Struct, 8-Hydroxy-2-methoxy-6-methyl-1,4-naphthoquinone, Lipeol, 7-Methyljuglone)

122) Yoshihira, K. et al., Chem. Pharm. Bull., 1971, 19, 2271 (Diospyrol)

123) Yoshihira, K. et al., Tetrahedron Lett., 1970, 7 (Bisdiospyrin)

124) Zapesochnaya, G.G., Khim. Prir. Soedin., 1982, 18, 695 (Miricitrin)

2 갓

Brassica juncea Czern et Coss. var. *integrifolia* Sinsk.

십자화과(Cruciferae)

Leaf mustard(英)
Takana(日), 芥菜(中)

원산지 : 중국

용도 : 줄기, 잎, 종자(식용)
종자(약용)

역사

한국에서 옛날부터 재배해온 갓은 학명이 *B. cernue*와 *B. juncea*의 두 가지가 있다. 하나는(*B. cernue*) 종자가 매운 겨자이고, 다른 하나는(*B. juncea*) 씨에 매운맛이 적어 그 잎과 줄기를 채소로서 갓나물, 갓김치, 김장 등에 쓴다. 갓은 아프리카, 그리스, 인도, 중국 각지에서 고대로부터 재배해온 채소이고 향신료로 쓰였으며, 그 종류와 품종이 다양하다. 종자는 향신료로 쓰기도 하나, 인도에서는 유채 씨와 같이 유료(油料)로 이용하였다고 한다.

식물학적 특성

밭에서 재배하는 1년초 또는 월년초로 키는 1~2m이다. 근생엽은 깃꼴로 갈라지고 가장자리에 톱니바퀴가 있다. 십자 모양의 노랑꽃은 총상화서로 4~5월에 피며, 열매는 황갈색각과(흑겨자, 갈색겨자)이다.

동속식물에는 겨자(*B. campestris*), 양배추(*B. oleracea*) 등 4종이 우리나라

에 있다.

성분

1) 영양성분

① 갓(Mustard leaf, 6006) 가식부 100g 중 열량 26.0kcal, 단백질 2.5g, 지질 0.3g, 당질 4.9g, 조섬유 1.0g, 칼슘 141.0mg, 인 51.0mg, 철 2.6mg, Zn 1.05mg, vitamin A 392.0RE, β-carotene 2350.0g, B_1 0.07mg, B_2 0.18mg, B_6 1.20mg, niacin 0.7mg, C 95.0mg. 〈식이섬유 2.80g〉
② 돌산갓(6084) 가식부 100g 중 열량 21.0kcal, 단백질 2.2g, 지질 0.4g, 당질 2.4g, 조섬유 0.70g, 칼슘 38.0mg, 인 6.0mg, 철 1.8mg, Zn 1.03mg, vitamin A 215.0RE, β-carotene 1289.0g, B_1 0.02mg, B_2 0.04mg, B_6 1.20mg, niacin 1.1mg, C 7.0mg, 엽산 370.0㎍, E 2.30mg.

2) 특수성분

Methiin(S-methyl-L-cystein sulfoxide)(C-02481), 5-Hexenenitrile, 1-Cyano-2,3-epithiopropane(T-01369), 2-Propenyl-glucosinolate(P-01888), 22-Dehydrocampesterol(E-01481), Brassilexin(Alkaloid), 25-Methyl,24-methylenecholesterol, 3-*O*-β-D-Glucopyranosylisorhamnetin(G-00471), Astragalin(G-00470), Allylisothiocyanate(I-00887), Antheraxanthin(A-01866), But-3-enyl-isothiocyanate(I-00847), Behenic acid(D-03514), Erucic acid(D-03530), Allylthiocyanate(T-01384), Benzylisothiocyanate(B-00268), Eicosanoic acid(E-00079), Myrocin(M-01926), Crocetin(C-02016), Cyclobrassinin sulfoxide(C-02267), Gluconapin(B-01112), Indole-3-acetonitrile(I-00122), Isoquercitrin(H-00908). Isoquercitrin;7-*O*-β-D-glucopyranoside(I-00760), Isorhamnetin-3-*O*-sophoroside(T-00872), Methanol. Isorhamnetin-3,7-di-*O*-β-D-glucopyranoside(G-00471), Isorhamnetin-7-*O*-β-D-glucopyranoside(T-00872), Kaempferol-3,7-di-*O*-β-D-glucopyranoside(T-00770), Kaempferol-3-

O-β-D-sophoroside, Lutein(L-00885), sec-Butyl isothiocyanate(I-00845), α-Tocopherol(T-01508), Kaempferol-3-*O*-β -D-[glucopyranosyl(1-2)glucopyranosyl]-7-*O*-β-D-glucopyranoside(G-00470), Neoxanthin (all E, N-00292), Prop-1-enyl-isothiocyanate, Quercimeritrin(Q-00014), Sinapine(S-00768), Sinigrin(P-01888), Brassicasterol(M-00888), 22-Dehydrocampesterol(E-01481), Tropine(M-00803), Quercetin-3-*O*-sophoroside, Quercimeritrin;3-*O*-sophoroside(Q-00014), Violaxanthin(all-E, V-00342) 등이 분리되었다.

함황화합물인 Cyclobrassinin sulfoxide(C-02267)는 추출된 S-함유 Phyto-alexin이며, Gluconastrutiin(P-00987)에 의해 분해되어 Phenylethyl isothiocya-nate(I-00882)가 유리되었다.

생리활성

부위별 생리활성 : 돌산갓의 부위별 즙액 첨가로 성장시기에 따른 생리기능성을 알아보기 위해 시료농도 1%, 3%, 6%를 각각 간암세포에 첨가한 결과, 항암성은 6% 첨가군이 성장기간 20일인 개량종 뿌리에서 78.2%의 억제로 가장 높았고, DPPH법의 항산화활성은 20일 자란 재래종 잎이 80.4%로 가장 높았다. ACE(Angiotensin I converting enzyme) 저해활성은 60일 자란 개량종 잎이 94.0%의 저해율을 보이면서 가장 높은 것으로 나타났다. 따라서 생리기능성은 재래종과 개량종 사이에 큰 차이는 없었으나, 부위별 항암성은 뿌리가, 항산화성과 ACE 저해율은 잎이 비교적 활성이 높았다.

Cholesterol 대사 : SD계 숫쥐에 cholesterol 및 갓 첨가식이를 5주간 급여한 후 혈액과 간의 cholesterol 및 지방질을 분석하고 분변으로 배설되는 cholesterol과 담즙산을 측정한 결과, 갓 첨가식이는 혈장 총 cholesterol의 감소, HDL-cholesterol의 증가, LDL-cholesterol의 감소 및 동맥경화지수의 저하 등 혈장지질대사 개선 효과가 있었다. 갓 첨가식이로 인한 이러한 혈장 cholesterol의 감소는 분변으로 배설되는 cholesterol 및 담즙산의 증가에 기인한 것으로 생각되었다.

항산화성① : 갓김치 CCC(Crude chlorophyll과 carotenoid) 분획 중, 김치를 담

근 직후의 주요성분인 chlorophyll a와 b 및 β-carotene, 발효 적기와 후기의 주요성분인 pheophytin a와 b를 갓에서 분리하여 지방산 산화 model system에서의 항산화작용 특성을 알아보았다. 그 결과 chlorophyll a와 b는 DEAE-sepharose CL-6B와 sepharose CL-6B column으로, β-carotene은 TLC로 분리하였고, pheophytin a와 b는 chlorophyll a와 b에 1N-HCl로 제조하였다. chlorophyll a와 b, pheophytin a와 b, β-carotene의 지방산 자동산화에 대한 항산화성을 과산화물가와 공액이중산 함량으로 측정하였을 때, 항산화성은 chlorophyll a〉chlorophyll b〉pheophytin a〉pheophytin b〉 β-carotene의 순이었다. 지방산의 자동산화가 이루어지는 동안 pheophytin b의 잔존률이 가장 높았고, β-carotene이 가장 크게 감소하였다.

항산화성② : 적갓김치는 15℃에서 발효 6일째에 pH가 4.5였다. 발효가 진행됨에 따라 산도는 증가하였고, 환원당은 서서히 감소하였으며, 젖산균 수 역시 최대치에 도달하였다. 또한 ascorbic acid 함량은 발효가 진행되면서 감소하다가 6일째에 다소 증가하였다. 총 polyphenol 함량은 생시료보다 갓김치가 높았고, 발효가 진행됨에 따라 증가하였다. 적갓김치와 가열 쇠고기의 model system을 조제한 후 TBA가로 항산화성을 측정한 결과, 첨가한 김치의 용량에 따라 항산화성이 높았다. 결과적으로 생시료보다 김치의 항산화성이 우수하였다. 동결건조시킨 적갓김치에서 물, hexane, MeOH를 추출하여 각각의 항산화성을 관찰한 결과, MeOH 추출물의 항산화성이 높았다.

산화억제③ : 김치 종류를 달리한 식이가 hairless mouse의 간과 피부에서의 산화억제 및 광산화에 미치는 영향을 조사하기 위해 배추김치, 갓김치, 부추김치를 동결건조하여 항산화물질을 측정하였다. 그 결과 갓김치와 부추김치에 chlorophyll이 많았고, β-carotene과 ascorbic acid는 갓김치에 많았다. hairless mouse에 10% 동결건조한 김치를 20주간 투여한 후 간에서 생성된 활성산소종의 양을 측정한 결과, superoxide anion과 hydroxy radical 함량은 유의성 차이가 없었고, hydrogen peroxide는 갓김치와 부추김치군에서 낮았다. 따라서 김치가 활성산소 소거에 효과가 있었다. 간에서의 지질과산화물을 측정한 결과 갓김치와 부추김치가 우수하였고, 피부에서의 지질과산화물 함량을 보면 부추김치가 유의적으로 지질과산화를 억제하였다. 또 간과 피부 조직에 자외선을 조사한 후 조직산화를 측정한 결과, 갓김치와 배추김치는 낮고 부추김치는 높게 나타났다. 즉, 자외선 조사 후 갓김치와 배추김치는 광산화가 억제되었고, 부추김치군은 산화가 촉진되었다.

유리기 생성 억제와 항노화 효과 : 배추김치, 배추갓김치, 갓김치 5% 첨가식이를 노화촉진 쥐 SAMPS에 1년간 섭취하게 한 후 뇌의 총유리기, OH radical, H_2O_2 농도 및 TBARS 농도를 측정한 결과, 모두 가령(加齡)에 따라 증가하였으며, 김치 섭취 시에는 유의적으로 감소하였다. 뇌에서 생성된 유리기 제거 SOD, catalase, GSH-px, GSH/GSSG는 모두 김치군에서 유의적 증가가 있었다. 따라서 김치 섭취는 먼저 가령에 의해 생성되는 유리기를 억제하면서 이를 제거하기 위한 항산화효소 활성은 더욱 강화하여 항노화기능을 발휘하는 것으로 생각되었다. 배추김치보다 배추갓김치와 갓김치가 유리기 생성을 더 억제하고 항산화활성을 보다 증진시켜 항노화 효과가 클 것으로 생각되었다.

항돌연변이 효과① : 갓의 $CHCl_3$ 추출물은 *Salmonella typhymurium* TA100균주에서 AFB1의 돌연변이 유발을 억제하는 효과가 있었다. 그리고 $CHCl_3$ 획분 중 GC/MS로 분리 동정한 결과 4-decanol이 다량 함유된 것으로 나타났다. 4-decanol은 0.5% 되게 DMSO에 용해시킨 용액으로 처리하였을 때 대조군에 비해 AFB1과 MNNG의 돌연변이성을 각각 97%, 93% 저해하는 효과를 보여, 강한 항돌연변이 활성물질임이 밝혀졌다.

항돌연변이 효과② : Alatoxin B_1과 4-NQO에 대한 녹황색 채소류의 항돌연변이 효과를 알고자 녹황색 채소류의 MeOH 추출물과 주스를 조사하였다. 그 결과 *S. typhimurium* TA98과 TA100에 대해 들깻잎, 상추, 브로콜리, 쑥갓, 미나리, 들미나리, 홍고추, 고춧잎, 비름, 시금치, 무의 MeOH 추출물에서 강한 항돌연변이 원성율 및 50%의 저해 효과를 보였다. direct mutagen인 4-NQO에 대해 60% 이상 저해 효과를 보인 시료는 양배추, 케일, 상추, 브로콜리, 갓, 풋고추, 피망, 시금치, 비름, 콩나물, 애호박이었다. 한편 주스의 aflatoxin B_1에 대해서는 들깻잎, 들미나리, 시금치, 양배추에서 항돌연변이 효과가 용량의존적으로(50~500μl/plate) 증가하였고, 오이와 당근에서는 큰 저해 효과가 없었다.

항균활성① : 갓 추출물의 항균물질이 *E. coli*와 *Staphycoccus aureus*의 균체성분 조성 및 누출에 미치는 영향을 조사하였다. 그 결과 대수증식기에 갓 EtOH 추출물(EtOH ex)을 첨가하여 EtOH ex 농도가 증가됨에 따라 균체 지방산 조성비에서 *E. coli*의 경우 palmitic, oleic acid가 대조군보다 증가하고 palmitoleic acid가 감소하였으며, *S. aureus*의 경우 palmitic, margaric acid가 증가하였다. 또한 대수증식기에 갓 EtOH ex를 첨가함에 따라 균체 amino acid는 전반적으로 큰 변화가 없었으나, *E. coli*는 proline, glycine, valine 및 histidine이 증가하였고 aspartic, glutamic acid, tyrosine 및 arginine 등이 감소하였으며, *S. aureus*는 proline, methionine 및 histidine 등이 증가하고 aspartic, glutamic acid, glycine, alanine, tyrosine 및 lysine 등이 감소하는 경향을 보였다. 갓 추출물 첨가로 인해 *E. coli*와 *S. aureus* 균주 누출량이 증가한 것은 갓에 들어 있는 항균성 물질이 균체의 막구조를 손상시킨 것 때문으로 사료되었다.

항균활성② : 돌산갓 전처리 추출물의 항균활성 및 열안정성을 관찰한 결과, 돌산갓 EtOAc 분획의 항균성이 높았으며, *S. typhimurium*과 *S. aureus*에 강한 항균활성을 보였다. 갓의 항균성 물질은 flavone의 C-3,5,7,4'에 OH가, C-3'에 -OCH_3가 결합되어 있으며, C-3에 당과 ester가 결합한 isorhamnetin-3-*O*-β-glucopyranoside임을 규명하였다.

항균활성③ : 갓의 에탄올 추출물이 미생물 생육에 미치는 영향을 알고자 갓 EtOH 추출물의 미생물 증식과 전자현미경상 세균의 형태 변화를 관찰한 결과, gram(+)균에 대해서는 10mg/ml에서, gram(-)균에대해서는 20mg/ml에서 강한 항균 효과를 보였다. 젖산균과 효모에 대해서는 40mg/ml에서 세균에 비해 항균력이 약하게 나타났다. *E. coli*와 *S. aureus*에 대해서는 모두 갓의 EtOH 추출물을 20mg/ml 이상 첨가하였을 경우 4시간 후부터 그 생육이 완전히 억제되었다. 또 EM 검사에서 gram(-)균 *E. coli*는 균체 표면이 불규칙하게 수축되고, gram(+)균 *S. aureus*는 균체가 팽윤되며 타원형으로 변형되어, 두 균 모두 형태적인 변화가 있었다.

DPPH 유리기 소거능 : 재래종 적갓으로 김치를 담그고 여기에서 crude anthocyan(CA)과 refined anthocyan(RA) 색소의 항산화능을 linoleic acid를 기

질(基質)로 하여 조사한 결과, peroxide 형성 억제능과 DPPH 유리기 소거능은 조색소 용액 분획 중 CA 분획이 높았고, RA 분획 중에는 Fr-3이 가장 높았다.

TBARS감소 : 배추김치, 갓김치, 갓배추김치를 동결건조한 후 이를 노화촉진 쥐 SAMPS의 식이에 5%씩 첨가하여 1년간 섭취하게 하면서 간의 노화 관련 특성인 총 유리기, OH radical, H_2O_2, TBARS를 조사한 결과, 모두 가령에 따라 증가하였으며, 간에서 생성된 유리기 농도와 TBARS 농도는 대조군에 비해 김치 섭취군에서 유의적 감소가 있었다. 생성된 유리기 제거를 위한 SOD활성은 오히려 김치섭취군에서 유의적으로 증가되었고, catalase와 GSH-px, GSH/GSSG의 비도 김치섭취군에서 증가되었다. 따라서 김치 섭취는 노화에 따라 발생되는, 간에서의 유리기 및 TBARS의 생성을 억제하면서 이들을 제거하는 항산화효소는 활성화하여 노화를 억제하는 것으로 생각된다. 김치 종류 중에는 배추김치보다 갓김치가 유리기 생성 억제 및 항산화효소 활성을 더욱 증진시키는 것으로 관찰되었는데, 이는 첨가된 갓에 들어 있는 항산화물질에 의한 것으로 생각되었다.

Superoxide 소거활성 : 갓김치에서 crude chlorophyll과 carotenoids(CCC) 분획을 추출하여 rat liver homogenate 및 EPC liposome에 대한 항산화 효과를 알아내기 위해 TBA의 변화와 산화지수를 측정한 결과, CCC 분획은 α-tocopherol과 비슷한 정도의 항산화활성을 보였고, 발효기간에 따른 항산화성은 유의성에서 차이가 없었다($P < .05$). chlorophyll과 carotenoids가 많이 함유된 CCC 분획은 α-tocopherol과 같은 정도로 산화를 억제하였으나, carotenoids만을 함유한 고춧가루는 갓의 항산화성보다 높은 TBA값과 산화지수를 나타냈다. 산화효소계에 대한 저해활성은, superoxide anion radical 소거활성을 측정한 결과, α-tocopherol과 유사한 수준이었다.

갓김치의 관능성 : 늙은 호박 분말과 녹차 분말을 각각 0.3%와 0.2% 첨가한 후 갓김치에서 외관, 맛, 향, 질감 등의 전반적인 관능성을 조사한 결과 가장 높은 점수를 얻었다.

휘발성성분과 숙성 : 청갓김치의 휘발성성분과 숙성 후의 변화를 GC/FID와 GC/MSD로 분석한 결과, 수증기 증류물에서 14종의 휘발성성분을 확인하였

고, 그중 hexadecanoic acid를 비롯한 acid와 nitromethane 등 hydrocarbone류가 전체의 63% 이상이었다. 갓의 자극성성분으로 알려진 isothiocyanate와 그 유도체는 전체의 30%로, 2-phenylethylisothiocyanate가 주성분이고 그 외에 benzothiazole, 2-methylbenthiazole, 2-(3H)-benzothiazolone 등이 있다. 저장 4일 후부터 isothiocyanate와 유도체가 현저히 감소하였고, 그중 2-phenylethylisothiocyanate는 저장 7일 후 50% 이상, 14일 후 80% 이상 소실되었다.

돌산갓의 일반성분① : 수분 87.5%, 조단백 3.8%, 조지방 0.3%, 조섬유 1.3%, 조회분 1.4%로 일반 갓보다 단백질이 많았고, 조섬유와 조지방은 적은 편이었다. 잎과 줄기의 pH는 각각 5.7, 5.8이고, 적정산도는 687mg, 318mg 유산/신선물 100g이었으며, 알칼리도는 각각 2.5, 5.2로 알칼리 식품이다. 유리당은 포도당으로, 잎보다 잎즙에 약 2배가 많았고, 소량의 과당이 있다. 잎과 잎줄기의 총 아미노산은 각각 8.0%, 2.5%이며, glutamic acid, proline이 많았다. 총 유리아미노산은 각각 3,074mg%, 298mg%으로, 특히 glutamic acid와 aspartic acid가 공통적으로 많았다. 한편 필수아미노산은 869mg%, 68mg%였다.

돌산갓의 성분(유기산, 무기질, 지방산, 섬유소)② : 돌산갓의 비휘발성 유기산, 무기질, 지방산 및 섬유소 조성을 알아본 결과, 잎과 잎줄기의 비휘발성 유기산은 malic acid(79.1mg%), citric acid(23.7mg%), 무기질은 Ca(143.7, 81.3mg%), Mg(22.7, 14.5mg%), Fe(6.9, 7.3mg%), 지방산은 α-linolenic acid, palmitic acid, linoleic acid가 대부분이었다. 잎과 잎줄기의 P/S 비율은 각각 4.1과 2.9였다. 식이성 섬유질 중 pectin질은 잎과 잎줄기에서 알코올 불용성분(AIS)이 9.4%, 6.7%였고, 총 식이성 섬유질은 잎과 잎줄기에서 각각 1.2%, 2.8%였는데, ADF(acid detergent fiber)보다 NDF(neutral detergent fiber)가 많았고, lignin은 적으며 cellulose는 hemicellulose보다 2.1배 많았다.

돌산갓의 성분(Carotenoids, Chlorophyll)③ : 돌산갓 자체의 주요 색소성분을 조사한 결과, 총 carotenoid는 4.75mg%였고, 이 중 주요 carotenoid로는 β-carotene이 80.91%, lutein이 13.07%, lutein epoxide가 3.93%였다. 또한 chlorophyll a와 b 함량은 신선갓의 경우 각각 0.41%와 0.51%였고, 잎은 잎줄기보다 각각의 함량이 7.4배, 8.1배 많았다. chlorophyll a와 b의 비는 잎과 줄

기에서 각각 2.7:1과 3.0:1이었다.

돌산갓의 성분(Isothiocyanate)④ : 돌산갓의 주요 휘발성 물질을 조사한 결과, allyl isothiocyanate, 3-butenyl isothiocyanate, n-hexyl isothocyanate, β-phenylethyl isothiocyanate 및 sec-butyl isothiocyanate 순으로 함량이 많았고, nitril류 물질도 확인되었다.

돌산갓의 성분(Myrosinase)⑤ : 갓의 myorinase를 분리 · 정제한 결과, 비활성은 7,101배 증가하였고, 수율은 18.8%였다. 정제효소의 최적 pH는 5.9였고, 등전점은 4.6, 분자량은 129KD, Km은 0.206mM, Vmax는 2.039μM/min/mg protein이었다. myorinase의 activator인 ascorbic acid는 0.6mM에서 최대효소활성을 보이다가 차차 감소하여 2.0mM 이상의 농도에서 거의 상실되었다. 갓김치 저장 중 myorinase활성 변화를 측정한 결과, 김치 제조 직후 약 70nmol/min/mg protein이던 것이 20℃에서 3일 이상 저장하면 급격히 그 활성이 감소하여 4일 후에는 50%가 감소되었고, 10일 후에는 거의 활성이 없었다.

종실의 성분 : 겨자과 종실 6품종(적갓, 진주대평, 서울 배추 등)의 조지방은 39.1~46.5%, 종실유의 요오드가는 93.4~107.2, 검화가는 170.4~185.0, 산가는 0.7~1.2로 품종 간 차이가 있었다. 총 지질 중 중성지질이 95.8~96.4%, 복합지질은 3.6~4.2%였고, 전체 지방산 조성 중 erucic acid의 함량은 적갓, 진주대평, 서울배추의 경우는 33.4~51.5%, 목포 71은 0.8%였으며, oleic acid의 함량이 증가함에 따라 erucic acid 함량은 감소하였고, 중성지질 분획의 지방산은 전체 지방산 조성비와 별 차이가 없었다. 탈지한 종실박 중에는 glutamic acid, leucine, lysine, arginine 및 proline 등이 많았고, 이들 5종의 아미노산은 총 아미노산에 대해 약 50%의 수준이었으며, cycteine 및 methionine은 적었다. 필수아미노산은 전체 아미노산의 35%였고, 적갓, 진주대평, 서울배추에서는 methionine, phenylalanine이 제 1제한 아미노산이었으며, 목포 66, 목포 71 및 목포단교 8에서는 methionine만이 제1제한 아미노산이었다.

항산화성분 : 갓과 겨자의 항산화성분 중 유효성분의 하나인 sinapine을 분리 · 동정하였고, 지질과산화억제 효과를 조사한 결과 그 항산화활성은 겨자와 같았다.

Anthocyan 색소 : Flavonoid계 phenol 물질로는 aglycone인 anthocyan과, 당의 배당체로는 pelargonidin, cyanidin, delphinidin이 있고, methyl기의 존재와 위치에 따라 peonidin, petunidin, malvidin이 있다. anthocyan은 전자 한 개가 2번 위치의 탄소와 공유결합을 하고 있어 (+)로 하전되어 있는 oxanium 구조를 형성하며 매우 불안정하여 쉽게 영향을 받는다.

기타 연구 : 씨는 antitumor promoting activity, hair stimulant, antibacterial, antifungal activity가 보고되었다. astragalin과 isoquercitrin은 hypotensive effect 물질이고, allyl isothiocyanate, indole-3-acetonitrile, isoquercitrin, α-tochopherol, sinigrine는 cancer preventive effect 물질이며, isorhamnetin(3-*O*-sophoroside), α-tochopherol는 hepatoprotective effect 물질이다.

효능과 이용

1) 효능 : 어린줄기와 잎 - 해독, 건위.
   종자 - 요통(腰痛), 신냉(腎冷), 지통(止痛), 소종(消腫), 발한(發寒).
2) 식용 : 갓은 경엽을 채소로 김치, 겉절이, 무침 등으로 식용하고, 그 독특한 신미와 향미를 애용한다. 서양에서는 경엽을 샐러드에 넣어 먹거나 데쳐서 식용하기도 한다. 또 인도에서는 착유원료로서 유채와 함께 이용되며, 여러 종이 있다.
3) 약용 : 한방에서는 건위제 및 국소도포제로 쓰이거나, 신경통, 폐렴, 방광염, 류머티즘, 뇌출혈, 폐경기증후군, 요통, 관절염 등에도 사용된다. 종기에 대해서는 찧어서 그 환부에 붙이기도 한다. 겨자씨와 같은 용도로 쓰인다.

참고문헌

1) 강성구, 김용두, 박석규, **식품영양과학회지**, 1995, 24(2), 280 (갓 추출물의 항균물질이 *E. coli*와 *Staphycoccus aureus*의 균체성분 조성 및 누출에 미치는 영향)
2) 강성구, 김용두, 서재신, 박석규, 성낙계, **산업미생물학회 1994년도 춘계학술발**

표대회 초록집, 1994, p. 202 (갓 추출물의 항균활성)

3) 강성구, 성낙계, 김용두, 송보현, 김영환, 박석규, **식품영양과학회지**, 1994, 23(6), 1014 (갓의 에탄올 추출물이 미생물 생육에 미치는 영향)

4) 강성구, 성낙계, 김용두, 신수철, 서재신, 최갑성, 박석규, **식품영양과학회지**, 1994, 23(6), 1008 (갓의 활성 검색)

5) 강성구, **식품영양과학회지**, 1995, 24(5), 695 (갓의 항균성 물질 분리 및 항균성);702 (갓의 주 항균물질의 구조분석)

6) 김복남, **한림정보산업대논문집**, 1999, 29, 49 (갓 김치의 문헌 고찰)

7) 김재이, 최재수, 김우성, 최홍식, **식품영양과학회지**, 2000, 29(5), 796 (청갓과 청갓김치의 핵산관련물질의 동정 및 함량에 관한 연구)

8) 김정기, 이성호, **응용생명화학회지**, 1987, 30(1), 46 (한국산 겨자과 종실류의 화학적 조성)

9) 김정옥, 김무남, 박건영, 문숙희, 하영래, 이숙희, **응용생명화학회지**, 1993, 36(6), 424 (갓으로부터 분리 동정된 4-Decanol의 항돌연변이 효과)

10) 김정은, **갓의 항산화활성**, 2002, 부경대학교 대학원 석사학위논문

11) 김종현, 권명자, 이소영, 류재두, 문갑순, 최홍식, 송영옥, **식품영양과학회지**, 2002, 31(1), 109 (김치가 노화촉진 쥐 간의 유리기 생성 및 항산화효소활성에 미치는 영향)

12) 김종현, 류재두, 이한기, 박정희, 문갑순, 최홍식, 송영옥, **식품영양과학회지**, 2002, 31(1), 117 (김치가 노화촉진 쥐 뇌의 유리기 생성 및 항산화효소 활성에 미치는 영향)

13) 김현영, 2002, 부산대학교 박사학위논문, 2002(Antioxidative Effect of Mustard Leaves *in vitro* and *in vivo*)

14) 류복미, 류승희, 이유순, 전영수, 문갑순, **식품영양과학회지**, 2004, 33(2), 291 (김치 종류를 달리한 식이가 Hairless mice의 간과 피부에서 산화억제 및 광산화에 미치는 영향)

15) 박근형, **응용생명화학회지**, 1979, 22, 33 (재래종 갓의 Anthocyanin색소와 구조)

16) 박민정, 전영수, 한지숙, **식품영양과학회지**, 2001, 30(2), 215 (녹차 및 늙은 호박

분말 첨가 갓김치, 발효특성)
17) 박민정, 전영수, 한지숙, **식품영양과학회지**, 2001, 30(6), 1053 (갓김치의 항산화 효과)
18) 박석규, 박정로, 이상원, 서권일, 강성구, 심기환, **식품영양과학회지**, 1995, 24(5), 707 (돌산갓 전처리 추출물의 항균활성 및 열안정성)
19) 박석규, 조영숙, 박정로, 문주석, 이용수, **식품영양과학회지**, 1995, 24(5), 48 (갓 숙성 중 당, 유기산, 유리아미노산, 핵산)
20) 박석규, 조영숙, 박정로, 전순실, 문주석, **식품영양과학회지**, 1993, 22(1), 53 (돌산갓의 비휘발성 유기산, 무기질, 지방산 및 섬유소 조성)
21) 박정로, 박석규, 조영숙, 전순실, **식생활문화학회지**, 1994, 9(2), 137 (돌산갓의 Myrosinase 분리 정제 및 갓김치 숙성 중 Myorinase 활성도 변화)
22) 송은승, 전영수, 최홍식, **식품영양과학회 1996년도 추계학술대회 초록집**, 1996, p.30 (Crude Chlorophylls, Carotenoids 분획, 항산화작용);p. 53 (우육 지방질 산화, 갓김치의 항산화)
23) 송은승, 전영수, 최홍식, **식품영양과학회지**, 2001, 30(1), 377 (갓에서 Chlorophyll 유도체 및 β-Carotene의 분리와 이들의 항산화작용)
24) 송은승, 전영수, 최홍식, **식품영양과학회지**, 2001, 30(1), 421 (갓김치 Chlorophylls 및 Carotenoids의 항산화 효과)
25) 신승원, 강찬아, **생약학회**, 2001, 32(2), 140 (갓 정유의 조성 및 항진균작용에 관한 연구)
26) 전순실, 최옥자, 조영숙, 박석규, 박정로, **식품영양과학회지**, 1995, 24, 54 (돌산갓김치 숙성, 매운맛 성분 변화)
27) 조영숙, 경상대학교 박사학위논문, 1992(**갓의 성분 조성과 그 식이가 흰쥐의 지질대사에 미치는 영향**)
28) 조영숙, 박석규, 전순실, 문주석, 하봉석, **식품영양과학회지**, 1993, 22(1), 48 (돌산갓의 일반성분, 당 및 아미노산 조성)
29) 조영숙, 박석규, 전순실, 박정로, **식생활문화학회지**, 1993, 8(2), 147 (돌산갓의 Isothiocyanate류의 분석)

30) 조영숙, 박정로, 박석규, 전순실, 정승용, 하봉석, **영양학회지**, 1993, 26(1), 13 (갓의 급이가 흰쥐의 Cholesterol 대사에 미치는 영향)

31) 조영숙, 하봉석, 박석규, 전순실, **식생활문화학회지**, 1993, 8(2), 153 (돌산갓의 Carotenoids 및 Chlorophyll 함량)

32) 차연수, 정복미, **가정과학회지**, 1998, 1(1), 94 (갓 첨가식이가 만성적 알코올 투여 흰쥐의 지방대사)

33) 최명락, 유은정, 송상호, 강동수, 박종철, 임현수, **식품영양과학회지**, 2001, 30(4), 717 (화학성분과 생리활성)

34) 최명락, 유은정, 송상호, 강동수, **식품영양과학회지**, 2001, 30(4), 721 (돌산갓의 부위별 생리활성 작용의 비교)

35) 최영숙, 황정희, 김재이, 전영수, 최홍식, **식품영양과학회지**, 2000, 29(6), 1003 (부재료 첨가에 따른 갓김치의 항산화성)

36) 최홍식, 송은승, 전영두, **식품영양과학회지**, 1999, 28(3), 520 (갓김치 모델 시스템에서 발효과정 중 Chlorophylls의 특성 변화에 대한 연구)

37) 최홍식, **식품영양과학회지**, 2003, 32(6), 937 (적갓김치 Anthocyanin의 항산화 특성)

38) 표영희, 김정수, 한영숙, **식품과학회지**, 2000, 32(1), 56 (청갓김치의 휘발성 성분과 발효숙성 시의 변화)

39) 한국영양학회, **한국인영양권장량**, 제7차 개정판, 2000 (영양성분)

40) 한병훈, 양현옥, 김용철, 한용남, **약학회지**, 1994, 38(4), 462 (Platelet Activating Factor Binding Inhibition)

41) 한용봉, 김미라, 한병훈, 한용남, **생약학회지**, 1987, 18(1), 41 (갓과 겨자의 항산화 활성에 관한 연구, Sinapine, Antioxidative Effect)

42) 황정희, 송영옥, 최홍식, **식품영양과학회지**, 2000, 29(6), 1009 (적갓김치의 항산화성)

43) Aguinagalde, I. et al., Phytochemistry, 1982, 21, 2875 (Isoquercitrin, derivs)

44) Bergmann, W. et al., J. Org. Chem., 1945, 10, 570 (Dehydrocampesterol)

45) Birkofer, L. et al., Z. Natur Forsh., B, 1962, 17, 359 (Quercimeritrin;3-sophoroside)

46) Davies, B.H., Int. Rev. Biochem., 1977, 14, 51 (Lutein, Xanthophyll, rev)

47) Devys, M. et al., Phytochemistry, 1990, 29, 1087 (Cyclobrassinin sulfoxide, Phytoalexin)

48) Evans, W.C. et al., J. Chem. Soc., 1959, 1406 (Tropine)

49) Ensminger, Ensminger, Konalande, Robson, Food and Nutrition Encyclopedia, 2nd ed., CRC Press, 1994, 1581, 2179 (Nutritive Value)

50) Gil, V. et al., Tetrahedron, 1980, 36, 779 (Gluconastriin)

51) Hanley, A.B. et al., J. Sci. Food Agric., 1983, 34, 869 (Gluconapin)

52) Hoffmann, A.W., Ber., 1874, 7, 508 (*sec*-Butyl Isothiocyanate)

53) H?rhammer, L. et al., Tetrahedron Lett., 1966, 567 (Isoquercitrin)

54) Huang, K.C., The Pharmacology of Chinese Herbs, 2nd ed., CRC Press, New York, 1999

55) Karrer, P. et al., Helv. Chim. Acta, 1932, 42, 1218, 1399 (Crocetin, isol)

56) Kjaer, A. et al., Acta, Chem. Scand., 1956, 10, 1365;17, 2143

57) Kobayashi, M. et al., Steroids, 1975, 26, 605 (Brassicasterol)

58) Krishimamurti, M. et al., Indian J. Chem., 1965, 3, 270 (Isorhamnetin-3,7-diglucoside)

59) Kubo, M. et al., Yakugaku Zasshi, 1988, 108(10), 971 (Hair Stimulant Activity)

60) Lewis, R.J., Sax' s Dangerous Properties of Industrial Materials, 8th ed., Van Nostrand-Reinhold. 1992, AGJ 250 (3-Isothiocyanto-1-propene, Chief Constit. Natural Mustard Oil)

61) Lichtenstein, E.P. et al., J. Agric. Food Chem., 1964, 12, 158 (Phenyl Isothiocyanate, Insecticidal Prop.)

62) Luethy, L. et al., Phytochemistry, 1979, 18, 2028 (1-Cyano-2,3-epithiopropane, Seed, Mutagenic)

63) Maeda, H. et al., Jap. J. Cancer Res., 1992, 83(9), 923 (Antitumor-promoting Activity)

64) Matsumoto, T. et al., Phytochemistry, 1983, 22, 2619;1984, 23, 921;1988, 27,

629, 3231 (25-Methyl-24-Methylene Cholesterol)

65) Molnár, P. et al., Phytochemistry, 1986, 25, 195 (Violaxanthin)

66) Palmer, M.V. et al., J. Agr. Food Chem., 1987, 35(2), 262 (Sinigrin)

67) Prasad, Y.R. et al., Fitoterapia, 1993, 64(4), 373 (Antifungal, Antibacterial)

68) Rahman, W., J. Org. Chem., 1962, 27, 153 (Isorhamnetin, derivs)

69) Schoensiegel, I. et al., Z. Naturforsch., B, 1969, 24, 1215 (Isorhamnetin-7-*O*-β-glucoside)

70) Tappi, G. et al., Helv. Chim. Acta, 1949, 32, 50 (Antheraxanthin)

71) Wail, M.E. et al., J. Nat. Prod. (Lloydia), 1988, 51, 129 (Indole-3-acetonitril)

72) Webby, R.F. et al., Phytochemistry, 1990, 29, 289 (Astragalin)

73) Yamaguchi, T. et al., Agr. Biol. Chem., 1980,44(4), 959 (Catalase Stimulation, Desmutagenic)

74) Yamaguchi, N., Kanoo, M., Ikeda, K., Kijima I., Nippon Shokuhin Kogyo Gakkaishi, 1984, 31, 114 (Antioxidative Effect)

3 고구마 *Ipomoea batatas* Lamarck

메꽃과(Convolvulaceae)

Sweet popato(英),Satsuma-imo(日),
단고구마(일반명), 甘薯, 番薯, 山芋(中)

원산지 : 열대 아메리카

용도 : 잎자루, 괴근(식용)

식물학적 특성

밭에서 재배하는 다년초로 줄기는 땅 위로 퍼지고 뿌리는 괴근이며 주로 타원형이다. 겉의 색은 여러 가지인데, 자르면 흰빛 유액이 나온다. 잎은 호생이고, 잎자루는 길며, 밑은 얕은 심장형이다. 꽃은 홍자색이고, 괴근은 식용한다.

성분

1) 영양성분

① **고구마, 신율미**(2029) 가식부 100g 중 열량 124.0kcal, 단백질 1.4g, 지질 0.1g, 당질 29.6g, 조섬유 1.0g, Ca 26.0mg, P 32.0mg, Fe 0.80mg, Zn 0.27mg, vitamin A 3.0RE, β-carotene 15.0㎍, B_1 0.06mg, B_2 0.08mg, B_6 0.27mg, niacin 0.6mg, C 27.0mg, 엽산 52.0㎍, E 1.10mg.

② **고구마, 생것**(2019) 가식부 100g 중 열량 128.0kcal, 단백질 1.4g, 지질 0.2g,

당질 30.3g, 조섬유 0.9g, Ca 24.0mg, P 54.0mg, Fe 0.50mg, Zn 0.27mg, vitamin A 19.0RE, β-carotene 113.0㎍, B_1 0.06mg, B_2 0.05mg, B_6 0.27mg, niacin 0.7mg, C 25.0mg, 엽산 52.0㎍, E 1.10mg. 〈식이섬유 2.32g〉

③ **고구마 잎**(6011) 가식부 100g 중 열량 43.0kcal, 단백질 3.0g, 지질 0.6g, 당질 8.7g, 조섬유 1.90g, Ca 72.0mg, P 38.0mg, Fe 5.8mg, Zn 0.29mg, vitamin A 351.0RE, β-carotene 2107.0㎍, B_1 0.12mg, B_2 0.23mg, B_6 0.21mg, niacin 2.3mg, C 30.0mg, 엽산 88.4㎍, E 4.00mg.

④ **고구마 줄기 생것**(6012) 가식부 100g 중 열량 7.0kcal, 단백질 1.1g, 지질 0.1g, 당질 1.1g, 조섬유 0.8g, Ca 82.0mg, P 18.0mg, Fe 0.6mg, Zn 0.27mg, vitamin A 2.0RE, β-carotene 14.0㎍, B_1 0.05mg, B_2 0.01mg, B_6 0.21mg, niacin 0.3mg, C 9.0mg, 엽산 88.4㎍, E 14.0mg.

⑤ **고구마 줄기 말린 것**(6013) 가식부 100g 중 열량 227.0kcal, 단백질 15.2g, 지질 3.2g, 당질 45.6g, 조섬유 11.0g, Ca 1552.0mg, P 186.0mg, Fe 16.0mg, Zn 1.49mg, vitamin B_1 0.18mg, B_2 0.28mg, B_6 4.36mg, niacin 4.1mg, 엽산 1837.0㎍, E 83.1mg. 〈식이섬유 12.02g〉

2) 특수성분

Dihydromyoporone(M-01913), 1-(3-Furanyl)-6,7-di-hydroxy-4,8-dimethyl-1-nonanone(F-00597), Hexadecylferulate(H-02285), 7-Hydroxycostal(E-01818), Luteochrome(5R,5'R,6S,8'R, L-00888) 등이 분리되었다.

동속식물에서 *Agrolavine(-, A-00588), Chanoclavine I (C-00848) · II(C-00848), 6-Deoxyglucose (D-00468), Boehmerol;acetate(B-00661), cis-Zeatin;9β-riboside(Z-00017), *Ergine(L-00956), *Ergometrine(+, E-01389), Ergometrinine(E-01389), Gibberellin A23(G-00330), Heavy blue anthocyanin(T-00884), Isoergine(L-00956), Isolysergic acid *Ipomean-4-ol(F-00601), Ipomea batatas phytoalexin(A-2, A-1), *Ipomeamarone(N-00369), Ipomoein, M(6)-Isopentenyl-adenosine(M-00852), P-Hydroxybenzoylpoenidin-3-diglucoside-5-glucoside(T-00884), α-hydroxyethylamide(L-00956),

Kaladasterone(H-00671), 11-Hydroxyhexadecanoic acid (S, H-01966), Lysergic acid α-hydroxyethylamide(L-00956), Lysergol(L-00957), Peonidin 3-(Caffeylsophoroside)(T-00884), Peonidin-3-diglucoside-5-glucoside(T-00884), Peonidin-3-D-(6-*O*-trans-caffeoyl)-2-*O*-β-glucopyranosyl-β-glucopyranoside(T-00884), Simonin Ⅰ · Ⅱ · Ⅲ · Ⅳ · Ⅴ 등도 분리되었다.

생리활성

자색 고구마의 간 보호 효과 : CCl_4-유도 간 손상 실험동물에서 자색 고구마의 투여가 간에 미치는 영향을 알고자, SD계 흰쥐에 정상군(C), CCl_4군(EC), 5% 자색 고구마 첨가군(P), CCl_4+5% 자색 고구마 첨가군(EP)을 5주간 사육한 후 혈청지질 농도, GPT, GOT, 간에 있는 항산화효소의 활성도와 지질과산화물을 관찰하였다. 체중, 간의 무게, 식이섭취량은 C군 · P군보다 EC군 · EP군에서 정상군보다 증가하였으나 유의성은 없었다. 혈청지질 농도는 총 cholesterol과 LDL-cholesterol은 C군보다 EC군이 감소하였고 P군보다 EP군이 증가하였으나 역시 유의성은 없었다. 혈청 GPT는 C군 · P군에 비해 EC군 · EP군에서 증가하였고, 자색 고구마 첨가군은 정상군보다 감소하였고(유의적), 자색 고구마 첨가군과 CCl_4 투여 정상 식이군보다 감소하였으며 혈청 GOT도 C군 · P군보다 EC군 · EP군에서 증가하였으며 EP군이 EC군보다 감소하여, 간 손상 보호를 추측할 수 있었다. GST 활성도는 C군 · P군보다 EC군 · EP군이 감소하였고($p<.05$), C군보다 P군이 감소하였다. GPX 활성도는 C군 · P군보다 EC군 · EP군에서 증가하였으나 유의성은 없었고, G-6-Pase 활성도는 정상식이군에 비해 자색 고구마 첨가군만 감소하였다($p<.05$). MDA도 정상식이군보다 자색 고구마 첨가군에서 감소하였으나 유의성은 없었다. 이러한 결과 자색 고구마는 CCl_4 투여 손상 간을 보호함을 알 수 있었다.

항산화성과 항미생물활성 : 자색, 황색의 유색 고구마와 미황색 및 일반 고구마의 알코올 추출물이 갖는 항산화성과 항미생물활성을 조사한 결과, 항산화성은 자색 고구마와 황색 고구마가 가장 높았고, 그 다음으로 미황색 고구마인 생미, 연미, 일반 품종인 황미가 높았다. 또한 외관상 곰팡이 발생 빈도와 표면세균 및 곰팡이의 수는 자색과 황색 고구마가 미황색과 일반 고구마에 비해 현저히 낮았다. 모든 시료 고구마가 효모와 곰팡이에 항균활성은 없었으나, *Streptococcus faecalis*에 대해 현저한 생육억제 효과가 나타났으며, 유색 고구마는 일반 박테리아에 대해 항균성이 있었다.

항돌연변이 효과 : 고구마효소 갈변반응 생성물(SPEBRP)의 항돌연변이 효과를 검토하기 위하여 DNA breaking test, Spore rec assay, Ames test를 실시한 결과, DNA breaking test에서 catechol- 및 hydroxyhydroquinone-SPEBRPs는 Fe^{2+}의 존재 하에서 DNA breaking effect를 저해하였고, *Bacillus substilis* H17(rec^{+}) 및 M45(rec^{-})로 Spore rec assay를 행했을 때 3,4-dihydroxytoluene-SPEBRP는 MNNG에 대해 강한 항돌연변이 효과를 보였다. *Salmonella typhimurium* TA98 및 TA100을 이용한 Ames test에서 pyrogallol-, 3,4-dihydroxytoluene-, hydroxyhydroquinone-SPEBRPs들은 발암물질인 benzo(α)pyrene에 대하여 각각 67%, 71%, 63%의 강한 억제활성을 보였다.

Polyphenol Oxidase 특성 : 갈변반응에 관여하는 polyphenol oxidase를 고구마에서 분리 · 정제한 결과, 열에 대해서는 65℃ 이하에서 안정하였고, 85℃에서 1분이 지나면 효소활성이 약 50% 상실되었다. 최적 pH는 6.0~6.5였고, o-diphenol이 가장 좋은 기질로 *o*-diphenolase이 확인되었으며, catechol에 대한 Km가는 6.7mM였고, 이 효소의 저해작용은 dithiothreitol, cysteine, ascorbic acid 순으로 나타났다.

자색 고구마의 영양성분: 단백질 2.01%, 무질소물 25.73%, 조지방 0.25%로 일반 고구마보다 높았다. 총 아미노산 구성은 자색 고구마, 일반 고구마의 2품종 모두 aspartic acid, serine, alanine, valine이 주성분이었고, 자색 고구마의 제1제한 아미노산은 함황아미노산이었다. 지방산 조성에서는 2품종 모두 palmitic, linoleic acid가 80% 이상이었고, 불포화지방산이 포화지방산보다 많았다. 2품종 모두 탄수화물 함량은 75% 이상이었고, 자색 고구마의 중성당은 67.22%로 glucose가 대부분이었으며, uronic acid는 11.88%, starch는 59.42%였다. vitamin B_1, B_2, niacin은 2품종 모두 차이가 적었고, vitamin C는 자색 고구마가 63.4mg%, 일반 고구마가 48.7mg%였다. 무기질은 자색 고구마에서는

K, Mg, Ca, Na 등이 주성분이었고 그 외에 Fe, Mn, Zn, Cu, Al 등이 확인되었다. 자색 고구마의 총 식이섬유는 13.43%, 수용성 식이섬유는 7.74%, 불용성 식이섬유는 5.69%였고, 일반 고구마의 총 식이섬유는 9.79%이며 수용성과 불용성 식이섬유 양은 자색 고구마와 비슷하였다.

자색 고구마 색소의 특성 : 자색 고구마 색소는 물, EtOH, MeOH 등의 용매에 잘 추출되나 유기용매에는 거의 추출되지 않는 수용성 색소로, 0.1%의 구연산을 첨가하여 20%의 EtOH를 추출하는 것이 가장 좋은 조건이었다. 가압중탕(121℃, 15분)과 데치기(90℃, 5분)에서 본 색소는 안정하였고, 색소 추출 온도는 30℃가 최적이었다. pH에 따른 색소의 변화는 pH 1.0~3.0에서 적색, pH 7.0~8.0에서 청색, pH 9.0~10.0에서 녹색을 띠는 것이며, pH 증가에 따라 최대 흡수파장이 장파장 쪽으로 이동되는, anthocyanin 색소의 전형적인 특성을 보였다.

자색 고구마 색소의 안정성 : 자색 고구마 색소에 pH, 당, 유기산, 금속, ascorbic acid 및 광의 영향을 조사한 결과, pH가 낮을수록 색소가 강하고 안정하였으며, pH의 증가에 따라 최대 흡수파장이 장파장 쪽으로 이동하는 bathochromic shift 현상을 보였다. glucose는 색소 안정성에 기여하였고, sucrose와 fructose는 역효과를 보였다. citric acid는 색소 안정성에 효과적이었는데, malic〉tartaric〉succinic acid 순으로 효과적이었다. 금속 이온 중 Al과 Cd는 자색 고구마에 들어 있는 anthocyanin 색소의 안정성에 기여하였으나, ascorbic acid는 색소 안정성을 저해하였으며 산소가 존재할 때 저해하는 정도가 컸다. 또한 자색 고구마의 anthocyanin 색소는 형광보다 일광에 대한 영향이 더 컸으며, 광 차단 시 안정성이 증가되었다.

황색 고구마의 Carotenoid 색소 : 황색 고구마 10종의 carotenoid 색소 함량을 조사한 결과, Benihayato가 20.2mg%(fresh wt.)로 가장 많았고, 다른 품종은 4.6~16.7mg%(fr. wt.)였다. 당근은 26mg%였고, 적색도를 나타내는 Hunter의 a-value는 carotenoid 함량과 정의 상관관계를 보여(r'=0.826), carotenoid 함량을 간접적으로 측정할 수 있었다. 황색 고구마의 carotenoid는 β-carotene으로 추정되었다.

주요성분① : 고구마 괴근을 MeOH 수용액으로 추출하고 이를 EtOAc, n-BuOH 및 물로 분획하여 EtOAc 분획에 column chromatography를 반복한 후 4종의 물질을 분리 · 동정한 결과, 수지배당체인 siminin Ⅰ, β-sitosterol 및 2종의 불포화지방산을 구명하였다.

주요성분② : β-carotene이 많고, vitamin C와 B_6, folate뿐 아니라 식이섬유의 좋은 급원이기도 하며, 당질은 glucose, fructose, mannitol, inositol 등이 있고, 단맛을 낸다.

가열과 당의 변화 : 생고구마와 55~57℃ 가열 고구마 시료 중 glucose, fructose, sucrose만 검출되었고, 고구마 전분의 호화온도 이상인 70~75℃와 90~95℃로 가열한 시료에서는 glucose, fructose, sucrose 및 maltose가 검출되었다. 고구마를 가열할 때, 전분의 가수분해는 호화온도 이상에서 일어났고, 가열된 고구마 중 glucose 함량은 변화가 없었으나 maltose만이 생성되었다. 가열 도중 전분의 가수분해는 주로 β-amylase에 의한 것으로 생각되었다.

품종별 전분 특성 : 우리나라에서 재배되는 고구마 중 6개 품종의 전분을 분석한 결과, 신미가 24.56%로 가장 많았고, 은미가 16.95%로 가장 적었다. 전분입자는 구형과 다각형이었고, 품종별 보리전분의 평균 입경은 10.4~14.2μ이었으며, amylose 함량은 25-28%였고, blue value와 알칼리 수는 각각 0.29~0.36, 7.0~12의 범위였다. 팽윤력과 용해도는 50℃까지 변화가 없었으나 그 이상에서 급격히 증가하였다. 물결합력은 은미가 211.6%로 가장 높았고, 신미는 175.7%로 가장 낮았다. 6% 전분현탁액의 amylogram 패턴은 모든 품종이 호화정점을 보이지 않았으며, 최고 점도는 은미가 1130(B.U), 홍미가 750(B.U)이었다. 0.2% 전분현탁액의 광투과도는 은미 · 황미 · 진미가 65℃에서, 홍미 · 신미 · 선미는 68℃에서 급격히 증가하였다. amylose 함량은 호화개시온도와 양의 상관성을 보였고, 증기 가열 고구마의 맛과 조직감은 수분함량과 음의 상관성을, amylose 함량과는 양의 상관성을 보였으며, 마이크로웨이브 가열 고구마는 단지 amylose 함량과만 양의 상관성을 보였다.

중금속 함량 : 당근, 무, 고구마, 감자, 마늘, 양파 등 근채류와 오이, 풋고추, 토마토 등 과채류의 중금속 함량을 조사한 결과, Pb, Zn, Mn 등은 과채류보다 근

채류에 많았고, Cd와 Cu는 유의성 차이가 없었다.

기타 연구 : 생고구마를 자를 때 나오는 흰 유액은 zalipin 성분이다. 고구마에는 β-carotene이 풍부하여 melanoma나 nonmelanoma 예방 효과가 있고 lung cancer preventive에도 효과가 있다. polyphenol 물질인 chlorogenic acid와 vitamin E는 antioxidative effect 물질이며, K성분이 많아 hypotensive effect도 있다. vitamin B_{12}은 antipercinous anemia 효과 물질로서 vitamin B_{12}의 원료로 각광받고 있다.

효능과 이용

1) 효능 : 뿌리(괴근) - 변통(便通), 보허(補虛), 신음보강(腎陰補强).

2) 식용 : 고구마는 본래 구황식품으로 재배되었으나, 섬유질이 많아 배변에 효과가 있어 근래에는 건강식품으로 각광받고 있다. K가 많은 alkali 식품으로, 괴근은 식용하거나 엿 제조 및 alcohol 제조에 쓰이고, 잎자루는 나물로 식용한다.

3) 약용 : 한의학에서는 폐, 비장, 위장을 보호하고 정기를 돕는 데 쓰며, 신장 기능 및 근골 발달에 응용한다. 민간에서는 신경통에 구워 먹는다.

4) 기타 : vitamin B_{12}를 추출하여 영양제 및 사료로 쓴다.
알칼리성 식품으로 kalium이 많아 natrium과 길항작용을 한다. 따라서 natrium이 많이 배설되므로 고구마를 먹을 때에는 소금이나 김치를 같이 먹는 것이 좋다.

참고문헌

1) 강선희, 김경자, 곽연주, **조리과학회지**, 1991, 7(2), 7 (서류 당화과정 중 물성 및 Texture에 관한 연구)

2) 금준석, Silva, J.L., 한억, **조리과학회지**, 1994, 10(2), 138 (마이크로파 가열에 의한 고구마의 가공 특성)

3) 금준석, **응용생명화학회지**, 1994, 37(2), 77 (가열방법과 저장성에 따른 이화학

적 성질)

4) 김선영, 유정희, **식품과학회지**, 1995, 27(5), 819 (자색 고구마의 영양성분)

5) 김선재, 임종환, **응용생명화학회**, 1997년 춘계 학술발표 초록집, p.91 (자색 고구마 Anthocyanin 색소분말의 저장안정성)

6) 김선재, 임종환, **식품과학회지**, 1997, 29(3), 492 (막분리에 의한 자색 고구마 색소의 농축)

7) 김선재, 임종환, 이란숙, 이준설, **식품과학회지**, 1996, 28(2), 345 (자색 고구마 색소의 추출과 특성)

8) 김선재, 임종환, 정순택, 안영선, 오용미, **식품과학회지**, 1997, 29(2), 218 (황색 고구마의 Carotenoid 색소 함량)

9) 김성곤, 이신영, 박용곤, **식품과학회지**, 1987, 19(3), 435 (수분-열처리한 감자 및 고구마전분의 호화특성)

10) 김성란, 안승요, **응용생명화학회지**, 1991, 34(1), 26 (분질 및 점질 고구마 전분의 아밀로펙틴 특성)

11) 김성란, 안승요, **응용생명화학회지**, 1992, 35(3), 196 (고구마전분의 산처리 특성과 산분해 잔사의 구조적 특성)

12) 김영휘, 김준평, **응용생명화학회지**, 1987, 30, 305 (대두 및 고구마 β-Amylase의 비교)

13) 김재승, **동서사학**, 2001, 8, 97 (고구마의 조선 전래)

14) 김재욱, 이춘영, 김호식, **응용생명화학회지**, 1964, 5(1), 33 (고구마의 저장 중 화학적 조성)

15) 김정수, **식품영양과학회지**, 1995, 24, 943 (고구마 음료의 제조와 그 품질 특성)

16) 김정수, **호남대학교 논문집**, 1992, 13, 119 (고구마 β-Amylase N-말단의 아미노산 배열에 관한 연구)

17) 김종덕, 송일병, **사상의학회지**, 1997, 9(2), 301 (서류에 대한 문헌학적 고찰—감자, 고구마의 비교 고찰)

18) 김준평, 戶田弘子, 오문헌, 심우만, 김정수, 崎山文夫, **중앙대학교 식량자원연구소 논문집**, 1991, 3(1), 25 (품종 간 β-Amylase의 이화학적 특성에 관한 연구)

19) 김찬조, 최우영, 오만진, **응용생명화학회지**, 1972, 15(2), 213 (탁주양조 원료로서 고구마의 이용)
20) 김호식, 이춘영, 김재욱, **응용생명화학회지**, 1963, 4(1), 1 (고구마의 화학적 조성에 관한 연구)
21) 문인순, 고영수, 홍순영, **식품위생안전성학회지**, 1986, 19(1), 31 (야채 중에 함유된 유해 미량금속에 관한 연구)
22) 박귀근, 함승시, **산업미생물학회지**, 1992, 20(5), 498 (고구마효소 갈변반응생성물의 항돌연변이 효과)
23) 백남인, 안은미, 방면호, 김해영, **응용생명화학회지**, 1997, 40(6), 583 (식용식물자원으로부터 활성물질의 탐색－1. 고구마 괴근의 주요성분 분리)
24) 서형주, 정수현, 최양문, 배송환, 김영순, **조리과학회지**, 1998, 14(2), 182 (조리방법에 따른 고구마의 당 함량 변화)
25) 석호문, 박용곤, 남영중, 신동화, 김준평, **응용생명화학회지**, 1987, 30(2), 179 (품종별 고구마 전분의 이화학적 특성)
26) 송은, 신말식, 홍윤호, **응용생명화학회지**, 1987, 30(3), 242 (수분-열처리에 따른 고구마 전분의 이화학적 성질)
27) 신말식, 안승요, **응용생명화학회지**, 1983, 26(2), 137 (한국산 고구마 전분의 이화학적 특성)
28) 신말식, 안승요, **응용생명화학회지**, 1987, 30(4), 315 (분질과 점질 고구마의 텍스쳐 특성)
29) 신말식, 안승요, **식품과학회지**, 1986, 18(5), 431 (고구마 전분에 대한 고구마 조효소와 전분효소의 작용)
30) 신말식, 안승요, **식품과학회지**, 1988, 20(4), 412 (분질 및 점질 고구마 전분의 특성)
31) 신용서, 이갑상, 김동한, **식품과학회지**, 1993, 25(7), 666 (고구마와 호박을 첨가한 요구르트 제조)
32) 이관영, 이서래, **식품과학회지**, 1972, 4(4), 309 (고구마 지질성분의 계통분석)
33) 이란숙, 김선재. 임종환, **식품영양과학회지**, 2000, 29(4), 555 [자색고구마(자미)

Anthocyanin 색소의 성분 분석]

34) 이란숙, 임종환, 김선재, 정병훈, **식품과학회지**, 1996, 28(2), 352 (자색 고구마 색소의 안정성)

35) 이서래, **식품과학회지**, 1970, 3, 201 (고구마와 콩을 이용한 이유식품의 제조)

36) 이서래, 정구홍, 김호식, **화학회지**, 1969, 13(1), 96 (고구마수지 중 잘라핀의 당 구성에 관한 연구)

37) 이신경, 신말식, **응용생명화학회지**, 1994, 37(6), 463 (계면활성제 첨가 고구마 전분의 호화와 노화특성)

38) 이신경, 신말식, **조리학회지**, 1992, 8(3), 255 (Surfactant를 처리한 고구마 전분의 물리화학적 특성)

39) 이은희, 안승요, **응용생명화학회지**, 1981, 24(4), 245 (가열에 의한 고구마의 당의 변화)

40) 이주찬, 이가순, 이종국, 한규홍, 오만진, **농산물저장유통학회지**, 1999, 6, 442 (자색 고구마를 첨가한 호상요구르트의 제조와 특성)

41) 이향희, 강성국, 임종환, **식품과학회지**, 1999, 31(4), 1090 (고구마의 품종별 항산화성과 항미생물 특성)

42) 이향희, 강성국, 임종환, 정병춘, **식품영양과학회 1998년 제44차 추계 학술발표회 및 정기총회**, p.91 (고구마의 저장성과 추출물의 항산화 및 항미생물 특성)

43) 이현옥, **안양공업전문대학 논문집**, 1988, 11, 227 (Microwave Cooking과 Conventional Cooking에 있어 고구마의 품종에 따른 Vitamin 함량에 관한 연구)

44) 이현유, 박광훈, 민병용, 김준평, 정동효, **식품과학회지**, 1978, 10, 331 (고구마 고추장의 숙성기간 중 성분 변화에 관한 연구)

45) 임서영, 신말식, 안승요, **응용생명화학회지**, 1985, 28(3), 156 (세 품종 고구마 전분의 이화학적 특성 및 산처리에 의한 비교)

46) 임종환, 이장욱, **식품과학회지**, 2002, 34(2), 238 (자색 고구마 색소 농축액과 매실음료 Anthocyanin의 가열분해에 대한 속도론적 연구)

47) 임종환, 이장욱, **식품과학회지**, 2002, 34(2), 346 (자색 고구마에서 추출한 Anthocyanin의 광안정성)

48) 임종환, 이장욱, 조재선, 여경목, **식품과학회지**, 2001, 33(6), 808 (자색 고구마 Anthocyanin의 색소의 대량 추출 및 농축)

49) 장경숙, **농촌생활과학**, 1995, 16, 26 (자색 고구마 이용성 시험)

50) 장윤환, 강태홍, 이규호, 이인덕, **동물자원과학회지**, 1982, 24, 248 (고구마 및 쌀보리 주정박의 화학성분 및 대사에너지)

51) 정수자, **식품영양과학회지**, 1988, 17(4), 348 (고구마 Polyphenol Oxidase의 정제 및 특성)

52) 정순택, 임종환, 강성국, **식품영양과학회지**, 1998, 27(4), 596 (황색 고구마 퓨레의 품질과 Carotenoid 색소)

53) 정승현, 신건진, 최춘언, **식품과학회지**, 1991, 23(3), 272 (옥수수, 고구마, 감자, 소맥, 녹두 전분의 이화학적 성질 비교)

54) 조숙자, **청주사범대학 논문집**, 1981, 10, 217 (고구마의 저장기간과 조리에 관한 연구 I －저장기간 중의 Vitamin C 함량 변화가 조리에 미치는 영향)

55) 조영자, 김현아, 방미애, 오용비, 정병춘, 문윤호, 정우진, **식생활문화학회지**, 2003, 18(3), 202 (자색고구마가 사염화탄소투여에 의한 간 손상 보호에 미치는 영향)

56) 한규홍, 이주찬, 이가순, 김재호, **식품과학회지**, 2002, 34(4), 673 (자색 고구마를 이용한 민속주의 제조 및 생리기능성)

57) Abe, M. et al., Agric. Biol. Chem., 1961, 25, 594 (isol, Alkaloid, Lysergol)

58) Akpapunam, M.A., Abiante, D.A., Plant Foods for Human Nutrition, 1991, 41, 291 (Processing and Quality Evaluation of Sweet Potato Chips)

59) Arcamone, F. et al., Nature (London), 1960, 184, 238 (Amides, Ergine, Isoergine, α-Hydroxyethylamide)

60) Arthur, J.C., Jr., Mclemore, T.A., J. Agric. Food Chem., 1956, 4, 553 (Properties of Polyphenolase Causing Discoloration of Sweet Potatoes during Processing, Interaction between Copper Ions and Sweet Potato Polyphenolase Substrates)

61) Bassa, I.A., Francis, F.J., J. Food Sci., 1987, 52, 1753 (Stability of Anthocyanin from Sweet Potatoes in a Model Beverage)

62) Bicudo, de Almeida, L. et al., Helv. Chim. Acta, 1986, 69, 1554 (Orange Cryst, Luteochrome)

63) Boggess, T.S., J. Food Sci., 1967, 32, 554 (Changes in Lipid Composition of Sweet Potatoes as Affected by Controlled Storage)

64) Canonica, L. et al., Phytochemistry, 1975, 14, 525 (Seeds, Kaladasterone)

65) Chandller, L.A., Schwartz, S.J., J. Agric. Food Chem., 1988, 36, 129 (Isomerization and Losses of Trans β-Carotene in Sweet Potatoes as Affected by Processing Treatment)

66) Chao, J.-M. et al., Phytochemistry, 1973, 12, 2435 (Occur, Ergometrinine C)

67) Chen, B.H., Chen, Y.Y., J. Agric. Food Chem., 1993 41, 1315 (Stability of Chlorophylls and Carotenoids in Sweet Potatoes Leaves during Microwave Cooking)

68) Das S., Ganguly S.N., Mukherjee K.K., Natural Prod. Sci., 1999, 5(3), 121 (Fatty Acids, Phytochemical Components, Seeds)

69) Duangmal, K., Owusu, Apenten, R.K., Food Chem., 1999, 64, 351 [A Comparative Study of Polyphenol Oxidase from Taro(*Colocasia esculenta*) and Potato(*Solanum tuberosum* var. *Romano*)]

70) Ensminger, Ensminger, Konalande, Robson, Food and Nutrition Encyclopedia, 2nd ed., CRC Press, 1994, 986 (Nutritive Value)

71) Ezaki, N. et al., Carbohydr. Res., 1971, 17, 375 (Antibiotic, 6-Deoxyglucose)

72) Fleysher, M.H. et al., J. Med. Chem., 1972, 15, 187 (Pharmacol, Antineoplastic, N(6)-Isopentenyl-adenosine)

73) Fukui, H. et al., Agric. Biol. Chem., 1972, 36, 1063 (isol, Gibberellin A_{23})

74) Goto, T. et al., Heterocycles, 1982, 17, 354 (Heavenly Blue Anthocyanin)

75) Hagenimana, V., Vegina, L.P., Simard, R.E., J. Agric. Food Chem., 1992, 40, 1777 (Distribution of Amylases within Sweet Potato Root Tissue)

76) Hamann, D.D., Miller, N.C., Purcell, A.E., J. Food Sci., 1980, 45, 992 (Effects of Curing on the Flavor and Texture of Baked Sweet Potatoes)

77) Hayase, F., Kato, H., J. Nutr. Sci. Vitaminol., 1984, 30, 37 (Antioxidative Components of Sweet Potatoes)

78) Hayashi, T., Kawashima, K., Agric. Biol. Chem., 1982, 46, 1475 (The Effect of γ Irradiation on the Source Content in Sweet Potato Roots and Potato Tubes)

79) Hyodo, H., Uritani, I., Plant Cell Physiol., 1966, 7, 137 (A Study on Increase in *o*-Diphenol Oxidase Activity during Incubation of Sliced Sweet Potato Tissue)

80) Hyodo, H., Uritani, I., Arch. Biochem. Biophys., 1967, 122, 299 (Properties of Polyphenol Oxidase in Sweet Potato Tissue after Wounding)

81) Hyodo, H., Uritani, I., J. Biochem., 1965, 58, 388 (Purification and Properties of *o*-Diphenol Oxidase in Sweet Potato)

82) Imbert, M.P., Seaforth, C.E., Williams, D.B., J. Am. Hort. Sci., 1966, 88, 481 (Anthocyanin Pigments of the Sweet Potato. *Ipomoea batatas*)

83) Jackman, R.L., Yada, R.Y., Tung, M.A., Speers, R.A., J. Food Biochem., 1987, 11, 20 (Anthocyanins as Food Colorants : A Review)

84) Lee, J.W., Lee, H.H., Rhim, J.W., Jo, J.S., J. Korean Soc. Food Sci. Nutr., 2000, 29, 790 (Determination of Extraction Condition for Anthocyanins from Purple-fleshed Sweet Potato)

85) Lewis, R.J., Sax' s Dangerous Properties of Industrial Materials, 8th ed., Van Nostrand-Reinhold. 1992, AEY 375 (*KE 6325000, CNS Excitator, Alkaloid, Agrolavine)

86) Lewis, R.J., Sax' s Dangerous Properties of Industrial Materials, 8th ed., Van Nostrand-Reinhold. 1992, EDB 500 (*KE 5075000, Antiserotonin)

87) Madamba, L.S.P., Barba, C.V.C., Burgos, M., Domingo, T.B., NSDB Technology J., 1977, 2, 60 (Formulation, Development and Evaluation of Sweet Potato Products)

88) Mizuno, M. et al., Phytochemistry, 1990, 29, 2663 (isol, Hexadecylferulate)

89) Nagahama, T., Proc. of Korea-Japan Symp., Mokpo, Korea, 1996, pp.1-5 (Potential Functions of Sweet Potato and Current Topics on them)

90) Odake K., Terahara, N., Saito, N., Toki K., Honda T., Phytochemistry., 1992, 31, 2127 (Chemical Structures of Two Anthocyanins from Purple Sweet Potato, *Ipomoea batatas*)

91) Oguri, I. et al., Phytochemistry, 1974, 13, 521 (Hepatotoxin, isol, deriv, Ipome-amarone)

92) Oyarzún, M. et al., Phytochemistry, 1987, 26, 221 (Cryst, Struct, Boehmerol; Acetate)

93) Pamilio, A.B., Phytochemistry, 1973, 12, 218 (isol, *p*-Hydroxybenzoylpoenidin-3-diglucoside-5-glucoside)

94) Pichia, D.H., J. Food Sci., 1985, 50, 1768 (Crude Protein, Minerals and Total Carotenoids in Sweet Potatoes)

95) Pichia, D.H., J. Am. Soc. Hortic. Sci., 1987, 111, 89 (Carbohydrate Changes in Sweet Potatoes during Curing and Storage)

96) Pichia, D.H., J. Food Sci., 1986, 51, 239 (Influence of Storage Duration and Temperature on Sweet Potato Sugar Content and Chip Color)

97) Pichia, D.H., J. Food Sci., 1987, 52, 617 (Crude Protein, Mineral and Total Carotenoids in Sweet Potatoes)

98) Power, F.B. et al., J. Chem. Soc., 1912, 101, 398 (Cryst, 11-Hydroxyhexa-decanoic Acid)

99) Rabinson, R. et al., J. Chem. Soc., 1931, 2722;1932, 2493 (Glycosides, Peonidin; 3-Caffeylsophoroside)

100) Ravidran, V., Ravidran, G., Sirakanesan, R., Rajaguru, S.B., J. Agric. Food Chem., 1995, 43, 2646 (Biochemical and Nutritional Assesment of Tubers from 16 Cultivars of Sweet Potato)

101) Reddy, N.N., Sistrunk, W.A., J. Food Sci., 1980, 45, 682 (Effect of Cultivar, Size, Storage, and Cooking Method on Carbohydrates and Some Nutrients of Sweet Potatoes)

102) Schwartz, S.J., Walter, W.M., Jr., Carroll, D.E., Giesbrecht, F.G., J. Food Sci.,

1987, 52, 617 (Chemical, Physical, and Sensory Properties of a Sweet Potato French-fry Type Product during Frozen Storage)

103) Scott, L.E., Kattan, A.A., J. Am. Soc. Hortic. Sci., 1957, 69, 436 (Variegated Differences in the Catechol Oxidase Content of the Sweet Potato Root)

104) Shi, Z., Bassa, I.A., Gabriel, S.C., Francis, F.J., J. Food Sci., 1992, 57, 755 (Anthocyanin Pigments of Sweet Potatoes—*Ipomoea batatas*)

105) Sistrunk, W.A., J. Am. Soc. Hort. Sci., 1977, 102, 381 (Relationship of Storage, Handling, and Cooking Method to Color, Hard Care Tissue, and Carbohydrate Composition in Sweet Potatoes)

106) Sosulski, F., Krygier, K., Hogge, L., J. Agric. Food Chem., 1982, 30, 337 (Free Esterified and Insoluble-bound Phenolic Acids : 3. Composition of Phenolic Acids in Cereal and Potato Flours)

107) Stanffacher, D. et al., Halv. Chim. Acta, 1964, 47, 2186 (Struct, Chalnoclavine I ,II)

108) Syvanus, O., Anthony, O., Olumide, T., Food Chem., 1989, 31, 9 [Some Aspects of the Biochemistry and Nutritional Value of the Sweet Potato(*Ipomea batatas*)]

109) The Reader' s Digest, Food that Harm, Food that Heal, 1977, p.378

110) Tiu, C.S., Purcell, A.E., Collins, W.W., J. Agric. Food Chem., 1985, 33, 223 (Contribution of Some Volatile Composition to Sweet Potato Aroma)

111) Tsukui, A., Kuwano, K., Mitamura, Kaisegaku Zasshi., 1983 34, 153 (Anthocyanin Pigment Isolated from Purple Root of Sweet Potato)

112) Walter, F.M., Hansen, A.P., Purcell, A.E., J. Food Chem., 1971, 36, 765 (Lipids of Cured Centennial Sweet Potatoes)

113) Walter, W.M., Jr., Purcell, A.E., Hoover, M.W., White, A.G., J. Food. Sci., 1978, 43, 1242 (Lipid Auto-oxidation and Amino Acid Changes in Protein-enriched Sweet Potato Flakes)

114) Walter, W.M., Jr., Purcell. A.E., J. Agric. food Chem., 1979, 27, 942 (Evaluation of Several Methods for Analysis of Sweet Potato Phenolics)

115) Walier, W.M., Jr. Purecell, A.E., J. Agric. Food Chem., 1980, 28, 941 (Effect of Substrate Levels and Polyphenol Oxidase Activity on Darkening in Sweet Potato Cultivars)

116) Wang, T.L. et al., Planta, 1977, 135, 285; 1978, 140, 151 (cis-Zeatin;9β-Riboside)

117) Wiben, B.J. et al., Mycotoxins, (I.F.H. Purchase Ed.), Elsevier Amsterdam, 1974, 327 (rev, Ipomean-4-ol)

118) William, M.W., Jr., George, L.C., Leslie, L.Y., Picha, D.H., J. Agric. Food Chem., 1983, 31, 947 (Protein Nutritional Value of Sweet Potato Flour)

119) Yamazaki, Y., Owari, K., Kawasaki, Y., Yamada, T., Yoshihara, K., Eisei Shikensho Hokoku, 1986, 104, 154 (Study on Red Color Development of Sweet Potato Epidermis by Treatment with Phosphate Preparations)

120) Zdero, C. et al., Phytochemistry, 1987, 26, 187 (Phytoalexin)

121) Zurin, S., Bassa, I.A., Gabriel, S.L., Francis, F.J., J. Food Sci., 1992, 57, 755 (Anthocyanin Pigments of Sweet Pigment Potatoes—*Ipomoea batatas*)

4 곰취 *Ligularia fischeri* (Ledeb.) Turcz.

국화과(Compositae)

Otakarako(日), 能蔬 (능소)(中)

산지 : 한국, 일본, 중국, 소련

용도 : 어린 잎(식용), 뿌리(약용)

식물학적 특성

습기 찬 깊은 산에서 자라는 키 1~2m의 다년초로, 근경은 굵고 하부에는 거미줄 모양의 흰 털이 있으며, 상부에는 짧은 털이 있다. 근생엽은 잎자루가 길고, 심장형으로 가장자리에 톱니가 있다. 표면은 녹색이고, 뒷면은 연녹색이며, 양면에 털이 조금 있다. 맨 아래 잎은 작고, 잎자루가 줄기를 싸고 있다. 두상화서 밑에서 위로 노란 꽃이 피고, 열매는 수과이며, 결실기는 10월이다.

동속식물로는 화살곰취(*L. jamesii*), 곤달비(*L. stenocephala*), 무산곰취(*L. japonica*) 및 우리나라 북부 지방에 자생하는 긴잎곰취(*L. jaluensis*), 어린 곤달비(*L. intermedia*) 등 8종이 있고, 전 세계적으로는 80종이 있다.

성분

1) 영양성분

① **곰취 생것(6035)** 가식부 100g 중 열량 23.0kcal, 조섬유 1.6g, 단백질 2.7g, 지질 0.3g, 당질 3.9g, Ca 76.0mg, P 59.0mg, Fe 1.5mg, Zn 0.03mg, vitamin A 736.0IU, β-carotene 4415.0㎍, B_1 0.04mg, B_2 0.12mg, B_6 0.14mg, C 21.0mg, niacin 0.8mg, 엽산 16.1㎍, E 0.48mg.
② **곰취 말린 것(야생, 6036)** 가식부 100g 중 열량 273.0kcal, 조섬유 9.60g, 단백질 5.1g, 지질 4.9g, 당질 61.5g, Ca 45.0mg, P 31.0mg, Fe 2.1mg, Zn 0.28mg, vitamin A 83.0IU, β-carotene 500.0㎍, B_1 0.3mg, B_2 0.08mg, B_6 1.3mg, C 5.0mg, niacin 1.1mg, 엽산 78.8㎍, E 2.35mg.
③ **곰취 말린 것(재배, 6037)** 가식부 100g 중 열량 270.0kcal, 조섬유 10.1g, 단백질 8.0g, 지질 4.7g, 당질 59.1g, Ca 42.0mg, P 24.0mg, Fe 1.5mg, Zn 0.28mg, vitamin A 551.0IU, B_1 0.26mg, B_2 0.12mg, B_6 1.30mg, C 7.0mg, niacin 1.0mg, 엽산 78.8㎍, E 2.35mg.

2) 특수성분

Eremoligenol(E-01369), Furanoeremophilane(F-00554, oil), 6-Hydroxy-7(11)-eremophilen-12,8-olide(6β,8α,H-01691), Ligularone(F-00569), Ligul-oxide(E-00727), Liguloxidol, Acetate(E-00727), Petasalbin(F-00569) 등이 규명되었고, 뿌리에서 Ligularone(F-00569), Eremoligenol(oil, E-01369), Furano-eremophilane(F-00554, oil), Petasalbin(F-00569), Liguloxide(E-00727), Ligulo-xidol(E-00727), Liguloxidol acetate(E-00727)가 분리 · 동정되었다.

Ligularia 속 식물에서 8β-Anegeloyloxyligularinone A(D-01049), 1,10-Epoxyfuranoeremophilan-6-ol(1β,6β,10β, E-00687), 5,11-Epoxyguaiane(1α,4α,5β,7β,10α, E-00727), Furanoligularenone(F-00580), 6-Hydroxy-toxol(2R*,3R*); 3-D-Angeloyl(H-03094), Liguhodgsonal(R, L-00550), Ligujapone(S, L-00551), Ligularinone A(D-01049), B(E-00840) 등이 분리되었다.

생리활성

항산화활성① : 지질과산화에 의해 생성되는 MDA(malondialdehyde)를 thiobarbituric acid와 반응시켜 측정한 MDA 값은 곰취 추출물의 농도에 대해 의존적인 감소를 보여 산화가 억제됨을 알 수 있었다. 지질과산화에 의해 생성된 conjugated diene은 곰취 추출물에서는 Cu^{+2}로 산화시킴으로써 대조군에 비해 약 1.1~2.8배까지 감소하였고, 분획물에서는 2.2~3.2배 감소하여, 항산화 효과가 강하게 나타났다. densitometer를 이용한 apo B-100 함량은 천연 LDL 함량이 100%일 때, EtOH, MeOH, H_2O 추출물에서는 각각 77.8%, 92.5%, 82.3%였고, hexane 분획, EtOAc 분획 및 물 분획에서는 각각 38.8%, 94.5%, 65.5%로 나타나, EtOAc 분획이 가장 강한 산화억제 효과를 보이면서 apo B-100의 분해를 억제하였다.

항산화활성② : 산수유, 민들레, 곰취, 들깻잎을 H_2O, Et_2O, EtOH로 추출한 후 Rodan 철법으로 시료의 항산화력을 측정하였다. 즉, 일정 농도의 추출물과 linoleic acid를 혼합하고 7일간 50℃에서 차광한 채 보관하여 α-tocopherol과 citric acid와 함께 항산화력을 비교한 결과, 곰취와 들깻잎의 모든 추출물은 1mg, 0.5mg, 0.2mg의 농도에서 citric acid와 유사한 항산화 효과를 보였고, 0.2mg의 낮은 농도에서는 곰취, 들깻잎, 민들레의 Et_2O · EtOH 추출물이 citric acid보다 강한 항산화력을 보였다. 한편 α-tocopherol 및 citric acid를 이들 추출물과 혼합하여 상승 효과를 살펴본 결과, α-tocopherol은 이들 시료들과 상승 효과를 보이지 않았으나 들깻잎의 H_2O 추출물과는 강한 항산화력 상승 효과를 보였다.

돌연변이 억제① : 산채류를 100℃에서 20분간 가열하여 가열즙을 얻은 후 이들의 돌연변이 억제활성을 관찰한 결과, *S. typhimurium* TA98주에 대해서는 머위, 소금쟁이, 원추리, 참나물, 참취 가열즙이 강한 억제활성을 보였고, TA100에 대해서는 곰취, 잔대, 두릅, 개미취 및 묏미나리 가열즙이 강한 억제활성을 보였다. 특히 두릅, 원추리, 잔대, 참나물, 참취 가열즙은 Fe^{2+}가 공존할 경우 DNA 절단활성이 억제되었다.

항돌연변이성② : 곰취 추출물의 항돌연변이성 및 유전독성 억제 효과를 알고자 건조 곰취를 EtOH, MeOH, H_2O 추출물과 상온 EtOH 추출물을 대상으로 *Sal. typhimurium* TA100 · TA98의 Ames test 및 micronucleus test(mouse)를 실시한 결과, 돌연변이원성은 없었다. 4-nitroquinoline-1-oxide(4NQO)와 N-methyl-N'-nitro-N-nitrosoquanidine(MNNG), 3-amino-1,4-dimethyl-5H-pyrido[4,3-b] indole(Trp-P-1) 등 양성 변이원 물질에 대한 항돌연변이원성을 검토한 결과, *S. typhimurium* TA100과 MNNG에 대해 200㎍/plate의 농도에서 EtOH, MeOH, H_2O, 상온 EtOH 추출물이 각각 84.7%, 77.1%, 72.5%, 71%의 억제 효과가 있었다. 4NQO에 대해서는 각각 67.9%, 66.8%, 64.6%, 56%의 억제 효과가 있었고, Trp-P-1에 대해서는 각각 70.1%, 60.9%, 61.9%, 52.8% 억제 효과를 보여, EtOH 추출물이 가장 강한 항돌연변이활성이 있었다.

항암 효과 : 곰취 추출물의 세포독성 효과를 알고자 곰취 EtOH 추출물 1㎍/ml을 $HepG_2$(인체간암세포)에 첨가한 결과, 각각 79.2%와 86.4%의 항암활성을 보였다. 그리고 이 EtOH 추출물을 재분획한 EtOAc 분획은 94%의 암세포 억제 활성을 나타냈다. HeLA(자궁암세포)에 대해 EtOH 추출물의 활성은 50-56%로 비교적 낮았으나, EtOAc 분획에서는 91%의 높은 억제활성을 보였고, A549(폐암세포)에 대해서도 91.9%의 높은 세포독성 억제 효과를 보였다. 대조구 WRL68(정상 간세포)에 곰취 추출물을 처리한 결과, 높은 활성을 보인 MeOH 추출물과 EtOH 추출물은 비교적 낮은 세포독성을 보였고, EtOAc 분획도 낮은 세포독성을 보여, 암세포에 높은 억제활성을 보인다고 하여 반드시 세포독성적 항암활성은 아님을 알 수 있었다.

지방대사 및 Cd제독 효과 : 곰취는 cholesterol을 변으로 배설시키는 효과가 커서 혈장 및 간의 cholesterol 수준을 감소시켰다. 참취는 지질과 Cd가 변으로 배설되는 양을 증가시켜 혈액과 조직의 지질 및 Cd를 감소시킬 뿐만 아니라 Cd 공급으로 저하된 RBC와 간의 항산화효소들의 활성도 효과적으로 증진시켜 RBC와 간의 TBARS 축적을 억제하였다.

곰취 간장 : 총 질소 함량을 기준으로 소맥 대신에 산채류(곰취, 쑥, 참취 등)를 일정 비율 사용하여 간장을 제조한 후 그 특성을 살펴보았는데, 시료간장의 총 질소 함량은 일반적으로 산채 대체량의 증가에 따라 증가하였다. 또한 숙

성 4개월 후에 무기질 함량은 더덕 20% 대체 간장의 경우 Ca · K의 양이 각각 1.3배 · 1.5배 증가하였고, 산채 혼합 10% 대체 간장의 경우도 Ca 양이 1.5배 증가하였다. amino acid의 함량은 더덕 10% 대체 간장군의 경우 threonine과 aspartic acid가, 산채 혼합 100% 대체 간장군의 경우 tyrosine과 arginine이 높은 증가를 보였다. Rec assay system을 이용한 항돌연변이는 더덕간장은 10%와 20% 대체군이, 산채혼합 간장은 7%와 10% 대체군이 다른 시료에 비해 높은 항돌연변이성을 보였다. 관능시험에서 전체적인 기호도는 더덕 간장은 7% 대체군이, 산채혼합 간장은 5% 대체군이 우수하였다.

Polyphenol Oxidase 특성 : 곰취에서 4가지 형태의 polyphenol oxidase를 분리하였는데, 부분 정제된 효소의 최적 pH 및 온도는 7.5와 25℃였고, 40℃에서 안정하였으며(pH 7.5, 5분), 70℃에서 30분이 지나면 90%의 활성이 파괴되었다(pH 7.5). catechol과 chlorogenic acid에 대해 활성이 높았고, dopamine에 대해 활성이 저해되었다.

품종별 단백질 : SDS-PAGE법에 의한 단백질 밴드 분석 결과, 단백질 밴드 수에 있어서 곰취는 17개, 참취는 11~13개, 수리취는 20개로 종류 간에 차이를 보였고, 집단 간 변이는 적은 것으로 나타났다. 동위효소 분석 결과 종 간 밴드 양상도 다양하게 나타났으나, 분석 결과에서는 3종이 뚜렷이 구분되어 유의성을 찾아볼 수 있었다. RAPD분석에서는 종 간 구별이 명확하지 않았고 서로 중복되어 나타나, 보다 미세한 분자유전학적인 접근이 필요하다고 생각된다.

기타 연구 : 곰취의 성분 중 ligularidine은 mutagenic effect 물질로 보고되었다.

효능과 이용

1) 식용 : 취나물 중 가장 향기가 많아 어린잎으로는 나물, 쌈, 계피떡, 절편을 만들거나, 녹즙을 만들어 건강음료로 이용하기도 하며, 꽃은 튀겨 먹는다.

2) 약용 : 전초를 진통 · 보양제로 쓰거나 요통, 두통, 백일해, 천식, 기침, 가래, 감기에, 그리고 숨 가쁜 데 쓰며, 민간에서는 간장약, 피부병에 즙을 이용한다. vitamin C가 많다.

참고문헌

1) 강일준, 함승시, 정차권, 이상영, 오덕환, 도재준, **식품과학회지**, 1999, 31(5), 1203 [산채류(더덕, 곰취, 컴프리)를 이용한 양조간장의 제조 및 특성]

2) 박진아, 김미경, **영양학회지**, 1999, 32(4), 353 [한국 산채류(참취, 쑥, 곰취, 쇠비름)의 체지방 저하 및 항산화능과 Cd 제독 효과]

3) 이용진, 강일준, **식품과학회**, 1999년도 식품관련학회 춘계 연합학술대회 논문초록집, p.293 (산수유, 민들레, 곰취, 들깻잎 추출물의 항산화 비교 시험)

4) 이택주, 설종호, 박재정, 윤혜준, 이혜선, 장매희, 이종석, **원예학회지**, 1997, 15, 60 (울릉 미역취와 곰취의 수경재배 시 배양액 내 질소원의 농도가 생육에 미치는 영향)

5) 임학태, 전익조, 김종화, 유영숙, 방순배, 송융남, **원예학회지**, 1996, 14(1), 72 [단백질, 동위효소, RAPD 분석을 통한 취나물 3종(수리취, 참취, 곰취)의 비교연구]

6) 정성원, 김은정, 황보현주, 함승시, **식품과학회지**, 1998, 30(5), 1214 (곰취 추출물의 항산화)

7) 한국영양학회, **한국인 영양 권장량**, 제7차 개정판, 2000 (영양성분)

8) 함승시, **응용생명화학회지**, 1992, 35(3), 170 (곰취 Polyphenol Oxidase의 효소화학적 성질)

9) 함승시, 이상영, 오덕환, 정성원, 김상헌, 정차권, 강일준, **식품영양과학회지**, 1998, 27(4), 745 (곰취 추출물의 항돌연변이성 및 유전독성 억제 효과)

10) 함승시, 이상영, 오덕환, 정성원, 김상헌, 정차권, 강일준, **식품영양과학회지**, 1998, 27(5), 987 (곰취 추출물의 세포독성 효과)

11) Bohlmann, F. et al., Chem. Ber., 1971, 104, 964 (isol, 6-Hydroxytoxol)

12) Bohlmann, F. et al., Chem. Ber., 1977, 110, 2640 (Oil, 8β-Anegeloxyligularinone A, Oil, Liguarinone A · B, Ligujapone)

13) Bohlmann, F. et al., Phytochemistry, 1981, 20, 467 (Cryst, Liguhodgsonal)

14) Hirota, H. et al., Bull. Chem. Soc. Jpn. 1980, 53, 785 (Liguloxidol)

15) Ishii, H. et al., Tetrehedron, 1965, 21, 2605 (Petasalbin)

16) Ishii, H. et al., Tetrahedron, 1970, 26, 2751, 2911 (5,11-Epoxyguaiane,

Liguloxide)

17) Jommi, G. et al., Tetrahedron Lett., 1967, 677 (Eremoligenol)

18) Moriyama, Y. et al., Bull. Chem. Soc. Jpn. 1976, 49, 3196 (6-Hydroxy-7(11)-Eremophilen-12,8-olide)

19) Murae, T., Tamahashi, Y., Tetrahedron, 1968, 24, 2177 (Benzofaran)

20) Nagaro, H. et al., Bull. Chem. Soc. Jpn., 1973, 46, 4840 (Ligularone)

21) Novotn' y, L. et al., Collect Czech., Chem. Commun., 1962, 27, 1400, 2462; 1965, 30, 3579 (Furanoeremophilane, oil)

22) Patil, F. et al., Bull. Coe. Chim. Fr., 1965, 3085 (isol, Furanoligularenone)

23) Sato, T. et al., Chem. Lett., 1972, 637 (isol, 1,10-Epoxyfuranoemophilan-6-ol)

5 귀리

Avena sativa Linné

화본과(Gramineae)

Oats(英)
Ma-karasu-mugi, Oto-mugi(日)
귀밀(일반명), 燕麥, 雀麥(中)

원산지 : 유럽, 아시아

용도 : 열매(식용)

식물학적 특성

재배하는 월년초로 키가 1m 이상 자란다. 잎(15~30cm×6~12mm)은 엽초가 길고, 엽설은 짧으며, 잘게 갈라진다. 작은 이삭은 낱꽃이 2송이이고, 인피는 피침형이며 막질로 되어 있다.

동속식물로는 우리나라에 야생의 메귀리(*A. fatua*)가 있을 뿐이며, 이는 구황식품이다.

성분

1) 영양성분

① 귀리(1002) 가식부 100g 중 열량 317.0kcal, 단백질 13.0g, 지질 6.2g, 당질 54.7g, 조섬유 10.6g, Ca 55.0mg, P 320.0mg, Fe 4.6mg, Zn 3.77mg, vitamin B_1 0.30mg, B_2 0.10mg, B_6 0.21mg, niacin 1.5mg, 엽산 33.0㎍, E 0.54mg.

② **오트밀 가루**(1003) 가식부 100g 중 열량 372.0kcal, 단백질 13.5g, 지질 5.6g, 당질 66.5g, 조섬유 1.10g, Ca 30.0mg, P 360.0mg, Fe 3.40mg, Zn 0.98mg, vitamin B_1 0.20mg, B_2 0.08mg, B_6 0.12mg, niacin 1.1mg, 엽산 31.0㎍, E 0.50mg. 〈식이섬유 6.1g〉

2) 특수성분

2-Amino-5-hydroxybenzoic acid;N-(3,4-Dihydroxycinnamoyl)(Z, E-01373), 2-Amino-5-hydroxybenzoic acid;N-(4-Hydroxycinnamoyl)(Z, A-01373), 2-Amino-5-hydroxybenzoic acid;N-(4-Hydroxy-3-Methoxycinnamoyl)(Z, A-01373), Avenacoside A(N-00839) · B(N-00839), Avenalumin Ⅱ(A-03120), AvenaluminⅢ(A-03121), Avenathramide A(A-01373) · B(A-01373) · C(A-01373), Avenathramide D(E, A-03122), Avenathramide E(A-03122), Avenic acid A(A-03123), Avenic acid B(A-03124), Avenothionin(A-03125), Benzoxazolol;NH-form; *N*-β-D-Glucopyranosyl(B-00251), 26-Deglucoavenacoside A · B(N-00839), *N*-Feruloyl-5-hydroxyanthranillic acid(A-01224), 5-Hydroxy-14,16-hentriacontanedione(H-00222), 5-Hydroxy-*N*-(4-hydroxy(innamoyl) anthranillic acid(A-01224), 1.26-Hexacosanediol(H-00538), 1.26-Hexacosanediol dicaffeate(H-00539), 1.26-Hexacosanediol diferulate(H-00539), 4-Hydroxy-1(3H)-isobenzofranone(H-02060), 10-Hydroxytetradecanoic aicd;Me ester(H-03064), Isoswertisin;2''-α,L-Rhamnopyranoside(I-00821), Isovitexin;2''-α, L-Arabinopyranoside(I-00908), Mollupentin;7-Me ether, 2''-α, L-rhamnopyranoside(M-01629), 1,28-Octacosanediol(O-00089), Malonic acid(P-01875), Scopoletin(H-02227), Vanillin(D-01528), Stigmasterol(E-01661), β-Sitosterol(S-01368)이 분리되었다.

생리활성

수용성 식이섬유의 생리활성 : 귀리의 배아에는 soluble fiber가 많아 귀리를 매일 먹는 사람은 혈중 cholesterol이 저하됨으로써 heart attack이 감소되는 효과를 얻을 수 있다. 한편 난용성 식이섬유는 insulin 이용율을 높여 diabetes control과 변비 개선에 효과가 있다.

Oatmeal과 우유의 필수 Amino acid 비교 : oatmeal과 우유의 필수 amino acid를 비교한 결과, dry oatmeal의 경우 histidine은 18mg/g protein(우유의 경우는 27mg), isoleucine은 52mg(47mg), leucine은 75mg(95mg), lysine은 37mg(78mg), Methionine+cystine은 36mg(33mg), phenylalanine+tyrosine은 90mg(102mg), Threonine은 33mg(44mg), Tryptophan은 13mg(14mg), valine은 60mg(64mg)으로 나타나 양질의 단백질로 평가되었다.

Cholesterol 흡착능 : 귀리의 수용성 gum이 갖는 cholesterol 흡착능(*in vitro*)을 실험한 결과, 귀리에서 추출된 수용성 gum은 5.15%였고, 그중 β-glucan의 함량은 약 30%였다. 또한 귀리의 gum은 10시간 이내에 효과적으로 cholesterol을 흡착하였는데 그 양은 최대 25%였다.

β-Glucan 함량과 용해성 : 귀리의 경우 총 β-glucan은 겉귀리에서 3.1~4.0%, groats에서 4.0~4.8%였고, 불용성 β-glucan은 0.5~0.7%였으며, 수용성 β-glucan은 약 84%로 매우 많았다. β-glucan의 추출온도(23~45℃)에 따라 수용성 추출량은 증가하였으나, 귀리에 있어서는 증자에 의한 가열로 불용성 β-glucan의 함량이 증가하였고 β-glucan의 용해성이 떨어졌다.

품종 및 입도 분획별 β-Glucan : 국내산 보리 17종과 귀리 5종을 정맥하고 분쇄한 뒤 105~600㎛ 입도로 분획하여 수용성 및 불용성 β-glucan을 분석한 결과, 총 β-glucan은 보리와 귀리 모두 입자가 커질수록 증가하였으나, 수용성 β-glucan은 중간 입도에서 높았고, 불용성 β-glucan은 원료분말보다 높았으며, 총·수용성·불용성 β-glucan 함량은 원료분말일 때보다 보리는 각각 1.5배·1.7배·2.0배로 증가하였고, 귀리는 각각 2.1배·1.6배·2.0배 증가하였다.

기타 연구 : antitumor effect와 anti-inflammatory effect도 연구되었고, 성분 중, avenin은 neuromyostimulant effect, isovitexin은 cancer preventive effect(Isovitexin;2"-α, L-arabinopyranoside), 1,26-hydroxy-1(3H)-isobenzofuranone은 antioxidant effect, swertisin은 hepatoprotective effect, octacosanol은 hypolipidemic effect 물질로 보고되고 있다.

효능과 이용

1) 효능 : 대장을 편하게 한다.

2) 식용 : 잡곡 중의 하나로 귀리떡 · 국수 · 죽 · 술 · 밥의 재료이다. 섬유가 많아 diet 식품의 재료가 되며, 동시에 구황식품의 하나이다.

3) 약용 : 한의학에서는 동맥경화 예방을 위해서나 심장병, 간질병, 만성납 중독에 대해 밥으로 만들어 응용한다. 민간에서는 흥분제, 진정제, 하제, 신경강장제로 쓰이며, 심장병, 당뇨병, 신석증, 위장병, 아편 중독을 다스리고 또 금연하는 데 도움이 되기도 한다. 귀리의 짚은 발한제나 이뇨제로도 이용된다.

참고문헌

1) 김수일, **식품과학회지**, 1979, 11(3), 209 (귀리 단백질 Prolamin 구성 성분의 순수 분리 생화학적 성질)

2) 김재영, **건국대학교 자연과학연구소 논문집**, 1992, 3, 69 (귀리의 잎에서 Lipoxygenase 생성과 Ethylene에 관한 연구)

3) 서용기, 황기, **식품영양과학회지**, 1998, 27(4), 785 (귀리로부터 추출된 수용성 Gum의 *in vitro* Cholesterol 흡착능)

4) 이미숙, **식품산업과 영양**, 2004, 9(2), 19 (곡류의 기능성)

5) 이영택, **응용생명화학회지**, 1996, 39(6), 482 (보리와 귀리의 β-Glucans 및 가공에 의한 용해성 변화)

6) 정헌상, 강태수, 정익수, 박희정, 민용규, **식품과학회지**, 2003, 35(4), 610 (보리와 귀리의 품종 및 입도 분획별 β-Glucan)

7) 정헌상, 이상양, 박남규, **농업과학논문집**, 1998, 40, 81 (기능성식품 개발을 위한 β-Glucan 분리농축기술－Ⅰ : 보리와 귀리의 β-Glucan 탐색 및 정량법 개선)

8) 정헌상, 이상양, 박남규, **농업과학논문집**, 1998, 40, 89 (기능성식품 개발을 위한 β-Glucan 분리농축기술－Ⅱ : 보리와 귀리의 β-Glucan 분리농축 및 용해성)

9) 한태룡, **응용생명화학회지**, 1989, 32(2), 126 (귀리로부터 얻은 59KD

Phytochrome의 Liposome과 Cibacron blue dye와의 결합성질)
10) Aman, P., Graham, H., J. Agric. Food Chem., 1987, 35, 704 [Analysis of Total and Insoluble Mixed-linked (1→3), (1→4)-β-D-glucans in Barley and Oats]
11) Anderson, J.W., Spencer, D.B., Hamilton, C.C., Smith, S.F., Tietyen, F., Bryant, C.A., Oeltgen, P., Am. J. Clin. Nutr., 1990, 52, 495 (Oat-bran Cereal Lowers Serum Total and LDL-Cholesterol in Hypercholesterolemic Men)
12) Anderson, J.W., Story, L., Sieling, B., Chem, W.J.L., Petro, M.S., Story, L., Am. J. Clin. Nutr., 1984, 40, 1146 (Hypocholesterolemic Effects of Oat Bran or Bean Intake for Hypercholesterolemic Men)
13) Avena, S.L., Hinoat, L.V., J. Food Sci., 1977, 42, 551 (Ferulic Acid and Other Phenolics in Oat Seeds)
14) Bekes, F. et al., Ceral Chem., 1981, 58, 360 (Avenothionin)
15) Boone, C.D.G. et al., Acta Crystallogr., Sect. B, 1977, 33, 3205 (Struct, *N*-Feruloyl-5-hydroxyanthranillic Acid)
16) Chen, W.L., Anderson, J.W., Gould, M.R., Nutr. Rep. Int., 1981, 24, 1093 (Effects of Oat Bran, Oat Gum and Pectin on Lipid Metabolism of Cholesterol Fed Rats)
17) Chopin, J. et al., Phytochemistry, 1977, 16, 2041 (Isovitexin-2''-arabinoside)
18) Chopin, J. et al., Phytochemistry, 1978, 17, 299 (Isoswertisin-2''-rhamnoside)
19) Chopin, J. et al., Phytochemistry, 1979, 18, 2059 (Mollupetin)
20) Collins, F.W., J. Agric. Food. Chem., 1989, 37, 60 (Avenouthramides D, E), 2-Amino-5-hydroxybenzoic acid; 4-Hydroxycinnamoyl, 3,4-Dihydroxycinnamoyl, 4-Hydroxy-3-methoxycinnamoyl)
21) Collins, F.W., J. Agric. Food Chem., 1989, 37, 725 (isol, Avenathramide D, E)
22) Crombie, L. et al., Tetrahedron Lett., 1990, 31, 2647 (Avenathramide A, B, C)
23) Daniels, D.G.H. et al., Chem. Ind. (London), 1964, 2058; 1965, 1763(1,26-Hexacosanediol Dicaffeate; Diferulate, 1,26-Hexacosanediol, Antioxidant)
24) Daniels, D.G.H., King, H.G.C., Martin, H.F., J. Sci. Fd. Agric., 1963, 14, 385

(Antioxidants in Oats : Effects of Phenolic Acids)

25) Davidson, M.H., Dugan, L.D., Burns, J.H., Bova, J., Story, K., Drennan, K.B., J. Am. Med. Assoc., 1991, 265, 1833 (The Hypocholesterolemic Effects of β-Glucan in Oat Meal and Oat Bran : A Dose-controlled Study)

26) Duve, K.J., White, P.J., J. Am. Oil Chem. Soc., 1991, 68(6), 365 (Extraction and Identification of Antioxidants in Oats)

27) Ensminger, Ensminger, Konalande, Robson, Food and Nutrition Encyclopedia, 2nd ed., CRC Press, 1994, 836 (Nutritive Value)

28) Ensminger, Ensminger, Konalande, Robson, Food and Nutrition Encyclopedia, 2nd ed., CRC Press, 1994, 1632, (Essential Amino Acids in Oatmeal Compared to Milk)

29) Farness, P.L., Schneeman, B.O., J. Nutr., 1982, 112, 1315 (Effects of Dietary Cellulose, Pectin and Oat Bran on the Small Intestine in the Rat)

30) Fushiya, S. et al., Tetrahedron Lett., 1980, 3071, 1215 (Avenic Acid A, B)

31) He, J., Klag, M.J., Whelton, P.K., Mo, J.P., Chen, J.Y., Qian, M.C., Mo, P.S., He, G.Q., Am. J. Clin. Nutr., 1995, 61, 366 (Oats and Buckwheat Intakes and Cardiovascular Disease Risk Factors in an Ethnic Minority of China)

32) Horn, D.H.S. et al., Aust. J. Chem., 1964, 17, 464 (isol, 5-Hydroxy-14,16-hentriacontanedione)

33) Idourain, A., Khan, M.J., Weber, C.W., J. Agric. Food Chem., 1966, 44, 2067 (*In vitro* Binding Capacity of Wheat Bran, Rice Bran and Oat Bran for Ca, Mg, Cu and Zn Alone and in Different Combinations)

34) Kahlon, T.S., Chow, F.I., Knuckles, B.E., Chiu, M.M., Cereal Chem., 1993, 70, 435 (Cholesterol-lowering Effects in Hamsters of β-Glucan Enriched Barley Fraction, Dehulled Whole Barley, Rice Bran and Oat Bran and their Combination)

35) Keenan, J.M., Wenz, J.B., Myers, S., Ripsin, C., Huang, Z.Q., J. Farm. Pract., 1991, 33(6), 600 (Randomized, Controlled, Crossover Trial of Oat Bran in

Hypercholesterolemic Subjects)

36) Knights, B.A., Nature(London), 1966, 210, 1261 [4-Hydroxy-1(3H)-isobenzofuranone]

37) Lia, A., Hallmans, G., Sandberg, A., Sundberg, B., Man, P., Anderson, H., Am. J. Clin. Nutr., 1995, 62, 1245 (Oat β-Glucan Increases Bile Acid Excretion and a Fiber-rich Barley Fraction Increases Cholesterol Excretion in Ileostomy Subjects.)

38) Lolas, G.M., Polamidis, N., Markakis, P., Cereal Chem., 1976, 53, 867 (The Phytic Acid-total Phosphorous Relationship in Barley, Oats, Soybean and Wheat)

39) Mayama, S. et al., Physiol. Plant Pathol., 1981, 19, 217 (Avenalumin II, III, Phytoalexin)

40) Mazliak, P. et al., Phytochemistry, 1962, 1, 79 (1,28-Octacosanediol)

41) Oda, T., Aoe, S., Sanda, H., Ayano, Y., J. Jpn. Soc. Nutr. Food Sci., 1992, 45, 560 (Effects of Oat, Barley and Wheat on Liver and Plasma Cholesterol Concentrations in Cholesterol-fed Rats)

42) Oda, T., Aoe, S., Imanish, S., Kanazawa, Y., Sanada, H., Ayano, Y., J. Nutr. Sci. Vitaminol, 1994, 40, 213, (Effect of Dietary Oat, Barley and Guar Gums on Serum and Liver Concentrations in Diet-induced Hypertriglyceridemic Rats)

43) Saijo, R. et al., Phytochemistry, 1983, 22, 733 (Avenacoside A, 26-Deglucoavenacoside A, B)

44) Shinnick, F.L., Int, S.L., Marlett, J.A., J. Nutr., 1990, 120, 561 (Dose Response to a Dietary Oat Fraction in Cholesterol-fed Rats)

45) Thompson, M.L., Can. J. Chem., 1973, 51, 3313 (Ms, Benzoxazolol; NH-form; N-β-D-Glucopyranosyl)

46) Tulloch, A.P. et al., Lipids, 1973, 8, 617 (Leaf Wax, isol, 10-Hydroxytetradecanoic Acid; Me ester)

47) Wood, P.J., Braaten, J.T., Scott, F.W., Riedel, K.D., Wolynetz, M.S., Collins, M.W., Brit. J. Nutr., 1994, 72, 731 (Effect of Dose and Modification of Viscous Properties of Oat Gum on Blood Glucose and Insulin Following an Oral Glucose

Load)

48) Xing, Y.M., White, P.S., J. Am. Oil Chem. Soc., 1997, 74, 303 (Identification and Function of Antioxidants from Oat Groats and Hull)

6 기장 *Panicum miliaceum* Linné

화본과(Gramineae)

Common millet,
Brown-corn millet(英)
Kibi(日), 粱, 黍米, 丹黍米(中)

원산지 : 인도

용도 : 열매(식용 · 약용)

식물학적 특성

키 50~120㎝의 재배하는 1년초. 줄기는 곧고, 털이 있다. 잎몸은 선형이고, 끝이 뾰족하며, 밑은 둥근 모양인데 털이 없거나 강모가 있다. 엽초 밑에 볼록한 털이 있고 또 줄무늬가 있으며, 엽설은 털 모양이다. 원추화서는 조밀하고, 작은 이삭은 난형으로 끝이 뾰족하다. 결실성 외영과 내영은 단단하거나 종이질이다.

동속식물로는 귀화식물 개기장(*P. bisulcatum*)과 미국 개기장(*P. dichotomiflorum*)이 있다.

성분

1) 영양성분

① **기장 알곡**(1004) 가식부 100g 중 열량 299.0kcal, 단백질 12.7g, 지질 3.8g,

당질 57.1g, 조섬유 9.10g, Ca 20.0mg, P 270.0mg, Fe 3.50mg, Zn 1.68mg, vitamin B_1 0.40mg, B_2 0.10mg, B_6 0.20mg, niacin 4.0mg, 엽산 28.5㎍, E 0.54mg. 〈식이섬유 1.7g〉

② **기장 도정곡**(1005) 가식부 100g 중 열량 352.0kcal, 단백질 11.5g, 지질 2.1g, 당질 70.4g, 조섬유 0.40g, Ca 11.0mg, P 245.0mg, Fe 2.50mg, Zn 1.50mg, vitamin B_1 0.14mg, B_2 0.05mg, B_6 0.20mg, niacin 3.2mg, 엽산 28.5㎍, E 0.54mg.

2) 특수성분

Bifurcose(B-00381), *N-Methyltyramine(T-03078), Miliacin(O-00385), Diosgennin(S-01131) 등이 규명되었다.

생리활성

항산화 효과 및 돌연변이 억제 효과 : 한국산 메밀, 수수, 기장, 율무의 항산화 효과 및 돌연변이 억제 효과를 규명하고자, EtOH로 추출한 시료의 돌연변이 억제 효과를 Ames test를 통해 검색하였고, Fe^{2+} 유도지질과 산화억제율, DPPH 라디칼 소거율 및 MDA-BSA 결합억제율 측정의 3가지 방법으로 항산화 효과를 검토하였다. 그 결과 IC_{50}에 의한 지질과산화 억제 효과는 메밀(0.174mg/assay)〉수수(0.241mg)〉율무(1.891mg)〉기장(2.879mg) 순으로 나타났고, IC_{50}을 계산하여, DPPH 라디칼 제거능은 메밀(0.264mg/assay)〉수수(2.135mg)〉기장(2.902mg)〉율무(4.667mg) 순이었다. 지질과산화물-단백질 결합 억제 효과는, EtOH 추출물의 IC_{50} 기준으로 비교한 결과, 메밀(3.73mg/assay)〉율무(51.82mg)〉기장(120.59mg)〉수수(449.43mg) 순이었다. 또한 4.5mg/assay 농도의 EtOH 시료에 대해, *S. typhimurium* TA98에서 시료의 2-nitrofluorene에 의한 직접돌연변이 저해율은 수수(50.2%), 기장(20.3%), 메밀(18.5%), 율무(17.5%) 순이었고, *S. typhi.* TA100에서 시료의 sodium azide에 의한 직접돌연변이 저해율은 기장(100%), 율무(78.6%), 수수(23.7%), 메밀(10.1%) 순이었다. *S. typhi.* TA98과 TA100에서 시료의 2-anthramine에 의한 간접돌연변이 억제율은 기장, 수수, 율무, 메밀이 우수하였고, 특히 기장과 수수가 좋았다.

항산화활성과 Flavonoid : Flavonoid 함량은 메밀(1.41mg/g), 수수(1.76mg/g), 기장(0.96mg/g), 율무(0.66mg/g) 순이며, 총 polyphenol 함량은 메밀(3.17mg/g), 수수(1.76mg/g), 율무(1.7mg/g), 기장(1.09mg/g) 순으로, 각각 DPPH 라디칼 제거 효과와 지질과산화 억제 효과의 순서는 일치하였고, 총 flavonoid량은 DPPH 라디칼 제거 효과에 대한 IC_{50}과 높은 상관성을 보였다 ($r=-0.9924$, $p<.01$).

HMG-CoA reductase 저해활성 : 곡류의 EtOH와 MeOH 추출물이 보이는 HMG-CoA reductase 저해활성을 규명하고자 수수, 흑임자, 기장, 메밀, 흑미 등 곡류의 EtOH와 MeOH 추출물을 대상으로 cholesterol 생합성 중요 효소인 HMG-CoA reduetase 저해활성을 검색하였다. 그 결과 EtOH 추출물 중 수수가 가장 높은 활성을 보였고, 그 다음은 흑임자였으며, MeOH 추출물에서는 기장 〉수수 〉메밀 〉흑미 순이었다.

우유 필수 Amino acid와의 비교 : 기장(미국산)과 우유의 필수아미노산을 비교한 결과, 기장에는 histidine 19mg/g protein(우유에는 27mg), isoleucine 40mg(47mg), leucine 102mg(95mg), lysine 20mg(78mg), methionine+cystine 25mg(33mg), phenylalanine+tyrosine 49mg(102mg), threonine 36mg(44mg), tryptophan 14mg(14mg), valine 51mg(64mg)이 들어 있는 것으로 나타나, 밀이나 쌀, 옥수수보다 우수한 것으로 평가되었다.

무기성분 : 기장(종자)에서 Cu, Ni, Mn, Zn 등이 분석되었다.

기타 연구 : *N*-Methyltyramine은 cancer preventive effect 물질로, diosgenin은 antifatigue, antiinflammatory, antistress, estrogenic effect 물질로 보고되고 있다.

효능과 이용

1) 효능 : 종자 - 제열(除熱), 보폐(補肺), 익기보중(益氣補中).
2) 식용 : 잡곡의 하나로 식용하며, 밥, 떡, 노치 등을 만들어 영양식으로 먹는다.

3) 약용 : 한방에서는 이질, 조루증, 복통, 구토, 설사, 소아의 아구창에 대해 사용하며, 갈증해소, 이뇨, 해열작용을 위해서도 쓴다. 또한 폐 기능을 보호하며 기를 보하는 데 이용한다. 단, 많이 먹으면 해롭다.

참고문헌

1) 곽충실, 임수진, 김성애, 박상철, 이미숙, **식품영양과학회지**, 2004, 33(6), 921 (한국산 메밀, 수수, 기장, 율무의 항산화 효과 및 돌연변이 억제 효과)

2) 김현주, 강덕순, 최맑음, 권중호, **식품과학회지**, 2001, 33(6), 645 [점도측정법에 의한 방사선 조사 곡류(기장 및 수수)의 검지]

3) 김희정, 이혜수, **조리과학회지**, 1991, 7(2), 75 (기장 노치 제조 방법)

4) 소한섭, 이삼빈, 하영득, **동아시아식생활학회지**, 2002, 12(2), 123 (조, 기장, 수수의 지방질과 지방산 조성)

5) 최맑음, 권중호, 김현구, **식품영양과학회지**, 2003, 32(4), 531 [점도 측정법을 이용한 기장(*Panicum miliaceum*)의 저장 중 감마선 조사 검지 가능성]

6) 하태열, 조일진, 이상효, **식품과학회지**, 1998, 30(1), 224 [곡류(수수, 흑임자, 기장, 메밀, 흑미 등)의 EtOH와 MeOH 추출물을 Cholesterol 생합성 중요 효소인 HMG-CoA reduetase 저해활성]

7) 한국영양학회, **한국인 영양 권장량**, 제7차 개정판, 2000 (영양소)

8) Ensminger, Ensminger, Konalande, Robson, Food and Nutrition Encyclopedia, 2nd ed., CRC Press, 1994, 832 (Table F-36 : Nutritive Value)

9) Ensminger, Ensminger, Konalande, Robson, Food and Nutrition Encyclopedia, 2nd ed., CRC Press, 1994, 1506 (Essential Amino Acid in Millet Compared to Cow' s Milk)

10) Karrer, W. et al., Konstitution and Vorkommen der Organischen Pflanzenstoffe, 2nd ed., Birkhäuser Verlag Basel, 1972~1985, no.2095(Occur, Diosgenin)

11) Lai, C.C., Marton, E.V., Cereal Chem., 1980, 57, 275 (Changes in Pearl Millet Meal during Storage)

12) Schulbach, H.H. et al., Justus Liebigs Ann. Chem., 1963, 665, 191; 1964, 677, 165 (Bifurcose, isol)

13) Smith, T.A., Phytochemistry, 1977, 16, 9 (N-Methyltyramine, Occur, derivs)

14) Sugiyama, N. et al., Nippon Kagaku Zasshi, 1961, 82, 1051, CA, 57, 13810n (Miliacin)

7 대추 *Zizyphus jujuba* Miller var. *inermis* Rehder

갈매나무과(Rhamnaceae)

Jujube, Chinese date(英),
Natsume(日), 大棗, 棗仁(中)

원산지 : 유럽 남부, 서남부 아시아

용도 : 열매(식용 · 약용)

식물학적 특성

각처의 마을 부근에서 재배하는 낙엽교목. 가시가 있고, 1마디 위에 작은 가지가 수 개 있다. 잎은 호생이고, 난형 또는 긴 난형이며, 윤택이 난다. 밑동부터 3맥이 발달해 있고, 가장자리에 둔한 톱니가 있으며, 턱잎이 변한 가시는 흔적만 남고 강모로 변한다. 꽃은 양성으로 연한 황록색이며, 타원형 열매는 핵과이고 그 겉면은 적갈색인데, 윤기가 있고 단맛이 난다.

동속식물에는 묏대추(*Z. vulgaris*)가 있다.

성분

1) 영양성분

① 생대추(8025) 가식부 100g 중 열량 104.0kcal, 단백질 3.2g, 지질 0.5g, 당질 24.8g, 조섬유 1.2g, Ca 25mg, P 55.0mg, Fe 1.0mg, Zn 0.05mg, vitamin A

2.0RE, β-carotene 10.0μg, B_1 0.05mg, B_2 0.14mg, B_6 0.09mg, C 55.0mg, niacin 0.8mg, E 0.89mg.

② 말린 것(8026) 가식부 100g 중 열량 289.0kcal, 단백질 5.0g, 지질 2.0g, 당질 71.0g, 조섬유 2.7g, Ca 18mg, P 116mg, Fe 1.80mg, Zn 0.18mg, vitamin A 1.0RE, β-carotene 5.0μg, B_1 0.13mg, B_2 0.06mg, B_6 0.34mg, C 8.0mg, niacin 1.1mg, E 2.38mg. 〈식이섬유 12.37g〉

③ 풋대추(8027) 가식부 100g 중 열량 91.0kcal, 단백질 4.4g, 지질 0.4g, 당질 18.3g, 조섬유 1.9g, Ca 8.0mg, P 52.0mg, Fe 0.9mg, Zn 0.05mg, vitamin A 2.0RE, B_1 0.05mg, B_2 0.04mg, B_6 0.09mg, C 99.0mg, niacin 0.8mg, E 0.89mg.

2) 특수성분

Saponins, Flavonoids, Sugars, Mucilage 및 수종의 Alkaloid가 분리 · 동정되었으며, 수피 Alkaloid로는 Daechuine S_3(D-00013) · S_5(M-00458) · S_6(D-00014) · S_7(D-00015) · S_{8-1} · S_{10}(N-00864) · S_{26}(D-00014), Maturitine A(M-00338), Amphibine H(A-01617) · D(A-01613), Jubanin A(J-00130) · B(J-00131)가, 잎 Alkaloid로는 Zuzirine(J-00179), Juziphine(J-00178), Franganine [Daechuine S_4(F-00402)] 및 Frangulanine(F-00404)이, 또 근피(root bark) Alkaloid로는 Adouetine X(A-00402)가, 열매에서는 Daechualkaloid A(D-00012)가 분리 · 동정되었다.

Flavonoid인 Zivulgarin(S-01584)과 Swertisin, glycoside(S-01584)인 Flavoayamenin, Triterpenoid인 Betulin(H-02195), Betulinic acid(H-02195), Jujubogenin(J-00137), Jujuboside A(J-00137) · B(J-00137) · B_1 · X_1, Crategolic acid(D-02440), Colbubrinic acid(C-01668) 등이 분리 · 동정되었다. 그 밖에 (dl)-Coclaurine(C-01599), Daechualkaloid A(D-00012), Nornuciferine(N-00762), Oxonuciferine(L-00959), Sanjoinine A · F(F-00403) · B(S-00133) · D(S-00134) · G_1(S-00135) · G_2(S-00136) · I_a(N-00762) · I_b(N-00737) · E(N-00842) · K(C-01599), Zizyphusine(S, M-00096), Zizybeoside I(S-00918), β-Bisabolene(B-00465), 6"-*p*-Coumaroylspinosin(S-01584), 2α-Hydroxypyracyrenic acid(H-02195), 6''-*p*-Feruloylspinosin(S-01584), 2-*O*-Protocatechuoylaliphitolic acid, 6-Hydroxyscyamine, 6''-*p*-Hydroxybenzoylspinosin(S-01584), Zizybeoside II(D-05890), Naringenin-6,8-Di-C-beta-D-glucopyranoside(2-(S)(T-02152), Naringenin-6, 8-di-C-β-D-glucopyranoside [2-(R), T-02152], Adouetine X(A-00475), Cyclic AMP(C-02219), Daechucyclopeptide I(D-00014), Frangufoline(F-00403), Frangulanine(F-00404), Cyclic GMP(C-02220), Ziyuglycoside I · II(D-02890), Zizyvoside I(D-02230), Zizyvoside II(D-02230), β-Sitosterol(S-01368), 3-*O*-cis-*p*-Coumaroyl alphitolic acid, 3-*O*-trans-*p*-Coumaroyl alphitolic acid(D-02212), Maslinic acid(D-02440), 6''-Sinopoylspinosin, Asimilobine(R, A-02875), Boldine(B-00669), Caarerine(R, C-00001), Ceanothic acid(C-00606), Daucosterol(S-01368), *Dimethylterephthalate(B-00227), Ebelin lactone(H-02992), Ergosterol(E-01484), Eriodictyol(T-00734), Isoboldine(S, I-00308), *Isoquercitrin(I-00760), Isoswertisin-2'-*O*-β-D-glucopyranoside(I-00821), Jujubasaponin I~VI, Laurelliptine(S, L-00359), Leucocyanidin(H-00709), Leucopelargonidin(P-00504), Methylbetulonate, Mucronine D(M-01720), *Myricetin(H-00734), N-Methylasimilobine(R, M-00797), Norisocorydine(S, N-00688), Nuciferine(N-00842), Nummularine A(M-01720) · B(A-01617), Oleanolic acid(H-02589), Oleanonic acid(O-00774), Rhamnetin(T-00868), Sanjoinenine(S-00132), Sativanine A~G(S-00231~7) · H(N-00863) · K(S-00238), Spinosin(S-01584), Stepharin(+, R, C-02044), Swertisin(S-01584), *Terephthalic acid(B-00227), Tscheschamine(T-02999), Ursolic acid(h-03166)가 분리 · 동정되었다.

Organic acid로는 Ferulic acid(H-02285), Ceanoshic acid(C-00606), Alphitolic acid(D-02212)가 있다.

생리활성

간 보호 효과① : 대추 MeOH 추출물이 CCl_4를 투여한 흰쥐의 간세포 독성에 미치는 영향을 조사한 결과, 사염화탄소 투여로 인해 혈청 및 간의 효소, GOT,

GPT, lipid peroxide, glutathione, xanthine oxidase, SOD, catalase, GSH-Px의 활성도 및 지질과산화물의 양이 증가되었는데, 이는 CCl_4가 간의 효소계 및 간세포의 microsome을 심하게 손상시켰기 때문임을 알 수 있었으며, 대추 MeOH 추출물로 전처리함으로써 CCl_4로 증가된 각종 효소활성도 및 기질 과산화물이 감소되었는데, 이는 대추 MeOH 추출물이 간세포의 괴사와 효소의 유출을 저해하고 간의 저항력 및 간 기능을 유지시키는 등 간 보호 작용을 하기 때문으로 사료되었다.

간 보호 효과[②] : 대추 MeOH 추출액이 Benzo(α)pyrene [B(α)p]에 유도된 간 기능 장해에 미치는 영향을 관찰한 결과, 대추 MeOH 추출액은 *in vivo*와 *in vitro*에서 B(α)p 유도 간 손상에 뚜렷한 보호 효과를 보여, 대추 추출액이 간의 저항력 및 간세포 기능 보호 작용이 있음을 보여 주었다.

대장암 억제 : 대장암은 식생활과 밀접한 관련이 있는데, 장내세균효소인 β-glucuronidase(GCase)와 tryptophanase(TPase) 활성에 미치는 효과는, 한방식품 물 추출물을 장내 세균 배양배지에 첨가하였을 때의 pH, GCase, TPase 활성을 측정한 결과, 대추와 감초가 pH 저하 효과 및 대장암 유발효소인 GCase와 TPase 활성억제 효과가 우수하였고, 직접저해는 대추와 감초가 우수하였다. 또 감초 Et_2O 분획과 대추 EtOAc 분획이 GCase와 TPase 생성 저해 효과가 가장 우수하였다. GCase 저해활성이 가장 우수한 것은 대추의 Et_2O와 EtOAc 분획이었고, TPase 저해활성이 우수한 것은 감초의 Et_2O 분획과 대추 EtOAc 분획이었다.

Cd투과 억제 : 감과피에는 TDF(total dietary fiber) 중 IDF(insoluble dietary fiber)가 SDF(soluble dietary fiber)의 6.5배이고 건대추의 TDF 중에는 IDF가 SDF의 2.9배로, 건대추의 SDF가 감과피의 경우보다 많았다. glucose 투과 억제에 있어서는 대추 SDF가 감과피 SDF보다 효과적으로, 감귤류 pectin과 유사한 효과를 보였다. bile acid 투과 억제는 감과피와 건대추의 TDF, IDF, SDF 모두 효과를 보였으나, 건대추가 더 효과적이었고, SDF가 TDF와 IDF보다 효과가 더 컸다. 특히 건대추의 SDF는 감귤 pectin의 효과와 비슷하였다. Cd 투과 억제 효과는 감과피 식이섬유가 건대추 식이섬유보다 효과적이었다.

잎의 생리활성 : 대추 잎의 생리활성을 알아본 결과, 대추 잎 EtOH의 xanthine oxidase 저해활성은 MeOH, EtOAC, BuOH, H_2O, $CHCl_3$ 분획 순으로 강하였고, 농도 의존적이었다. 또한 모든 분획의 0.5% 농도에서 전자공여능은 DPPH에 의한 흡광도 감소현상이 반응시간 5분 내에 강하게 나타났는데, EtOAC, MeOH, H_2O, $CHCl_3$, BuOH 분획 순으로 높았다. 아질산염 소거 작용에 있어서는 1mg/ml의 낮은 농도에서 모든 분획이 40% 이상의 분해능이 있었고, 농도 의존적이었다. EtOAC, BuOH, MeOH, $CHCl_3$, H_2O분획 순으로 분해 효과가 좋았다. ACE활성저해는 EtOAC 분획이 농도 의존적으로 증가하여 100mg/ml에서 71.4%의 저해율을, $CHCl_3$분획은 33.1%의 저해율을 보였다.

성숙 중 잎의 성분 변화 : 대추 잎을 유용식물자원으로 이용할 수 있는지 검토하기 위해 그 성분을 분석한 결과, 단백질은 4.42~6.31% 지방은 4.31~5.71%였고, 아미노산은 aspartic acid〉glutamic acid〉leucine 순이었으며, methionine이 제한 아미노산이었다. 유리당은 glucose, fructose, sucrose, maltose의 4종으로 sucrose는 성장 후기부터 감소하였다. 지방산은 palmitic acid(40%)〉linolenic acid〉stearic acid〉oleic acid 순으로 전체의 90%를 차지했다. 무기질은 K, Na, Ca이 풍부했는데, 수확기가 늦어지면서 Ca, Na는 증가하고, Mg는 감소하며, K, Mn, Fe, Zn, Cu는 변화가 없었다. phenol성 물질은 0.83~0.89%, 축합형 탄닌은 0.40~0.45%로 총 phenol 물질의 약 50%를 차지하였고, flavonoid로는 rutin과 isoquercitrin이 각각 103.8~125.2mg/kg, 26.2~40.0mg/kg이었으며 시기에 따라 rutin은 isoquercitrin보다 약 3~4배가 많았다.

Endo-polygalacturonase 분리 : 대추에서 조직의 연화에 작용하는 endo-polygalacturonase에 대해 gel filteration과 ion exchange chromatography를 실시하여 단일단백질로 정제함으로써 약 6%의 수율을 얻었다. 정제된 이 효소는 sodium dodeyl sulfate-polyacrylamide gel electrophoresis로서 분자량이 약 19,000의 monomer임을 확인하였고, 육각판상의 결정을 얻었다.

Endo-polygalacturonase의 특성 : 한국산 대추의 경우 endo-polygalacturonase의 최대 활성은 pH5.0, 최적온도 50℃, pH 안정범위 4.0~5.0이었고, 열안정성은 70℃에 1시간 열처리 시 약 35%가 실활되었다. 금속이온 중 Cu^{2+}, Mn^{2+}

는 효소활성을 촉진하였고, Na^{+}, Ba^{2+}, Mg^{2+}, Fe^{2+} 등은 활성을 저해하였다. 저해제 중 malic anhydride, iodine, 2,4-dinitrophenol로 처리할 때 활성이 저해되었고, 효소의 histidine 잔기의 imidazol기가 활성부위로 판단되었다.

일반성분 : 당류에서는 총 당의 34~35%가 fructose이고 그 밖에 sucrose, glucose, rhamnose 등이 있었다. 유기산은 0.54~3.4%로 malic acid, succinic acid, glycolic acid 등이 확인되었고, 무기질로는 Na, Mg, Ca, P, Fe, Mn, Zn, Cu, Co, Ni, I, Ti, Ba, St 등이 확인되었으며, amino acid로는 cystine, arginine, asparagine, threonine, alanine, tyrosine, proline, methionine, leucine, isoleucine 등이 분리되었다.

씨의 지방산: 씨에는 지방유가 21~33% 함유되어 있었고, 지방산으로는 capric acid, palmitic acid, oleic acid, stearic acid, linoleic acid 등이 분리되었다.

혈전용해활성 : 보리입국을 이용하여 전통주를 제조하였을 때 EtOH 생성량은 16.8%로 시판 입국으로 제조한 15.6%보다 높았고, 혈전용해 활성도도 20.0u로 제일 높았다. 또한 보리입국을 10% 첨가한 술덧에 녹두가루 50%와 대추 3%를 첨가하고 30℃에서 10일간 발효시키면, 혈전용해 활성이 26.0u로 증가하였을 뿐만 아니라 맛과 향도 우수하였다.

기타 생리활성 : 잎의 물 추출액을 개에 투여한 결과, 이뇨 및 혈압 강하 효과가 있었고 진정 효과도 있었다. 열매 추출물도 동물 실험에서 이뇨 효과가 나타났다. 수침액과 ethyl-α-D-fructofuranoside는 antiallergic effect를 보였고, 혈중 urea nitrogen을 낮추었으며, central nerve inhibition이 있었다. 50% MeOH ex는 anti-stress ulcer effect 및 cyclic AMP effect가 연구·보고되었다.

기타 연구 : Frangufoline과 sanjoinine은 sedative effect 물질로, maslinic acid와 naringenin은 anti-inflammatory effect 물질로, 그리고 ferulic acid는 analgesic, antitumor, hepatotropic effect 물질로 보고되었다.

효능과 이용

1) 효능 : 열매 - 양혈안신(養血安神), 보혈(補血), 완화(緩和).

2) 식용 : 열매는 관혼상제에 쓰는 중요한 과실의 하나이다. 병후회복에 대

추미음을 먹는다. 찜, 편, 설기, 전병, 주악, 대추초 등의 재료로 쓰이거나 건강주 및 차로 이용된다.

3) 약용 : 한방에서 열매는 신경안정 효과가 있어 불면, 신경과민, 히스테리, 갱년기장애에 쓴다. 또한 완화 작용을 하여 독성 감소에 쓴다. 잎은 고혈압, 이뇨, 소염 등에 응용된다.

한편 민간에서는 강정 효과가 있어 식욕 및 성욕 촉진을 위해 장복하며, 진정작용, 안위(安胃)작용, 강장(强腸)작용 등이 있어 위경련 등 위(胃)병에 쓴다. 구토 · 설사에는 대추나무순을 탕제로 만들어 복용하고, 불면증에는 대추를 달여 마시며, 건강주로 만들어 노이로제나 불면증에 장복한다.

4) 기타 : 알레르기와 피부암에 대한 효과도 있다.

참고문헌

1) 김청, 박정룡, 김종배, 차명화, **식품과학회지**, 1999, 28(3), 593 (대추 잎 추출물의 생리활성)

2) 김청, 박정룡, 김종배, 차명화, **식품영양과학회지**, 1999, 28(3), 505 (성숙시기에 따른 대추 잎의 화학적 조성의 변화)

3) 나현숙, 김경수, 이명렬, **식품영양학회지**, 1996, 25(5), 839 (대추 메탄올 추출물이 사염화탄소 투여에 의한 흰쥐의 간세포 독성 경감 효과)

4) 민용규, 이만규, 정헌상, **응용생명화학회지**, 1997, 40(5), 433 (대추 첨가량을 달리한 대추술의 발효특성)

5) 서지영, 신승렬, 정용진, 김광수, **식품영양과학회지**, 1997, 26(2), 175 (감과 대추의 연화 중 가용성 단백질의 변화)

6) 서지형, 신승렬, 정용진, 김광수, **식품영양과학회지**, 1997, 26(2), 180 (감과 대추의 연화 중 Polygalacturonase의 변화)

7) 송진, 이가순, 강현아, 장규섭, **식품과학회지**, 1998, 30(2), 272 (생대추 저장성 연구)

8) 이영경, 김동현, 한명주, **식품과학회지**, 1998, 30(1), 199 (대추의 장내 세균 유해 효소 β-Glucuronidase와 Tryptophanase 저해 효과)

9) 이윤경, 조수열, **식품영양과학회지**, 1995, 24(1), 127 (대추 MeOH 추출액이 Benzo(α)pyrene에 유도된 간 기능 장해에 미치는 영향)

10) 이혜진, 김미경, **영양학회지**, 1998, 31(4), 809 (감과피와 대추로부터 분리한 식이섬유의 포도당, 담즙산, 카드뮴 투과 억제 in vitro 연구)

11) 최청, 천성숙, 조영제, 안봉전, 김영활, 이선호, 김성, **응용생명화학회지**, 1994, 37(5), 356 (한국산 대추의 Endo-polygalacturonase의 특성)

12) 최청, 천성숙, 조영제, 우희섭, 김태완, 허영훈, **응용생명화학회지**, 1994, 37(4), 243 (한국산 대추로부터 Endo-polygalacturonase 분리 및 정제)

13) 한병훈, 박명환, 한용남, **약학회지**, 1993, 37(2), 143 (산조인 및 대추, 대추나무로부터 단리한 아포르핀과 환상 펩티드 알칼로이드의 생쥐에 대한 진정작용)

14) Abbas, M.F., Saggar, R.A.M., J. Hort. Sci., 1989, 64(2), 223 (Respiration Rate, Ethylene Production and Certain Chemical Changes during the Ripening of Jujube Fruits)

15) Al-Niami, J.H., Saggar, R.A.M., Abhas, M.F., Sci. Hort., 1992, 51, 303 (The Physiology of Ripening of Jujube Fruit)

16) Andersen, N.H. et al., Phytochemistry, 1970, 9, 1325 (isol, β-Bisabolene)

17) Bergman, J. et al., Acta Chem. Scand., 1965, 19, 1661 (Anti-inflammatory, isol, 2 α-Hydroxypyracyrenic Acid, Betulinic Acid)

18) Chong, J.-C. et al., Phytochemistry., 1980, 19, 2747; 1982, 21, 1871 (*Zizyphus* -arabinan, Cyclic AMP)

19) Comte, P. et al., C. R. Hebd. Seances. Acad. Sci., 1957, 245, 1144 (Ferulic Acid)

20) Ensminger, Ensminger, Konalande, Robson, Food and Nutrition Encyclopedia, 2nd ed., CRC Press, 1994, 1036, 1236 (Nutritive Value)

21) Ganguly, A.K. et al., J. Chem. Soc., 1961, 2787 (isol, Leucopelargonidin)

22) Ganguly, A.K. et al., Tetrahedron, 1959, 6, 21 (isol, Antihemorrhagic, Leucocyanidin)

23) Glen, A.T. et al., J. Chem. Soc. C, 1967, 510 (Maslinic Acid)

24) Han, B.H. et al., Arch. Pharmacol. Res., 1987, 10, 203, 208 (Zizyphusine)

25) Han, B.H. et al., Phytochemistry, 1990, 29, 3315 (Sanjoinenine, Sanjoinine B, D, G_2, Seed; Alkaloid, Sanjoinine I_a, I_b, E, G_a, Oxonuciferine, Nornuciferine, Daechualkaloid C, Bark; *Alkaloid*, Mucronine D, Nummularine A, Alkaloid, Nuciferine)

26) Han, B.H. et al., Pure Appl. Chem., 1989, 61, 443 [Daechucyclopeptide 1, Daechuine S1, Daechuine S4(Franganine), Daechuine S8-1, Bark; Daechuine S2, S3, S6, S7, S2b, Coclaurine, Hypotensive, Sanjoinine K]

27) Han, B.H. et al., Tetrahedron Lett., 1987, 28, 3957 (Daechualkaloiid A, Zizyroside I , II , Fruits)

28) Hanabusa, K. et al., Planta Med., 1981, 42, 380 (Cyclic AMP)

29) Hasegawa, S., Maiser, V.P., Kaszycki, H.P., Crawford, J.K., J. Food Sci., 1969, 34, 527 (Polygalacturonase Content of Dates and its Relation to Maturity and Softness)

30) Hattori, T. et al., Japan. J. Pharmacol., 1989, 50, 477 (Serum Urea Nitrogen Inhibition)

31) Hong, H. et al., Planta Med., 1986, 193 (Zuziphine, Norzuziphine, Leaves Alkaloid)

32) Huneck, S. et al., Phytochemistry, 1971, 10, 3279 (isol, Ursolic Acid)

33) Inoue, O. et al., J. Chem. Soc., Perkin Trans. 1, 1978, 1289 (Jujuboside A, B, Jujubogenin, Ziziphin, Leaves)

34) Johns, S.R. et al., Aust. J. Chem., 1966, 19, 2331; 1969, 22, 1277 (isol, Laurelliptine)

35) Johns, S.R. et al., Aust. J. Chem., 1970, 23, 363 (isol, Alkaloid, Asimilobine)

36) Kader, A.A., Li, Y., Chordas, A., Hort. Sci., 1982, 17(4), 678 (Postharvest Respiration, Ethylene Production, and Compositional Changes of Chinese Jujube Fruits)

37) Kawai, K. et al., Phytochemistry, 1974, 13, 2829 (isol, Ebelinlactone)

38) Kirk-Othmer Encycl. Chem. Techno., 3rd ed., Wiley, N.Y. 1982, 17, 746 (rev, props, Terephthalic Acid, Dimethylterephthalate)

39) Koda, A. et al., Nippon Yakurigaku Zasshi, 1973, 69, 88; 1982, 80, 31 (Antiallergic)

40) Kowalewski, Z., Planta Med., 1971, 19, 311 (derivs, Eriodictyol)

41) Kumar, N.S. et al., Phytochemistry, 1985, 24, 1337 (Alphitolic Acid)

42) Lavault, M. et al., Chem. Pharm. Bull., 1986, 34, 1148 (Alkaloid, Stepharin)

43) Lee, S.-S. et al., J. Nat. Prod.(Lloydia), 1992, 55, 602 (isol, Ceanothic Acid)

44) Li, S.Z. et al., Zhongcaoyao, 1983, 14(10), 39 (Central Nerve Inhibition, Liver-protective)

45) Liao, M.L., Liu, M.S., Yang, J.S., Acta Hort., 1983, 138, 227 [Respiration Measurement of Some Important Fruits(Jujube) in Taiwan]

46) Matsubara, T., Mori, S., Touchi, A., Masuda, Y., Takeuchi, Y., Jpn. J. Pharmacol., 1983, 33, 435 (CCl_4-induced Hepatotoxicity in Rats, Evidence for Different Susceptibilities of Rat Liver Lobes)

47) Neilsen, B.E. et al., Acta Chem. Scand., 1963, 13, 1161 (Antilipidemic, Daucosterol)

48) Okamura, N. et al., Chem. Pharm. Bull., 1981, 29, 3507 (Zizybeoside, Fructus)

49) Osman, A.M. et al., Aust, J. Chem., 1975, 28, 217 (β-Sitosterol, Antilipidemic)

50) Otsuka, H. et al., Phytochemistry, 1974, 13, 2016 (Adouetine X)

51) Ouabonzi, A. et al., Phytochemistry, 1983, 22, 2632 (isol, Isoswertisin-2'-*O*-β-D-glucopyranoside)

52) Pandey, V.B. et al., Phytochemistry, 1984, 23, 2118 (isol, Nummularine B)

53) Perkin, A.G., J. Chem. Soc., 1909, 95, 2190 (isol, Isoquercitrin)

54) Seo, S. et al., Tetrahedron Lett., 1975, 7 (Oleanonic Acid)

55) Shah, A.H. et al., J. Nat. Prod.(Lloydia), 1985, 48, 555 (Alkaloid, Sativanine E)

56) Shah, A.H. et al., Heterocycles, 1988, 27, 2777 (isol, UV. Struct, Stem Bark,

Alkaloid, Tscheschamine)

57) Shah, A.H. et al., Phytochemistry, 1984, 23, 931 (isol, Struct);2120 (Sativanine G); 1985, 24, 2765 (Sativanine D); 2768 (Sativanine F)

58) Shah, A.H. et al., Planta Med., 1986, 500 (Stem Bark Alkaloid, Sativanine H)

59) Singh, J., Phytochemistry, 1982, 21, 1832 (deriv, Oleanoic Acid)

60) Srivastava, S.K. et al., Indian J. Chem., Sect. B, 1982, 21, 604 (Naringenin, deriv)

61) Tewari, S. et al., Phytochemistry, 1972, 11, 1149 (isol, Alkaloid, Boldine)

62) Tomita, M. et al., Yakugaku Zasshi, 1961, 81, 469 (Alkaloid, isol, N-Methyl-asimilobine)

63) Tomoda, S. et al., Shoyakugaku Zasshi, 1969, 23, 45; 1981, 35, 194; Chem. Pharm. Bull., 1983, 31, 499; 1985, 33, 4017 (Zizyphus-arabinan, Cyclic AMP)

64) Tomoda, S., Gendai Toyo Igaku, 1984, 5, 47 (Flavonoid)

65) Tripathi, V.D. et al., Indian J. Chem., Sect. B, 1979, 17, 89 (isol, Rhamnetin)

66) Tshesche, R. et al., Pharmazie, 1981, 36, 511 (isol, Alkaloid, Amphibine D)

67) Tschesche, R. et al., Phytochemistry, 1976, 15, 541 (Jubanine A, B, Bark); 1979, 18, 702 (Amphibine H, Bark Alkaloid)

68) Tschesche. R. et al., Phytochemistry, 1979, 18, 702 (isol, Satinanine A, B)

69) Tschesche, R. et al., Tetrahedron, 1964, 20, 1435 (isol, Alkaloid, Caarerine)

70) Tschesche, R. et al., Tetrahedron Lett., 1972, 2609 (Maturitine A, F, Bark Alkaloid)

71) Urzúa, A. et al., Phytochemistry, 1982, 21, 773 (Alkaloid, Norisocorydine)

72) Wada, K. et al., J. Agric. Food Chem., 1968, 16, 471 (Alkaloid, Insecticide, Isoboldine)

73) Wagner, A. et al., Phytochemistry, 1972, 11, 851, 1857 (isol, Swertisin)

74) Wells, E.F. et al., Can. J. Bot., 1980, 58, 1459 (derivs, Myricetin)

75) Wenjuan, Q. et al., Phytochemistry, 1986, 25, 913 (Ziyuglycoside I, II)

76) Woo, W.S. et al., Phytochemistry, 1979, 18, 353 (Spinosin, 6''-Coumaroyl-spinosin, 6''-Feruloylspinosin, 6''-Hydroxybenzoylspinosin)

77) Yagi, A. et al., Chem. Pharm. Bull., 1978, 26, 1798, 3075 (Saponin, Triterpenoid, Aromatic)

78) Yagi, A. et al., Yakugaku Zasshi, 1981, 101, 700 (Antiallergic)

79) Yamada, H. et al., Carbohydr. Res., 1985, 144, 101 (Antiallergic, *Zizyphus*-arabinan)

80) Yamahara, J. et al., Shoyakugaku Zasshi, 1974, 28, 33 (Anti-stress Ulcer)

81) Yamaoka, Y., Kawakita, T., Kaneko, M., Nomoto, K., Biol. Pharm. Bull., 1996, 19, 936 (A Polysaccharide Fraction of *Zizyphi* Fructus in Augmenting Natural Killer Activity by Oral Administration)

82) Zeng, L. et al., Yaoxue Xuebao, 1987, 22, 114 (Zivulgarin, Swertisin)

83) Ziyaev, R. et al., Khim. Prir. Soedin., 1977, 13, 239; Chem. Nat. Compd. (English Translation), 204 (Juzirine, Leaves Alkaloid)

8 더덕 *Codonopsis lanceolata* (Sieb. et Zucc.) Trautv.

초롱꽃과(Campanulaceae)

White root, Bell flower(英), Tsuru-ninjin(日), 羊乳根(中)

산지 : 유라시아, 열대 아메리카

용도 : 뿌리(식용 · 약용)

식물학적 특성

숲 속에 나는 다년생 덩굴식물. 뿌리는 굵고, 덩굴을 자르면 흰 유액이 나온다. 잎은 호생인데, 가지 끝에서는 4장의 잎이 서로 접근하여 대생한다. 또 피침형, 긴 타원형을 이루며, 가장자리는 밋밋하다. 잎 표면은 녹색이고, 뒷면은 분백색이며, 꽃은 연한 녹색이고 꽃 안쪽에 자갈색 점이 있다. 열매는 원추형의 삭과, 꽃받침이 남아 있다. 근래에는 재배가 되고 있다.

동속식물로 만삼(*C. pilosula*)과 소경불알(*C. ussuriensis*) 등 약 3종이 서식하고 있다.

성분

1) 영양성분

① 더덕 생것(6079) 가식부 100g 중 열량 55.0kcal, 단백질 3.0g, 지질 0.3g, 당

질 10.8g, 조섬유 1.5g, Ca 24.0mg, P 102.0mg, Fe 2.0g, Zn 0.16mg, vitamin B_1 0.13mg, B_2 0.20mg, B_6 0.03mg, niacin 0.5mg, C 6.0mg, 엽산 5.2㎍, E 0.39mg.
② 더덕분말(6080) 가식부 100g 중 열량 265.0kcal, 단백질 17.0g, 지질 3.0g, 당질 50.2g, 조섬유 4.2g, Ca 272.0mg, P 576.0mg, Fe 17.2g, Zn 0.86mg, vitamin B_1 0.26mg, B_2 0.38mg, B_6 0.16mg, niacin 0.4mg, 엽산 27.8㎍, E 2.2mg.

2) 특수성분

뿌리에서 Albigenic acid(D-2450), α-Spinatsterol(S-01328), Δ^7-Stigmasterol(E-01661), Oleanolic acid(H-02589), Echinocystic acid(D-02449), Saponin과 N-9-formulharman, 1-Carbomethoxycarboline(C-00366), Perlolyrine(P-00835), Norharman(C-00362), Codonoside A · B · C, Cycloartenol(C-02253), Inulin(I-00201)이 규명되었고, 잎에서는 Apigenin(T-02175), Luteolin(T-00771), Cynaroside(T-00771), Luteolin-7-rutinoside(T-00771), Apigenin-7-glucoside(T-02175), Luteolin-7-galactoside(T-00771) 등의 Flavone glycoside와 Anthocyanin 색소가 규명되었다.

생리활성

노화방지와 면역력① : 더덕 열수 추출물 1~25㎍/ml을 BSA 면역 쥐의 림프절 세포에 투여한 결과, 무첨가군보다 세포증식 효과가 2.8~11.2배 더 있었는데, 이는 면역증강 효과가 있는 것으로 알려진 *B. adolescentis* M101-4와 유사한 수준이었다. 비장과 Peyer' s patch 세포에 1~25㎍/ml 시료를 첨가하였을 때에도, 각각 4.2~13.8배, 3.1~6.9배의 증식 효과가 있었다. 또한 RAW 264.7 세포주에 의한, TNF-α와 IL-6 같은 cytokine의 생산을 자극하였다. RAW 264.7 세포를 lipopolysaccharide로 자극했을 때, TNF-6 및 IL-6는 무첨가군에 비해 별 증가가 없었으나, 자극하지 않은 RAW 264.7 세포에 대해서는 TNF-α가 12.6~67.8배, IL-6가 2.8~10.1배 증가하였다. 이상의 결과로 시료 더덕 추출물이 노화 및 질병에 수반되는 면역력 감소를 방지하는 기능이 인정되었다.

면역증강 효과② : 더덕 70%-MeOH 추출물은 thymocyte를 증식시키고 helper

T-cell의 population을 증가시켰다. 한편 복강 내 macrophage를 활성화하는 성분이 물 분획에 함유되어 있었고, 그 분자량은 3,500 이상으로 확인되었다.

지질 대사① : 더덕 추출물이 고지방식이 급여 흰쥐의 체내지질 수준에 미치는 영향을 알고자 실험한 결과, 더덕 추출물이 고지방식이로 인한 혈청과 간의 중성지질 및 총 cholesterol 축적을 효과적으로 억제하는 것으로 나타났다.

지질 대사② : 도라지 및 더덕 첨가 식이가 흰쥐의 혈청 및 간장의 지방산 조성에 미치는 영향을 알고자, cellulose 5%, 돈지 10%를 대조군으로 하여 SD계 흰쥐(♂)에 도라지, 더덕 각 5%, 들깨유, 홍화유 각 10%를 혼합한 식이를 3주간 급여한 후 혈청과 간장의 지방산 조성을 분석 · 검토하였다. 그 결과 혈청지질의 총 지방산, 인지질, 중성지질, cholesterol ester의 지방산 조성에 있어서, PUFA 중 linoleic acid의 함유비가 높아 주요 지방산을 이루었고, 인지질 중에는 arachidonic acid와 eicosapentanoic acid의 함유비가 높았다. 즉, 혈청과 간장의 지방산 조성에서 linoleic acid의 비율이 가장 높았다.

지질 대사③ : 도라지 및 더덕 첨가 식이가 흰쥐의 혈청 및 간장의 지질성분에 미치는 영향을 알고자, cellulose 5%, 돈지 10%를 대조군으로 하여 SD계 흰쥐(♂)에 도라지, 더덕 각 5%, 들깨유와 홍화유 각 10%를 혼합한 식이를 3주간 급여한 후 혈청과 간장의 지질성분을 분석 · 검토하였다. 그 결과 total cholesterol, HDL-cholesterol, phospholipid, TG의 농도로 볼 때 도라지 5%, 들깨유 및 홍화유 각 10%씩을 혼합한 급여의 경우가 지질 개선 효과가 높았다.

더덕 간장의 항돌연변이성 : 총 질소 함량을 기준으로 하여 소맥 대신에 일정 비율의 산채류(더덕, 곰취, 컴프리)로 간장을 제조하여 그 특성을 살펴보았는데, 시료 간장의 총 질소 함량은 일반적으로 산채 대체량이 늘어남에 따라 증가하였고, 숙성 4개월 후의 무기질 함량에서는 더덕 20% 대체 간장은 Ca · K 함량이 각각 1.3배, 1.5배 증가하였으며, 산채혼합 10% 대체 간장도 Ca 함량이 1.5배 증가하였다. amino acid의 함량은 더덕 10% 대체 간장군의 경우 threonine과 aspartic acid가, 산채혼합 100% 대체군의 경우는 tyrosine과 arginine이 높은 증가를 보였다. rec assay system을 이용한 항돌연변이에 있어서는 더덕간장은 10%와 20% 대체군이, 산채혼합간장은 7%와 10% 대체군이 다른 시료에 비해 높은 항돌연변이성을 보였다. 관능시험에서 전체적인 기호도는 더덕간장은 7% 대체군이, 산채혼합간장은 5% 대체군이 우수하였다.

항산화활성① : CCl_4 투여 동물(흰쥐)에 더덕 추출물을 투여한 결과, 대조군보다 항산화계활성이 증가하였다. 즉, CCl_4 투여군에서 과산화지질 함량은 유의적 증가를 보였으나 더덕 추출물을 투여하자 현저히 감소하였다. 또한 더덕을 투여한 동물에서 혈청과 간장의 지방산 조성에 변화가 있었다. 따라서 고지방식이 급여 동물에 더덕을 투여하는 것이 체내 지질대사를 개선시키는 효과가 있음을 확인하였다.

항산화 효과② : 더덕 EtOH 추출물의 항산화효과를 검토하고자 수소공여능, 과산화물가, TBA가를 측정 · 비교한 결과, 항산화 효과는 추출법에 따라 차이가 있었다. 가열 추출 시에는 추출물의 수율이 높았고 갈변반응물질이 생성되어 함께 추출되었다. 수소공여능은 산더덕 상온 추출물이 가열 추출물보다 높았다. 더덕 EtOH 추출물은 *in vitro*에서 상당한 수소공여능과 항산화 효과를 보였다.

재배 방법과 성분 : 자생더덕(NC), 유기재배더덕(OC) 및 일반재배더덕(GC)의 성분을 분석한 결과, 아미노산은 arginine〉glutamine〉alanine〉proline 순으로 많았고, arginine은 OC(15.48mg)〉NC(5.67mg)〉GC(9.79mg) 순이었다. 무기질은 K가 가장 많았고 그 다음 OC〉GC〉NC 순이었으며, Ca은 NC〉GC〉OC 순이었다. Pb는 NC(0.11㎍)가 가장 적었고, Cd는 OC가 GC보다 적었으며 NC는 없었다. 껍질 벗긴 더덕의 색도를 측정한 결과, NC〉OC〉GC의 순으로 자생더덕이 가장 진하였다.

품질관리지표 : 우리나라에서 유통되고 있는 13종의 더덕을 수집하여 검사한 결과, 건조감량은 11.9±1.3%, 회분은 5.0±2.7%였다. 더덕의 성분 중 1,2,3,4-tetrahydro-β-carboline-3-carboxylic acid는 더덕의 특이성분으로서 HPLC로 분리 · 동정하는 것이 용이하였으며, 더덕 중 함량은 0.0012±0.0005%였다. 이 물질은 더덕의 진위 판정 지표가 될 수 있다.

정유의 생산 : 더덕의 어린잎에서 callus를 유도한 후 배양조건이 생장하여 정유 생성률 및 조성에 미치는 영향을 비교한 결과, callus의 생장속도는 22℃나

28℃보다 25℃에서 높았고, α-ketoglutaric acid 첨가 배지에서 40일간 배양한 것은 대조군에 비해 약 8배의 정유를 생산하였다. 배양 callus의 정유는 더덕 지상부 및 지하부의 정유와 조성이 달랐고, callus 정유에서는 hexadecanoic acid, tetradecanoic acid, 1,1-dimethylethyl-4-methoxyphenol 및 9,12-octadecanoic acid가 확인되었다.

Flavonoid성분 : 더덕 잎 MeOH ex의 n-BuOH 분획에서 luteolin과 luteolin-5-*O*-β-D-glucopyranoside를 분리 · 동정하였다.

Terpenoid성분 : 더덕의 신선한 뿌리에서 백색결정성 물질을 분리 · 동정한 결과, mp 92℃에 분자식이 $C_{30}H_{50}O$인 squalene의 cyclic compound인 cycloartenol임을 동정하였다.

야생더덕과 경작더덕의 화학성분① : 야생과 경작더덕의 성분을 보면, 조단백이 각각 18.8%, 17.1%, nitrogen free extract가 각각 30.3%, 33.8%였다. 유리당 조성은 fructose, glucose, sucrose가 경작더덕에 많았고, maltose는 야생더덕에는 없었으나 경작더덕에는 0.05%가 함유되어 있었다. 유리아미노산은 alanine, valine, arginine, aspartic acid, threonine, serine, glutamic acid, proline, glycine, alanine, valine, methionine, isoleucine, leucine, tyrosine, phenylalanine 등 16종이 있었고, 야생더덕과 경작더덕 간에 큰 차이는 없었다. 유리지방산 조성은 palmitate, linoleate, linolenate가 검출되었으며 경작더덕에 많았고, crude saponin은 야생과 경작 더덕에 각각 1.5%, 1.4%였다.

야생더덕과 재배더덕의 식이섬유소② : 산더덕, 재배더덕, 인삼의 총 식이섬유소는, AOAC 공정법과 Mongeau법으로 측정한 결과, 각각 34.50%와 35.92%, 46.40%와 47.55%, 14.93%와 14.03%였고, 수용성 식이섬유 비율은 산더덕 64.17%, 재배더덕 75.77%, 인삼 53.74%였다. 더덕과 인삼의 주요 당은 glucose와 uronic acid였고, 비전분 다당류는 산더덕이 20.65%, 재배더덕이 20.03%, 인삼이 9.72%였다.

야생더덕과 재배더덕의 지방산과 아미노산③ : 재배더덕과 산더덕의 일반성분, 그리고 지방산 및 아미노산 조성을 비교한 결과, 조회분은 재배더덕이 산더덕보다 1.83배, 조단백은 1.67배 많았고, 조지방은 산더덕이 재배더덕보다 1.09

배, 조섬유는 2.03배 많았다. 지질성분의 조성을 보면 총 지질, 유리지질, 결합지질에서의 함량 차이는 있었으나 linoleic acid, palmitic acid, linolenic acid가 주요 지방산으로 60%이상을 차지했다. 아미노산은 건물 기준으로 산더덕이 6.07mg/100mg, 재배더덕이 8.42mg/100mg이었고, 산더덕은 Arg〉Glu〉Lys〉Asp〉Phen, 재배더덕은 Arg〉Glu〉Asp〉Lys〉His 순이었다.

연근별 무기질 및 단백질① : 재배더덕과 야생더덕의 총 당(건물 중)은 일반성분 중 가장 많았고, 1년근(68.76%)보다 5년근(66.54%)이 낮았으며, 조단백〉조섬유〉조지방〉회분 순으로 많았다. 또한 재배더덕이 야생더덕보다 일반성분 함량이 높았으며(조섬유 제외) 연령이 많아짐에 따라 증가하였다(조섬유 제외). 무기성분 함량은 K(208.7~327.9ppm)〉Mg〉Ca 순이었으며, 재배더덕이 야생더덕보다 무기질이 많았고, 대체로 연령이 높아짐에 따라 무기질이 많아졌다(Fe 제외). 중금속인 Pb와 Cd은 허용기준보다 낮았고, P는 재배더덕이 야생더덕보다 3배 많았다. 단백질 albumin은 재배나 야생 더덕에서 모두 많았고, 연령 증가에 따라 다소 감소하였다. 그 다음으로 globulin〉prolamin〉glutelin 순이었는데, 이 또한 연령이 높아짐에 따라 증가하였고, 특히 prolamin은 19.74~22.90%로 비교적 많았다. 한편 단백질 용해도는 pH 4에서 최소였고, pH 10에서 최대였다. 전기영동에서 야생이나 재배 더덕은 7개의 band를 보였으며, 주단백질의 분자량은 약 90,000이었다.

연근별 지질과 지방산② : 재배더덕(5년근)과 야생더덕(8년근)에서 $CHCl_3$:MeOH(2:1, v/v)로 추출하여 GLC로 분리 · 정량한 결과, 중성지질이 가장 많고 그 뒤로 인지질, 당지질 순이었으며, 중성지질의 구성비율은 낮고 인지질의 구성비율은 높았는데, 재배더덕(41.30%)이 야생더덕(29.34%)보다 인지질이 많았다. 중성지질 중에는 TG가 가장 많았는데, 재배더덕(39.49%)이 야생더덕(32.88%)보다 많았고, 그 다음으로 sterol ester, FFA 순이었으며, 특히 야생더덕에는 sterol ester와 MG가 중성지질의 각각 27.74%, 5.11%로 많았다. 지방산 조성을 보면 재배더덕의 포화지방산:불포화지방산의 비는 25.45%:74.37%였고, 지방산 중 가장 많은 것은 linoleic acid로 재배더덕(44.18%)이 야생더덕(40.4%)보다 많았다. 중성지질, 당지질 및 인지질에서도 linoleic acid가 가장 많았고 그 다음이 palmitic acid였다. 더덕의 주된 포화지방산은 palmitic acid와 lauric acid로, 재배더덕의 lauric acid는 13%였고, 야생더덕은 glycolipid와 phospholipid에 각각 11.06%, 9.34%의 lauric acid가 함유되어 있었다.

야생더덕과 재배더덕의 향기성분① : 산더덕과 재배더덕의 향기 차이가 어떠한 상관성을 갖는지 조사한 결과, 재배더덕 토양보다 산더덕 토양에서 균의 종류가 10종 더 검출되었고, 야생더덕에는 재배더덕에 없는 3-ethyl-5,2-(ethylbutyl)-octadecane, benzaldehyde, 14-dimethyl-hexadecanoate, methyl hexadecenoate 성분이 더 있었는데, 이는 더덕향 유발 균주 6번에 의한 것이었다.

휘발성 향기성분② : SDE법으로 휘발성 정유성분을 분리한 후 GC, GC/MS로 확인한 결과, terpene 및 terpene alcohol류 16종, hydrocarbon류 13종, alcohol류 5종, aldehyde 및 ketone류 6종, acid류 6종, ester류 2종 및 기타 2종 등 총 50개의 성분이 확인되었고, 그중 n-hexanal(7.3%), trans-2-hexanol(24.9%), n-hexanol(19.8%), cis-3-hexen-1-ol(5.6%) 및 trans-2-hexen-1-ol(29.4%)이 전체 성분의 85.0%를 차지했으며, 관능평가에서 이 5종의 C_6 화합물들이 더덕의 특징적 향기와 밀접한 관계가 있는 것으로 추정되었다.

향기성분③ : 향기성분인 trans-2-hexenal, cis-3-hexen-1-ol, trans-2-hexene-1-ol, hexanol은 더덕의 풋내를, 1-octen-3-ol은 신선한 풍미를, amylpropionate를 비롯한 다수의 ester는 더덕 특유의 달콤한 향을 내는 것으로 분석되었다.

일반성분 : 산채 중 고사리, 더덕, 두릅, 가죽, 엉겅퀴, 옥잠, 곤달비, 머위, 잔대잎, 참취, 잔대뿌리 등의 성분을 조사한 결과, 수분은 일반 채소보다 적었고, 조단백은 모두 2% 이상이었으며, 조지방 및 조섬유는 큰 차이가 없었으나, 다만 더덕은 조섬유가 다른 산채보다 약 3배 많았다. K는 모두 비슷하였으나 더덕이 상대적으로 적었고, Ca과 P은 산채들 간에 큰 차이를 보였다. Mg은 가죽이 4.3mg%, 원추리가 1.92mg%, 잔대뿌리가 4.13mg%, 두릅이 7.68mg%, 고사리가 8.99mg%였고, 그 외에는 16mg% 내외였다. 총 아미노산 함량은 두릅(3072.4mg%)〉더덕(2709.4mg%)〉고사리 · 가죽 · 창출 · 우산나물(2350mg% 내외)〉곤달피 · 머위 · 잔대잎 · 엉겅퀴 · 옥잠(1400mg%)〉원추리 · 참취 · 잔대뿌리(600mg% 내외) 순이었고, aspartic acid와 glutamic acid가 가장 많아 총

아미노산의 46%를 차지하였으며, 특히 더덕에는 arginine이 가장 많아서 다른 산채의 6배 정도였다. vitamin C는 가죽이 45.9mg, 옥잠이 36.8mg, 창출이 30.2mg이었고, 배당체는 곤달비가 4.1%, 더덕이 3.5%, 머위가 2.2%, 고사리가 2.0%로 산채의 쓴맛을 나타냈다.

지질성분 : 더덕 뿌리의 지질성분으로는 phospholipid(41.30%), glyco-lipid (29.34%)와 linoleic acid, linolenic acid, palmitic acid 등이 있다.

효능과 이용

1) 효능 : 뿌리 - 심복통(心腹痛), 소종배농(消腫排膿), 해독(解毒), 최유(催乳), 거담(祛痰).

2) 식용 : 음식으로는 더덕구이, 더덕무침, 더덕생채, 더덕물김치, 더덕정과, 더덕자반, 더덕누름적, 더덕장아찌, 더덕냉국 등 여러 가지로 이용되며, 건강주나 건강차로도 이용된다.

3) 약용 : 한방에서는 진해, 거담 및 월경조절에, 그리고 인후염, 부인의 백대하, 폐농양, 폐암 및 갑상선암에 대해 다른 약초와 함께 이용한다.

참고문헌

1) 강일준, 함승시, 정차권, 이상영, 오덕환, 도재준, **식품과학회지**, 1999, 31(5), 1203 [산채류(더덕, 곰취, 컴프리)를 이용한 양조간장의 제조 및 특성]

2) 김동주, 이진실, 정가신, 이세윤, **조리과학회지**, 2004, 20(4), 418 (산더덕과 재배더덕에 존재하는 토양미생물 및 향기유발에 영향을 미치는 미생물 탐색)

3) 김상국, 강동균, 민기군, 정상환, 이승필, 이상철, 최부술, **약용작물학회지**, 1999, 7, 58 (표고에 따른 더덕의 향기성분과 정유 함량)

4) 김소영, 김한수, 서인숙, 이호신, 김희숙, 정승용, **식품영양과학회지**, 1993, 22(5), 517 (도라지 및 더덕 첨가 식이가 흰쥐의 혈청 및 간장의 지질성분에 미치는 영향)

5) 김소영, 김한수, 김성희, 김희숙, 서인숙, 정승용, **식품영양과학회지**, 1993,

22(5), 524 (도라지 및 더덕 첨가 식이가 흰쥐의 혈청 및 간장의 지방산 조성에 미치는 영향)

6) 김용두, 양원모, **식품영양과학회지**, 1986, 15(4), 410 [산채성분에 관한 연구—(고사리, 더덕, 두릅, 참취)]

7) 김유선, 신순희, 지형준, **생약학회지**, 1992, 23(1), 60 (더덕의 조직배양에 관한 연구)

8) 김은희, 김지영, 박한경, 맹영선, **조리과학회지**, 1992, 8(2), 247 (더덕과 인삼의 식이섬유소 함량)

9) 김정한, 김경례, 김재정, 오창한, **식품공학회지**, 1992, 24(2), 171 (전처리 방법에 따른 더덕의 휘발성 향기성분 비교 분석)

10) 김혜자, **식품과학회지**, 1985, 17(1), 22 (자연산과 재배 더덕의 일반성분, 아미노산 조성)

11) 맹영선, 박혜경, **조리과학회지**, 1990, 6(1), 51 (더덕의 지방산 및 아미노산 조성)

12) 맹영선, 박혜경, **식품과학회지**, 1991, 23(3), 311 (더덕 에탄올 추출물의 항산화 효과)

13) 박균영, 김일혁, **생약학회지**, 1993, 24, 99 (Flavonoid 성분)

14) 박부덕, 박용곤, 최광수, **식품영양과학회지**, 1985, 14(3), 274 (더덕의 연근별 화학성분에 관한 연구 —제1보 : 일반성분, 무기질 및 단백질 분획)

15) 박부덕, 박용곤, 최광수, **식품영양과학회지**, 1985, 14(3), 280 (더덕의 연근별 화학성분에 관한 연구 —제2보 : 지질 분획의 분리)

16) 박종숙, 이원종, **식품영양과학회지**, 1994, 23(1), 120 [산채류(고사리, 미나리, 참나물, 고들빼기, 취나물, 더덕, 개두릅, 달래, 참두릅)의 식이섬유 함량과 물리적 특성]

17) 박준형, 김영희, 김근수, 곽재진, **응용생명화학회지**, 1989, 32(4), 338 (더덕 뿌리 중의 휘발성 향기 성분)

18) 서정숙, 은재순, **영양학회지**, 1998, 31, 1076 (더덕으로부터 면역세포 활성성분의 분리)

19) 신승원, 최은정, **생약학회지**, 1995, 26(2), 164 (세포배양에 의한 더덕 정유의 생산)

20) 신현옥, **옛날 단방요법**, 태웅출판사, 1995.

21) 양한석, **약학회지**, 1975, 19, 209 (더덕 중 Apigenin, Luteolin의 분리)

22) 유혜현, 백승훈, 박연경, 이승호, 김창민, 이경순, 박만기, 박정일, **생약학회지**, 2002, 33(2), 85 (더덕의 품질관리에 관한 연구)

23) 이석건. **응용생명화학회지**, 1984, 27(4), 225 (건조된 야생더덕과 경작더덕의 화학성분)

24) 이승필, 김상국, 남영숙, 최부술, 이상철, **작물학회지**, 1996, 41(4), 496 (차광과 유기물 사용이 더덕의 생육 및 향기성분에 미치는 영향)

25) 이승필, 김상국, 최부술, 이상철, **자원식물학회지**, 1996, 9(3), 230 (재배장소에 따른 더덕의 일반성분과 향기성분의 조성 변화)

26) 이승필, 김상국, 최부술, 이상철, 김길웅. **작물학회지**, 1995, 40(5), 587 (야생, 재배더덕, 향기성분)

27) 이승필, 김상국, 최부술, 이상철, 여수갑. **약용작물학회지**, 1998, 6(1), 21 (정유성분)

28) 이용진, 김종면, 정영미, **수의공중보건학회지**, 1995, 19(3), 273 (더덕 추출물이 세포성반응에 미치는 영향)

29) 이용화, **춘천교대 논문집**, 1967, 4, 249 [사삼성분 분석–사삼 중 Ehrlich's Reagent 양성물질 (제1보)]; 1971, 10, 193 [사삼성분 분석–사삼 중 Ehrlich's Reagent 양성물질 (제2보)]

30) 이인란, 김외련, **생약학회지**, 1989, 20, 233 (*Codonopsis ussuriensis*의 생리작용에 관한 연구)

31) 이종화, **식품과학회지**, 2002, 34(4), 732 (림포사이트 및 클로널 마크로파지계를 모델로 한 더덕 추출물의 면역 증강 작용)

32) 이진하, **강원대 식자연 논문집**, 1974, 1, 37 (한국산 더덕 중의 Glycoside에 대하여)

33) 장영경, 김상열, 한병훈, **약학회지**, 1986, 30, 1 (더덕의 Alkaloid 성분에 관한 연구)

34) 정미숙, **식생활문화학회지**, 1999, 14(5), 529 (재배방법에 따른 더덕의 성분 및 색도)

35) 정보섭, 라도선, **생약학회지**, 1977, 8(2), 49 [사삼(더덕)의 Terpenoid 성분에 관

한 연구]

36) 정성훈, 김일혁, **생약학회지**, 1994, 25(1), 98 [더덕엽의 Favonoid 성분(2)]

37) 조정옥, 김선민, 김경수, **응용생명화학회지**, 1999, 42(3), 210 (민속주 부재료, Asarone, Coumarin, Thujone의 분석)

38) 최명석, 최필선, **약용작물학회지**, 1999, 7, 275 (더덕, 사포닌 함량 변화)

39) 한은경, 성인숙, 문혜경, 조수열, **식품영양과학회지**, 1998, 27(5), 940 (더덕 추출물이 고지방식이 급여 흰쥐의 체내 지질 수준에 미치는 영향)

40) 한은경, 조수열, **식품영양과학회지**, 1997, 26, 1181 (더덕 추출물이 사염화탄소를 투여한 흰쥐의 항산화계 효소활성도)

41) 황완균, 박견영, 정성훈, 어인세, 김일혁, **생약학회지**, 1994, 25(3), 204 (Flavonoids)

42) Aladyina, N.G. et al., FECS Int. Conf. Chem. Biotechnol. Biol. Act. Nat. Prod., 1985(pub. 1987), 5, 446 (Echinocystic Acid)

43) Capella, P., Nature(London), 1961, 190, 167 (Cycloartenol)

44) Djerassi, C. et al., J. Am. Chem. Soc., 1955, 77, 3579; 1957, 79, 3525 (Sapogenin, Echinocystic Acid)

45) Dohumyrko, S. F., Khim Prir. Soedin., 1974, 6, 792 (Flavone Glucoside)

46) Han, B.H., Kang, S.S., Woo, W.S., J. Pharm. Soc. Korea, 1976, 20, 79 (Triterpenoid from *Codonopsis laceolata*)

47) Hernandez, D.E., Hancke, J.L., Wikman, G., J. Ethnopharmacol., 1988, 23(1), 109 (Evaluation of the Anti-ulcer and Antisecretory Activity of Extracts of *Aralia elata* Root and *Schizandra chinensis* Fruit in the Rat)

48) Kishada, Y., Chem. Ind. (London), 1960, 465 (Stigmasterol)

49) Mino, Y. Tsutsui, S., Shoyakugaku Zasshi, 1985, 39(2), 154 (Inulin Polymer)

50) Nakatsuka, S. et al., Tetrahedron Lett., 1986, 27, 3399 (Perloyrine, Alkaloid, Korea Ginseng, Japanese Soy Sauce)

51) Nanjing College of Pharmacy, Chinese Traditional and Herbal Medicines, Vol.3, 1980, 1110 (Hematopoietic, Accumulate Activity, Stimulate Spiration)

52) Poindexter, E.H. et al., Phytochemistry, 1961, 1, 215 [β-Carboline (Norharman), Tumor Promotor]

53) Stuart, K. et al., Heterocycles, 1975, 3, 223 (1-Carbomethoxycarboline)

54) Thieme, H., Tetrahedron Lett., 1968, 2781 (Cynaroside, derivs)

55) Wagner, H. et al., Phytochemistry, 1984, 23, 2505 (Oleanolic Acid, derivs)

9 도토리 *Quercus acutissima* Carruthers

너도밤나무과(Fagaceae)

Oriental chestnut oak(英)
Kunugi(日), 상수리(일반명)
橡斗子, 橡實(中)

용도 : 열매(식용 · 약용)

식물학적 특성

산에 나는 낙엽교목. 잎은 호생하며 넓은 피침형인데, 뒷면에는 다세포의 단모(單毛)가 있다. 잎의 색은 연한 녹색이며, 뒷면은 진녹색으로 광택이 난다. 꽃은 암수 한 그루이고, 수꽃이삭은 밑으로 처지며, 암꽃이삭은 곧게 선다. 열매는 견과로 식용 또는 약용한다.

동속식물로는 갈참나무(*Q. aliena*), 떡갈나무(*Q. dentata*), 종가시나무(*Q. glauca*) 등 19종이 우리나라에 있고, 그 열매는 식용한다.

성분

1) 영양성분

① **도토리 생것**(5003) 가식부 100g 중 열량 221.0kcal, 단백질 4.4g, 지질 3.0g, 당질 44.5g, 조섬유 2.20g, Ca 16.0mg, P 84.0mg, Fe 0.6mg, Zn 0.17mg, vitamin B_1 0.010mg, B_2 0.060mg, B_6 0.29mg, niacin 0.8mg, 엽산 48.4㎍. 〈식이섬유 13.06g〉

② **도토리 가루**(5004) 가식부 100g 중 열량 351.0kcal, 단백질 1.1g, 지질 1.1g, 당질 83.1g, 조섬유 0.60g, Ca 60.0mg, P 17.0mg, Fe 3.3mg, Zn 0.3mg, vitamin B_1 0.020mg, B_2 0.030mg, B_6 0.45mg, niacin 0.2mg, 엽산 76㎍.

③ **도토리 국수**(5005) 가식부 100g 중 열량 343.0kcal, 단백질 12.4g, 지질 0.7g, 당질 71.7g, 조섬유 0.5g, Ca 86.0mg, P 123.0mg, Fe 2.3mg, Zn 0.27mg, vitamin B_2 0.870mg, B_6 0.47mg, niacin 3.9mg, 엽산 78㎍.

④ **도토리묵**(5006) 가식부 100g 중 열량 43.0kcal, 단백질 0.2g, 지질 0.2g, 당질 10.1g, 조섬유 0.10g, Ca 6.0mg, P 26.0mg, Fe 0.40mg, Zn 0.09mg, vitamin B_1 0.010mg, B_2 0.020mg, B_6 0.06mg, 엽산 9.4㎍. 〈식이섬유 0.79g〉

2) 특수성분

① **열매** : 1,2,3,5 Benzentetrol (Ⅰ, B-00231), *1,2,4 Benzentriol (Ⅱ, B-00234), Gentisic acid(D-01537), Acutissimin A(A-00423), Acutssimin B(A-00424), 3,5-Dimethoxy-4-hydroxyphenyl, 6-Galloyl, β-D-glucopyranoid(B-00231), Mongolicain A(M-01650) · B(M-01651), Pyruvic acid(H-00351), Succinic acid(S-01524), Tonsillosan(H-02942), Variclene(H-02942), 3-Methoxy-4 -hydroxyphenyl-1-*O*-1-6-*O*-galloyl-β-D-glucopyranoside(B-00234) 등이 있다.

② **나무껍질** : 1-*O*-β-D-(6'-*O*-Galloyl)-glucopyranosyl-4-hydroxy-3-methoxy-phenol, Acetic acid(A-00151), Acutissimin A(A-00423), Acutissimin B(A-00424), Ellagic acid(E-00174), Formic acid (F-00343), Lactic acid(H-02942), Tonsillosan(H-02942), Variclene(H-02942), Pyruvic acid(H-02943), Succinic acid(S-01524) 등이 규명되었다.

*Quercus*속 식물에서는 Acorn sugar(Q-00016), Acacia confusa alcohol A1(A-00706), 2-Amyrone (U-00159), β-Amyrone(O-00383), Betulaprenol 12(P-01626), Cornustannin 2(C-01840), Friedelinol (F-00439), Acacia confusa ketone K1(K-00202), Lucenin(L-00760), Maniladione(O-00329), Mongolicain A(M-

01650) · B(M-01651), 1,2,3,4,6-Pentagalloylglucose;β-D-pyranose(P-00415), Prodelphinidin C(H-00713), Sinapaldehyde(E, S-00767) 등이, 갈참나무에서는 Alienanin A(A-00734) · B(A-00735)와 Epipunicacortein A(P-02186)가, 떡갈나무에서는 Callocatechin(4α→6)catechin(P-00717)과 Gallocatechin(4α→8)gallocatechin(H-00713)이, 종가시나무에서는 Cyclobalanone(C-02262), Isoquerglanin(I-00718), Querglanin(I-00718) 등이 규명되었다.

생리활성

지질 대사① : 도토리 추출물이 체내(흰쥐) 지질대사에 미치는 영향을 실험한 결과, 도토리 추출물은 고지방식이로 유발된 고지혈증이나 지방간을 예방하고 치료하는 효과가 있었으며, 특히 물 추출물 투여가 효과적이었다. 고지방식이로 증가된 체지방은 체내 항산화 효소계를 변화시키는데 도토리 추출물 투여는 이런 변화를 완화시켰다. 따라서 도토리 추출물은 고지방식이로 야기될 수 있는 지방간 및 간 장해를 예방할 수 있을 것으로 기대되었다.

지방대사, 항산화능 및 항혈전능(내피)② : 밤과 도토리 중 polyphenol과 flavonoid는 밤보다는 도토리에, 그리고 과육보다는 내피에 많았는데, 밤과 도토리의 식이를 첨가한 실험군이 대조군보다 혈장 및 간의 총 지방, 중성지방, 총 cholesterol의 양이 유의적으로 낮았고, 혈장 HDL-cholesterol 및 총 cholesterol에 대한 HDL-cholesterol의 비율은 실험군과 대조군 간에 유의성 차이는 없었으나 실험군에서 높았다. 또한 밤과 도토리의 과육 포함 식이보다 내피 포함 식이에서 총 cholesterol이 낮았고, 시료함량이 클수록 혈장과 간의 중성지방을 더 많이 저하시켰다. 밤과 도토리 식이섭취는 적혈구와 간 모두에서 SOD활성의 유의성 증가를 가져왔고, catalase와 GSH-Px활성을 대조군보다 증가시켰으며(유의성 없음), 혈장과 간의 지질과산화 수준을 감소시켰다. 특히 과육 포함 식이보다 내피 포함 식이에서 지질과산화물이 적었고 또 함량 의존적 감소가 있었다. 밤과 도토리 식이 실험군에서는 출혈 시간 및 전혈응고 시간이 대조군에 비해 연장되었다(유의성은 없음). 이상의 결과에서 도토리는 체내지질 수준 저하, 지질과산화물 생성 억제, 항산화작용에 있어 뛰어난 효과를 보였고 항혈전 효과 또한 가능성이 보였으므로, 고혈압성 질환, 뇌혈관 질환, 동맥경화증, 심근경색증 같은 혈관 · 순환기계 질환의 예방과 치료에 효과적으로 사용될 수 있으리라 기대되었다.

지질 대사와 항산화활성③ : 고지방식이로 유도된 비만 흰쥐에 도토리 가루와 추출물을 급여한 후 체내지질 패턴 및 항산화효소활성에 대한 효과를 측정한 결과, 체중의 경우 시료분말 20% 급여군만이 실험 기간 중 꾸준한 감소를 보였고, 혈중지질 패턴에서는 시료투여가 총 지질 함량을 현저히 낮추는 것으로 나타났다. 또한 시료 20% 급여군에서 혈청 HDL-cholesterol 함량을 높였고 LDL-cholesterol은 감소시켰다. 간조직 내 지질 패턴에서는 도토리 급여 시 총 지질 함량이 감소되었고, 시료분말 20% 투여 시 중성지방 함량이 현저히 감소되었으나, 총 cholesterol 함량은 각 실험군에서 유의성 차이를 보이지 않았다. 도토리 급여는 간조직의 항산화효소인 glutathione peroxidase의 활성을 촉진시켰고, GST활성은 저하시켰으며, GSH 함량과 catalase활성에는 영향을 주지 않았다. 조직 내 지질과산화물(malondialdehyde)의 생성은 도토리 급여 시 유의적으로 감소되었는데, 도토리에 들어 있는 polyphenol 성분인 tannin의 항산화작용이 조직 내 과산화 정도를 감소시키는 것으로 판단되었다.

항산화성① : 도토리 약주의 도토리 탄닌성분인 gallic acid 함량은 0.39mg%였고, 유기산은 GLC 분석 결과 lactic〉succinic〉citric〉malic〉oxalic〉fumaric acid 순이었다. 도토리 tannin 성분은 약주의 청징화 및 항산화작용에 의한 산화 방지와 산도 저하 방지 효과도 있는 것으로 인정되었다.

Gallic acid의 항산화성② : 도토리의 항산화성분을 추출하여 대두유, 팜유, 돈지 및 우지에 첨가한 후 60℃에 저장하고 POV(peroxide value)의 변화를 측정한 결과, 도토리 추출물은 유탁액 상태의 기질에서 강한 항산화력을 보였고, 유지에 직접 첨가하였을 때에는 항산화력이 나타나지 않았다. 우지와 대두 유탁액에 대한 도토리 추출물의 항산화 효과는 강했으나, 돈지와 팜유 유탁액에 대해서는 약했다. 도토리 추출물은 0.02%에서 실용적인 항산화 효과가 있는 것으로 인정되었다. 또 항산화물질을 추출하여 동정한 결과, gallic acid, digallic acid 및 gallotannin 등이었으며, 이 중 gallic acid가 주된 항산화 효과물질이었다.

항산화 및 항균활성③ : 국내산 nut 4종의 10개 sample에서 나온 MeOH ex와 분획물에 대해 항산화 및 항균 효과를 실험하였다. 그 결과 DPPH radical 소거능과 관련해서는 chestnut hull, acorn, barnyard millet에서 강한 항산화활성이 나타났다. 이들 MeOH 추출물을 hexane, EtOAc, BuOH, H_2O로 추출 분획한 이들 검체 중 내피와 외피의 MeOH 추출물에서 일부 균에 모두 증식억제 효과를 보였고, 과육보다는 내피와 외피 MeOH 추출물에서 증식억제 효과가 있었으나, 전반적인 항균활성은 미약하였다.

성분과 항산화능 : 도토리 가루의 성분을 보면 탄수화물 87.29%, 수분 10.57%, 조지방 1.18%, 조단백 0.84%, 회분 0.12%, K 40.68mg%, P 8.95mg%, Ca 8.64mg%, Mg 4.67mg%, Na 3.94mg%, Fe 1.41mg%였다. 또한 glucose가 대부분이고, rhamnose, galactose, arabinose, mannose, fucose, xylose 순으로 함유되어 있었다. 지방산은 oleic acid가 31.87%로 가장 많았고, 그 다음으로 linoleic acid(18.72%), linolenic acid(16.67%), palmitic acid(11.32%) 순이었다. 항산화 효과는 물 추출물에서 IC_{50}가 19.0㎍/ml로 가장 높았고, 75% EtOH 추출물(2.14㎍/ml), MeOH 추출물(45.2㎍/ml) 순으로 항산화 효과가 측정되었다.

Prolyl Endopeptidase의 저해 효과 : 동물실험에서 prolyl endopeptidase(PEP) 저해제가 뇌 내 노인반의 감소 및 항건망증 효과가 있는 것으로 보고되었다. 병리학적 특성인 노인반(senile plague)은 amyloid에 의해 생기며 이 amyloid 생성에 관여하는 효소의 하나로 PEP가 있는데, 이 효소의 저해제가 치매의 예방과 치료에 도움이 되리라 생각되어, 천연식품자원으로부터 PEP의 저해 효과를 탐색하였던 것이다. 상용되고 있는 과일, 채소, 곡류 등 28종에 대하여 실험한 결과, 40ppm에서 도토리 96.0%, 산딸기 92.0%, 호두 73.0%, 녹차 56.1%로 비교적 높은 저해활성이 검색되었다.

도토리 전분의 일반성분 : 도토리 전분의 이화학적 성분을 살펴본 바, 도토리(가루)의 일반성분은 지방 3.5~5.0%, 단백질 7.2~7.7%, 당질 71.6~76.3%, 회분 1.9~2.2%였다.

Tannin제거 도토리의 아미노산 : 한국산 도토리 분말에 함유된 tannin(8~9%)

을 강력 tannase 생성균주 *Aspergillus niger sp.*로 24시간 분해한 후, 수세 · 교반 · 정치하여 상등액을 버리고 나머지 잔사를 분석한 결과, tannin 함량은 0.18%였다. 또 tannin을 제거한 도토리 분말의 아미노산 조성을 측정한 결과, 단일식품으로는 비교적 많은 필수아미노산이 함유되어 있었다.

효능과 이용

1) 효능 : 열매 - 소종(消腫), 해독(解毒), 지사(止瀉), 삽장(澁腸).
열매껍질 - 수렴, 지혈.
나무껍질 - 삽장(澁腸), 나력(瘰瀝), 사리(瀉痢).

2) 식용 : 옛날부터 상수리 전분을 이용해 묵을 만들어 먹었는데, 탄닌성분이 많아 맛이 떫기 때문에 물에 우려 떫은맛을 제거한 후 쓰며, 구황식품으로 이용되고 있다.

3) 약용 : 한방에서는 열매를 유방염, 생인손, 관절염 등에 탕약으로 쓴다. 민간에서는 열매를 유방염, 설사, 임질, 위장질환, 위카타르, 회충구제, 건선 등에, 수피는 설사, 치질, 임질에 응용한다. 열매와 나무껍질은 쓴맛을 내는 타닌이 있어 설사를 멎게 하는 데 이용하며, 종기 난 데 쓰이기도 한다.

참고문헌

1) 강명화, 이지현, 이정숙, 김주현, 정혜정, **영양학회지**, 2004, 37(3), 169 (고지방식이로 유도된 비만 흰쥐의 체내지질 패턴 및 항산화효소활성에 도토리 급여 효과)

2) 구성자, 장정옥, 중병신자, 소림지자(小林智子), **가정학회지**, 1984, 22, 201 (도토리 전분 Gel의 역학적 특성과 Rheology 특성)

3) 김기현, **약학연구지**, 1982, 16, 1 (도토리의 Tannin 성분에 관한 화학적 연구)

4) 김영아, 이혜수, **조리과학회지**, 1987, 3(1), 14 (도토리 조전분 및 정제전분의 이화학적 특성)

5) 김영아, **조리과학회지**, 1992, 8(1), 9 (도토리 전분 및 전분겔의 형태학적 특성)

6) 김이영, 조후종, **조리과학회지**, 2000, 16, 260 (도토리 묵가루 첨가한 도토리떡의 품질특성)

7) 김정옥, 이만정, **식품과학회지**, 1976, 8(4), 230 (도토리 전분의 이화학적 성질에 관한 연구)

8) 김제중, **한국산 수수와 도토리로부터 추출한 탄닌의 항균성에 관한 연구**, 1995, 고려대학교 자연자원대학원 석사학위논문

9) 김창식, 신응태, **산업미생물학회지**, 1975, 3, 17 (재래식 방법으로 Tannin을 제거한 도토리 분말의 일반성분 및 동 단백질의 Amino acid 조성)

10) 문춘선, 김봉섭, 박광식, 허종화, **산업식품공학회지**, 1997, 1, 91 (도토리묵의 저장성에 미치는 Chitosan의 효과)

11) 박선희, 이애랑, 김성곤, **식품영양과학회지**, 1993, 22, 753 (시판 도토리 묵가루의 아밀로그래프 호화 성질)

12) 박은주, **천연자원을 이용한 간기능 증진제 개발 연구**—Aromatic Toxicants에 의해 유도된 **간기능 장해에 미치는 쑥, 도토리 및 진달래 화분립의 영향**, 1991, 효성여대 대학원 석사학위논문

13) 박재영, 구성자, **영양학회지**, 1984, 17(1), 41 (도토리 전분의 Tannin 성분과 물리적 특성—Gallic Acid 함량과 점도특성)

14) 성인숙, 김명주, 조수열, **식품영양과학회지**, 1997, 26(3), 327 (도토리 추출물이 흰쥐의 체내 지질 대사에 미치는 영향)

15) 성인숙, 박은미, 이미경, 한은경, 장주연, 조수열, **식품영양과학회지**, 1997, 26(3), 494 (도토리 추출물이 흰쥐의 체내 항산화효소계에 미치는 영향)

16) 심태음, 김영선, 사재훈, 신인철, 허성일, 왕명현, **식품과학회지**, 2004, 36(5), 800 (도토리 가루의 성분과 항산화능 평가)

17) 안호경, 김훈배, 유해의, 오두환, **응용생명화학회지**, 1990, 33(4), 293 (지방함량 변화에 따른 도토리 전분의 이화학적 특성)

18) 안호경, 최형택, 김병용, 오두환, **응용생명화학회지**, 1990, 33(4), 301 (탄닌 함량에 따른 도토리 전분의 물리화학적 특성)

19) 육근정, 이혜진, 김미경, **영양학회지**, 2002, 35(2), 171 (밤과 도토리 과육 및 내피

가 흰쥐의 지방대사, 항산화능 및 항혈전능에 미치는 영향)

20) 이미현, 정재홍, 오만진, **식품영양과학회지**, 1992, 21(6), 693 (도토리 Gallic acid의 항산화성)

21) 이미현, **도토리 추출물의 항산화 효과**, 1992, 충남대학교 대학원 석사학위논문

22) 이성현, 박홍주, 조용식, 정인경, 송경식, **식품영양과학회지**, 2003, 32(7), 971 (천연식품자원으로부터 Prolyl Endopeptidase의 저해 효과 탐색－도토리, 산딸기, 호두, 녹차)

23) 이혜성, 이혜수, **조리과학회지**, 1990, 6(3), 1 (도토리와 밤 전분의 이화학적 특성 연구)

24) 이혜성, 이혜수, **조리과학회지**, 1991, 7(1), 11 (도토리와 밤 전분 Gel의 물리적 특성 비교)

25) 이효지, 김희진, **조리과학회지**, 2000, 16(4), 342 (橡子餠의 재료배합비에 따른 Texture 특성)

26) 임광식, 손미정, 이시강, **약학회지**, 1994, 38(3), 223 (도토리에서 분리한 Dotorioside Ⅰ, Ⅱ의 구조)

27) 정동효, 유태종, 최병규, **응용생명화학회지**, 1975, 18, 102 [도토리 녹말의 특성(제1보)]

28) 차배천, 이혜원, 최무영, **생약학회지**, 1998, 29(1), 28 (Nut류의 항산화 및 항균활성)

29) 채수규, 유태종, 김병묵, **식품과학회지**, 1983, 15(4), 329 (미생물 Tanase를 이용한 도토리주의 실험적 제조)

30) 최성현, 복진영, 남세현, 배정설, 최우영, **식품과학회지**, 1998, 30(6), 1420 (도토리 탄닌성분이 약주의 저장성에 미치는 영향)

31) Anderson, L., The Carbohydrates, Academic Press, 2nd ed., 1972, 1A, 519 (Acorn Sugar)

32) Arthur, H.R. et al., Aust. J. Chem., 1967, 20, 811 (isol, *Acacia confusa* Alcohol A_1)

33) Arthur, H.R. et al., Phytochemistry, 1965, 4, 969 (*Acacia confusa* Ketone K_1, Alcohol A_1)

34) Auger, V., C. R. Hebd. Seances Acad. Sci., 1905, 140, 938 (Tonsilloson, derivs)
35) Black, R.A. et al., J. Am. Chem. Soc., 1953, 75, 5344 (isol, E, Sinapaldehyde)
36) Bryce, T.A. et al., Phytochemistry, 1967, 6, 727 (isol, α-Amyrone)
37) Chandler, R.F. et al., Phytochemistry, 1979, 18, 711 (Friedelinol, rev)
38) Corey, E.J. et al., J. Am. Chem. Soc., 1956, 78, 5041 (Struct, Friedelinol)
39) Ensminger, Ensminger, Konalande, Robson, Food and Nutrition Encyclopedia, 2nd ed., CRC Press, 1994 (Nutritive Value)
40) Ettouati, L. et al., Bull. Soc. Chim. Fr., 1989, 687 [isol, Gallocatechin(4α→6α) catechin, Catechin]
41) Foo, L.Y. et al., J. Chem. Soc., Perkin Trans. 1, 1978, 1186 (Prodelphinidin C)
42) Fukawa, H. et al., Tetrahedron Lett., 1966, 6209 (isol, Betulaprenol)
43) Haddock, E.A. et al., J. Chem. Soc., Perkin Trans. 1, 1982, 2515 (1,2,3,4,6-Pentagalloylglucose, Gallotannin)
44) Hashimoto, F. et al., Chem. Pharm. Bull., 1989, 37, 77, 3255 [derivs, Gallocatechin(4α→8)gallocatechin]
45) Hattori, S., Acta Phytochim., 1931, 5, 219; CA, 26, 1282 (derivs, 1,2,3,5-Benzentetrol)
46) Hosono, A. et al., Agric. Biol. Chem., 1991, 44, 1397 (Ellagic Acid, Antioxidant)
47) Hui, W.-H. et al., J. Chem. Soc., Perkin Trans. 1, 1977, 897 (Maniladione)
48) Ishimaru, K. et al., Chem. Pharm. Bull., 1987, 35, 602 (Acutissimin A, isol)
49) Ishimaru, K. et al., Phytochemistry, 1987, 26, 1147 (Tannin)
50) Kim, K.Y. et al., Phytochemistry, 1971, 10, 2803 (derivs, β-Amyrone)
51) Laurie, W. et al., Phytochemistry, 1964, 3, 267 (Amyrin, Ketone)
52) Lewis, R.J., Sax's Dangerous Properties of Industrial Materials, 8th ed., Van Nostrand-Reinhold. 1992, BBU 250 (*DC 4200000, Antibacterial, 1,2,4-Benzenttriol)
53) Lewis, R.J., Sax's Dangerous Properties of Industrial Materials, 8th ed., Van Nostrand-Reinhold. 1992, LAG 000 (OD 2800000, *Variclene)

54) Meek, W.H. et al., J. Chem. Eng. Data, 1969, 14, 388 (Gentisic Acid, Analgesic)

55) Meyer, K. et al., Science(Washington D.C.), 1948, 108, 281 [Analgesic, Antirheumatic, Antiarthritic, Gentisic Acid 5-*O*-(6-*O*-galloyl-β-*O*-glucopyranoside)]

56) Milton, G.M. et al., Can. J. Chem., 1957, 35, 541 (Tonsilloson, Use, Dermatologic, Antiseptic, Digestive)

57) Mues, R., Phytochemistry, 1975, 14, 577 (Struct, isol, Lucenin 1)

58) Nonaka, G. et al., Chem. Pharm. Bull., 1990, 38, 2151 (Acutissimin A, B)

59) Nonaka, G. et al., Chem. Pharm. Bull., 1991, 39, 884 (Alienanin A, B, Struct)

60) Nonaka, G. et al., Phytochemistry, 1983, 22, 237;1984, 23, 1753 (Prodelphinidin B2)

61) Nokawa, G.-I. et al., Chem. Pharm. Bull., 1980, 28, 685 (isol, Cornustannin 2, 3)

62) Nonaka, G.-I. et al., Chem. Pharm. Bull., 1988, 36, 857;1990, 38, 2151 (Mongolican A, B, Major Tanin of *Quercus* sp.)

63) Nonaka, G.-I. et al., Chem. Pharm. Bull., 1990, 38, 2151; 1991, 39, 884 (Epipunicacortein A)

64) Ogihara, Y. et al., Tetrahedron Lett., 1966, 2867 (Struct, Cyclobalanone)

65) Ragan, M.A., Can. J. Chem., 1978, 56, 2681 (1,2,3,5-Benzene Tetrol)

66) Row, L.R., Tetrahedron, 1962, 18, 357 (Ellagic Acid)

67) Saijo, R. et al., Phytochemistry, 1989, 28, 2443 (Galloyl Glucosides, B-00231, 00234)

68) Sheu, S.-Y. et al., Phytochemistry, 1992, 31, 2465 (Querglanin, Isoquerglanin)

69) Sun, D. et al., Phytochemistry, 1987, 26, 1825; 1988, 27, 579 (Prodelphinidin, derivs)

70) Tachi, T. et al., Chem. Pharm. Bull., 1976, 19, 2193 (Cyclobalanone)

71) Wallace, J.W. et al., Phytochemistry, 1982, 21, 482 (Lucenin 1)

10 돌나물 *Sedum sarmentosum* Bunge

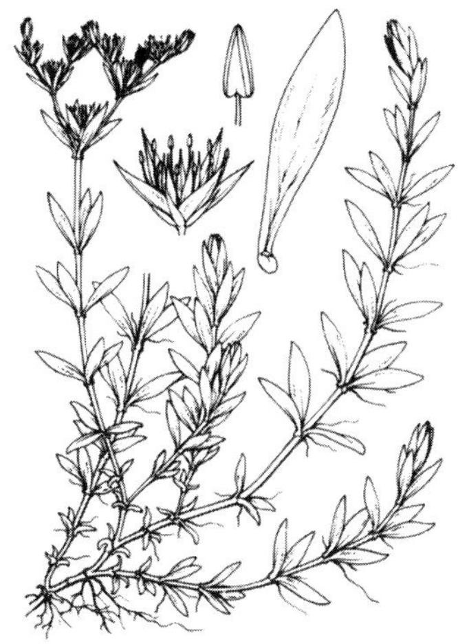

꿩의비름과(Crassulaceae)

Stonecrop(英), Tsuru-mannengusa(日), 火建草, 佛甲草, 垂盆草(中)

산지 : 한국, 일본, 중국

용도 : 어린순(식용)

식물학적 특성

산야에서 자라는 키 15cm 가량의 다년초. 줄기는 땅 위로 뻗고, 마디마다 뿌리가 나며, 꽃줄기는 곧게 선다. 잎은 3장씩 윤생하고, 긴 타원형 및 피침형으로 양끝이 뾰족하다. 노란 꽃은 취산화서이고, 열매는 골돌과에 속한다.

동속식물로는 가는기린초(*S. aizoon*), 기린초(*S. kamtschaticum*) 등이 있다.

성분

1) 영양성분

돌나물 생것(6083) 가식부 100g 중 열량 11.0kcal, 단백질 1.3g, 지질 0.3g, 당질 1.6g, 조섬유 0.6g, Ca 12.0mg, P 26.0mg, Fe 2.3mg, Zn 0.03mg, vitamin A 120.0RE, β-carotene 717.0㎍, B_1 0.05mg, B_2 0.06mg, C 26.0mg, niacin 0.3mg, 엽산 16.1㎍, E 0.48mg.

2) 특수성분

4-Hydroxy-2H-pyran-3-carboxaldehyde(H-02959), N-Methyl allosedridine (S-00504), Sarmentosin+(H-02011)이 분리되었다.

동속식물에서는 Betmidin(H-00734), Gallomyricitrin(H-00734), D-glycero-D-gluco-Heptitol(H-00426), Kaempferol(T-00770), Limocitrin(T-00662), Sedamine(-, S-00497) 등도 동정되었다.

생리활성

항산화능 및 항돌연변이 검색① :한국인 상용채소 7종(깻잎, 돌나물, 돌미나리, 시금치, 쑥갓, 참취, 부추)을 검색한 결과, 시료의 MDA에 대한 단백질 보호 효과는 깻잎, 돌나물이 가장 컸고, 그 뒤로 부추〉참취〉돌미나리 순이었다. 에탄올 추출물의 지질과산화 억제활성은 돌나물(67.1%)과 돌미나리(61.5%)가 높았고, DPPH 라디칼 소거능과 관련해서는 쑥갓(78.8%)과 돌미나리(73.6%)에 저해활성이 있었다. 항돌연변이의 경우 Ames test에서의 간접작용을 보면 *S. typhimurium* TA98에서 2-anthramine의 돌연변이 저해율은 돌미나리 99.8%, 깻잎 52.6%, 부추 79.6%, 쑥갓 82.8%, 시금치 74.5%였고, TA98에서 2-nitrofluorene의 돌연변이 저해율은 깻잎 82.8%, 참취 82.3%, 쑥갓 66.6%였으며, TA100에서 sodium azide의 돌연변이 저해율은 돌미나리가 91.8%였다.

항돌연변이 효과② : 쑥, 돌미나리, 두릅, 돌나물 및 도라지의 생즙은 돌연변이원성을 나타내지 않았으나, 항돌연변이원성 효과는 쑥, 돌미나리, 두릅이 가장 강했고, 돌나물도 그러한 효과가 있었으나 도라지는 없었다. *Salmonella typhimurium* TA98과 TA100에 의한 Ames test에서 TA98과 TA100에 유사한 결과를 보였고, 돌연변이 유발물질로 2-AF를 사용한 실험보다 Trp-P-1을 사용한 실험에서 돌연변이 억제 효과가 강한 것으로 나타났다.

Estrogenic effect : 난소 절제 쥐에 돌나물 EtOH 추출물과 EtOAc 분획물을 투여한 결과, 혈중 cholesterol이 감소하였고, 중성지방도 유의적 감소를 보였으며, 혈중 HDL-cholesterol도 대조군보다 유의적으로 증가하였다(EtOAc 분획물을 투여한 경우). 이러한 결과를 바탕으로 돌나물에는 estrogenic effect 물질인 phytoestrogen이 있을 것으로 추론되었으며, 따라서 돌나물을 섭취하는 것이 폐경여성에게는 폐경기 증상을 호전시킬 것으로, 그리고 순환기계 질환의 위험성을 감소시킬 것으로 기대되었다.

항암 효과① : 상용식물(미역취, 명아주, 국화, 부추, 근대, 씀바귀, 돌나물)의 hexane 추출물은 인체 유래 5종의 암세포(A549, SK-OV-3, SK-MEL-2, XF-498, HCT-15)에 대하여 세포독성을 나타내었는데, 돌나물은 SK-MEL-2에 대해 ED_{50} 47.56으로 세포독성을 보였고, 특히 국화, 부추, 근대 씀바귀는 5종 암세포에 대해 모두 50㎍/ml 이하의 ED_{50}을 나타내어 우수한 항암성을 보였다.

항암 효과 및 항발암 상승 효과② : 돌나물의 암세포 증식억제 효과를 MTT assay로 시험한 결과, $HepG_2$, HeLa, MCF-7 3종의 암세포에 대한 증식억제 효과가 돌나물의 Et_2O 분획에서 강하였고, EtOAc 분획에서도 유의적 효과가 있었다. 또한 암예방 QR(quinone reductase) 유도활성을 시험한 결과, $HepG_2$ 세포주에 대해 Et_2O와 hexane 분획에서 QR 유도활성이 증가되었다. 한편 돌나물과 도라지를 일정 비율로 혼합하여 상승효과를 살펴본 결과, IC_{50}가 되는 도라지 BuOH 분획 첨가에서 암세포 증식 억제 상승 효과가 나타났고, 암에 대한 QR 유도활성도 단독투여보다 혼합투여에서 현저한 상승 효과를 보였다.

생리활성 : Sarmentosin은 s-GPT를 강하시킴으로써 antihepatotoxic effect(항간중독 효과), cell-mediated immune response suppressive effect(세포매개 면역반응억제 효과), gp 120-CD_4 interaction inhibition effect(gp 120-CD_4작용방지효과) 등을 나타낸다.

Sarmentosin : 돌나물의 특수성분인 sarmentosin은 cyanogenic glycoside로서 8~9월에 함량이 가장 많았고, 보통 0.049~0.580%가 함유되어 있었으며, HPLC로 분석하면 회수율이 98.02~98.21%였다.

효능과 이용

1) 효능 : 지상부 - 청혈소종(淸血消腫), 해독(解毒).

2) 식용 : 돌나물 물김치를 가장 많이 먹고, 생채, Salad, 겉절이 등으로도 이용하며, 녹즙을 만들어 복용하기도 한다.

3) 약용 : 한의학에서는 해열, 해독을 위해 쓰거나 타박상, 간경변 등을 치료하는 데 쓰고, 외용으로 뱀에 물린 데 바르기도 한다.
민간에서는 잎의 즙을 종기 난 데 붙이기도 하고, 식욕을 증진시킬 목적으로 사용하거나 볼거리 혹은 암 치료에 쓴다.

4) 기타 : 건강주로는 소주 : 돌나물 : 흑설탕을 5 : 3 : 1의 비율로 담아 최소한 한 달 이상 숙성시킨 후 마신다.

참고문헌

1) 김원희, 배송자, 김미향, **식품영양과학회지**, 2002, 31(2), 290 (돌나물이 난소 절제한 흰쥐의 혈중지질 함량에 미치는 영향)

2) 김희연, **식품과학과 산업**, 1999, 32, 43 [천연식품 중(돌나물 포함)의 내분비계 장애 물질에 대하여]

3) 박성희, 조성지, 이인선, 이정옥, 이인자, 김종원, **생약학회지**, 1996, 27(4), 383 (수종의 한국산 야생식물에서의 항암 효과 검색)

4) 박윤자, 김미향, 배송자, **식품영양과학회지**, 2002, 31(1), 136 (도라지 추출물 첨가에 의한 돌나물의 항발암 상승 효과)

5) 박재갑, 현진원, 임경화, 신진이, 원용진, 이영득, 신국현, 장일무, 우원식, **생약학회지**, 1993, 24, 223 [전통 약용 식물(미역취, 명아주, 국화, 부추, 근대, 씀바귀, 돌나물)의 항암 효과에 대한 연구]

6) 안덕균, **가정동의보감**, 1993, 여강출판사, p.272

7) 오세인, 이미숙, **식품영양과학회지**, 2003, 32(8), 1344 [한국인 상용채소 7종(깻잎, 돌나물, 돌미나리, 시금치, 쑥갓, 참취, 부추)의 항산화능 및 돌연변이 검색]

8) 이덕봉, **한국동식물도감**, 제15권 : 식물편(유용식물), 1974, 삼화서적 주식회사, p.206

9) 이인란, 송지영, 이윤실, **생약학회지**, 1992, 23, 132 [천연물(돌나물 포함)로부터 항암물질 분리]

10) 한규석, 함승시, 정의호, 이해금, **식품위생안전성학회지**, 1992, 7(4), 161 [Trp-P-a

과 2-AF에 대한 산채류(쑥, 돌미나리, 두릅, 돌나물, 도라지) 생즙의 항돌연변이 효과]

11) Beyerman, H.C. et al., Recl. Trav. Chim. Pays-Bas, 1972, 91, 1441 (N-Methyl Allosedridine)

12) Charlson, A.J. et al., J. Am. Chem. Soc., 1960, 87, 3428 (isol, D-Glucero-D-gluco-Heptitol)

13) Glyzin, V.I. et al., Khim. Prir. Soedin., 1971, 662 (Betmidin)

14) Kim, J.H. et al., Phytochemistry, 1996, 41(5), 1319 (Alkaloids)

15) Marion, L., Can. J. Res. Sect. B., 1945, 23, 165 (Alkaloid, Sedamine)

16) Mills, J., A. Aust. J. Chem., 1974, 27, 1433 (β-Sedoheptitol)

17) Nahrstedt, A. et al., Phytochemistry, 1982, 21, 107 [Sarmentosin+ (Z)]

18) Pangon, J.F. et al., Phtyochemsitry, 1974, 13, 1883 (isol, Limocitrin)

19) Schulte, K.E. et al, Phytochemistry, 1972, 11, 2649 (4-Hydroxy-2H-pyran-3-carboxaldehyde)

20) Skehan, P., Streng, R., Scudiero, D., Monks, A., McMahon, J., Visica, D., Warren, J.T., Bokesch, H., Kenney, S., Boyd, M.R., J. Natl. Cancer Inst., 1990, 82, 1107 (New Colorimetry Cytotoxicity Assay for Anticancer Drug Screening)

21) Takagi, S. et al., Yakugaku Zasshi, 1977, 97, 1369 (Glycosides, Kaempferol; 7-*O*-α-D-glucopyranoside)

22) Woo, E.R. et al., Phytomedicine, 1997, 4(1), 53 (Inhibition gp 120-CO_4 Interaction)

23) Zapesochnaya, G.G. et al, Khim. Prir. Soedin., 1975, 11, 92, 720(Gallomyricitrin, Desmanthin I)

24) Zhu, D.Y. et al., Drug Develop. Res., 1996, 39(2), 147 (Sarmentosin, sGPT Lowering)

11 동과 *Benincasa hispida* (Thunb.) Cogn. *Benincasa cerifera* Savi

박과(Cucurbitaceae)

White gourd, Wax gourd(英), 冬瓜(中), Tougan(日)

산지 : 열대, 동인도

용도 : 과육(식용)
과피, 종자(약용)

식물학적 특성

박과의 한해살이 덩굴성 초본. 수박과 비슷하며, 작은 것은 2~3kg, 큰 것은 15~20kg이다. 열매를 동과라 하고, 씨를 동과자라 한다. 고온에서 자라고, 전초에 백색털이 밀생하며, 자웅 딴 꽃이다. 잎은 크고, 표면이 농록색이며 뒷면은 담록색이다. 꽃은 황색이고, 과실은 대형으로 녹색 내지 진녹색인데, 개화 후 40~50일이 지나면 열매가 달리고, 이 열매는 6개월간 저장이 가능하며, 그 맛은 단백하고, 또한 독특한 풍미를 갖는다.

종류에는 조생동아, 소동아, 장동아 재래종, 유규종, 대만종, 중국장동과가 있다.

성분

1) 영양성분

① 동아 생것(6085) 가식부 100g 중 열량 13kcal, 단백질 0.4g, 지질 0.1g, 당질 2.7g, 조섬유 0.40g, Ca 16.0mg, P 15.0mg, Fe 0.20mg, Zn 0.61mg, vitamin B_1 0.01mg, B_2 0.01mg, B_6 0.03mg, niacin 0.3mg, C 41.0mg, 엽산 5.2㎍, E 0.39mg. 〈식이섬유 0.5g〉

② 동아 삶은 것(6086) 가식부 100g 중 열량 12kcal, 단백질 0.5g, 지질 0.1g, 당질 2.2g, 조섬유 0.50g, Ca 17.0mg, P 15.0mg, Fe 0.20mg, Zn 0.59mg, vitamin B_1 0.01mg, B_2 0.02mg, B_6 0.03mg, niacin 0.3mg, C 31.0mg, 엽산 3.7㎍, E 0.39mg.

③ 박오가리 말린 것(6148) 가식부 100g 중 열량 268kcal, 단백질 7.6g, 지질 0.4g, 당질 60.3g, 조섬유 8.70g, Ca 321.0mg, P 246.0mg, Fe 4.40mg, Zn 1.5mg, vitamin B_1 0.11mg, B_6 1.00mg, niacin 6.5mg, C 2.0mg, 엽산 80.7㎍, E 0.20mg.

④ 박오가리 삶은 것(6149) 가식부 100g 중 열량 20kcal, 단백질 0.6g, 당질 4.2g, 조섬유 1.10g, Ca 25.0mg, P 12.0mg, Fe 0.20mg, Zn 0.11mg, vitamin B_6 0.08mg, niacin 0.2mg, 엽산 6.1㎍, E 0.02mg.

2) 특수성분

Isomultiflorenyl acetate(M-01758), Trigonelline(T-01917), Adenine(A-00430), Cucurbitacin B(C-02107), Cucubita-5,24-dienol, Isomultiflorenol acetate, β-Sitosterol, Campesterol, Stigmasterol, Campesterol(E-01477), Stigmasterol(S-01344), 2,5-Dimethyl pyrazine, 2,6-Dimethylpyrazine(D-03285), 2,3,5-Trimethylpyrazine(T-02879), 2-Methylpyrazine (D-03285) 등이 분리되었다.

생리활성

항비만 효과① : 고지방식이(Total calorie의 40%)로 사육한, 약 70g의 Sparague Dawley 흰쥐(♂)에 동과 5%, 10%, 15%(w/w)를 4주간 투여한 결과, 동과 15% 군에서 증체량이 가장 적었다. 체지방은 동과 농도에 따른 유의성 차이는 없었으나, 동과 15% 식이군에서 부고환 지방조직, 복부지방과 신장 주변의 지방이 다른 군보다 낮았다. 또한 혈장 leptin과 유리지방산은 군 간에 유의성 차이는 없었으나, 중성지방은 동과 10%와 15% 식이군에서 유의적으로 낮았다. 동과가 다량의 섬유를 함유하고 있어 비만이나 변비를 억제하고 cholesterol의 대변 배설을 증가시켰다.

체중 및 혈청지질 감소 효과② : 동과자(동아씨) 추출물을 고지방식이 유도 비만 흰쥐에 투여한 결과, 2주 후부터 체중이 감소하기 시작하여 7~8주째에 유의적 감소를 보였다. 또한 혈중지질은 시료투여군에서 total cholesterol, FFA, phospholipid, LDL-cholesterol의 유의적 감소를 보였으며, 간소엽 내 지방 면적 비율은 감소하였으나 거기에 유의성은 없었다.

혈당과 지질대사 개선① : 당뇨유발(steprozotocin) 후 4주에 걸쳐 체중은 정상군보다 유의적으로 감소하였는데, 동과를 섭취하게 하자 체중감소가 완화되었고, 동과 20% 섭취군의 4주 후 체중은 초기에 비해 증가되었다. 당뇨동물(SD계)의 동과 20% 섭취군에서 식이효율이 가장 높았고, 혈당농도에 있어서도 대조군에 비해 혈당상승폭이 감소하는 정도가 동과 20% 섭취군에서 가장 뚜렷하였다. 간의 glycogen 양은 동과 20% 섭취군에서 다소 증가하였고, 근육의 glycogen 함량은 모든 동과 투여군에서 증가 추세를 보였다. 혈중 cholesterol 농도는 동과 20% 섭취군에서 대조군보다 낮았으나, HDL-cholesterol 농도는 아무런 영향을 받지 않았다. 혈중 중성지방은 당뇨유발 시 증가하였으나 10% 동과 4주 섭취군에서는 낮았다. 이로써 동과 섭취가 간장의 지질과산화물 생성을 억제할 가능성이 있음을 알게 되었다.

혈당과 지질대사 개선② : 220g 내외의 SD계 흰쥐(♂)를 정상군, 당뇨대조군, 동과종자 2.5% 섭취군, 5.0% 섭취군으로 나누어 4주간 사육한 후 동과섭취가 혈중 포도당 및 지질에 미치는 영향을 검토한 결과, 당뇨대조군보다 동과종자 5.0%군에서 4주 후 체중이 초기보다 7.4% 증가하였고, 혈당은 1주 후부터 당뇨대조군보다 동과 섭취 당뇨군이 감소하기 시작하여 4주 후에는 유의적으로 감소하였다. 혈장 cholesterol은 동과종자 5.0% 투여군에서 실험 1주 후부터 감소하기 시작하여 그러한 감소추세가 4주까지 유지되었다. 혈중 HDL-cholesterol, 중성지방 및 유리지방산 양은 정상군보다 당뇨대조군이 유의적으로 높았고, 그중 혈중 중성지방은 당뇨대조군보다 동과종자 2.5%군에서 낮았다. AST 활성도는 정상군과 당뇨유발군 간에 차이가 없었고, ALT 활성도는 정상군보다 당뇨대조군에서 높았다. 결과적으로 동과종자 2.5%와 5.0% 섭취는 STZ 유발 당뇨 쥐의 혈당을 강하시키는 효과가 있었고, 그 중 2.5% 섭취군에서는 지질저하 효과도 있었다.

세포독성 방어 효과 : 혈관병변의 주요 병인 가운데에는 산소 라디칼에 의한 산화적 손상이 있다. 생쥐의 배양 혈관내피세포에 대해 glucose oxidase(GO)의 산화적 손상을 세포생존 측면에서 조사하고, GO독성에 대해 동과자의 효과를 MTT assay로 조사하였다. 5mU/ml GO로 내피세포를 처리한 결과, 내피세포에 투여한 농도와 시간에 비례하여 혈관내피세포의 세포생존율이 현저히 감소하였고 여기에 동과자를 투여하자 세포생존율이 100~200㎍/ml 농도에서 유의하게 증가되었다. 이 결과로 동과자가 GO에 의해 유도된 세포독성을 매우 효과적으로 방어함을 알 수 있었다.

Cd흡수 억제① : 채소류(동과 포함)의 식이섬유는 수용성 식이섬유의 중요한 공급원인데, 채소의 조리가공 과정에서 세포와 세포벽 구조의 점착력(adherence)의 변형으로 인해 채소류의 물성이 현저히 변형되면 식이섬유 또한 변형된다. 식이섬유의 가공처리 과정에 따라 glycosidic 결합이 파괴되고 고분자물질이 저분자물질로 되면서 그 물리화학적 특성이 영향을 받는다. 즉, 당근의 blanching으로 인해 pectin의 분자량이 감소하여 보수력이 변하였고, 채소의 가열처리로 인해 세포 사이의 Ca-pectin complex에서 Ca ion이 유리·연화하는 현상이 나타났다. 가공처리 과정 중 식이섬유의 조성 변화를 보면 *in vivo*에서 장내균총에 의한 발효가 증가하면서 bulking capacity가 감소하였다. 불용성 식이섬유는 소화관 통과 시 다량의 수분을 흡수함으로써 대변의 용적 증가, 장내 통과시간 단축, 전분의 가수분해 억제, 포도당 흡수 지연 등의 효과가 있었고, 수용성 식이섬유는 3차원 구조의 gel을 형성함으로써 식품의 통과 지연, 포도당 흡수 저해 및 혈중 cholesterol 저하 효과가 있었다.

Cd흡착 억제② : 동아를 autoclaving, boiling, microwaving 처리한 후 in vitro에서 관찰한 결과, microwaving이 9.43g/g으로 보수력이 가장 강했고, 그 다음으

로 boiling(5.12g/g)〉무처리(4.63g/g)〉 autoclaving(2.61g/g) 순이었으며, 팽윤력은 열처리 후가 22.4~25.8ml/g로 무처리(18.0ml/g)보다 높았다. 동아의 Cd 흡착력은, microwaving, boiling, autoclaving으로 전처리한 결과, autoclaving이 30% 정도의 낮은 흡착력을 보였다. 동아의 세포조직은 autoclaving 처리 시 가장 심한 구조적 변형을 나타냈다. *in vitro*에서 glucose 투과 억제 효과는 boiling 처리 시가 20.6%/hr였고, bile acid의 투과 억제는 boiling(22.9%)〉autoclaving(17.1%)〉microwaving(14.3%)〉무처리(8.6%) 순이었으며, Cd 투과 억제 효과는 처리 방법에 관계없이 65% 이상으로 높았다.

항암 효과와 생명연장 효과 : 동과자 열수 추출물의 *in vitro* 항암 효과는 2mg/ml에서 가장 높았고, *in vitro*의 경우는 0.1g/kg, 0.01g/kg 경구투여에서 각각 21%, 17%의 생명연장 효과를 나타냈다. SK-OV-3 (human ovary carcinoma)에 SRB assay로 열수 추출물(2mg/ml)의 방사선(5Gy)을 병용 투여 시 86%의 저해 효과가 있었다.

일반성분과 무기질성분 : 일반성분은 동과피 BCB(II)와 SCB 종이 우수하였고 동과육 BFB(I)과 BFB(II) 종이 약간 우수하였으며, 동과자(씨)의 지방은 BCB(I) 및 BCB(II)가 우수했고, carbohydrate와 protein은 WCB종이 우수했다. 무기질은 동과피에서는 BCB(II)종이 우수했고 동과육에서는 BFB(I)과 BFB(II) 종이 우수했으며, 동과자에서는 BFB(I)과 BFB(II) 종이 우수하였다. 즉, 청동과 품종이 가장 우수하였다.

동아식빵 제조 : 열처리 동아를 10~65% 첨가하여 식빵을 제조하고 이들의 특성을 관찰한 결과, 빵의 texture는 동아 50% 첨가 시에는 큰 변화가 없었으나 67% 첨가 빵에서는 경도, 검성, 씹힘성이 증가하였다. 관능시험 결과 동아 50% 첨가 식빵이 가장 적합하였다.

동아즙 첨가 국수 제조 : 밀가루에 동아즙을 25%, 50%, 75%, 100% 차례로 첨가하여 국수를 제조할 경우, farinograph의 수분흡수율 및 반죽의 약화도는 시료 첨가량에 따라 증가하였으나 반죽의 형성시간과 안정성은 첨가량과 반비례하였다. 국수 조리 후에는 중량, 부피, 고형분 손실량 및 수분흡수율이 시료 증가에 따라 늘어났다. 조리 후 국수의 texture를 측정한 결과, 견고성, 응집성,

검성은 시료 증가에 따라 커졌다. 조리국수의 관능검사 결과, 25% 및 50% 첨가군이 모든 항목에서 가장 양호하였다.

효능과 이용

1) 효능 : 동과피 - 이수소종(利水消腫).
동과 - 청혈해독(淸血解毒), 지갈(止渴).
동과자(씨) - 윤폐화담(潤肺化痰), 소옹이수(消癰利水).

2) 식용 : 열매를 삶아 먹거나 정과를 만들어 먹는다. 동과선은 술안주로 쓰고, 잘게 썰어 기름에 볶은 동아는 잣가루를 묻혀 먹는다. 동아석박지, 동아김치를 만들어 먹기도 한다.

3) 약용 : 한의학에서 동과피는 이뇨작용을 하여 전신의 부종에 쓰고, 해수 및 천식에도 활용한다. 동과자는 폐농양 및 해수에 쓰고, 충수염에 대해서는 소염 및 배농 효과가 있으며, 피부를 윤택하게 해주는 효과도 있다. 과육은 무좀, 각기병, 해수·천식, 당뇨병, 설사, 종기, 땀띠, 치질에 응용하고, 어독 및 주독의 해독에도 쓴다.

참고문헌

1) 강금지, 임숙자, 정종길, 한혜경, 최성숙, 김명화, 권소영, **영양학회지**, 2003, 36(5), 446 (고지방식이를 섭취시킨 흰쥐에서 동과가 체중, 중성지방, Leptin과 지방세포 크기에 미치는 영향)

2) 박성준, 신민교, 진성용, **본초학회지**, 1998, 13(1), 25 [동아호박(冬瓜) 품종별, 부위별, 일반성분과 무기질 함량]

3) 서은아, 최승석, 이병찬, 이재규, 이강창, 정종길, 신민교, 송준호, **본초학회지**, 2003, 18(2), 129 (동과자가 Glucose Oxidase로 손상된 혈관내피세포에 미치는 영향)

4) 이동로, 김연섭, **본초학회지**, 2003, 18(4), 211 (구맥과 동과자가 고지방식이로 유도된 흰쥐의 체중, 혈청지질 및 조직학적 변화)

5) 임숙자, 김예리, **영양학회지**, 2004, 37(4), 259 (동과 종자의 섭취가 혈당 및 지질 수준에 미치는 영향)

6) 임숙자, 정종길, 김명화, 최성숙, 한혜경, 박지은, **영양학회지**, 2003, 36(4), 335 (동과의 섭취가 당뇨유발 흰쥐의 혈당과 지질대사에 미치는 영향)

7) 주인옥, 정기태, 류정, 김영수, **식품과학회지**, 2003, 35(6), 1117 (동아의 물리적 특성 및 *in vitro* 포도당, 담즙산, 카드뮴 투과 억제 효과에 대한 열처리 영향)

8) 주인옥, 정기태, 류정, 최정식, 최영근, 김영수, **식품과학회지**, 2003, 35(2), 195 (열처리 동아 첨가 빵의 품질특성)

9) 최혜란, 이경호, 김창한, **식품과학회지**, 2003, 35(3), 479 [동과자(冬瓜子)의 항암 활성과 방사선에 대한 감작 효과]

10) 한국영양학회, **한국인 영양 권장량**, 제7차 개정판, 2000 (영양소)

11) 홍선표, 전현일, 송근섭, 권경순, 권용주, 김영수, **식품과학회지**, 2004, 36(5), 795 (동아즙 첨가 국수의 품질특성)

12) Akihisa, T. et al., Yakagaku Zasshi, 1986, 35(12), 1036 (Cucubita-5,24-dienol)

13) Boyer, M.L. et al., J. Chem. Ecol., 1989, 15, 649 (Flavouring Ingredients, 2,3,5-Trimethylpyrazine)

14) Ensminger, Ensminger, Konalande, Robson, Food and Nutrition Encyclopedia, 2nd ed., CRC Press, 1994, 902, 2297 (Nutritive Value)

15) Fedeli, E. et al., J. Am. Oil Chem. Soc., 1966, 43, 254 (Occur, Campesterol)

16) Gosselin, G. et al., J. Med. Chem., 1986, 29, 203 (deriv, Adenine)

17) Grover, J.K., Adiga, G., Vats, V., Rathi, S.S., J. Ethnopharmacol., 2001, 78, 159 (Extracts of *Benincasa hispida* Prevent Development of Experimental Ulcers)

18) Gumbley, S.J. et al., J. Heterocycl. Chem., 1985, 22, 1143 (props, 2,3,5-Trimethylpyrazine)

19) Hong, S.S., Ministry of Agriculture and Forestry, 2000, pp.88~90 (A Study on the Weight Loss Effects of Wax Gourd and the Development of Processed Food from Wax Gourd)

20) Houghton, P.J. et al., Planta Med., 1987, 53, 262 (isol, Alkaloid, Trigonelline)

21) Itoh, T. et al., Phytochemistry, 1982, 21, 2414 (isol, Cryst, Isomultiflorenyl Acetate)

22) Ji, H.J., Lee, S.I., The Korean Pharmacopoeia, 1988, 121 Korea Medical Index Co., Seoul, Korea

23) Kim, J.-H., Kang, B.-H., Jeong, J.-M., Food Science Biotech., 2003, 12(6), 631 (Antioxidant, Antimutagenic and Chemopreventive Activities of a Phyto-extract Mixture Derived from Various Vegetables, Fruits and Oriental Herbs)

24) Kim, Y.J., Shin, M.G., J. Korean Med. Soc., 1999, 20, 165 (Mucolytic Effects of Various Parts of *Fructus Benincasae* Extracts in the Rat Trachea)

25) Korea Professor Conference. Phytology, The Korean Pharmaceutical Association, Seoul, Korea, 1995, pp.352~354

26) Kumazawa, Y., Nakatsuru, Y., Yamada, A., Yadomae, T., Nishimura, C., Otsuka, Y., Nomoto, K., Cancer Immunol. Immunother., 1985, 19, 79 (Immunopotentiator Separated from Hot Water Extracts of the Seed of *Benincasa hispida*)

27) Lavie, D. et al., J. Chem. Soc., 1962, 3259 (Cryst, Cucurbitacin B)

28) Lee, K.S., Ahn, D.K., Shin, M.K., Kim, C.M., Encyclopedia of Chinese Medicine, 1997, Jeony Dan Publishing, Seoul, Korea, pp.1392~1399

29) Rubinstein, I. et al., Phytochemistry, 1976, 15, 195 (Cryst, Stigmasterol)

30) Scheneeman, B.O., Food Technol., 1987, 41, 81 (Soluble vs. Insoluble Fiber : Different Physiological Responses)

31) Scheneeman, B.O., Food Technol., 1989, 43, 133 (Dietary Fiber)

32) Tsuyuki, H. et al., Nihon Daigaku No-Juigakubu Gakujutsu Kenkyu Hokoku, 1982, 39, 75 (β-Sitosterol, Campesterol, Stigmasterol)

33) Wollerreber, E. et al., Indian Drugs, 1991, 28(10), 458 (Isomultiflorenol Acetate)

34) Wu, C.M. et al., J. Food Sci., 1987, 52(1), 132 (2,5-Dimethyl Pyrazine)

35) Wursch, P., Del Vedoro, S., Kollreuter, B., Am. J. Clin. Nutr., 1986, 43, 25 (Cell Structure and Starch Nature as Key Determinant of Digesin, Rate of Legume Starch)

36) Yoshizumi, S., Murakami, T., Kadoya, M., Matsuda, H., Yamahara, J., Yoshikawa, M., Cogn. J. Pharm. Soc., 1998, 118, 118 (Medicinal Foodstuffs, XI : Histamine Release Inhibitors from Wax Gourd, the Fruits of *Benincasa hispida*)

12 돼지감자 *Helianthus tuberosus* Linné

국화과(Compositae)

Jerusalem artichoke, Canada potato(英)
Kiku-imo(日), 뚱딴지, 뚝감자(일반명),
菊芋(中)

원산지 : 북아메리카

용도 : 어린잎, 괴경(식용)
괴경(약용)

식물학적 특성

밭에서 재배하는 다년초로 키가 1.5~3m까지 자란다. 짧은 강모가 산재하고, 괴경이 발달해 있다. 밑의 잎은 대생이고 위의 잎은 호생인데, 긴 타원형이고, 끝은 뾰족하며, 가장자리에 톱니가 있다. 또한 잎자루에는 날개가 있다. 노란 꽃은 두상화서가 1개씩 가장자리에 약 10개가 설상화를 이룬다. 열매는 수과에 속한다.

동속식물로는 해바라기(*H. annuus*)가 있다.

성분

1) 영양성분

① 돼지감자(2029) 가식부 100g 중 열량 69kcal, 단백질 1.9g, 지질 0.2g, 당질 15.0g, 조섬유 0.5g, Ca 13mg, P 55mg, Fe 0.2mg, Zn 0.41mg, vitamin B_1

0.07mg, B_2 0.05mg, B_6 0.27mg, niacin 1.7mg, C 12mg, 엽산 13.3㎍, E 0.10mg.

2) 특수성분

Heliangin(E-00532), Helianthol(B-00473), Inulin(I-00201) 등이 분리 · 규명되었다.

생리활성

지질 대사 : 돼지감자가루(DP), 돼지감자 추출물(DE)과 치커리 추출물(CE)의 흰쥐 지질대사에 미치는 영향을 알기 위해, 각 시료를 5%(w/w)가 되도록 혼합하여 3주간 흰쥐에 섭취시킨 결과, 식이섭취량, 사료효율, 증체량에는 유의적 차이가 없었으나, 맹장 무게는 대조군보다 모든 실험군이 증가하였고, 맹장 내용물도 증가 경향이 있었다. 혈중 중성지질, 총 cholesterol 및 LDL-cholesterol/HDL-cholesterol 비율은 각 식이군 간 유의적 차이는 없었으나, HDL-cholesterol/총 cholesterol은 치커리 추출물군이 가장 높았으며 동맥경화지수는 가장 낮았다. 간의 TG와 총 cholesterol은 모든 군에서 차이가 보이지 않았으나, 총 지질은 치커리 추출물군에서 유의적 감소가 있었고 DP와 DE군에서도 감소 경향이 있었다. 변으로 배설되는 총 지질 및 총 cholesterol은 DE와 CE군에서 유의성 증가가 있었고, 담즙산의 배설량은 치커리 추출물군에서만 유의적 증가가 있었다.

Inulinase 분리 정제 : 돼지감자에서 분리 · 정제한 효소인 inulase의 분자량은 57,000의 polypeptide로 구성되어 있고, 최적 pH는 5.0, 최적온도는 33℃이며, inulin에 특이적으로 작용하고, Km 값은 20mM, Vmax는 943unit/mg 단백질이다. 이 효소는 metalloenzyme은 아니며, Hg^{2+}, Cu^{2+}, Mg^{2+} 등의 금속에 의해 그 작용이 완전히 저해되었다.

알코올 생산 균주 : 돼지감자 괴경에서 알코올 생산을 위한 균주를 선발하고자 11종의 효모에 대해 YNB-inulin 배지에서의 inulase 생성을 실험한 결과, *K. fragilis*와 *K. maxianus*가 각각 0.124unit/ml와 0.116unit/ml로 가장 양호하였다. 또한 돼지감자 괴경착즙액을 여러 효모로 36시간 동안 알코올로 발효한

결과, 효능이 70% 이상인 균주는 *K. fragilis*, *K. maxianus* 및 *T. collisulosa*였고, *K. fragilis*가 알코올 함량이 8.8%로 가장 우수하였다.

알코올 발효 특성 : 15% 돼지감자배지에서 발효시킨 고정화 효모(*Kluyveromyces marxianus*)에 의한 EtOH 농도와 이론치에 대한 EtOH 수율은 4일 후에 각각 3.38%(W/V), 54.20%로 고정화하지 않은 효모의 3.76%(W/V), 7.13%보다 낮았다. cellulase 첨가는 15~20% 돼지감자배지의 점조성을 크게 감소시켜 고정화 효모의 EtOH 생산성을 증가시켰다. 20% 배지에서도 효소를 처리한 후 고정화 효모로 4일간 발효시키면 EtOH 농도는 5.57%(W/V), 이론치에 대한 EtOH 수율은 68.86%까지 얻을 수 있었다.

Invertase의 특성 : 돼지감자에서 sucrose 가수분해를 촉매하는 invertase를 분리 · 정제하여 71배의 부분정제효소를 얻은 후 이를 전기영동한 결과, 순수한 효소는 한 개의 polypeptide chain으로 구성되어 있었고, 분자량은 86,000이었다. 효소활성에 필요한 적정 pH와 적정온도는 각각 pH 7.0, 40℃ 였다. 이는 sucrose 가수분해활성을 보였으나, inulin에 대해서는 전혀 반응이 없었고, sucrose에 대한 이 효소의 Km 값은 24.7mM이었다.

Polyphenol Oxidase의 특성 : 돼지감자 가공 중 갈변에 관여하는 polyphenol oxidase를 부분정제하고 이 효소의 특성을 조사한 결과, 48배로 정제한 이 효소는 catechol을 기질로 하였을 때 최적 활성 pH는 6.5, Km 값은 3mM이었고, 열불활성화는 1차 반응을 보였다. 이때 Z 값은 7.6℃, 활성에너지(Ea)는 72.6kcal/mole이었다. 이 효소를 인산 완충용액에 저장하였을 때, 4℃에서는 일주일 이상 안정하였으나 25℃에서는 급격히 활성이 소실되었다. 이 효소는 monophenol에 반응하지 않았고, diphenol에만 친화력을 나타내었으며, 그중 chlorogenic acid와 가장 잘 반응하였다. 또 1mM의 L-cysteine(HCl)과 L-hydrosulfite, L-ascorbic acid에 의해 완전히 저지되었다.

Peroxidase의 특성 : 갈변에 관여하는 peroxidase를 분리하였고, 36.65배로 정제한 이 효소는 *p*-phenylenediamine을 기질로 하였을 때 최적 활성 pH는 5.0이었고, pH 5.0~6.0 범위에서 안정하였으며, 열불활성화 곡선은 1차 곡선에서 벗어났다. 또한 60℃, 70℃, 80℃에서의 D 값은 각각 86, 45, 33초였고, 활성화에너지는 4.111J/㏖이었다. 기질 특성을 보면 *p*-phenylenediamine과 가장 친화력이 좋았고, KCN, Na-diethyldithiocarbanate, L-ascorbic acid, $NaHSO_3$, L-cysteine에 의해 활성이 완전히 억제되었으나 Ca^{2+}, Cu^{2+}에 의해 활성이 촉진되었다.

복합분 국수 제조 : 저열량 식품을 개발할 목적으로 돼지감자가루(시료)와 강력분을 25 : 75, 30 : 70, 35 : 65의 비율로 하여 각각 국수를 제조한 결과, 시료 25% 첨가 국수가 관능검사에서 가장 좋았다. 시료 25~30% 복합분에 개량제 Na-alginate, 1.0% Fremol, 0.5% α-poly-gel+0.5% alcarin+1% Fremol을 첨가하여 개선하였다. Na-alginate 첨가는 부착성 및 응집성을 증가시켰고, 가장 효과적이었다.

기타 연구 : inulin이 돼지의 장내 주요 세균의 생육에 미치는 영향, 돼지 사육의 사료로서의 inulin에 관한 연구가 있다. inulin은 ADI(diagnostic), antidiabetic, immunostimulant 효과 물질이다.

효능과 이용

1) 효능 : 뿌리 - 청열양혈(淸熱凉血).

2) 식용 : 뿌리 - 전분의 함량이 많아 전분원료로 쓰이거나 구황식품으로 많이 이용된다.
식용으로는 뿌리를 감자 같이 삶아 설탕을 찍어 먹거나 돼지고기와 함께 끓여 먹기도 하며, 일본에서는 튀김을 하기도 한다. 어린 잎은 소금물에 데쳐 버터나 마요네즈와 버무려 먹기도 한다.

3) 약용 : 한방에서는 해열작용이 있어 열병을 다스리는 데 쓰며, 지혈작용이 있어 대량출혈에 응용한다. 민간에서는 진통작용이 있는 뿌리를 신경통 및 류머티즘의 치료약으로 달여서 복용하며, 전분이 많아 자양강장의 효과도 있다.

참고문헌

1) 김기철, **응용생명화학회지**, 1975, 18, 177 (미생물 Inulase에 의한 돼지감자 중의 Inulin분해)

2) 김명희, 전덕영, **생화학회지**, 1988, 21(4), 436 (돼지감자로부터 Invertase의 정제 및 특성연구)

3) 김진한, 허병기, 배천순, 김현성, **생물공학회지**, 1990, 5, 75 (효모 *K. marxianus*에 의한 돼지감자 착즙에 대한 에탄올 발효 특성)

4) 김창곤, 김수일, 신현경, **식품과학회지**, 1993, 25(4), 395 (돼지감자 Fructo 올리고당-Insulin이 돼지의 주요장내세균의 생육에 미치는 영향)

5) 박은배, 이준식, 최언호, **식품과학회지**, 1991, 23, 414 (돼지감자 Polyphenol Oxidase의 분리와 특성)

6) 서정목, 김재용, **대전보전논문집**, 1980, 2, 213 (돼지감자로부터 과당제조)

7) 신동욱, 김태희, **계명문화대학 비슬논집**, 2002, 11, 515 [효모 Inulase II 에 의한 돼지감자 추출물로부터의 기능성 후락토올리고당(DFAIII)의 생성]

8) 신지영, 변명우, 노봉수, 최언호, **식품과학회지**, 1991, 23(5), 538 (돼지감자 가루 복합분 국수의 제조와 품질 개량제 첨가 효과)

9) 유연우, 김철호, 김수일, **응용생명화학회지**, 1983, 26(2), 119 (돼지감자로부터의 알코올 생산을 위한 균주선발)

10) 윤은석, 강수정, 노봉수, 최언호, **식품과학회지**, 1993, 25(5), 565 (돼지감자 Peroxidase의 분리와 특성)

11) 이정선, 염태라, 신현경, **영양학회지**, 1998, 31, 13 (돼지감자 및 치커리 섭취가 흰쥐의 지질대사)

12) 이호진, **서울대농업생명과학연구**, 1999, 3, 42 (돼지감자에서 Allelopathy 물질 추출과 검정)

13) 이희숙, 최언호, **응용생명화학회지**, 1995, 38(1), 26 (돼지감자분말을 이용한 고정화 *Kluyveromyces marxianus* F043의 에탄올 발효특성)

14) 전덕영, 김명희, **식품영양과학회지**, 1988, 17(3), 205 (돼지감자 중 Inulin 분해효소에 관한 연구)

15) 정일병, **농사시험연구논문집**, 1988, 30(2), 36 (비육돈에 대한 고구마, 돼지감자, 호박의 급여 효과)

16) 채은미, 최언호, **산업미생물학회지**, 1991, 19, 265 (*K. marxianus*의 알코올 발효)

17) 최원상, 최용경, 김수일, 변시명, **응용생명화학회지**, 1984, 27(4), 238 (돼지감자 추출물을 이용한 이눌라아제 생산)

18) 허병기, 김현성, 목영일, **생물공학회지**, 1989, 4, 191 (효모 *S. cerevisiae*의 돼지감자 알콜발효 특성과 발효시간과의 함수관계)

19) 허병기, **생물공학회지**, 1989, 7, 48 (*K. fragilis*에 의한 돼지감자의 에탄올 발효)

20) 허병기, 유진선, 양시원, **생물공학회지**, 1989, 4, 48 (돼지감자의 에탄올 발효)

21) Chubey, B.B., Dorrel, D.G., Can. Inst. Food Sci. Technol. J., 1974, 7, 98 (Jerusalem Artichoke, A Potential Fructose Crop for Prairies)

22) Duvnjak, Z., Turcotte, G., Duan, Z.D., Appl. Microbiol. Biotechnol., 1991, 35, 711 (Production of Sorbitol and Ethanol from Jerusalem Artichokes by *Saccharomyces cerevisiae* ATCC 36859)

23) Edelman, J., Jefford, T.G., Biochem. J., 1964, 93, 148 (The Metabolism of Fructose Polymers in Plants, 4 : β-Fructofranosidases of Tubers of *Helianthus tuberosus*)

24) Edelman, J., Jefford, T.G., New Phytol., 1968, 67, 517 (The Mechanism of Fructosan Metabolism in Higher Plants as Exemplified in *Helianthus tuberosus*)

25) Ensminger, Ensminger, Konalande, Robson, Food and Nutrition Encyclopedia, 2nd ed., CRC Press, 1994, 1255, 2176 (Nutritive Value)

26) Fleming, S.E., Groot Wassink, J.W.D., CRC Critical Rev Food Sci Nutr., 1975, 18, 177 [Preparation of High Fructose Syrup from Tubers of the Jerusalem artickoke(*Helianthus tuberosus*)]

27) Inagaki, S., Honjo, A.A., J. Pharm. Soc. Jpn., 1949, 69, 418 (Preparation of Fructose from Jerusalem Artichoke)

28) Kennedy, J.F. et al., Carbohydr. Res., 1973, 26, 401 (Diagnostic Aid of Kidney Function, Inulin)

29) Miyazawa, M. et al., Phytochemistry, 1983, 22, 1040 (Essential Oil, Helianthol)

30) Morimoto, H. et al., Tetrahedron, 1966, 22, 3173 (Cryst, Heliangin)

31) Rosa, M.F., Correia, I.S., Novais, J.M., Biotechnol. Bioeng., 1988, 31, 705 (Improvement in Ethanol Tolerance of *Kluveromyces fragilis* in Jerusalem Artichoke)

32) Rumessen, J.J., Bod, S., Hamberg, O., Eivind, G. -H., Am. J. Clin. Nutr., 1990, 52, 675 (Fructans of Jerusalem Artichokes : Intestinal Transport, Absorption, Fermentation, and Influence on Blood Glucose, Insulin, and C-peptide Responses in Health Subjects.)

33) Zawistowski, J., Blank, G., Murray, E.D., Can. Inst. Food Sci. Technol., 1986, 19, 210 [Polyphenol Oxidase Activity in Jerusalem Artichokes(*Helianthus tuberosus* L.)]

13 들깨

Perilla frutescens Britton var. *japonica* (Hassk) Hara

꿀풀과(Labiatae)

Wild sesame, Perilla(英),
Egoma(日), 水荏, 素子, 野荏(中)

원산지 : 중국, 동남아시아

용도 : 잎, 열매, 열매기름(식용)
열매(약용)

역사

들깨는 유료(油料)작물로 원산지는 중국이라 알려져 있고, 예로부터 재배되어 오고 있다. 독특한 향미와 맛을 지니고 있어 동양에서 가장 서민적이고 보편적인 기름으로 애용되어 왔다. 잎은 강한 향기가 있어 채소(나물, 장아찌, 쌈 등)로 쓰인다. '들깨' 에 해당하는 우리 고어는 '깨' 였으나 이보다 늦게 전래된 참깨(아프리카 원산)에 압도되어 '들' (野)자가 붙은 것 같다. 또한 들깨는 동속식물 차조기와 잎이 닮아 한자로는 소자(素子) 이외에 야소(野蘇), 취소(臭蘇), 청소(青蘇), 백소(白蘇) 등으로 불린다.

식물학적 특성

높이 60~90㎝의 일년생 초본으로 재배된다. 줄기는 사각형으로 곧고 긴 털이 있고, 백색 꽃이 핀다. 둥근 열매와 잎은 식용하며, 종자 기름은 식용하거나 약용한다. 여러 품종이 있으나 우리나라에서는 갈색 열매 식물을 재배한다.

동속식물에는 변종 차즈기 (*Perilla frutescens* Britton var. *acuta*)가 우리나라에 있다.

성분

1) 영양성분

① 들깨 말린 것(5007) 가식부 100g 중 열량 23.0kcal, 단백질 18.2g, 지질 47.2g, 당질 15.9g, 조섬유 4.0g, Ca 351.0mg, P 80.0mg, Fe 13.70mg, Zn 3.06mg, vitamin B_1 0.52mg, B_2 0.33mg, B_6 0.77mg, niacin 7.8mg, 엽산 94.8㎍, E 1.30mg.
② 들깻잎 생것(6092) 가식부 100g 중 열량 29.0kcal, 단백질 3.9g, 지질 0.5g, 당질 4.4g, 조섬유 2.0g, Ca 198.0mg, P 58.0mg, Fe 3.10mg, vitamin B_1 0.09mg, B_2 0.28mg, B_6 0.21mg, niacin 1.1mg, C 55.0mg, 엽산 88.4㎍, E 4.00mg. 〈식이섬유 3.81g〉
③ 들깻잎 데친 것(6093) 가식부 100g 중 열량 23.0kcal, 단백질 3.2g, 지질 0.2g, 당질 3.9g, 조섬유 1.60g, Ca 230.0mg, P 82.0mg, Fe 2.10mg, Zn 0.47mg, vitamin A 1350.0RE, β-carotene 8100.0㎍, B_1 0.09mg, B_2 0.120mg, B_6 0.21mg, niacin 0.4mg, C 30.0mg, 엽산 88.4㎍, E 4.00mg.
④ 들깻잎, 통조림(6094) 가식부 100g 중 열량 57.0kcal, 단백질 4.7g, 지질 1.7g, 당질 8.9g, 조섬유 1.50g, Ca 166.0mg, P 42.0mg, Fe 4.0mg, Zn 0.35mg, vitamin A 730.0RE, β-carotene 4377.0㎍, B_1 0.09mg, B_2 0.15mg, B_6 0.38mg, niacin 0.7mg, 엽산 159.0㎍, E 7.2mg.
⑤ 들깨기름(14003) 가식부 100g 중 열량 884.0kcal, 지질 100g, Zn 0.09mg, vitamin E 25mg.

2) 특수성분

2-Acetyl-3-methylfuran(A-00251), 3''-*O*-Caffeoylcosmosiin(C-01921), Citrusin C(M-00754), Cyanidin; 3-*O*-(Feruloyl-β-D-glucopyranoside),

Cyanidin;5-*O*-β-D-glucopyranoside(P-00583), *Egomaketone(E-00065), 2-Hydroxy-2-phenylacetonitril(R), *O*-β-Sophoroside(H-02819), *Isoegomaketone(I-00433), Luteolin 7-(Caffeoylglucoside)(T-00771), Luteolin 7-*O*-[glucuronosyl-(1→2)-glucuronoside](T-00771), Perillaketone(F-00599), Perilloside A(M-00494)가 분리 · 규명되었다.

생리활성

수확기별 생리활성(잎) : 1월과 5월 온실재배 깻잎과 8월 노지재배 추출물을 조사한 결과, 8월 노지재배 깻잎의 EtOH 추출물이 29%로 가장 많았고, 물과 30% EtOH 추출물의 혈전용해활성은 5월 온실재배 깻잎 EtOH 추출물이 8.2U로 가장 높았다. 고지혈증 예방 관련 HMG-CoA reductase 저해활성에 있어서는 8월 노지재배 물 추출물이 83%의 높은 활성을 보였고, 항고혈압활성의 ACE 저해활성에서는 1월 온실재배 깻잎의 물 추출물이 64.5%의 높은 활성을 보였다. 항산화활성은 물 추출물보다 30% EtOH 추출물이 높았고, 특히 8월 노지재배 깻잎의 EtOH 추출물에서 69%를 보였다. elastrase 저해활성에서는 5월 온실재배 깻잎의 30% EtOH 추출물이 47.5%의 활성을 보였고, 혈전용해성과 아질산염 소거활성, SOD 유사활성과 tyrosinase 저해활성은 모든 깻잎 추출물에서 미약하였다.

항산화활성① : 탈지들깨박 EtOH 추출물의 항산화활성을 알아보기 위해 EtOH 추출물을 농도별로 첨가한 후 들기름의 산패도를 BHA, BHT, tocopherol과 비교하고, 아울러 옥배유와 lard에 대해 조사하였다. 그 결과 탈지들깨박 중 95% EtOH 가용물질은 원들깨의 4.56%이며 0.028g으로, 0.02% BHA나 BHT 및 tocopherol보다 들기름이 효과적인 항산화성을 나타내었다. 비극성용매($hexane, CHCl_3$) 획분에는 항산화활성이 없었고, 탈지들깨박 EtOH 추출물의 항산화력은 들기름, 옥배유 및 lard에 대해 모두 현저하였다.

산화방지 효과② : 들깨의 MeOH 추출물 중 n-hexane: EtOAc(7 : 3) 분획에서 가장 강한 산화방지활성을 보였고, 활성물질은 phenol성 물질로 추정된다. 발아 들깨 추출물보다 들깨 추출물이 산화방지효과가 강하였다.

항산화 효과③ : 깻잎건분군은 대조군보다 혈액과 간의 지방 수준이 높았고, 혈장과 간의 과산화지질 수준 저하 면에서는 건분군과 EtOH 추출물군이 효과가 있었다. 특히 혈액에서의 과산화지질 저하 효과가 간에서보다 컸다. 간에서의 SOD활성은 건분군과 EtOH 추출물군에서 증가하였고, 둘 중 건분군에서 더욱 증가하였다. 지방대사에서는 EtOH 추출물군보다 건분군이 효과적이었는데, 이는 식이섬유 효과가 큰 때문으로 생각되며, 항산화효과는 건분군과 EtOH 추출물군 모두에서 나타났다.

인지기능 개선과 항산화 효과④ : 탈지참깨와 탈지들깨의 MeOH 추출물이 기억력 및 학습능력 감퇴의 특성을 가지고 있는 노화촉진 쥐 SAMP8의 인지기능 및 항산화체계에 미치는 영향을 알고자, 각 추출물 0.3% 첨가 식이로 3개월간 사육한 후 passive avoidance test로 인지기능 변화를 측정하고 뇌 중 acetylcholinesterase활성, 지질과산화물 및 항산화효소활성을 분석하였다. 그 결과 탈지참깨와 탈지들깨의 MeOH 추출물(시료)은 노화촉진으로 감소한 step through latency를 증가시켰으나 혈액과 뇌조직의 acetylcholinesterase활성에는 영향을 미치지 못하였다. 체내 과산화물은 SAMP8 대조군에서 유의하게 증가하였으나 시료를 첨가하자 감소하였으며, SOD와 GPx의 활성은 증가하였다. 따라서 시료는 노화촉진 쥐의 인지기능을 개선시키며, 이는 cholinergic 신경전달체계의 변화라기보다는 체내 지질 과산화물 억제 및 항산화효소에 의한 메커니즘으로 생각되었다.

항산화활성⑤ : 한국산 식물식용유지 참깨와 들깨 종자유에 들어 있는 천연 산화방지제를 규명하고자 참깨와 들깨 종자의 생것과 볶은 것을 대상으로 그 추출물 중 천연 산화방지제인 sesamol과 tocopherol을 TLC와 GC로 분석하였다. 그 결과 참깨 종자유 생것(RS)과 볶은 것(BS)에서 δ-tocopherol과 sesamol이 검출되었고, 들깨 종자유 생것(RP)과 볶은 것(BP)에서 δ-tocopherol과 미지 산화방지제로 사료되는 hydroxy 물질이 검출되었다.

항산화 효과⑥ : 탈지들깨박 EtOH 추출물의 항산화 효과를 시판 합성항산화제인 BHA, AP, TBHQ와 비교하였다. 시료 중 phenol 추출물은 유리형, 에스터형, 불용성 phenol산이 각각 213mg%, 133.1mg%, 89.4mg%로 유리형이 많았고, 들깨박 중 3가지 형태의 phenol산의 항산화력은 유리형이 가장 컸으며 그 다음이 에스터형이었다. 탈지들깨박 페놀산 추출물의 항산화 효과는 TBHQ보다 약하였으나 BHA나 AP(0.02%)보다는 강하였다.

들깨유의 산화안정성① : 들깨의 볶음온도를 150℃, 170℃, 190℃, 210℃로 하고 볶음시간을 10분, 20분, 30분으로 하여 산화안정성을 측정한 결과, 볶음온도가 높고 볶음시간이 길수록 착유한 들기름의 산화안정성이 높았다. 날들깨 착유 들기름의 유도기간은 3.9일이었고, 210℃에서 30분간 볶아 착유한 들기름의 유도기간은 55일이었다. DPPH에 대한 전자공여작용은 볶음온도를 높게 하고 볶음시간을 길게 하여 착유한 들깨 기름일수록 증가하였다. 즉, 날들깨로 착유한 들기름의 전자공여능이 24%였고, 210℃에서 30분간 볶아 착유한 들기름의 경우는 64%였다. 또 들기름의 fluorescence도 들깨의 볶음온도를 높게 하고 볶음시간을 길게 하여 착유한 들기름일수록 증가하였다.

들깨기름의 산화안정성과 발아② : 햇들깨 및 묵은 들깨로 만든 들기름의 총 tocopherol 함량은 439~560ppm으로 증가하였다. 각 들기름의 산화안정성 차이를 보면, 햇들깨 기름이 묵은 들깨 기름의 4배 이상 산화안정성이 컸고, 발아에 의해서는 묵은 들깨의 산화안정성이 2배 증가하였으나 햇들깨의 경우는 약간 증가하였다.

들기름의 산화안정성과 볶음조건③ : 들깨의 볶음시간에 따라 착유한 들기름의 이화학적 특성과 산화안정성을 조사하고, 볶아서 생성된 갈색 물질을 MeOH로 추출하여 항산화 효과를 관찰한 결과, 볶음시간이 길어질수록 들기름의 산화안정성은 증가하였고, MeOH 가용물이 제거된 들기름의 산화안정성은 쉽게 감소하였다. 들기름의 MeOH ex를 MeOH 분획과 hexane 분획으로 나누어 각각에 볶지 않은 들깨를 착유한 시료를 1.0%(w/w) 농도로 첨가한 후 과산화물가를 측정해본 결과, 볶음시간이 길어질수록 산화안정성이 증가하였고, hexane 분획보다 MeOH 분획의 산화안정성이 높았다. MeOH ex, MeOH 분획, hexane 분획의 갈색도, fluorescence 및 전자공여능은 볶음시간이 길수록 높았으며, MeOH 분획〉MeOH ex〉hexane 분획 순이었고, 항산화능도 같은 순이었다.

항암활성 증강과 Phytol① : 들깻잎 phytol이 종양세포에 작용할 때 종양세포의 성장 억제 및 세포 사멸 효과가 있는지를 관찰한 결과, 종양세포에 대한 직접적인 세포 증식억제 효과가 있었을 뿐만 아니라 종양세포에 대해 작동세포가 되고 있는 NK세포나 대식세포의 활성을 크게 항진시키는 것으로 나타났다.

암세포 증식 억제와 Phytol② : 들깻잎에서 분리된 phytol과 methyl-ETA는 인체의 암세포 증식을 억제하며 암세포의 DNA 합성 과정을 억제할 수 있는 것으로 사료되었다.

암예방 효과③ : 들깨박의 MeOH 추출물이 hepalclc7 cell에서 높은 quinone reductase(QR) 유도활성을 보였다. QR 활성 유도 물질은 암예방성분인데, 볶은 들깨박의 MeOH 추출물은 QR 효소활성을 간과 위에서 유의적으로 증가시켰고, 날들깨박은 간과 폐에서 효소활성을 유의적으로 증가시켜 동물의 여러 기관에서 암예방지표인 QR을 유도함으로써 발암물질로부터의 생체 보호 가능성이 있다. 참깨 lignan 물질인 sesamol과 들깨 ether extract는 들깨유 유래의 HALA ethyl ester에 대하여 유용한 항산화제로 인정되었다.

암예방 효과④ : 식이지방의 종류가 암 발생기전에 관련 있다고 알려진 지질과산화와 eicosanoid의 생성에 미치는 영향을 알고자, 쇠기름, 옥수수기름, 들기름을 각 식이의 15%(W/W)가 되도록 실험식이를 만들어 갓 이유한 SD 숫쥐에 급여하고 3주 후 간암유발물질인 2-acetylaminofluorene(AAF) 50mg/kg b.w을 3회 격일로 복강 주사하여 11주까지 사육하였다. 들기름의 불포화도 (P/S=9.67)가 옥수수기름 (P/S=2.92)에 비해 훨씬 높았으나, 다량 섭취 시 간소포체 막의 지질과산화 정도는 옥수수기름 섭취군보다 낮았고, 오히려 쇠기름(P/S=0.08) 섭취군과 유사한 결과를 보여, 식이지방의 불포화도뿐 아니라 지방산의 이중결합 위치도 생체막 지질과산화에 영향을 주었다. 또한 PGE_2와 TXB_2의 생성은 옥수수기름 섭취 시 유의적 증가를 보여 지질과산화나 eicosanoid로 인한 종양발생 촉진 효과는 들기름이 옥수수기름보다 낮을 것으로 생각되었다.

암예방효소계활성⑤ : 볶은 들깨박에 존재하는 항암효소계 유도물질을 preparative TLC로 분리하고 암예방 지표효소인 QR(quinone reductase)과

AHH(arylhydrocarbon hydroxylase) 유도활성을 조사한 결과, $CHCl_3$ 분획의 활성이 가장 높았다. 한편 들깨박 MeOH 추출물을 TLC로 분리했을 경우, QR과 AHH 유도활성은 F1(Rf 0.8)이 가장 높았고, 항산화능은 F1(Rf 0.8)와 F2(Rf 0.7)가 가장 강하였다.

대장암 Biomarker⑥ : 혼합지방(BF), 쇠기름(BT), 옥수수기름(CO), 들기름(PO) 각각 15%(w/w)를 SD계 쥐(♂)에 섭취시키면서 식이와 동시에 DMH(dimethylhydrazine)를 투여하여 식이지방의 조성이 대장의 암화 과정에 미치는 영향을 알고자, 대장 점막 인지질의 지방산 조성과 DAG(diacylglycerol) 및 eicosanoid를 측정하였다. 대장 점막 인지질의 지방산 조성은 식이지방에 영향을 받는다. 대장 점막의 $C_{18:2}$는 식이 중 linoleic acid에 비례하여 CO〉BF〉PO〉BT 순으로 낮아졌으나, $C_{20:4}$는 $C_{18:2}$와 다르게 CO군과 BT군이 같이 높았고 PO군이 가장 낮았다. DMH 투여에서는 PO군을 제외한 3군에서 $C_{20:4}$가 증가하였다. PGE_2는 TXB_2와 같이 BT군이 가장 높았고 PO군이 가장 낮았다. 그러나 실생활에서 섭취하는 지방을 혼합한 BF가 옥수수기름이나 쇠기름보다 대장암 Biomarker로 바람직하며, 또 들기름이 BF보다 그 효과가 우수하여, 결과적으로 들기름을 섭취함으로써 대장암 예방 효과가 있을 것으로 기대된다. 그러나 실제로 한 가지 기름만을 식용할 수는 없으므로 한국인의 식생활에서 들기름 섭취를 늘리고 W-3 지방산이 많은 생선 섭취를 증가시킬 것을 권한다.

항돌연변이 효과① : 들깻잎 MeOH 추출물을 재분획하여 분리 · 동정된 물질은 2-ethoxyacetate, 1,2,3,4-tetramethyl-cis-cyclobutene, methyl-11,14,17-eicosatrienoate 이성체, 12-acetyl-9-octadecanoic acid, phytol이며, 이 중 phytol과 methyl-11,14,17-eicosatrienoate는 aflatoxine B_1과 Trp-P-2에 대한 항돌연변이 효과가 컸다.

항돌연변이 효과② : Alatoxin B_1과 4-NQO에 대한 녹황색 채소류의 항돌연변이 효과를 알고자 녹황색 채소류의 MeOH 추출물과 주스를 조사하였다. 그 결과 *S. typhimurium* TA98과 TA100에 대해서는 들깻잎, 상추, 브로콜리, 쑥갓, 미나리, 들미나리, 홍고추, 고춧잎, 비름, 시금치, 무의 MeOH 추출물에서 강한 항돌연변이 원성율과 50%저해 효과를 보였고, direct mutagen인 4-NQO에 대해 60% 이상 저해 효과를 보인 시료는 양배추, 케일, 상추, 브로콜리, 갓, 풋고추, 피망, 시금치, 비름, 콩나물, 애호박이었으며, 주스의 aflatoxin B_1에 대한 항돌연변이효과는 들깻잎, 들미나리, 시금치, 양배추에서 용량 의존적(50~500㎕/plate)으로 증가하였으나 오이와 당근은 큰 저해 효과가 없었다.

항돌연변이 효과[3] : 신선한 들깨의 총 식이섬유는 17.2%, 건조물인 경우는 18.2%이었고, 이 중 94%가 불용성 식이섬유였다. 들깨의 MeOH 추출물과 MSF(methanol soluble fraction)는 aflatoxin B_1에 의해 유발된 돌연변이를 각 2.5mg/assay에서 각각 91%, 87% 억제하는 효과를 보였다. 그러나 같은 농도에서 soluble dietary fiber 첨가군은 억제 효과가 없었고, hexane 추출물은 20%의 억제 효과가 있었다. 또한 직접돌연변이 원인인 MNNG(N-methyl-N'-nitro-N-nitrosoguanidine)를 사용한 경우 항돌연변이효과는 나타나지 않았다. 따라서 들깨 용매 추출물의 돌연변이억제 효과는 간접돌연변이원에 의한 것이며, 또한 불용성 식이섬유소는 Trp-P-2에 의해 유발된 돌연변이를 13~18% 억제시켰다.

항돌연변이와 항산화 효과[4] : 들깻잎 MeOH 추출물은 *Salmonella typhimurium* TA98과 TA100 균주에서 AFB, Trp-P-2 및 B(α)P의 돌연변이 유발을 억제했고, 용매로 더 분획했을 경우 수층에서는 무효했으나 hexane 분획과 BuOH 분획에서는 항돌연변이 효과가 있었다. lipid peroxidation은 들깻잎 MeOH 추출물 첨가 시 억제되었으며, 특히 BuOH 분획 첨가 시 현저히 억제되는 것으로 나타났다. 돌연변이 유발 억제 및 항산화 효과가 관찰된 BuOH 분획에서 2-propylfuran, ethanodioate, dibutylester, benzaldehyde, 2-methyl-2-ethyl-3-hydroxy-propanoic acid, octahydro-3α-methyl-2H-inden-2-one 등이 동정되었다.

항산화능 및 돌연변이 검색[5] : 한국인 상용채소 7종(깻잎, 돌나물, 돌미나리, 시금치, 쑥갓, 참취, 부추)의 생리활성을 조사한 결과, 시료의 MDA에 대한 단백질 보호 효과는 깻잎, 돌나물이 효과적이었고, 그 다음으로 부추〉참취〉돌미나리 순이었다. 에탄올 추출물의 지질과산화 억제활성은 돌나물(67.1%), 돌미나리(61.5%)가 높았고, DPPH 라디칼 소거능은 쑥갓(78.8%), 돌미나리(73.6%)

가 저해활성이 있었다. Ames test에서 항돌연변이 간접작용을 보면, *S. typhimurium* TA98에서 2-anthramine에 대한 돌연변이 저해율은 돌미나리 99.8%, 깻잎 52.6%, 부추 79.6%, 쑥갓 82.8%, 시금치 74.5%였고, TA98에서 2-nitrofluorene의 돌연변이 저해율은 깻잎 82.8%, 참취 82.3%, 쑥갓 66.6%였으며, TA100에서 sodium azide 돌연변이 저해율은 돌미나리가 91.8%였다.

지질 대사① : 사료 중 5% 저지방 식이에 어유 중 2개의 n-3 지방산(EPA, DHA) 및 식물성 n-3 지방산(linolenic acid) 식이가 혈액과 간조직의 지질 및 인지질 지방산 조성에 미치는 영향을 알아보기 위해 포화지방산(쇠기름)과 n-6계 지방산(옥수수기름)을 대조군으로 하고 3개의 해당 n-3 지방산(EPA 농축유, DHA 농축유, 들기름)을 식이지방의 50% 이상 함유하는 식이를 4주령의 SD계 흰쥐에 4주간 급여하였다. 저지방 식이에서 n-3계 지방산(EPA, DHA, 들기름)은 모두 비슷하게 n-6계보다 혈청지질 저하 효과가 컸으나, 혈청 HDL-cholesterol 저하는 EPA나 DHA보다 들기름이 더 효과적이었다. 아울러 eicosanoids 생성의 관점에서 간의 지방대사에 미치는 영향을 보면, DHA가 EPA보다 더 큰 항동맥경화성 특성이 있었고, 들기름의 linoleic acid가 DHA와 비슷한 효과가 있었으며, EPA와 옥수수유 및 쇠기름 간에는 생체 내 지질 저하 효과에서 큰 차이가 없었다. 즉, n-3계 지방산 효과의 차이는 불포화도나 탄소 수보다는 지방이나 지방 함유 식품의 또 다른 특성이 관여하는 것으로 생각되었다.

지질 대사② : 돈지를 들깨유와 달맞이꽃 종자유 등 2종 식물 종자유와 혼합 급여하는 것이 혈청지질 및 혈청지단백의 지방산 조성에 어떤 영향을 미치는지 규명하기 위해 SD계 숫쥐에 돈지 2.5%와 함께 들깨유 및 달맞이꽃 종자유를 그 혼합비율을 달리하여 4주간 급여 · 사육한 후 혈청지질 및 혈청지단백질의 지방산 조성을 검토하였다. 그 결과 혈청지단백질 각 획분의 지방산 조성에서 들깨유의 혼합비가 낮아지고 달맞이꽃 종자유의 혼합비가 높아짐에 따라 n-3계 PUFA 및 EPA/AA 비율은 감소된 반면 n-6계 PUFA는 증가되는 경향을 보였다. 따라서 시험유지의 지방산 조성이 반영되는 것으로 나타났다. (AA: arachidonic acid, EPA: eicosapentanoic acid)

지질 대사③ : ②와 같은 조건 하에서 4주간 급여 · 사육한 후 간장 및 뇌 지질의 지방산 조성을 분석 · 검토한 결과, 간장 지질의 지방산 조성에 있어 SFA는 인지질이나 cholesterol ester 획분에서, MUFA는 중성 획분에서, PUFA는 인지질 획분에서 그 함유비율이 높았고, 3획분 모두 들깨유의 비율이 낮아지고 달맞이꽃 종자유의 혼합비율이 높아짐에 따라 n-3계 PUFA는 감소되었고 n-6계 PUFA는 증가되어 지방산 조성에 영향을 받는 것으로 나타났다. 뇌 지질 중 인지질의 지방산 조성을 보면, PUFA 함유 비율은 40%로 높았고, n-3/n-6 PUFA 및 EPA/AA 비율은 달맞이꽃 종자유의 혼합비율이 높아짐에 따라 약간씩 감소되는 경향이 있었다.

지방대사④ : 들기름과 참치유의 섭취가 흰쥐의 지방대사와 eicosanoids 생성에 미치는 영향을 알고자 실험한 결과, 포화지방산 급원인 우지와 함께 불포화지방산을 섭취할 때, 참기름만 섭취할 때보다 참치유나 들기름을 첨가하여 섭취하였을 때 혈장지질이 감소하였다. 그 기전은 참치유와 들기름에서 다른 것으로 사료되며, 혈전 형성과 관련이 있는 eicosanoid 합성에 있어 들기름과 참치유는 유사한 효과가 있었다.

지질 대사⑤ : 날 들깨유와 볶은 들깨유가 흰쥐의 체내 지질대사에 미치는 영향을 연구한 결과, 지방산 조성의 변화와 4주간의 저장기간 중 과산화물가의 변화는 착유 전 종실의 지방산 조성에서 linolenic acid가 날 들깨유 62.3%와 볶은 들깨유 61.6%였으나, 날 들깨유(URPO)와 볶은 들깨유(RPO)를 반반씩 섞어 240~250℃에서 30분간 가열한 경우 linolenic acid가 10% 정도 감소하였고, 4주간 냉장저장 중 URPO의 과산화물가는 그다지 변화되지 않았다. 식이 무게의 15%가 되는 시료 기름을 각각 흰쥐에 투여한 후 흰쥐의 체내 지질대사를 관찰한 결과, 혈장 cholesterol은 URPO와 쇠기름 섭취군에서 낮았고 HPO (heated perilla oil) 섭취군에서 높았다. HDL-cholesterol은 HPO와 쇠기름 섭취군에서 높았고, 중성지질도 URPO와 RPO 섭취군에서 낮았다. 간의 총 지질 함량은 RPO 섭취군에서 가장 낮았고, URPO와 HPO, 참깨유 섭취군에서 높았다. 혈청지질 과산화가는 RPO와 쇠기름 섭취군에서 낮았고, 고등어유와 URPO 섭취군에서 높았다.

지질 대사⑥ : 혈청단백질 중 총 단백질은 아무 변화가 없었으나, 들기름 급여군에서 α-globulin은 증가하고 β-globulin은 감소하였으며, 들깨 급여군에서 HDL은 증가하고 LDL은 감소하였다. 총 cholesterol과 triglyceride는 감소하고 phospholipid는 증가하였다. 혈당 변화는 없었으나, Na^+, K^+은 영향을 받을 수 있었다. 혈청 GOT와 GPT 활성에 영향이 없었으나, 들기름이 간장에는 영향이 없었다. ACAT와 HMG-CoA reductase의 활성은 서로 역비례 관계에 있었으나, 들깨 기름의 경우 ACAT와 HMG-CoA reductase의 활성이 서로 증가되었다. 들깨 기름은 $AA_{20:4}$, $EPA_{20:5}$, $DHA_{22:6}$을 생성시켰다. 이상으로 들깨 기름은 식물성 기름 중에서 EPA와 DHA를 생성시킬 수 있으며, 18:3(LNA)가 EPA와 DHA의 좋은 전구체임이 확인되었다. (AA: arachidonic acid)

항산화 효과와 지질대사⑦ : 깻잎건분군은 대조군보다 혈액과 간의 지방 수준을 높였다. 혈장과 간의 과산화지질 수준 저하는 건분군과 에탄올 추출군에서 나타났는데, 에탄올 추출군보다 건분군이 더 효과적이었다. 이는 식이섬유 효과가 큰 때문으로 생각된다. 항산화 효과는 건분군과 에탄올 추출군 모두에서 나타났다.

항산화능과 지방산대사⑧ : 혈장과 간의 과산화지질 저하에는 모든 시료(깻잎, 쑥, 참취)의 건분군과 EtOH 추출군이 효과가 있었고, 특히 혈액에서의 과산화지질 저하 효과는 간에서보다 컸다. 항산화효소 중 SOD가 시료 건분군과 EtOH 추출군에서 증가하였고, 건분군에서 더욱 증가하였다. 지방대사에서 건분군의 효과가 큰 것은 식이섬유 때문이나, 항산화 효과는 건분과 EtOH 추출물 간에 차이가 없어 EtOH 추출물에도 항산화 효과가 있었다. 쑥의 total flavonoid는 48.15mg/g(건분), 참취 41.85mg/g, 깻잎 12.57mg/g이었고, EtOH 추출물은 쑥 7.32mg/g(건분), 참취 6.51mg/g, 깻잎 1.60mg/g이었으며, 깻잎의 vitamin A는 1553.0RE/100g, C는 75.75mg/100g이었고, 쑥의 vitamin E는 4.51 α-TE/100g이었다.

항혈전과 지질대사① : linoleic acid의 주된 급원으로 참깨유를 사용하였고 linolenic acid의 주 급원으로 들깨유를 사용하여, linoleic acid를 일정하게(식이 총 에너지의 4%) 하고 linolenic acid는 총 에너지의 0%, 4%, 8%, 20%가 되게 증가시키면서 총 에너지 중 지방 열량이 30%인 식이로 흰쥐에 자유롭게 급식시키고 혈청지질과 항혈전을 관찰하였다. 그 결과 들깨유 급원(linolenic acid)이 증가할수록 혈청지질 감소 효과가 있었고, 혈소판 지방산 조성은 linolenic acid가 증가할수록 EPA/AA 비가 점차 증가하였다. 또 linolenic acid 섭취 증가는 출혈시간과 전혈응고시간을 지연시켰으며, 유의성은 없었으나 혈소판의 MDA 생성을 감소시켰다. 이러한 결과는 들깨유 급원의 linolenic acid가 linoleic acid의 AA로의 전환을 억제하고 linolenic acid에서 전환된 EPA가 AA에서 TXA_2로의 전환을 억제함을 시사한다. TXA_2는 혈소판을 응집시키고, 혈관수축물질인 들깨유 linolenic acid의 섭취 증가로 인한 TXA_2의 감소는 항혈전효과를 나타내어 출혈시간과 전혈응고시간을 연장시킨다.

혈소판 응고와 지질대사② : 실험동물에 들깨유(P), 참깨유(S), 미강유(RB) 및 이들의 혼합유(MX)를 각각 투여하고 4주와 12주에 관찰한 결과, P군과 S군은 체내 지방 축적도 적었고 혈청 TG 함량도 낮았으며 중성지방도 낮았다. 혈청 cholesterol 함량은 4주에는 P군이, 12주에는 P · S · MX군이 낮았다. 지방산 조성을 보면, P군은 P/S비와 W-3/W-6비가 타 유지보다 높았고, 4주부터는 P군의 cholesterol이 낮았으며, HDL-cholesterol/total cholesterol 비는 12주에 P군과 MX군에서 높았다. 혈관 수축과 혈소판 응집을 야기하는 TXA_2는 P군이 가장 적었다. 전혈응고시간은 식이에 따른 효과는 없었으나 사육기간이 길어질수록 빨리 응고하였다. 이상의 결과로 linolenic acid가 총 지방의 40% 이상 함유된 들깨유가 체지방 축적을 저하시키고 지질 함량을 낮추며 혈전을 감소시키는 효과가 있었다.

혈소판 응집③ : 은행유와 들깨유를 투여한 쥐의 혈청 중 혈소판의 수는 각각 2.7×10^8/ml로 대조군(7.5×10^8/ml)보다 현저히 낮았고, 혈소판 응집능은 대조군보다 1.4배 낮았다. 은행유와 들깨유 투여 쥐의 혈청 중 총 cholesterol과 유리지방산 함량은 대조군과 유의성 차이를 보이지 않았다. 은행유와 들깨유에는 다량의 linolenic acid가 들어 있다.

혈소판 응고④ : linolenic acid(Ln:18:3 W-3)가 풍부한 들깨유의 섭취가 thromboxane A_2(TXA_2)의 생성을 억제하는 eicosapentanoic acid(EPA: 20:3 W-3)로 전환되어 항혈전 효과에 미치는 영향을 연구하였다. 정어리유(EPA 17.4% 함

유) 및 들깨유(Ln 58.4% 함유) 20% 함유 식이와 함께 필수지방산 최저요구량 공급을 위해 옥수수유 4% 함유 식이를 흰쥐에 15주간 자유 급식시킨 결과, 출혈시간에서는 정어리유군(S)과 들깨유군(P)이 옥수수유군(C)에 비해 각각 1.6배, 1.3배로 유의적 지연 효과가 있었고, TXA_2 생성량 지표인 malonaldehyde (MDA) 생성량에서는 S군과 P군이 50%씩 감소하였다. 혈소판의 지방산 조성은 S군과 P군에서 EPA 축적 증가로 arachidonic acid(AA:20:4 W-6) 축적 감소가 초래되어 EPA/AA비가 각각 0.96, 0.54로 매우 증가되었다. 또 S군에서는 docosahexaenoic acid(DHA: 22:6 W-3)와 docosapentaenoic acid(DPA: 22:5 W-3)가 증가하였고, P군에서는 docosatetraenoic acid (DTA: 22:4 W-6)가 감소되었다. 즉, 들깨유와 정어리유 섭취 시 혈소판 내 EPA가 축적되고, EPA/AA가 증가되며, MDA 생성 감소로 인해 출혈시간이 지연됨을 관찰할 수 있었다.

간 소포체 막의 지방산 조성과 Cyto P-450, GST 활성도: 들깨유와 옥수수유의 섭취가 2-acetylaminofluorene(2AAF) 투여 쥐에서 간 소포체 막의 지방산 조성 및 cytochrome P-450(cyto-P450) 함량, glutathione S-transferase(GST) 활성도에 미치는 영향을 알고자, SD계 숫쥐에 쇠기름(BT: beef tallow), 옥수수유(CO: corn oil), 들깨유(PO: perilla oil)를 식이급원으로 하여 7주간 급여한 후 microsome의 지방산 조성과 지질과산화 함량, cytochrome P-450, glucose-6-phosphatase(G-6-Pase) glutathione-S-transferase(GST)의 활성도를 측정하였다. 그 결과 간 microsome의 지방산 조성은 2-AAF 불투여군에서 CO · PO군에 $C_{18:2}$ 지방산이 많았고, $C_{18:2}$(n-6)가 많은 CO군이 $C_{20:4}$ 양이 많았다. G-6-Pase의 활성도는 간세포가 손상되거나 종양이 생성되었을 경우 감소하는데, BT>CO>PO 순으로 낮아졌다. cytochrome-P_{450} 함량은 BT군에서는 2-AAF 투여로 증가하였고, CO군에서는 2-AAF 투여로 감소하였으며, 2-AAF 불투여 시에는 CO군이 가장 높았다. GST 활성도는 모든 군에서 2-AAF 투여에 의해 증가하였고 불투여 시에는 CO군이 BT군보다 GST가 높았다. 결과적으로 구성 지방산의 종류에 따라 식이지방 자체만으로 oxidative stress가 다르게 증가할 수 있음을 보여 주었다.

지질함량과 역생리기능① : 10%와 20%의 들깨기름, 옥수수기름, 쇠기름을 식이배합하고 1개월간 사육한 결과, 식이유지의 종류보다는 식이유지의 함량에 의한 영향이 커서 20% 유지 섭취군에서 증체량이 더 컸다. 또한 혈중 중성지방과 총 cholesterol 양도 식이 내 지방 함량 의존성이 컸고, 또한 쇠기름군이 가장 컸다. GPT와 BUN 값은 식이 내 유지 증가에 따라 늘어났고, 20% 들깨기름군은 모두 정상치를 초과하여 실험군 중 가장 높았다. 혈중 CO_2 농도는 20% 들깨기름군이 가장 높았고 정상치를 초과하였다. 따라서 들깨기름의 함량이 20%인 사료로 1개월간 사육한 실험군이 간장과 기타 장기들의 기능에서 역작용을 나타내었다.

지질함량과 역생리기능② : 지방성분으로 들깨기름(PO군), 옥수수기름(CO군), 우지(BO군), 우지와 들깨기름 동량혼합유지(BP군)를 각각 9.4%씩 첨가하여 흰쥐에 4주간 급여한 후 체중증가율과 사료섭취량을 측정한 결과, PO군이 체중증가율과 사료섭취량에 있어서 영향이 별로 없었다. 측정된 PO군의 혈액 중 중성지방 및 총 cholesterol 양은 BO군과 BP군보다 낮았다. PO군은 LDL-cholesterol의 경우 CO군과 유의성 차이는 없었다. BP군의 TG, 총 cholesterol, LDL-cholesterol은 BO군보다 각각 9.2%, 10.3%, 18.6% 낮았다. PO군의 GOT, ALP 활성과 uric acid는 다른 실험군보다 높았고, 정상 흰쥐의 기준치보다 약간 높았다. 따라서 들깨기름은 옥수수기름과 비슷한 혈중지질 감소 효과가 있었으나, 4주간 계속 매일 들깨기름 12.5g/kg을 섭취한 PO군은 들깨기름 섭취로 인해 간장 등의 장기에 가벼운 부담이 있는 것으로 보였다.

항산화활성과 품종 : 영양성분 중 조섬유와 조단백의 함량은 잎들깨 1호가 각각 3.48%, 0.7%였고, 조단백의 경우는 밀양들깨 25호가 4.36%였다. Ca 함량은 남천들깨가 497.5mg%로 가장 많았고, 당질은 sucrose, lactose, fructose, arabinose가 검색되었으며, 남천들깨의 fructose가 30.86mg%로 가장 많았으며, vitamin C 함량도 113.24mg%로 가장 많았다. ACE 저해활성은 밀양들깨 25호 등의 경우 각200ppm(acetone ex)에서 39.20%였고, 보라들깨(80% EtOH ex)의 경우 46.71%였다. DDPH에 의한 항산화 효과에 있어서는 남천들깨(69% acetone ex)가 200ppm에서 98.1%의 강한 저해 효과를 나타냈다.

들깻잎의 지방질조성 : 녹색 들깻잎과 자색 들깻잎, 두 시료간의 차이는 별로 없었다. 중성지방은 34.37~36.36%, 당지질은 49.03~50.94%, 인지질은 14.39~14.58%였으며, 중성지방과 인지질이 녹색 깻잎보다 자색 깻잎에 많았다. 지방산 조성을 보면 linolenic acid가 62~64%, palmitic acid가 10~12%, linoleic acid가 9~10%였고, 중성지질에는 linolenic acid가 42.2~43.2%, palmitic acid가 15.2%, myristic acid가 14.4~14.9%였으며, 당지질에는 linolenic acid가 74.6~79.4%, oleic acid가 8.0~10.8%, palmitic acid가 5.2~7.9%였고, 인지질에는 linolenic acid가 36.4~39.1%, linoleic acid가 22.6~25.4%, palmitic acid가 22.4~22.5%였다. 불포화지방산의 비율은 자색 깻잎의 당지질이 가장 높았고, 녹색 깻잎과 자색 깻잎 간 지방산 구성은 인지질이 가장 작았다.

식이섬유와 지방조성 : 들깨의 식이섬유는 NDF 17.71%, ADF 9.73%, hemicellulose 7.98%, lignin 5.58%, cellulose 4.15%였고, 지질은 중성지질 91.35%, 당지질 2.30%, 인지질 6.35%였으며, 지방산 조성은 SFA 11.48%, MUFA 16.29%, n-3 지방산 55.47%, n-6 16.94%, P/S 6.31%, n-6/n-3 지방산 0.31%였다.

성숙 중 지방질의 변화① : 수원 10호와 제주의 Et2O 추출 지방 함량은 성숙 중 크게 증가하여 완숙종자일 때 수원 10호가 46.3%, 제주가 24.0%였다. 주요 지방산 중 포화지방산은 palmitic acid가 9.4~18.2%, stearic acid가 2.2~5.1%였고, 불포화지방산은 oleic acid가 19.1~32.7%, linoleic acid가 12.4~15.3%, linolenic acid가 30.6~54.1%였다. 성숙 후기에는 포화지방산이 불포화지방산보다 많았고, 제주보다 수원 10호에서 현저하였다. 중성지방도 성숙에 따라 증가하여 완숙종자의 지방을 구성하는 중성지방은 수원 10호가 70.1%, 제주가 51.5%였다. 중성지방질의 주요 구성성분은 triglyceride, free fatty acid, diglyceride였고, 특히 triglyceride는 성숙 초기에 급격히 증가하여 완숙종자일 때 수원 10호가 61.4%, 제주가 68.2%이었다.

성숙 중 당지방질과 인지질의 변화② : 들깨 품종인 수원 10호와 제주의 완숙종자 지방질을 구성하는 당지방질 및 인지질을 보면, 수원 10호에 각각 25.4%와 4.5%, 제주에 각각 44.5%와 4.0%가 들어 있었다. 당지질의 주요성분은 cerebroside, galactosyl diglyceride, monogalactosyl diglyceride였고, 완숙종자의 Et_2O 추출 당지방질의 주요 지방산은 수원 10호의 경우 linolenic acid 51.1%, oleic acid 19.4%였으며, 제주의 경우는 oleic acid 31.1%, linolenic acid 18.6%였다. 인지질의 주요성분은 posphatidyl choline, phosphatidyl glycerol, phosphatidylethanolamine, lysophosphatidyl choline이었는데, 그중 phosphatidyl glycerol 변화를 보면 제주에서는 불규칙하나 수원 10호에서는 성숙에 따라 증가하다가 후기에 감소하였다. MeOH 추출 인지방질을 구성하는 주요 지방산은 oleic acid 28.7~35.2%, linolenic acid 8.2~11.2%, linoleic acid 16.4~32.5%, palmitic acid 22.7~29.9%이었다.

적혈구 성상 및 Ca 함량 : 들깨유(P), 참깨유(S), 미강유(RB) 및 이들의 혼합유(MX)를 실험동물에 급여하고 4주와 12주에 적혈구 성상을 관찰한 결과, 적혈구 막의 지방 조성에 식이지방이 영향을 주어 P군은 4주부터 W-3/W-6비가 여타 군보다 높았고, linoleic acid를 40% 이상 함유한 들깨유의 경우 적혈구 막의 지방산 조성 중 EPA가 상당히 증가하면서 적혈구 막의 fluidity가 증가되었으며, 12주에는 적혈구 막의 Ca pump에 영향을 주어 trapped Ca이 타 군보다 적어졌다. 이런 결과로 linolenic acid가 40% 이상 함유된 들깨유는 적혈구 성상에 긍정적인 영향을 보였다.

아미노산 조성 : 흰깨, 검은깨, 들깨의 날 것과 볶은 것의 아미노산 조성을 HPLC로 분석한 결과, 날 것보다 볶은 것이 아미노산 함량(threonine 제외)이 가장 많았고, 공통적으로 Glu(18~21%), Thr(16~19%), Gly(8~9%), Leu(7~7.5%), Asp(7~7.4%) 순으로 많았으며, 가장 적은 아미노산은 Met(1~2%), Ilue(3%)였다.

들깨유의 지방산조성 : 들깨종자유 100g 중 지방산성분은 linoleic acid(53%), linolenic acid(23%), oleic acid(4%), palmitic acid(8%), stearic acid(12%)이었다.

들깨유의 Sterol : 채종, 참깨, 들깨기름 중에 함유되어 있는 campesterol과 β-sitosterol(주성분)을 반치복법과 planimetry법으로 각각 분석한 결과, 채종(rape seed)유의 경우 campesterol은 각각 24.31%, 26.16%, β-sitosterol은 각각 58.90%, 57.50%, brassicasterol은 각각 11.54%, 11.70%, $\triangle^7$sterol은 각각 5.25%, 4.64%였고, sesamine oil의 경우 campesterol이 20.35%, 16.79%, stigmasterol 9.15%, 8.69%, β-sitosterol 43.49%, 44.58%, $\triangle^7$sterol이 11.25%, 14.28%, 기타

sterol이 15.76%, 15.56%였으며, perilla oil에는 campesterol이 12.45%, 13.00%, stigmasterol이 5.40%, 3.70%, β-sitosterol이 72.32%, 74.57%, Δ^7sterol이 9.83%, 8.67%였다. 한편 rape seed oil에는 brassicasterol은 있었으나 stigmasterol은 없었다.

들깻잎의 유리아미노산 : 신선한 깻잎에 함유된 amino산을 TLC로 분석한 결과, 12종의 amino산을 정성적으로 확인하였다. 즉, aspartic acid, asparagine, alanine, phenylalanine, tryptophan, leucine, glutamic acid, proline, threonine, histidine, cyctine, glycine 등이었다.

Polyphenol Oxidase의 특성 : 들깻잎에서 분리 · 정제한 polyphenol oxidase(PPO)에 대한 H_2O_2의 영향을 보면, H_2O_2의 농도가 클수록 저해활성이 컸으며, 여러 농도에서도 H_2O_2에 의해 initial lag period 없이 효소작용이 나타났다. 또한 효소와 H_2O_2를 pre-incubation했을 때 그 활성이 수분 내에 감소되었다. H_2O_2에 의한 들깻잎 PPO의 활성저해는 반응온도와 pH에 따라 다르며, 또한 비가역적인 반응이다. H_2O_2에서 생성 가능한 OH radical은 효소활성저해에 영향이 없는 것으로 보였다. 기질유사체인 phenylalanine은 H_2O_2에 의한 효소의 활성저해를 억제하였고, copper chelater인 sodium azide도 효소활성저해를 억제하였다. 이런 결과로 H_2O_2에 의한 들깻잎 PPO의 활성저해는 촉매 자리에서 일어나고, 그러한 반응에는 효소상 Cu의 존재가 필요하며, 조직 내 H_2O_2는 들깻잎의 PPO 작용에 간접적으로 영향을 미치는 것으로 생각되었다.

저장조건과 산패도 : 저장조건이 들깨유 및 참깨유의 산패도에 미치는 영향을 알고자 관찰한 결과, 저장 중 공기와 일광을 차단했을 때 -4℃ 냉장 보존에서 30℃의 항온기 보존 8주간 내내 두 기름이 모두 안전한 과산화물가(PV〈60mg/kg) 범위였으며, 각 저장조건에서 AV(산가) 변화는 60℃에서 가장 크고 -4℃에서 가장 작았다. 저장조건이 IV(오요드가)에 미치는 영향은 각 군간 큰 차이가 없었으나, 산화 과정이 진행될수록 IV(요오드가)는 감소하고 PV는 증가하여 서로 역비례하였다. 참깨유의 경우는 저장 중 지방산의 조성 변화가 없었고, stearic acid는 감소하였으며, oleic acid와 linoleic acid는 증가하였다. 들깨유에서 oleic acid와 linoleic acid는 감소하였고, linolenic acid는 증

가하였으며, 다른 지방산은 전반적으로 감소하였다. 시판 들깨유는 직접 짠 들깨유보다 palmitic, stearic, oleic, linoleic acid가 많았고, linolenic acid는 적었다.

타감작용성 : 화학물질을 환경에 분비함으로써 타 식물의 발아 및 생육을 저해하는 타감작용(allelopathy) 물질을 들깨와 쑥에서 추출하여 그 휘발성분의 타감작용을 탐색하고자 들깻잎의 수용성 추출물을 무, 벼, 녹두, 상추로 생물검정하였다. 그 결과 상추〉벼〉무〉녹두 순으로 발아 및 유묘생장이 저해되었고, 휘발성분은 발아를 저해하기보다는 유묘의 생육을 저해하였다. 쑥의 휘발성분은 깻잎 휘발성분보다 활성이 높았으며, 저해도는 상추〉무〉벼〉녹두 순이었다.

휘발성 타감작용 : 들깨와 쑥 잎에서 휘발성 물질을 얻어 벼, 무, 녹두, 상추를 대상으로 그 타감작용을 확인하였다. 들깻잎의 휘발성분을 분리하여 분석한 결과, terpenoid 4종, aldehyde 3종, alcohol 3종, 탄화수소류 3종, 기타 성분 1종을 동정하였고, 쑥의 휘발성분으로는 terpenoid 9종, aldehyde 3종, alcohol 1종, 기타 1종을 검출하였다. 들깻잎 수증기 증류에서 얻은 물질은 terpenoid 2종, alcohol 2종 이었고, 쑥에서 terpenoid 6종, alcohol 1종, 탄화수소 1종, 기타 성분 2종이었다. 이들을 분획한 획분의 무에 대한 타감작용을 조사한 결과 활성이 컸다. 이를 GC-MS로 분석한 결과, 들깻잎에서 terpenoid 7종, alcohol 2종 등 9종을, 쑥잎에서는 terpenoid 15종, alcohol 3종, aldehyde 1종, 탄화수소류 2종, 기타 성분 3종 등 24종을 동정하였다.

볶음조건과 관능적 특성 : 볶음온도를 150℃, 170℃, 190℃, 210℃로 하여 10분, 20분, 30분간 볶은 들깨의 들기름 수율은 온도가 높아지고 시간이 길어질수록 증가하였다. 착유 지방산 조성에는 차이가 없었고, linolenic acid가 약 60%로 가장 많았으며, 불포화지방산 중 88% 이상이었다. 인의 함량은 볶음온도가 높아지고 볶음시간이 길어질수록 급격히 감소하였고, tocopherol은 볶음조건에 따라 큰 변화가 없었으나 γ-tocopherol이 총 tocopherol의 약 92%였다. 들기름의 향미, 맛, 색깔을 종합적으로 평가한 결과, 190℃로 20분간 볶은 것이 가장 우수하였다.

Brassinosteroid활성물질 : 들깨에 존재하는 식물생장촉진물질인 brassinosteroid활성물질을 탐색하고자 미성숙 들깨를 MeOH로 추출한 후 여러 기법으로 분리 · 정제하여 활성물질을 분리해 내고 각 활성분획을 HPLC로 분석하였다. 그 결과 main brassinosterod는 castasterone였고, minor brassinosteroid는 homodolicholide였다. 들깨에 함유된 brassinosteroid의 함량을 brassinolide로 환산하면, 0.5~0.8ng/g이었다.

재래종 들깨의 성분 : 우량종 6개의 재래종 들깨를 동일 조건으로 재배하고 각각의 종실과 잎의 일반성분, 무기물, 유리아미노산을 분석하였다. 종실 유지 함량은 인천종과 군산종이 각각 52%, 50.87%였고, 전부 45% 이상 함유하고 있었다. 종실의 단백질 함량은 대구 · 대전재래종이 각각 23.31%, 19.15%였고, 잎의 경우는 대전 · 대구종이 5% 이상이었다. vitamin C와 B_2는 잎에 각각 60mg%와 170㎍% 이상이었다. 종실의 무기질로는 K와 Mg이 많았고, 잎에는 K와 Ca이 많았다. 무기질은 종실보다 잎에 2배 이상 함유되어 있었다. 대전재래종 종실에 들어 있는 유리 amino acid는 arginine 54.2mg%, alanine 23.9mg%였고, 잎의 경우는 glutamic acid 24.8mg%, alanine 9.1mg%가 함유되어 있었다.

Sesamol의 정량 : 한국산 식용식물유지 중 참깨와 들깨 종자에서 sesamol을 정량한 결과, 참깨 날 것과 볶은 것 중 유지 함량은 각각 50.54%, 43.8%였고, 들깨 날 것과 볶은 것은 각각 40.69%, 44.04%였다. MeOH 추출 시 참깨유와 볶은 참깨유는 각각 0.94%와 0.30%였고, 들깨유와 볶은 들깨유는 각각 0.69%와 0.46%였다. 각 유지의 불검화물은 참깨유와 볶은 참깨유가 각각 2.22%, 2.64%였고, 들깨유와 볶은 들깨유가 각각 1.56%, 1.46%였다. MeOH 추출물 중 sesamol 함량은 참깨 날 것과 볶은 것이 각각 45.77%, 73.91%였고, 들깨유 날 것과 볶은 것은 각각 0.79%와 2.12%였다. 각 유지의 불검화물 중 sesamol 함량은 참깨유 날 것과 볶은 것이 각각 36.00%와 25.64%였고, 들깨유 날 것과 볶은 것 모두에서는 sesamol이 검출되지 않았다. 참깨와 들깨의 sesamol 함량은 참깨 날 것과 볶은 시료가 각각 0.22%와 0.10%였고, MeOH 추출물 중 불검화물에서는 각각 0.41%와 0.30%였다. 한편 들깨 날 것과 볶은 것 MeOH 추출물 중 sesamol 함량은 각각 0.002%와 0.004%였다.

지방산조성 : HPLC에 의해 참깨와 들깨 종자 중의 지방을 분석한 결과, 참깨종자유에는 linoleic acid가 49.6%로 가장 많았고, 그 다음으로 oleic acid(34.7%)〉palmitic acid(8.3%)〉stearic acid(5.9%)〉linolenic acid(1.5%) 순이었으며, 들깨유에는 linolenic acid가 63.8%로 가장 많았고, 그 다음으로 linoleic acid (14.5%)〉oleic acid(13.6%)〉palmitic acid(6.4%)〉stearic acid(1.7%) 순이었다.

기타 연구 : 들깨 luteolin의 flavonoid로서의 virucidal activity가 연구되었고, 정유성분 중 perilla ketone이 쥐에서 장운동을 촉진시키는 효과가 있는 것으로 보고되었으며, 잎과 줄기의 정유(limonene, α-pinene)와 perilaldehyde는 diaphoretic effect 및 digestive stimulant effect가 있는 것으로 판명되었다.

효능과 이용

1) 효능 : 열매(荏子) - 보신, 자양, 토기(吐氣), 담천식(痰喘息), 음종(陰腫).
   잎 - 소식(消食), 구충(驅蟲), 산한(散寒).
2) 식용 : 잎은 강한 향기가 있어서 야채(나물, 쌈, 장아찌 등)와 더불어 양념으로 많이 쓰인다. 특히 씨는 불포화지방산의 함량이 높아 성인병 치료 등을 위한 건강식품으로 권장되고 있으나, 항산화제(비타민 E 등)를 병용해야만이 간장의 손상이 적다.
3) 약용 : 한방에서는 허약증, 만성위염, 감기, 옻의 해독에 사용한다. 민간에서는 변비, 천식, 기침, 두통에 응용하거나, 피부미용을 위해 쓰고, 독충 물린 데와 옻 오른 데 해독제로 사용한다.
4) 기타 : 페인트 용제, 인쇄잉크, 비누 등에 쓰인다.

참고문헌

1) 강정옥, 김성희, 김한수, 김군자, 최운정, 정승용, **식품영양과학회지**, 1992, 21(2), 124 (들깨유와 고추종자유의 혼합급이가 흰쥐의 혈청 및 혈소판 지방산 조성에 미치는 영향)

2) 강희정, 김정상, **식품산업과 영양**, 1998, 3(2), 65 (들깨의 생리활성)

3) 고영수, 장유경, 이효지, 우상규, 양차범, **영양학회지**, 1977, 10(2), 104 (한국산 식물식용유지의 성분에 관한 연구—제1보 : 채종, 참깨, 들깨유의 Sterol에 대하여)

4) 곽충실, 최혜미, **영양학회지**, 1992, 25(5), 351 (들기름, 옥수수기름의 섭취와 2-Acetylaminofluorene 투여가 지질과산화물 및 PGE_2, TXB_2 생성에 미치는 영향)

5) 권순영, 정영진, **식품영양과학회 1997년 정기총회 및 제41차 춘계학술대회**, p.31 (저지방 식이, Eicosapentaenoic acid, Docosahexaenoic acid, 지질대사)

6) 권순영, 정영진, **영양학회지**, 2001, 34(6), 626 (Eicosapentaenoic acid, Docosahexaenoic acid 농축어유과 들깨유가 저지방 식이를 섭취한 흰쥐의 지질대사에 미치는 영향)

7) 김경민, 최혜미, **영양학회지**, 1992, 25(1), 3 (들깨유, 옥수수유의 섭취가 2-Acetyl aminofluorene 투여 쥐 간 소포체 막의 지방산 조성과 Cytochrome P-450 함량, Glutathione S-transferase 활성도에 미치는 영향)

8) 김광혁, 장명웅, 박건영, 이숙희, 류태형, 선우양일, **영양학회지**, 1993, 26(4), 379 (들깻잎에서 동정한 phytol의 항암 및 활성 증강 효과)

9) 김성희, 김한수, 김군자, 최윤정, 김소영, 정승용, **식품영양과학회지**, 1994, 23(4), 555 (돈지, 들깨유 및 달맞이꽃 종자유의 혼합급이가 흰쥐의 간장 및 뇌조직의 지방산 조성에 미치는 영향)

10) 김성희, 김한수, 김희숙, 김국자, 정승용, **식품영양과학회지**, 1994, 23(4), 548 (돈지, 들깨유 및 달맞이꽃 종자유의 혼합급이가 흰쥐의 혈청 및 혈청 지단백의 지방산 조성)

11) 김숙희, 홍미영, **영양학회지**, 1993, 26(5), 513 (들깨유의 지방대사와 혈소판 응고)

12) 김숙희, 홍미영, **영양학회지**, 1993, 26(5), 524 [식이 지방(들깨유, 참깨유, 미강유)과 적혈구 성상 및 Ca 함량]

13) 김안근, 김유경, **약학회지**, 1999, 43(6), 709 (잎 Polyphenol Oxidase, 세포내 분포, 특성)

14) 김안근, 박수선, 장영수, **생약학회지**, 1996, 27(4), 328 (들깨 잎 Polyphenol Oxidase의 특성에 관한 연구)

15) 김영언, 김인환, 이영철, 정숙영, 조재선, **응용생명화학회지**, 1996, 39(5), 374 (들

깨 볶음 조건에 따른 들기름의 산화안정성 변화)
16) 김영언, 김인환, 정숙영, 조재선, **응용생명화학회지**, 1996, 39(2), 118 (들깨의 볶음 조건에 따른 들기름의 성분 및 관능적 특성 변화)
17) 김우경, 이경애, 김숙희, **영양학회지**, 1996, 29(7), 703 (들기름과 참치유의 섭취가 흰쥐의 지방대사와 Eicosanoids 생성에 미치는 영향)
18) 김은희, 김동훈, **식품과학회지**, 1981, 13(4), 283 (탈지콩, 참깨 및 들깨박의 에탄올 추출물의 콩기름-물 기질에서의 산화억제 효과)
19) 김재욱, 나시자와 유끼오, 차가성, 최춘인, **식품과학회지**, 1991, 23(5), 568 (마요네즈 제조 시 들기름 혼합유의 산화안정성)
20) 김주희, 김미경, **영양학회지**, 1999, 32(5), 540 (깻잎, 쑥, 참취의 건분 및 에탄올 추출물이 흰쥐의 지방산 대산와 항산화능에 미치는 영향)
21) 김채종, 최주선, 박현서, **영양학회지**, 1996, 29(1), 112 (들기름이 Dimethylhydrazine 처리 쥐에서 대장암 Biomarker인 지방산 조성과 1,2-Diacylglycerol 및 Eicosanoid 함량에 미치는 영향)
22) 김충기, 송근섭, 권용주, 김인숙, 이태규, **식품과학회지**, 1994, 26(2), 178 (들깨기름의 산화안정성에 미치는 들깨종실발아의 영향)
23) 김충기, 송근섭, 권용주, **식품과학회지**, 1994, 26, 690 (들기름의 산화방지 성분 분리)
24) 김충기, 오현화, 권용주, **식품영양과학회지**, 1999, 28(6), 1212 (들깨와 땅콩의 혼합 채유가 들기름의 이화학적 특성 및 산화안정성)
25) 김태희, **생약학회지**, 1971, 2(4), 173 (들깻잎의 성분연구, 유리 아미노산 분석)
26) 김혜경, 이양자, 이기열, **영양학회지**, 1979, 12(1), 1051 (저장 조건이 들깨유 및 참깨유의 산패도에 미치는 영향)
27) 김혜자, 고영수, **가정학회지**, 1985, 23, 192 (HPLC, 아미노산 조성)
28) 김혜자, 고영수, **실과교육연구**, 1986, 2, 77 (들깨의 지질조성)
29) 김혜자, 고영수, **가정학회지**, 1986, 24(1), 79 (흰깨 검은깨, 들깨, 무기질, Saponin함량)
30) 김혜자, 고영수, **영양학회지**, 1986, 19(3), 190 (한국산 식물식용유지의 성분에

관한 연구—제7보 : HPLC에 의한 흰깨, 검은깨, 들깨의 아미노산 조성)
31) 김홍섭, **식품영양과학회지**, 1975, 4(1), 31 (들깨엽 단백질의 소화에 있어서 Glucose의 영향에 관한연구)
32) 남현근, **식생활문화학회지**, 1989, 4(2), 185 (들깨 기름이 토끼의 혈청 단백질, Cholesterol과 간장 속의 ACAT, HMG-CoA reductase 및 지방산 조성에 미치는 영향)
33) 남현근, **유화학회지**, 1987, 4, 35 (마그네슘 , 칼슘 및 들깨 기름 첨가 식이, 토끼의 혈액성분 변화)
34) 민용규, 김재욱, **응용생명화학회지**, 1992, 35(3), 139 (들깨종자의 성숙과정 중 지방질의 변화)
35) 민용규, 김재욱, **응용생명화학회지**, 1992, 35(3), 146 (들깨 종자의 성숙과정 중 당지방질과 인지질의 변화)
36) 민용규, 정헌상, **응용생명화학회지**, 1994, 37(1), 14 (압착착유, 수분함량의 상호작용 효과)
37) 박근형, 김선재, 현규환, **응용생명화학회지**, 1993, 36(3), 197 (들깨의 Brassino-steroid활성물질)
38) 박동기, 박화진, **식품영양과학회지**, 1990, 19(2), 127 (은행, 은행잎 및 들깨 잎에서 추출한 지용성성분이 쥐의 혈소판 응집에 미치는 영향)
39) 박동숙, 이경임, 박건영, **식품영양과학회지**, 2001, 30(5), 900 (들깨의 식이섬유소 함량분석과 들깨 추출물의 항돌연변이 효과)
40) 박수선, 김안근, 노진희, 심미옥, **약학회지**, 1991, 35, 222 (들깨 잎 중의 Poly-phenol Oxidase의 정제 및 특성)
41) 박수선, 김안근, 손은수, **약학회지**, 1996, 40, 65 (아미노산류가 들깨 잎 Poly-phenol Oxidase활성저해에 미치는 영향)
42) 박영호, 김동수, 천석조, **식품과학회지**, 1983, 15, 164 (들깨 기름의 Triglyceide 조성에 관한 연구)
43) 박종철, 현자실, 김석환, 황기욱, 최종원, **식품영양과학회 1997년 정기총회및 제42차 추계학술대회**, p.83 (당뇨성 고지혈증 흰쥐의 지질함량)

44) 박현서, 서운숙, 송지현, 최춘선, **영양학회지**, 1993, 26(7), 829 (발암원을 투여한 쥐에서 α-Linolenic acid가 풍부한 들기름이 대장암 발생 빈도와 혈장 Thromboxane B_2 및 대장 상피세포막의 지방산 조성에 미치는 영향)
45) 박진희, 양차범, **식품과학회지**, 1990, 22(3), 343 (들깨 단백질 중 Phytate 제거에 관한 연구)
46) 박현숙, 안빈, 양차범, **식품과학회지**, 1990, 22(3), 350 (참깨와 들깨 단백질의 기능성에 관한 연구)
47) 서화중, 김선희, 정두례, **식품영양과학회지**, 1991, 20(5), 426 (불포화가 다른 식물성 유지를 섭취시킨 흰쥐에서 정상적 간 및 지질대사 변화의 고찰)
48) 서화중, 서유승, **식품영양과학회지**, 2002, 31(2), 277 (들깨 기름을 다량 투여한 흰쥐에서 대사에 미치는 역작용에 관하여)
49) 서화중, **식품영양과학회지**, 2001, 30(4), 703 (들깨 기름을 투여한 흰쥐의 혈액지질량과 그의 혈액성분 변화 고찰)
50) 성환상, **식품영양과학회지**, 1976, 5(1), 69 (재래종 들깨의 성분에 관한 연구)
51) 송지현, 박현서, **생화학회지**, 1994, 27(6), 550 (발암원을 투여한 쥐에서 들기름이 대장 종양 발생과 조직의 지방산 조성 및 Eicosanoids 생성에 미치는 영향)
52) 신경아, 고영수, 이영철, **식품과학회지**, 1998, 30(5), 1045 (들기름 메탄올 추출물의 항산화 효과)
53) 신광규, 양차범, 박훈, **식품과학회지**, 1992, 24(6), 610 (들깻잎의 지방질 조성)
54) 안명수, 조희숙, **조리과학회지**, 1999, 15(1), 55 (탈지들깨박 중 페놀산, 항산화효과)
55) 안태희, 김종수, 박성준, 김현위, 박기문, 최춘언, **식품과학회지**, 1991, 23(3), 251 (들기름의 산화안정성에 미치는 레시틴의 산화방지작용)
56) 엄민영, 최원희, 안지윤, 김성란, 하태영, **식품과학회지**, 2004, 36(4), 637 (노화촉진 마우스에 있어 참깨박 및 들깨박의 MeOH 추출물이 인지기능 및 항산화능에 미치는 영향)
57) 여경목, 최홍식, **식품 산업과 영양**, 1998, 3(1), 30 (들깨유의 영양학적 특성과 산업적 이용)

58) 연미영, 현태선, **영양학회지**, 2005, 38(7), 586 (한국인 상용 식품의 엽산 함량 분석에 의한 식품영양가 표의 보완)
59) 오세인, 이미숙, **식품영양과학회지**, 2003, 32(8), 1344 [한국인 상용채소 7종(깻잎, 돌나물, 돌미나리, 시금치, 쑥갓, 참취, 부추)의 항산화능 및 돌연변이 검색]
60) 윤석권, 김정한, 김재욱, **식품과학회지**, 1993, 25(2), 160 (들깨박 EtOH 추출물의 항산화 효과)
61) 윤형식, 이재하, **응용생명화학회지**, 1989, 32(4), 321 (들깨종자의 단백질 분리에 따른 Phytate와 질소의 용해도)
62) 이강자, 한재숙, **영남대 부설 자원문제연구 논문집**, 1982, 1, 15 (지질구성성분)
63) 이경임, 이숙희, 김정옥, 정해영, 박건영, **식품영양과학회지**, 1993, 22(2), 175 (들깻잎 추출물의 항돌연변이 및 항산화 효과)
64) 이경임, 이숙희, 박건영, 김정옥, **식품영양과학회지**, 1992, 21(3), 302 (들깨 잎에서 동정된 항돌연변이물질)
65) 이경임, 이숙희, 박건영, **식품영양과학회지**, 1999, 28(5), 1107 (들깻잎 Phytol과 Eicosatrienoic acid의 암세포 증식 억제 효과)
66) 이기녕, **식품과학회지**, 1993, 25(1), 9 (들깨박에서 분리한 Phenol 화합물의 항산화 효과)
67) 이성호, 조덕제, **경남공업전문대 논문집**, 1983, 11, 205 (재래종, 화학적 조성)
68) 이양자, 강승연, 송일, 김혜경, 이기열, **영양학회지**, 1979, 12(2), 2099 (불포화지방의 필요량과 안정성에 관한 연구-들깨유의 Fat Level 차이에 따른 Rat의 혈액과 간에 미치는 영향)
69) 이양자, 곽동경, 이기열, **영양학회지**, 1976, 9(4), 283 (비타민 E와 불포화지방과의 관계-들깨유를 중심으로 한 동물의 비교)
70) 이양자, 조혜영, 김정숙, 한성수, **영양학회지**, 1982, 15, 277 (들깨 기름, 혈청과 간의 Vitamin E 수준, 간세포의 전자현미경 조사)
71) 이연재, 신동화, 장영상, 신재익, **식품과학회지**, 1993, 25(6), 683 (패모, 어성초, 쇠비름 및 들깨박 에탄올 추출물의 순차용매 분획별 항산화 효과)
72) 이옥숙, 신현경, **식품과학회지**, 1989, 21, 706 (역미셀계를 이용한 들기름의 산화

안정성 향상)
73) 이용억, 조후종, **유화학회지**, 1984, 1(1), 7 (흰쥐의 혈청 지질)
74) 이용진, 강일분, **식품과학회 1999년 식품관련학회 춘계 연합학술대회 논문초록집**, 293 (들깻잎 추출물의 항산화)
75) 이은정, 양재승, **식품과학회지**, 2002, 34(3), 396 (감마선 조사된 참깨, 들깨의 조사선량과 저장기간에 따른 Free radical 농도의 변화)
76) 이인실, 조정순, **유화학회지**, 1988, 5(1), 29 (흰쥐의 혈청과 조직)
77) 임선욱, 서영호, **응용생명화학회지**, 1993, 36(1), 40 (들깨와 쑥의 타감작용성 성분에 대한 탐색)
78) 임선욱, 서영호, **응용생명화학회지**, 1993, 36(1), 60 (타감작용성 성분)
79) 임선욱, 서영호, 이영근, 백남인, **응용생명화학회지**, 1994, 37(2), 115 (들깨와 쑥잎으로부터 휘발성 타감작용)
80) 임선욱, 이영근, 서영호, **응용생명화학회지**, 1993, 36, 400 (휘발성 타감)
81) 장명숙, 박문옥, **조리과학회지**, 1998, 14(3), 232 (부추김치, 들깨가루 첨가량)
82) 장순덕, 노숙령, **영양학회지**, 1991, 24(5), 408 (들깨유가 흰쥐의 체내 지질대사에 미치는 영향)
83) 정보영, 류노수, 허한순, **식품영양과학회지**, 1997, 26(6), 1028 (들깨유로부터 α-Linolenic acid의 순수분리);1033 (들깨 α-Linolenic acid, 참깨 Lignan 항산화 효과)
84) 정승용, 강정옥, 김성희, 김한수, 최운정, **경상대학교 농업연구소보**, 1990, 24, 131 (고추종자유를 혼합급이한 흰쥐의 간장, 뇌, 고환 지질의 지방산 조성)
85) 정승용, 서맹희, 박필순, 강진순, 강정옥, **식품영양과학회지**, 1986, 15(1), 75 (고콜레스테롤식이 흰쥐의 혈청 및 간장의 지질성분)
86) 정정한, 조영수, 최용락, **응용생명화학회지**, 1997, 40(3), 262 (들깨 잎, DNA 분리)
87) 정혜림, 한용남, 김숙희, **영양학회지**, 1993, 26(7) 830, (들깨유 급원의 Linolenic acid 섭취증가가 흰쥐의 혈청 지질 감소 및 항혈전에 미치는 영향)
88) 조성희, 최상원, 최영선, 이원정, **식품영양과학회지**, 2001, 30(1), 112 (고콜레스테롤식, 들깨박이 난소절제 흰쥐의 지질대사)
89) 조희숙, 안명수, **조리과학회지**, 1999, 15(1), 55 (탈지들깨박, 페놀산, 항산화 효과)

90) 차가성, 최춘언, **식품과학회지**, 1990, 22(1), 61 (랜시매트법에 의한 들기름의 산화 안정성 측정)
91) 최경현, 김문석, 황두환, 문재규, 김성오, **환경독성학회지**, 1988, 3, 39 (Rat에 대한 PCB 독성에 미치는 α-Tocopherol과 Perilla oil의 효과)
92) 천석조, 임영희, 송인상, 노정배, **식품위생안전성학회지**, 1988, 3(2), 59 (참기름의 진위판정－1 : 참기름 중 대두유, 아마인유 및 들깨기름의 검출)
93) 최순남, **삼육대 논문집**, 1985, 17, 417 (가열조리, 참깨와 들깨의 지방산 조성분)
94) 최용호, 조재성, **환경농학회지**, 1996, 15(1), 11 (St-90, 흡수 및 축적)
95) 최춘언, **조리과학회지**, 1998, 14(4), 443 (참기름 · 들기름의 역사와 과학)
96) 한국영양학회, **한국인 영양권장량**, 제7차 개정판, 2000년 (영양성분)
97) 한용남, 윤혜원, 김숙희, 한병훈, **생약학회지**, 1987, 18(1), 5 (들깨유 섭취가 흰쥐의 출혈시간, 트롬복산 생성 및 혈소판의 지방산조성에 미치는 영향)
98) 한찬규, 이복희, 성기승, 이남형, 윤칠석, **영양학회지**, 1996, 29, 1087 (항고혈압 기능성 들깨식이, 정상혈압쥐 및 본태성 고혈압 쥐의 혈압 및 혈장지질)
99) 한호석, 박정혜, 최희진, 손준호, 김영활, 김성, 최정, **식생활문화학회지**, 2004, 19(1), 94 (들깻잎의 품종에 따른 성분 분석 및 생리활성물질 탐색)
100) 현광욱, 김재호, 송기진, 이종복, 장정호, 김영선, 이종수, **식품과학회지**, 2003, 35(5), 975 (온실재배와 노지재배한 금산 깻잎의 생리기능성)
101) 현자실, 김나영, 김석환, 최종원, **식품영양과학회 1998년 제44차 추계 학술발표회 및 정기총회**, p.170 (들깻잎 추출물이 당뇨성 고지혈증 흰쥐의 지질과산화, 간장효소활성)
102) 현자실, 김석환, 황기옥, 최종원, **식품영양과학회 1997년 정기총회 및 제41차 춘계학술대회**, p.29 (고지혈증의 개선 효과, 들깻잎 추출물)
103) 홍영표, 김성렬, 최우영, **식품과학회지**, 1986, 18(4), 255 (들깻잎의 수확 후 품질 및 성분 변화)
104) 홍은영, 강희정, 권정숙, 남영중, 서명자, 김정상, **식품영양과학회지**, 1997, 26(2), 186 (들깨의 볶음 처리와 산가수분해에 의한 세포모델계 Quinone Reductase 활성유도능의 변화)

105) 홍은영, 강희정, 권정숙, 남영중, 권정숙, 김정상, **식품영양과학회지**, 1997, 26(2), 193 (볶은 들깨박으로부터 암예방 효소계 활성성분 분획)

106) 황선원, 박무희, 심호기, 배만종, **식품영양과학회지**, 1994, 23(4), 647 [기능성 식품자원의 지질, 아미노산 및 식이섬유 조성(길경, 들깨 종자, 달맞이꽃 종자, 알로에 베라)]

107) 황성자, 고영수, **영양학회지**, 1980, 13(4), 177, (한국산 식용식물유지의 성분에 관한 연구—제4보 : 참깨와 들깨 종자 중 Sesamol의 정량)

108) 황성자, 고영수, **영양학회지**, 1981, 14, 240 (들깨종자유 중, 천연산화방지제, 중성지질)

109) 황성자, 고영수, **영양학회지**, 1982, 15(1), 15, (한국산 식품 식용유지의 성분에 관한 연구—제5보 : HPLC에 의한 참깨와 들깨 종자 중 지방 분석)

110) 황성자, 고영수, **영양학회지**, 1982, 15(1), 30 [한국산 식물식용유지의 성분에 관한 연구—제6보 : 참깨와 들깨 종자유 중의 천연 산화방지제]

111) Aritomi, M. et al., Phytochemistry, 1985, 24, 2438 (2-Hydroxy-2-phenylacetonitril(R), *O*-β-sophoroside)

112) Choi, S.Y. Chang, I.M., Ann. Rep. Nat. Prod. Res. Inst., Seoul, Natl. Univ. 1982, 21, 49 (Antihepatotoxic)

113) Ezski, O., Takahashi, M., Shigematsu, T., Chimamura, K., Kimura, J., Ezaki, H., Gotoh, T., J. Nutr. Sci. Vitaminol., 1999, 45, 759 (Long-term Effect of Dietary α-Linolenic Acid from Perilla Oil on Serum Fatty Acids Composition and on the Risk Factors of Coronary Heart Disease in Japanese Elderly Subjects.)

114) Ensminger, Ensminger, Konalande, Robson, Food and Nutrition Encyclopedia, 2nd ed., CRC Press, 1994 (Nutritive Value)

115) Fujita, T. et al., Phytochemistry, 1992, 31, 3265 (Perilloside A)

116) Hirose, M., Masuda, A., Ito, N., Kamano, K., Okuyama, H., Carcinogenesis, 1990, 11(5), 731 (Effects of Dietary Perilla Oil, Soybean Oil and Safflower Oil on 7,12-Dimethyl-benz[α]anthracene(DMBA) and 1,2-Dimethylhydrazine(DMH)-induced Mammary Gland and Colon Carcinogenesis Female SD Rats)

117) Hoppmann, A. et al., Tetrahedron, 1978, 34, 1723 (Egoma Ketone)

118) Ishikura, N., Agric. Biol. Chem., 1981, 45(8), 1855 (Cosmosiin deriv : Anthocyanins and Flavones in Leaves and Seeds of Perilla Plants)

119) Ito, H., Yakugaku Zasshi, 1964, 84, 1123 (Isoegomaketone, Seed Oil)

120) Kaezuka, Y. et al., Planta Med., 1985, 480 (Perila Ketone, Intestinal Propulsion Promotes in Mice)

121) Kasahara, K., Nishibori, K., Bull. Jap. Soc. Sci. Fish., 1988, 54(2), 315 (Suppressing Effect of Perilla on Sodine Odour)

122) Kashima, M., Cha, G.S., Iosoda, Y., Hirano, J., Miyazawa, T., J. Am. Oil Chem. Soc., 1991, 68(2), 119 (Antioxidant Effects of Phospholipids on Perilla Oil)

123) Krap, F., Mihaliak, CoA., Harris, J.L., Croteau, R., Arch. Biochem. Biophys., 1990, 276, 219 [Monoterpene Biosynthesis : Specificity of Hydroxylation of (-) Limonen by Enzyme Preparation from Peppermint(*M. piperita*), Spearmint(*M. spicata*) and Perilla(*P. fructescens*) Leaves]

124) Kutney, J.P. et al., Tetrahedron, 1971, 27, 3323 (2-Acetyl-3-methylfuran)

125) Lewis, R.J., Sax' s Dangerous Properties of Industrial Materials, 8th ed., Van Nostrand-Reinhold, 1992, PCI 750 (Perila Ketone, *SA 8935000)

126) Lin, S.S., Chiang, B.H., Hwang, L.S., J. Food Engineering, 1989, 9, 21 (Recovery of Perilla Anthocyanes from Spent Brine by Diafiltration and Electrodialysis)

127) Masao, H., Atsuko, M., Nobuyuki, I., Kana, K., Harumi, O., Carcinogenesis, 1990, 11, 731 (Effect of Dietary Perilla Oil, Soybean Oil and Safflower Oil on 7,12-Dimethylbenz-[a]anthracene(DMBA) and 1,2-Dimethylhydrazine(DMH)-induced Mammary Gland and Colon Carcinogenesis in Female SD Rats.)

128) Morisada, S., Yosida, T., Jpn. J. Trop. Agric.(Nettai Nogyo), 1973, 17, 9 [Distribution of Oil Glands, Percentage Yield of Essential Oil and its Chemical Composition in Several Shiso Plants(*Perilla* Species)]

129) Nagatsu, A., Tenmaru, K., Matsuura, H., Murakami, N., Kobayashi, T., Okuyama, H., Sakakibara, J., Chem. Pharm. Bull., 1995, 43(5), 887 (Novel Antioxi-

dant from Roasted Perilla Seed, Alkaloid)

130) Narisawa, T., Fukaura, Y., Yazawa, K., Ishikawa, C., Isoda, Y., Nishizawa, Y., Cancer, 1994, 73, 2069 (Colon Cancer Prevention with a Small Amount of Dietary Perilla Oil High in α-Linolenic Acid in an Animal Model)

131) Narisawa, T., Takahashi, M., Kotangi, H., Kosaka, H., Yamazaki, Y., Koyama, H., Fukaura, Y., Nishizawa, Y., Kotsugai, M., Isoda, Y., Hirano, J., Yanida, N., Jpn. J. Cancer Res., 1991, 82, 1089 (Inhibitory Effect of Dietary Perilla Oil Rich in the n-3 Polyunsaturated Fatty Acid, α-Linolenic Acid on Colon Carcinogenesis in Rats)

132) Nevskaya, E.M., Zh. Anal. Khim., 1972, 27, 1699 (Luteolin, Use)

133) Ohaba, T., Hasuo, T., Akita, O., Yamamoto, Y., J. Brewing Soc. Japan, 1985, 80, 287 (A Liqueur Using the Extract of *Perilla oximoides* var. *crispa*)

134) Okuno, M., Kajiwara, K., Imai, S., Kobayashi, T., Honma, N., Makai, T., Suruga, K., Goda, T., Takase, S., Muto, Y., Moriyaki, H., J. Nutr., 1997, 127, 1752 (Perilla Oil Prevents the Excessive Growth of Visceral Adipose Tissue in Rats by Down-regulating Adipocyte Differentiation)

135) Onogi, N., Okuno, M., Komaki, C., Moriwaki, H., Kawamori, T., Tanaka, T., Mori, H., Muto, Y., Carcinogenesis, 1996, 17, 1291 (Suppressing Effect of *Perilla* Oil on Azoxymethane-induced Foci of Colonic Aberrant Crypt in Rats.)

136) Park, H.S., Seo, E.S., Song J.H., Choi, C.U., Korean J. Nutr., 1993, 26, 829 (Effect of Perilla Oil Rich in α-Linolenic Acid on Colon Tumor Incidence Plasma Thromboxane B_2 Level and Fatty Acid Profile of Colonic Mucosal Lipids in Chemical Carcinogen-treated Rats.)

137) Saito, N. et al., Phytochemistry, 1983, 22, 1735 (Cyanidin, derivs)

138) Saki, K., Shimokawa, T., Kobayashi, T., Okuyama, H., Chem. Pharm. Bull., 1992, 40, 2129 (Lipid Lowering Effect of High Linolate and High αLinolenate Diets in Rats and Mice. Consequence of Long-term Feeding)

139) Seino, H. Isobe, T., Watanabe, S., J. Antibact. Antifung., 1981, 9(3), 119 (Anti-

microbial Activity of Tocopherols, Sesamol and Related Compounds)

140) Suyama, K., Tamate, M., Adachi, S., Food Chem., 1982, 10, 69 (Colour Stability of Shisonin, Red Pigment of *Perilla ocimoides* L. var. *crispa*)

141) Tada, M., Matsumoto, R., Yamaguchi, H., Chiba, K., *Biosci. Biotech. Biochem.*, 1996, 60(8), 1093 [Novel Antioxidants Isolated *Perilla frutescens* Britton var. *crip*(Thunb.)]

142) Takano, I., Yasuda, I., Hamano, T., Seto, T., Akiyama, K., Jap. J. Toxic Environ. Health, 1990, 36, 320 (Determination of Perilla Ketone in *Perilla* Herb by Capillary GC/MS)

143) Tamura, H., Fujiwara, M., Sugisawa, H., Agric. Biol. Chem., 1989, 53(7), 1971 [Production of Phenylpropanoids from Cultured Callus Tissue of Leaves of Akachirimen-shiso(*Perilla* sp.)]

144) Woo, W.S., Lee, E.B., Korean J. Pharmacog., 1979, 10(1), 27 (Uterine Stimulant)

145) Yuba, A. et al., Shoyakugaku Zasshi, 1992, 46(3), 257 (β-Caryophyllene)

14 딸기 *Fragaria ananassa* Duchesne

장미과(Rosaceae)

Strawberry(英),
Oranda-ichigo(日), 草莓(中)

원산지 : 남아메리카

용도 : 열매(식용)

식물학적 특성

재배하는 다년초로 3장의 작은 잎으로 된 겹잎의 뒷면은 희다. 흰 꽃은 꽃줄기 위에 5-15송이가 붙어 있고(지름 2~3㎝), 열매는 둥글거나 난형으로 달린다.

동속식물로는 땃딸기(*F. yezoensis*)가 우리나라에 있고, 열매는 식용한다.

성분

1) 영양성분

① **딸기, 재래종**(8030) 가식부 100g 중 열량 26kcal, 단백질 0.8g, 지질 0.1g, 당질 6.2g, 조섬유 1.0g, Ca 13mg, P 27mg, Fe 0.4mg, Zn 0.15mg, vitamin A 2.0RE, β-carotene 12.0㎍, B_1, B_2 각 0.02mg, B_6 0.05mg, niacin 0.3mg, C 82mg, 엽산 16.5㎍, E 0.30mg.

② **딸기, 개량종**(8031) 가식부 100g 중 열량 27kcal, 단백질 0.9g, 지질 0.2g, 당질 4.3g, 조섬유 1.9g, Ca 13mg, P 17mg, Fe 0.5mg, Zn 0.10mg, vitamin A 4RE, B_1, B_2 각 0.04mg, B_6 0.05mg, niacin 0.4mg, C 99mg, 엽산 16.5㎍, E 0.30mg. 〈식이섬유 1.55g〉

③ **딸기, 넥타**(8032) 가식부 100g 중 열량 51kcal, 단백질 1.0g, 지질 0.2g, 당질 12g, Ca 41mg, P 42mg, Fe 0.8mg, Zn 2.0mg, vitamin B_1 0.03mg, B_2 0.06mg, B_6 0.05mg, niacin 0.1mg, C 8mg, 엽산 16.5㎍, E 0.30mg.

④ **딸기, 잼**(8033) 가식부 100g 중 열량 243kcal, 단백질 0.4g, 지질 0.1g, 당질 62.4g, 조섬유 0.5g, Ca 7mg, P 12mg, Fe 0.2mg, Zn 0.30mg, vitamin B_1, B_2 각 0.01mg, B_6 0.37mg, niacin 0.1mg, C 17mg, 엽산 123.5㎍, E 2.24mg. 〈식이섬유 1.40g〉

2) 특수성분

Flavonoid인 Quercetin-7-xyloside(H-00908), Fragarin(T-00787), Procyanidin B_3(P-00530) 등과 1-*O*-*p*-Coumaroylglucose(β-D, C-01941), *2-Heptanol (H-00408)이 분리 · 규명되었다.

생리활성

DNA손상 감소 효과 : Comet assay를 이용하여 항산화 vitamin과 과일 · 야채즙의 인체 임파구 세포 DNA 손상 감소 효과를 비교하고자 과일과 야채 추출물의 항산화 생리효능과 DNA 손상 감소 효과에 대해 살펴보았다. 그 결과 딸기즙, 귤즙, 오렌지즙 및 당근주스의 모든 시료에서 DNA 손상 감소 효과가 나타났고, ED_{50}은 매우 비슷하여 우위를 가리기 어려웠다. 또한 vitamin C, β-carotene, α-tocopherol 및 trolox의 DNA 손상 감소보다 과일 · 야채즙의 DNA 손상 감소가 큰 것은 과일과 야채에 함유된 항비타민 이외에도 polyphenol, carotenoid, flavonoid 같은 phytochemical들에 기인한 것으로 생각되었다.

Prolyl Endopeptidase의 저해 효과 : 병리학적 특성인 노인반(senile plague)은 amyloid에 의하는데, 이 amyloid 생성에 관여하는 효소의 하나로 prolyl endopeptidase(PEP)가 있다. 이 효소의 저해제가 치매의 예방과 치료에 도움이 될 것으로 생각되며, 동물실험에서도 PEP 저해제가 뇌 내 노인반의 감소와 항건망증 효과가 있는 것으로 보고되었다. 천연 식품자원으로부터 prolyl endopeptidase의 저해 효과를 탐색하고자 상용되고 있는 과일, 채소, 곡류 등 28종에 대하여 실험한 결과, 40ppm에서 도토리가 96.0%, 산딸기가 92.0%, 호두가 73.0%, 녹차 56.1%로 나타나 비교적 높은 저해활성이 검색되었다.

Quercetin의 생리활성(항HSV활성) : Quercetin(flavonoid)의 HSV-1과 HSV-2의 vero세포 내에서 증식억제 실험을 실시한 결과, HSV-1에 대한 EC_{50}은 18.7㎍/ml, SI는 4.8㎍/ml이었고, HSV-2에 대한 EC_{50}은 24.5㎍/ml, SI는 3.7㎍/ml을 나타냈으며, 용량의존적으로 plaque 형성을 억제하였고, HSV-1에 더 큰 활성을 보였다. quercetin과 nucleoside계 항herpes virus제인 acyclovir 및 vidarabine과 병용하여 실험한 결과, HSV-1에는 acyclovir와 병용 시 CI value가 0.19~0.57을, vidarabine과 병용 시에는 0.97~1.46을 보였고, HSV-2에 대해서는 acyclovir와 병용 시 0.61~0.89를, vidarabine과 병용 시 0.43~1.42를 보여, acyclovir와 병용할 경우 더 우수한 상승 효과를 나타냈다.

딸기잼의 저장 중 변화 : pH에 따른 딸기 속 anthocyanin의 열안정성을 보면, 60분 가열 후 pH가 낮아질수록 잔존율이 높았고, pH2.5에서 94%가 잔존하였다. 당류별 anthocyanin 안정성은 물엿, 포도당, 설탕 순으로 anthocyanin의 감소가 컸고, 설탕 66 Brix%에서 열안정성이 가장 높았으며, 보존기간 중 급격히 파괴되어 4주째는 약 50%, 12주째는 약 25%만이 잔존하였다. 딸기잼 제조 직후에는 가열 정도에 따라 spread meter치가 커지는 경향을 나타내었다.

딸기 펄프의 저장 : 동결방지제를 이용하면 저온저장 시 빙결정 생성에 따른 조직손상을 방지하고 에너지를 절약하는 등의 이점이 있다. 딸기펄프는 dextrose 25%, fructose 17%, sorbitol 8%, ascorbic acid 0.2%를 첨가하였을 때 -15℃까지도 미동결 상태로 저장할 수 있다. 또한 동결방지제를 사용하면 사용하지 않은 경우에 비해 저장에 소요되는 시간이 약 1/2로 단축되고, 소요에너지도 약 70~80% 절약할 수 있다.

딸기 식초 제조 : 딸기과즙을 14°Brix로 보당한 후 *Sacharomyces kluyeri* DJ97

을 28℃에서 50시간 발효하여 딸기 발효액을 만들고 이를 초산발효 시킨 결과, 초기산도 1.48%, 교반속도 195.76rpm, 발효시간 7.34day에서 가장 높은 4.60%를 나타냈고, 색채계 α값은 초기산도가 1.78%, 교반속도 117.67rpm, 발효시간 7.35day일 때 가장 높은 11.82%를 보였다. 딸기식초의 경우 *Acetobacter* sp. PA97을 이용함으로써 초기산도 1.5%, 교반속도 196rpm에서 176시간 발효한, 산도 4% 이상의 식초를 얻었다.

딸기 Wine 제조 : 저장성이 낮은 딸기의 효율적 이용을 위해 알코올 발효를 실시한 결과, 초기당도 16.32°Brix, 발효기간 53.03hr, 발효온도 28.83℃일 때, 알코올 함량이 9.22%로 가장 높았고, 초기당도 13.18°Brix, 발효시간 50.99hr, 발효온도 24.69℃일 때, 산도가 0.49%로 가장 낮았으며, 초기당도 15.00°Brix, 발효시간 52.00hr, 발효온도 26.00℃일 때, 잔당함유량이 가장 낮았다. 초기당도 14°Brix, 발효시간 50hr, 발효온도 28℃일 때가 딸기 wine 제조를 위한 최적 발효조건이었다.

성숙 중의 성분 변화 : 비닐하우스 재배 가디안 품종과 노지 재배 가디안 품종 및 보교 조생품종을 낙화 후 34일간 재배하고 딸기의 숙성과정 중 성분 변화를 조사하였다. pH는 낙화 후 10일에 4.13~4.28, 34일에 3.40~3.49로 감소하였고, 총 산은 26일까지 증가하다가 이후 감소하였으며, vitamin C는 낙화 후 14일까지 없다가 이후 경시적으로 증가하여 34일에 15.83~24.90mg%에 이르렀다. 환원당은 낙화 후 26일까지 증가하다가 그 후 감소하였고, 총 당은 경시적으로 증가하여 34일에 5.07~5.65%가 되었다. 유리당은 xylose, glucose, fructose가 있었고, glucose와 fructose는 경시적으로 증가하였다. 무기질은 K가 3.300~9.000ppm으로 가장 많았고, 그 다음으로 Mg〉Na 순이었으며, Mn, Zn, Cu는 미량이었다. 한편 딸기 중의 methyl alcohol은 6.00~21.60mg%, ethyl alcohol은 6.00~24.40mg%였다.

β-Galactosidase 특성 : β-galactosidase 정제에 있어서 $(NH_4)_2SO_4$ 및 acetone powder로 처리하고 CM-cellulose column과 sephacryl S-200 column으로 정제한 결과, 정제율은 18.11%, 분자량은 116,000이었다. 기질 농도에 따라 활성 변화를 측정한 결과, Km치는 1.75×10^{-2}mM, Vmax는 0.77mM ONPG/ml/

15min이었고, 효소활성의 최적온도는 43℃, 최적 pH는 4.0이었으며, 50 이하에서 효소활성이 안정하였다. pH 안정성은 pH 4.0~6.0에서 안정하였고, 금속이온 중 K^+, Cu^{2+}, Zn^{2+}에 대해 활성저해를 보였으며, Ca^{2+}와 Mg^{2+}에 대해서는 저해작용이 나타나지 않았다. SDS는 40%, EDTA는 20~30%의 활성저해를 보였다.

딸기증류주의 향기성분 : 딸기로 술을 담가 갈참나무와 붉가시 심재조각을 넣고 3년간 숙성시킨 딸기주에서 β-pinene, terpinylacetate를 확인하였다. 딸기증류주에서는 methanol, isopropylalcohol, β-terpinylacetate가 확인되었으나, acetaldehyde와 ethylacetate는 동정되지 않았다.

기타 연구 : 열매와 꽃의 방향성분에 대한 연구가 있고, procyanidin이 antibiotic, antiedemic, anti-HIV, antiviral, bactericide 작용물질로 보고된 바 있다.

효능과 이용

1) 효능 : 열매 - 청량(淸凉), 지갈(止渴).
2) 식용 : 생과일로 가장 많이 먹고, 딸기술이나 딸기잼을 만들거나 과실샐러드 등 여러 음식의 장식용으로 쓰인다.
3) 약용 : 청량감을 주고, 갈증을 풀어 준다.

참고문헌

1) 김영소, 한성순, **생약학회지**, 1999, 30(2), 151 [천연 Quercetin(flavonoid)의 항 Herpes virus 작용과 Nucleoside계 항 Herpes virus 제의 병용 효과]
2) 박성준, 이재하, 임재호, 권경섭, 장희규, 유무영, **식품과학회지**, 1994, 26(4), 365 (딸기쨈의 안토시아닌과 Spread meter치의 가열 및 저장 중 변화)
3) 심우만, 이상현, **장안논총**, 1993, 13, 1303 (냉동저장 중 딸기 Anthocyanin 색소의 변화)
4) 연미영, 현태선, **영양학회지**, 2005, 38(7), 586 (한국인 상용 식품의 엽산 함량 분석에 의한 식품 영양가 표의 보완)

5) 이계남, 박성오, 이택수, **서울여대자연과학논문집**, 1993, 4, 40 (주종을 달리한 딸기 Liquor 제조 중의 성분)
6) 이계호, 이찬원, **응용생명화학회지**, 1983, 26(3), 183 (한국산 참나무편과 같이 숙성시킨 사과 및 딸기 증류주의 방향성분 비교)
7) 이광희, 윤경영, 김광수, **농산물저장유통학회지**, 2000, 7(2), 201 (딸기 β-Galactosidase의 정제 및 생화학적 특성)
8) 이기동, 김숙경, 이진만, **식품영양과학회지**, 2003, 32(6), 812 (딸기식초 제조를 위한 초산 발효 조건의 최적화)
9) 이성현, 박홍주, 조용식, 정인경, 송경식, **식품영양과학회지**, 2003, 32(7), 971 (천연식품자원으로부터 Prolyl Endopeptidase의 저해 효과 탐색—도토리, 산딸기, 호두, 녹차)
10) 이진만, 김숙경, 이기동, **식품영양과학회지**, 2003, 32(5), 279 (딸기 알코올 발효 특성 모니터링)
11) 이택수, 지연순, **응용생명화학회지**, 1989, 32(3), 232 (딸기 성숙 과정 중의 성분 변화)
12) 이해근, 김영구, 박영선, **식품위생안전성학회지**, 1988, 3(4), 193 (시설재배 딸기와 오이 중 농약잔류에 관한 조사연구)
13) 전은재, 박유경, 김정신, 강명희, **영양학회지**, 2004, 37(6), 440 [Comet Assay를 이용한 항산화 Vitamin과 과일 · 야채즙(딸기, 귤, 오렌지, 당근)의 인체 임파구 세포 DNA 손상 감소 효과 비교]
14) 정진웅, 조진호, 권동진, 김영봉, **식품과학회지**, 1990, 22(4), 434 (동결방지제에 의한 딸기펄프와 붉은 생고추 페이스트의 저온저장에 관한 연구)
15) Aquinagalole, I. et al., Phytochemistry, 1982, 21, 2875 (Quercetin derivs)
16) Asen, S. et al., Phytochemistry, 1962, 1, 169 (1-*O*-*p*-Coumaroylglucose)
17) Ensminger, Ensminger, Konalande, Robson, Food and Nutrition Encyclopedia, 2nd ed., CRC Press, 1994, 900, 1043 (Nutritive Value)
18) Hamilton-Kemp, T.R., Loughrin, J.H., Anderson, R.A., Phytochemistry, 1990, 29, 2847 (Identification of Some Volatile Compounds from Strawberry Flowers)

19) Harborne, J.B. et al., Phytochemistry, 1963, 2, 85;1964, 3, 151, 453; 1966, 5, 589 (Fragarin)

20) Knee, M., Sargent, J.A., Osborone, D.J., J. Exper. Bot., 1977, 28(103), 377 (Cell Wall Metabolism in Developing Strawberry Fruits)

21) Lewis, R.J., Sax's Dangerous Properties of Industrial Materials, 8th ed., Van Nostrand-Reinhold, 1992, HBE 500 (2-Heptanol, *MJ 2975000)

22) Neal, G.E., J. Sci. Food Agric., 1965, 16, 604 (Changes Occurring in the Cell Walls of Strawberries during Ripening)

23) Nigam, N.C. et al., Can. J. Chem., 1964, 42, 2610 (2-Heptanol)

24) Nonaka, G. et al., Phytochemistry, 1982, 21, 429 (Procyanidin B_3, derivs)

25) Sistrunk, W.A., Cash, J.N., Food Technol., 1970, 24, 169 (The Effect of Certain Chemical on the Color and Polysaccharides of Strawberry Puree)

26) Wrolstad, R.E., Putman, T.P., and Versceld, G.W., J. Food Sci., 1970, 35, 448 (Color Quality of Frozen Strawberries : Effect of Anthocyanin, pH, Total Acidity and Ascorbic Acid Variability)

15 머위

Petasites japonicus (Sieb. et Zucc.) Maxim.

국화과(Compositae)

Ragwort(英),
Fuki(日), 蜂斗菜(생약명)

용도 : 잎자루, 어린 싹(식용)
전초, 꽃봉오리, 뿌리(약용)

식물학적 특성

습기 있는 산에서 자라는 5~50㎝의 다년초. 자생하거나 재배된다. 땅속줄기로 번식하는데, 잎은 땅속줄기에서 나오며, 신장형이고, 가장자리에 불규칙한 톱니가 있다. 꽃줄기는 큰 비늘잎에 싸여 나오고, 두상화서가 산방화서를 이루면서 꽃줄기 끝에 밀생한다. 암수딴그루인데, 암꽃은 흰색, 수꽃은 연한 흰색이며, 양성화는 모두 결실하지 않으나 암꽃은 결실한다. 열매는 원통형이고, 관모는 흰색이다.

동속식물로는 개머위(*P. saxatile*)를 비롯한 2종만이 우리나라에 있다.

성분

1) 영양성분

① **머위 생것**(6113) 가식부 100g 중 열량 27.0kcal, 단백질 3.5g, 지질 0.4g, 당

질 4.3g, 조섬유 1.2g, Ca 88.0mg, P 68.0mg, Fe 2.6mg, Zn 0.08mg, vitamin A 754.0RE, β-carotene 4522.0㎍, B_1 0.03mg, B_2 0.17mg, B_6 0.07mg, C 28.0mg, niacin 1.5mg, 엽산 6.1㎍, E 0.60mg.

② **머위 말린 것**(6114) 가식부 100g 중 열량 240.0kcal, 단백질 17.4g, 지질 3.7g, 당질 46.6g, 조섬유 11.6g, Ca 114.0mg, P 366.0mg, Fe 59.30mg, Zn 0.70mg, vitamin A 32.0RE, β-carotene 191.0㎍, B_1 0.39mg, B_2 3.17mg, B_6 0.59mg, C 6.0mg, niacin 0.5mg, 엽산 50.7㎍, E 5.0mg.

③ **머위 삶은 것**(6115) 가식부 100g 중 열량 24.0kcal, 단백질 3.2g, 지질 0.7g, 당질 1.7g, Ca 81.0mg, P 44.0mg, Fe 1.7mg, Zn 0.08mg, vitamin A 384.0RE, β-carotene 92306.0㎍, B_1 0.02mg, B_2 0.17mg, B_6 0.06mg, niacin 1.2mg, 엽산 0.6㎍.

2) 특수성분

9-Acetoxyfukinanolide(F-00492), Bakkenolide B(F-00493) · C(F-00493) · D(F-00493) · E(F-00493), Dihydrofukinolide(F-00493), 6,8-Dihydroxy-7(11)eremophilen-12,8-olide(D-01803), 6-Hydroxy 7(11) eremophilen-12,8-olide(D-01802), Eremofukinone(E-01374), Fukiic acid(F-00491), Fukinone(E-01373), Furanofukinal(F-00560), Furanofukinal;6-acetate(F-00560), Furanofukinal;6-o-Angeloyl(F-00560), Furanojaponin(F-00567), S-Furanopetasitin(F-00560), Homofukinolide(F-00493), 6β-Methoxy furanoeremophilane(H-1691), Isopatasan(E-01373), Isopetasol(H-01679), Petasalbin(H-00569), Petasinine(H-02030), Petasinoside(H-02030), *Petaitenine(Fukinotoxin, P-00856), Petasitin (D-01798), Fukinanolide(F-00492), Fukinolide(F-00493), Furanofukinol(F-00560), Melatonin(M-00770), Neopetasitenine(P-00856), Petasin(H-01680), Petasiphenol, Petasiphenone, *Senkirkine(S-00564) 등이 분리 · 동정되었다.

뿌리에서는 β-Sitosterol(S-01368), Caprylic acid(O-00216), Protocatechuic acid(D-01539)가 분리되었고, 잎과 줄기에서는 bitter sesquiterpenoid인 Bakkenolide A(F-00493) · B(F-00493)와 Polyphenol계인 Fukinolic acid(F-00491), furan 유도체인 Petasablin methyl ester(F-00569), Franofukinol(F-

00560), 6-Acetylfranofukinol(F-00560), 6-Angelylfuranofukinol(F-00560), S-Franopetasitin(F-00560), Furanojaponin(T-00770) 등이 분리되었다. 꽃줄기의 수용성 물질로는 Quercetin(P-00565), Kaempferol(P-00560), Caffeic acid(D-02670), Chlorogenic acid(C-00083)를 분리하였고, 어린 꽃줄기에서는 Fukinotoxin(P-00856)을 분리하였다. 주성분으로는 Fukinone(E-01373), Fukinolide(F-00493), Isopetasan(E-01373), Senkirkine(S-00564)과 함께 Isopetasolide(H-01679)가 분리되었다.

생리활성

항산화 효과 : 식용식물 21종의 부위별 MeOH ex에 대해 DPPH법과 TBA법으로 그 항산화 효과를 검색한 결과, DPPH법으로 조사된 유리 라디칼 소거 효과는 쑥갓잎, 참취잎, 머위잎에서 특이적으로 높게 나타났다. H_2O_2로 유발시킨 지질과산화 억제 효과는 0.25mg 농도에서, L-ascorbic acid의 과산화 억제율과 비교하면, 가지잎과 감자껍질의 경우가 가장 높았다. $FeSO_4$로 유발시킨 지질과산화 억제 효과는 쑥갓잎의 IC_{50}이 0.08mg/ml로 높았다.

돌연변이 억제 : 산채류를 100℃에서 20분간 가열하여 가열즙을 얻고 이들의 돌연변이 억제활성을 살펴본 결과, *S. typhimurium* TA98 균주에는 머위, 소금쟁이, 원추리, 참나물, 참취 가열즙이, *S. typhimurium* TA100에는 곰취, 잔대, 두릅, 개미취 및 묏미나리 가열즙이 강한 억제활성을 나타냈다. 특히 두릅, 원추리, 잔배, 참나물, 참취 가열즙은 Fe^{2+}가 공존할 때 DNA절단활성이 억제되었다.

Apoptosis 조절 : 천연물(머위 포함)에서 U937 세포주를 이용한 caspase-3 유도 저해물질을 탐색한 결과 머위가 선발되었다. 이 머위의 MeOH 추출물에서 sepadex LH-20 column chromatography, HPLC 등으로 저해물질을 분리 · 정제한 후 UV, EIMS, 1H-NMR, ^{13}C-NMR, HMBC 등으로 분석한 결과 [3-(3,4-dihydroxyphenyl)-2-oxopropyl]ester(petasiphenol)로 동정되었다. 이 물질은 IC_{50} 8㎍/ml의 농도에서 U937 세포주의 etoposide에 의한 caspase-3 유도를 저해하였으며, DNA fragmentation도 저해하였다. 또한 1,1-diphenyl-2-picrylhydrazyl(DPPH) radical 소거능을 나타냈다.

Caspase의 유도 조절 : Caspase(CAS) family는 apoptosis signal cascade에서 중추적 역할을 한다. CAS 조절물을 개발하여 apoptosis를 제어할 경우 항암제 외에도 뇌허혈, 간독성 등의 치료제 개발에 이용될 수 있다. 따라서 U937 세포주를 이용하여 기존의 apoptosis 유도 물질 탐색법을 보완한 CAS 유도 물질 탐색계를 확립하고자 하였고, 이를 이용하여 천연물에서 탐색하였다. U937 human monocytic leukemia 세포주에 시료와 etoposide를 처리하여 apoptosis를 유도하였고, apoptosis 정도는 현미경으로 관찰하면서 Ac-DEVD-AFC를 기질로 한 CAS-3 활성을 측정하였다. 측정 결과 머위가 선발되었고, LH-20, column chromatography, HPLC를 이용하여 활성물질을 분리한 후 NMR, MS 등의 분석기기로 동정한 결과 petasiphenol임을 알게 되었다.

항미생물활성 : 개머위(*P. saxatilis*)를 음건하고 지상부를 n-hexane, EtOAc, MeOH로 추출하였을 때, EtOAc 추출물에서 항미생물활성이 나타났다. EtOAc-soluble neutral 획분을 정제하여 얻은 EtOAc-soluble phenolic 획분은 *Staphylococcus aureus* 등에 강한 항균활성을 보였다. 이 분획을 sephadex LH-20 column chromatography로 더욱 분리한 결과 Ve/Vt 0.68~0.82 획분에서 강력한 항균활성이 나타났다.

장내 세균의 생육 : 쑥, 머위, 원추리 및 황새냉이의 물 추출물은 인변종균을 혼합 배양한 *in vitro* 평가에서 유익균인 *Bifidus*균과 *Lactobacillus*균을 증식시키고 유해균인 *Cl. perfringens*나 *E. coli*의 생육을 억제시키는 것으로 나타났다.

Quercetin의 생리활성(항HSV활성) : Quercetin(flavonoid)의 HSV-1과 HSV-2의 vero 세포 내에서 증식 억제 실험을 실시한 결과, HSV-1에 대한 EC_{50}은 18.7 ㎍/ml, SI는 4.8㎍/ml이었고, HSV-2에 대한 EC_{50}은 24.5㎍/ml, SI는 3.7㎍/ml을 나타냈으며, 용량 의존적으로 plaque 형성을 억제하였고, HSV-1에 더 큰 활성을 보였다. quercetin과 nucleoside계 항 Herpes virus 제인 acyclovir 및 vidarabine과 병용하여 실험한 결과, HSV-1에는 acyclovir와 병용 시 CI value가 0.19~0.57을, vidarabine과 병용 시에는 0.97~1.46을 보였고, HSV-2에 대해서는 acyclovir와 병용 시 0.61~0.89를, vidarabine과 병용 시 0.43~1.42를 보여,

acyclovir와 병용하는 것이 더 우수한 상승 효과를 나타냈다.

정유성분 : 정유성분 중 ermofukinone은 향기성분이고, alkaloid인 petaitenine (=fukinotoxin)은 hepatotoxin과 carcinogen으로 밝혀졌으며, sesquiterpenoids는 antiallergic effect와 antihistaminic activity가 있다.

효능과 이용

1) 효능 : 꽃 - 지해화담(止咳化痰), 윤폐(潤肺), 진해, 거담, 천식.

2) 식용 : 잎을 따고 줄기 껍질을 벗긴 후 데쳐서 나물, 볶음, 조림, 장아찌, 정과 등으로 조리하여 먹는다. 잎은 vitamin A가 많은데, 데쳐서 물에 담가 아린 맛을 우려낸 후 쌈으로 먹는다.
채 피지 않은 꽃봉오리는 따서 데친 후 잘게 썰어 salad, 초고추장무침, 튀김으로 이용하는데, 그 향기와 맛이 특이하다. 데친 머위나물은 염장가공하거나 말렸다가 묵 나물로 이용한다.

3) 약용 : 한방에서 꽃봉오리는 건위, 거담, 진해, 해열에 쓰며, 차나 건강술을 만들기도 한다.
민간에서는 근경을 감기, 기침 치료, 황달, 거담에 복용하며, 현기증, 기관지 천식, 견비통, 다래끼, 벌레 물린 데, 찜질 등에 외용하기도 한다.

4) 기타 : 잎줄기는 방부 효과가 있어 산나물을 염장할 때 넣으면 곰팡이가 생기지 않는다.

참고문헌

1) 김영소, 한성순, **생약학회지**, 1999, 30(2), 151 [천연 Quercetin(flavonoid)의 항 Herpes virus 작용과 Nucleoside계 항 Herpes virus 제의 병용 효과]

2) 성기철, 유성오, **농대논문집**, 1988, 11, 151 (머위의 몇 가지 생태특성 및 번식에 관한 연구)

3) 이충환, 정명철, 이호재, 고영희, **식품과학회지**, 2000, 32(2), 448 (머위로부터 분

리한 Apoptosis 조절물질)

4) 이충환, 정명철, 이호재, 김현아, 고영희, **식품과학회 1999년도 식품관련학회 춘계 연합학술대회 논문초록집**, p.422 (머위로부터 분리한 Caspase 유도 조절물질)

5) 장수경, 조정용, 박근형, **식품과학회 1999년도 식품관련학회 춘계 연합학술대회 논문초록집**, p.425 (개머위의 항미생물 활성물질 탐색)

6) 조세연, 한용봉, 신국현, **식품영양과학회지**, 2001, 30(1), 133 [식용식물의 항산화 효과 검색(쑥갓잎, 가지잎, 감자껍질, 머위잎, 참취잎]

7) 한복진, 이선화, 신현경, **영양학회지**, 1994, 27(7), 717 [산채류(60여종)의 장내 세균의 *in vitro* 생육에 미치는 영향]

8) Asinger, F. et al., Chem. Ber., 1964, 97, 1555 (1-Undecene, Oil)

9) Bowden, B.F. et al., Aust. J. Chem., 1975, 28, 91 (Caffeic Acid, derivs)

10) Briggs, L.H. et al., J. Chem. Soc., 1965, 2492 (Seukirkine)

11) Harmatha, J. et al., Collect. Czech. Chem. Commun., 1976, 41, 2047 (Fukinolide)

12) Hayash, K. et al., Phytochemistry, 1973, 12, 2931 (Fukinone)

13) Heller, W. et al., Helv. Chim. Acta, 1975, 58, 974 (Fukiic acid)

14) Iriye, R., Furukawa, K., Nishida, R., Kim, C., Fukami, H., Biosci. Biotechn. Biochem., 1992, 55, 1773 (Isolation and Synthesis of a New Bio-antimutagen, Petasiphenol from Scapes of *Petasites japonicum*)

15) Katayama, C. et al., Bull. Chem. Soc. Jpn, 1970, 43, 1976 (Homofukinolide, Bakkenolide C)

16) Lewis, R.J. Sax's Dangerous Properties of Industrial Materials, 8th ed., Van Nostrand-Reinhold, 1992. PCQ 750 (Petaitenine)

17) Lewis, R.J. Sax's Dangerous Properties of Industrial Materials, 8th ed., Van Nostrand-Reinhold. 1992, DMX 200 (Senkirkine, *Hepatotoxin, Genotoxin, Carcinogen)

18) Lewis, R.J. Sax's Dangerous Properties of Industrial Materials, 8th ed., Van Nostrand-Reinhold. 1992, HJC 000 (Protocatechic acid, *UL 0560000)

19) Minneman, K.P. et al., Life Sci., 1975, 17, 1189 (Melatonin, Pharmacol)
20) Moriyama, Y. et al., Bull. Chem. Soc. Jpn. 1976, 3196 [6,8-Dihydroxy, 7(11) eremophilen-12,8-olide]
21) Naya, K. et al., Bull. Chem. Soc. Jpn. 1971, 44, 3165 (Petasitolone, Oil)
22) Naya, K. et al., Chem. Lett., 1978, 301 (Furanofukinol)
23) Naya, K. et al., Tetrahedron Lett., 1971, 2961 (Furanojaponin)
24) Neilsen, B.E. et al., Acta Chem. Scand., 1963, 13, 116 (β-Sitosterol, Antilipidemic)
25) Novotny, L. et al., Phytochemistry, 1966, 5, 1281 (Petasalbin)
26) Sakamura, S. et al., Agr. Biol. Chem. Japan, 1973, 37, 1915 (Fukinolic Acid, Fukliic Acid)
27) Sugama, K. et al., Phytochemistry, 1983, 22, 1619 (Isopetasol)
28) Takagi, I, et al., Bull. Chem. Soc. Jpn., 1977, 50, 3320 (Petasitin)
29) Tobinaga, S. et al., Chem. Pharm. Bull. 1983, 31, 745 (Antiallergic, Antihistaminic)
30) Yamada, K. et al., Tetrahedron Lett., 1978, 4543 (Petasinine)
31) Yamakawa, T. et al., Chem. Pharm Bull., 1979, 27, 174 (S-Furanopetasitin)
32) Yaoita, Y. et al., Chem. Pharm. Bull., 1992, 40(12), 3277 (3β, 6β-Diangeloyloxyeremophil-7(11)-en-12,8β-olide)
33) Yaoita, Y. et al., Chem. Pharm. Bull., 1995, 43(10), 1738 (3β,6β-Dihydroxyoxyeremophil-7(11)-en-12,8β-olide)
34) Yaoita, Y. et al., Nat. Med., 1996, 50(1), 49 (3β, 6ββ-Dihydroxyoxyeremophil-7(11)-en-12,8β-olide)
35) Yaoita, Y. et al., Phytochemistry, 1994, 37(6), 1765 (Eremopetasitasidione)
36) Yaoita, Y. et al., Phytochemistry, 1996, 42(3), 751 (Secoeremopetasitolide A, B)

16 모과

Chaenomeles sinensis Koehne
Cydonia sinensis Thouin

장미과(Rosaceae)

Chinese quince(英),
Karin(日), 木瓜(中)

원산지 : 중국

용도 : 열매(약용 · 식용)

식물학적 특성

경기도 이남의 마을에서 재배되는 낙엽소교목. 키는 약 10m이고, 타원상의 난형 잎은 호생으로 끝이 뾰족하고 가장자리에 잔 톱니가 있으며, 연분홍 꽃은 가지 끝에 1송이씩 달린다. 타원형의 열매는 이과로 속하며, 노랗게 익고, 향기가 나며, 과육은 시고 떫다.

동속식물로는 명자나무(*C. speciosa*)와 풀명자나무(*C. japonica*) 등 4종이 우리나라에 있다.

성분

1) 영양성분

모과(8053) 가식부 100g 중 열량 61.0kcal, 단백질 0.7g, 지질 0.4g, 당질 15.4g, 조섬유 4.60g, Ca 21.0mg, P 18.0mg, Fe 0.5mg, Zn 0.15mg, vitamin A 1.0RE, β-

carotene 6.0μg, B_1 0.02mg, B_2 0.01mg, B_6 0.06mg, C 81.0mg, niacin 0.3mg, 엽산 6.0μg, E 0.89mg. 〈식이섬유 9.88g〉

2) 특수성분

*C. sinenesis*에서 Isofruanogermacrene(I-00464), Oleanolic acid(H-02589), Isozedoarondiol(D-02021), Oleanolic acid(H-02589), Quercetin(P-00565), Quercitrin(Q-00001, Q-00019), 유기산인 *Malic acid(H-01327), Hydrocyanic acid (H-01147), Tartaric acid(T-00118), *Citric acid(C-01393), Ascorbic acid(A-02869)가 규명되었다.

*C. japonica*에서 Betulabuside A(D-03184)와 B(D-03184)가 분리되었다.

생리활성

모과의 생리활성 : 단백질 유도 관절염에 걸린 생쥐에 대해 부종 억제 작용이 현저하고, 복수암 세포 억제 효과가 있으며, 토끼의 연골조직을 부드럽게 하여 추간판 탈출증에 있어 통증 완화 효과가 연구되었다.

골다공증 예방 및 치료 효과 : 난소적출 유도 골다공증에 걸린 성숙 흰쥐에 두충과 모과의 혼합전탕액을 투여한 결과, 간 보호 및 골 형성에 있어서 유의성 효과가 있고, 골 흡수 및 골무기질의 손실을 방지하며, 난소 절제 후 신 기능이 약화되면서 나타난 배뇨량의 증가를 억제함을 알 수 있었다. 그러므로 두충과 모과의 혼합전탕액이 노인층 및 폐경기 이후 여성의 골다공증을 예방하고 치료하는 데 효과적일 것으로 기대된다.

모과주의 생리활성 : 모과파쇄액(20°Brix)에 *Saccharomyces cerevisiae*를 5% 접종한 후 25℃에서 10일간 발효시킨 결과 EtOH 양이 최고 10.6% 생성되었다. 모과발효주의 생리활성을 조사한 결과, ACE저해활성과 혈전용해 활성은 각각 36.7%와 24.0%였고, tyrosinase 저해활성과 아질산염 제거 활성은 각각 96.7%와 52.7%였다. 모과발효주는 기관지 질환에 관여하는 *S. aureus, K. pneumonia*에 대한 항균활성이 각각 8.5㎜와 4.0㎜로 비교적 강하였다.

Quercetin의 생리활성(항HSV활성) : Quercetin(flavonoid)의 HSV-1과 HSV-2

의 vero 세포 내에서 증식 억제 실험을 실시한 결과, HSV-1에 대한 EC_{50}은 18.7 ㎍/ml, SI는 4.8㎍/ml였고, HSV-2에 대한 EC_{50}은 24.5㎍/ml, SI는 3.7㎍/ml을 나타냈으며, 용량 의존적으로 plaque 형성을 억제하였고, HSV-1에 더 큰 활성을 보였다. quercetin과 nucleoside계 항 Herpes virus 제인 acyclovir 및 vidarabine과 병용하여 실험한 결과, HSV-1에는 acyclovir와 병용 시 CI value가 0.19~0.57을, vidarabine과 병용 시에는 0.97~1.46을 보였고, HSV-2에 대해서는 acyclovir와 병용 시 0.61~0.89를, vidarabine과 병용 시 0.43~1.42를 보여, acyclovir와의 병용이 더 우수한 상승 효과를 나타냈다.

휘발성성분 : 모과의 휘발성성분을 알기 위해 휘발성 flavor를 중성, 염기성, 약산성 및 산성으로 분획하여 조사하였다. 휘발성 flavor 농축액 중 총 145개 성분이 동정되었는데, 지방족 탄화수소 3개, 환상탄화수소 1개, 방향족 4개, terpene계 9개, alcohol 17개, terpene alcohol 3개, phenol 6개, aldehyde 21개, ketone 7개, ester 28개, 산 27개, furan 3개, thiazole 2개, acetal 2개, lactone 3개, 기타 9개였다. 모과의 휘발성성분의 대부분은 중성물질로 방향성이었다. 한편 관능검사용 GC에서 얻어진 물질 중 1-hexanal, cis-3-hexenal, trans-2-hexenal, 2-methyl-2-hepten-6-one, 1-hexanol, cis-3-hexenol, trans-2,4-hexadienal 및 trans-2-hexenol은 모과 풋냄새의 주성분이고 ester 물질은 모과의 주성분으로 생각되었다.

비휘발성성분 : 모과의 비휘발성성분에서는 유리아미노산 중 valine, asparagine, γ-aminobutyric acid, aspartic acid, serine이 72%를 차지하였고, arginine, tyrosine, methionine, tryptophan은 검출되지 않았다. 핵산 관련 물질로는 cytosine, UMP, CMP가 소량 있었고, GMP, IMP, AMP는 검출되지 않았다. 당은 glucose, sorbose, sucrose, fructose가 있었으며, 이 중 fructos가 가장 많았다. GC와 GC/MC로 11개의 유기산이 동정되었으며 이 중 tartaric acid와 α-ketoglutaric acid가 많았다. vitamin C는 386.6mg%이 있었고, 무기성분은 Ca과 P이 주성분이었으며, Cd, Cu, Pb이 소량 함유되어 있었다. 천연모과와 합성모과 extract의 비휘발성 관능성분은 유리 아미노산, 당, 유기산, vitamin C 및 무기질에 의한 것으로 판단되었다.

정미성분 : polyphenol 물질로는 catechin, leucoanthocyan, 회합형 tannin이 있었고, amino acid로는 aspartic acid, glutamic acid, arginine, β-alanine 등이 많았으며, 유기산으로는 citric acid, malic acid가, 당으로는 glucose, fructose, sucrose, xylose 등이 정미성분으로 생각되었다. 사과나 배와 비교하면, amino acid는 거의 같고 당은 1/2~1/3 정도이나, polyphenol 물질은 20~50배, 유기산은 3~8배를 함유하여 강한 삽미(澁味)와 산미(酸味)를 나타내고 있다.

기타 연구 : 모과나무 열매에서 β-sitosterol과 oleanolic acid가 분리 · 동정되었고, saponin, flavonoid 및 tannin은 spasmolytic, anticramping 및 diuretic effect가 있음이 보고되었다.

효능과 이용

1) 효능 : 열매 - 곽란(癨亂), 화습화위(化濕和胃), 지해(止咳), 지통(止痛), 근육경련.

2) 식용 : 향기가 좋아 모과차, 모과죽, 모과정과, 모과편, 모과주 등으로 이용되며, 근래에는 모과를 이용한 목캔디가 상품화되었다.

3) 약용 : 한방에서는 토사, 폐렴, 기관지염, 류머티즘, 신경통, 통풍, 관절염, 급체, 더위 먹었을 때, 목이 쉬었을 때, 두통, 피로회복 등에 쓴다. 민간에서는 신진대사를 돕고, 소화효소 분비를 촉진시키며, 근육경련(하지경련) 등 경련증세를 가라앉히는 데 쓴다.

4) 향료 : 독특한 향기가 있어 음식의 부향제나 공기청정제로 이용된다.

참고문헌

1) 김영소, 한성순, **생약학회지**, 1999, 30(2), 151 [천연 Quercetin(flavonoid)의 항 Herpes virus 작용과 Nucleoside계 항 Herpes virus제의 병용 효과]

2) 김영숙, 이성우, 이갑랑, 김광수, 조수열, 이중희, **식품과학회지**, 1971, 3(3), 163 (정미성분)

3) 김호경, 전원경, 고병섭, Natural Product Sciences, 2000, 6(2), 73 (Flavonone

glycoside)
4) 노승배, 장은하, 임광식, **약학회지**, 1995, 39(6), 610 (산성 트리테르펜의 분리 및 동정)
5) 박종철, 이종일, 안상득, **생약학회지**, 1989, 20(1), 10 (모과의 성분에 관한 연구)
6) 배지영, 신명희, 임광식, **부산대 약학연구지**, 1995, 29(2), 57 (모과에서 분리한 저극성 트리텔펜)
7) 안덕균, **한국본초도감**, 1998, 교학사
8) 이대형, 김재호, 김나미, 최종승, **생물공학회지**, 2002, 17(3), 266 (모과주류의 생리기능성)
9) 이종안, 노승현, 안덕균, 최호영, **본초학회지**, 2001, 16(1), 201 (두충과 목과의 혼합전탕액이 흰쥐의 난소적출로 유발한 골다공증에 미치는 영향)
10) 이지연, 이효지, **조리과학회지**, 1994, 10(4), 386 (모과편 재료 배합비에 따른 Texture)
11) 임광식, 노승배, **부산대 약학연구지**, 1994, 28(2), 35 (木瓜에서 분리한 Chaenoside A, B의 구조)
12) 정태영, 김은경, **응용생명화학회지**, 1990, 33, 361 (모과의 항산화 효과)
13) 정태영, 조대선, 송재철, **식품과학회지**, 1988, 20(2), 176 (모과의 휘발성 Flavor 성분)
14) 정태영, 조대선, 송재철, **식품과학회지**, 1988, 20(3), 293 (모과의 비휘발성 Flavor 성분에 관한 연구)
15) 최옥범, 남상명, **정인대논문집**, 2000, 6, 235 (목과 추출물의 항미생물활성)
16) Bishoff, B. et al., Helv. Chim. Acta, 1949, 32, 1911 (struct, Oleanolic Acid)
17) Bohlmann, F. et al., Phytochemistry, 1984, 23, 1669 (Betulabuside A, B)
18) Bolley, P.A., Justus Liebigs Ann. Chem., 1841, 37, 101 (isol, cryst, Quercitrin)
19) Cheng, K.L., Anal. Chem., 1961, 33, 783 (Citric Acid, Use, Food, Pharmaceutical)
20) Ensminger, Ensminger, Konalande, Robson, Food and Nutrition Encyclopedia, 2nd ed., CRC Press, 1994, 900 (Nutritive Value)
21) Hikino, H. et al., Chem. Pharm. Bull., 1970, 18, 752 (iso, Oil, Isofruano-

germacrene)

22) Keys, J.D., Chinese Herbs : Their Chemistry and Pharmacodynamics, Charles E., Tuttle, Vermont, 1976

23) Kouno, I. et al., Phytochemistry, 1985, 24, 1845 (isol, Isozedoarondiol)

24) Kuroyanagi, M. et al., Chem. Pharm. Bull., 1987, 35, 53 (cryst, struct, Isozedoarondiol)

25) Lewis, R.J., Sax' s Dangerous Properties of Industrial Materials, 8th ed., Van Nostrand-Reinhold, 1992, ADD 750 (Ascorbic acid); MAN 000 [Malic acid(R), Food Addictive, *ON 7260000]

26) Nanjiing College of Pharmacy, Yaoxue Xuebao, 1966, 13, 94 (Anthydropic)

27) Pilipenko, A.T. et al., Zavod. Lab., 1966, 32, 3 (Ascorbic Acid, Use)

28) Rigand, L., Justus Liebigs Ann. Chem., 1854, 90, 283, 289 (isol, Antioxidant, Quercetin)

29) Sastry, G.R.N., Indian J. Chem., 1975, 10, 33 (rev. Hydrocyanic Acid)

30) Schreyen, L., Dirink, P., Sandra, P., Scham, N., J. Agric. Food Chem., 1979, 27, 872 (Flavor Analysis of Quince)

31) Shibuya, H. et al., Heterocycles, 1982, 17, 215 (cryst, Isofuranogermacrene)

32) Shimizu, S., Yoshihara, S., Agric. Biol. Chem., 1977, 41, 1525 (The Constituents of the Essential Oil from Japanese Quince Fruit, *Cydonia oblonga* Miller)

33) Thomas, M., Crepeau, M.J., Rumpunen, K., and Thibault, J. -F., Lebensm. Wiss. Techol., 2000, 33, 124 [Dietary Fiber and Cell Wall Polysaccharide in the Fruits of Japanese Quince(*Chaenomeles japonica*)]

34) Wagner, H. et al., Phytochemistry, 1984, 23, 2505 (Oleanolic Acid)

35) Welcher, F.J., Organic Analytic Reagents, Van Nostrand, New York, 1974, 2, 176 (Tartaric Acid, Use, Acidulant Soft Drink, Pharmaceutical Aid)

17 미나리 *Oenanthe javanica* (Blume) DC. *Oenanthe stolonifera* (Roxburgh) DC.

산형과(Umbelliferae)

Dropwort(英),
Seri(日), 芹菜, 水芹, 香芹(中)

산지 : 인도, 중국, 일본, 한국

용도 : 전초(식용)
씨, 잎, 뿌리(약용)

식물학적 특성

물기 있는 곳이나 냇가에 자생하거나 또는 재배되는 다년초. 키는 80cm 내외이고, 줄기에는 능각이 있으며, 가지 마디에서 뿌리가 내려 번식한다. 잎은 호생이고, 잎자루는 길며, 위로 가면서 차츰 짧아지고, 삼각형이다. 산형화서로 10~25송이의 흰 꽃이 붙은 겹산형화서를 이룬다.

우리나라에는 변종 개미나리(*Oenanthe javanica* var. *japonica*) 1종만이 있다.

성분

1) 영양성분

① **미나리 생것**(6138) 가식부 100g 중 열량 16.0kcal, 단백질 1.5g, 지질 0.1g, 당질 3.3g, 조섬유 1.0g, Ca 24.0mg, P 45.0mg, Fe 2.0mg, Zn 0.26mg, vitamin A 250.0RE, B_1 0.06mg, B_2 0.12mg, B_6 0.24mg, niacin 1.5mg, C 10.0mg, 엽산

145.8㎍, E 3.10mg. 〈식이섬유 2.29g〉

② **미나리 데친 것**(6139) 가식부 100g 중 열량 28.0kcal, 단백질 2.3g, 지질 0.3g, 당질 4.0g, 조섬유 1.00g, Ca 57.0mg, P 72.0mg, Fe 1.10mg, Zn 0.26mg, vitamin A 136.0RE, β-carotene 818.0㎍, B_1 0.06mg, B_2 0.16mg, B_6 0.24mg, niacin 0.2mg, C 2.0mg, 엽산 145.8㎍, E 3.10mg.

③ **미나리 삶은 것**(6140) 가식부 100g 중 열량 20.0kcal, 단백질 2.3g, 지질 0.1g, 당질 2.7g, 조섬유 1.10g, Ca 41.0mg, P 43.0mg, Fe 1.40mg, Zn 0.13mg, vitamin A 248.0RE, β-carotene 1700.0㎍, B_1 0.02mg, B_2 0.06mg, B_6 0.24mg, niacin 0.6mg, C 6.0mg, 엽산 145.8㎍, E 3.10mg.

④ **들미나리**(6141) 가식부 100g 중 열량 10.0kcal, 단백질 2.1g, 지질 0.2g, 당질 0.9g, 조섬유 0.80g, Ca 49.0mg, P 45.0mg, Fe 1.80mg, Zn 0.26mg, vitamin A 222.0RE, β-carotene 1329.0㎍, B_1 0.10mg, B_2 0.13mg, B_6 0.24mg, niacin 1.0mg, C 19.0mg, 엽산 145.8㎍, E 3.10mg.

2) 특수성분

가식부에서 *N*-Butyl-2-ethylbutylphthalate(B-00225), Bis(2-ethylbutyl) phthalate(B-00225), Chlorogenic acid(C-00083), Caffeic acid(D-02670), Coumaric acid(H-02875), α-Pinene(P-01320), β-Pinene(P-01321), Myrcene(M-01157), Terpinolene(M-00475), Limonene(L-00581) 등이, 열매에서 Mysticin (M-01924), Palmitic acid(H-00575), Petroselinic acid(O-00155)가, 뿌리에서 Stigmasterol(S-01344), Palmitic acid 및 Amino acid가 분리되었다. 동속식용식물에서는 Falcarinone(H-00260)과 T-Nonene(N-00601) 등이 분리되었다.

액상물질인 1-Nonene(N-00601)과 유상(油狀)물질인 Dillapiol(D-02933)이 분리되었고, 정유물질인 α-Pinene(+, -, P-01320), Diethylphthalate(B-00225), *Phthalic acid(B-00225), *Myrcene(M-01157), Persicarin(T-00872) α-Pinene(P-01320), β-Pinene(P-01321), Falcarinone(H-00260), Terpinolene(M-00475), Limonene(L-00581), Petroscelinic acid(O-00155)이 동정되었으며, 전초에서 Persicarin(T-00872), Benzylalcohol(B-00258), Choline(C-01219) 및 정유가 분

리되었다.

생리활성

항돌연변이 효과① : 미나리 MeOH 추출물의 ethylacetate 분획에서 isorhamnetin, hyperoside 및 persicarin 등 flavonoid 화합물을 분리한 후 *Salmonella typhimurium* TA100 균주에 대한 항돌연변이 활성을 관찰한 결과, isoharmnetin은 0.5mg/plate에서 40%, 1.0mg/plate에서 33%, 1.0mg/plate에서 59%의 돌연변이 저해활성을 보였고, pericarin은 0.5mg/plate에서 40%, 1.0mg/plate에서 47%의 돌연변이 저해활성이 있었다. 또한 돌미나리도 항돌연변이 효과가 인정되었다.

항돌연변이 효과② : Aflatoxin B_1과 4-NQO에 대한 녹황색 채소류의 항돌연변이 효과를 알고자 녹황색 채소류의 MeOH 추출물과 주스의 항돌연변이를 검색한 결과, *S. typhimurium* TA98과 TA100에 대해 들깻잎, 상추, 브로콜리, 쑥갓, 미나리, 들미나리, 홍고추, 고춧잎, 비름, 시금치, 무의 MeOH 추출물이 강한 항돌연변이 원성율과 50% 저해 효과를 보였으나, direct mutagen인 4-NQO에 대해 60% 이상 저해 효과를 보인 시료는 양배추, 케일, 상추, 브로콜리, 갓, 풋고추, 피망, 시금치, 비름, 콩나물, 애호박이었고, 주스의 Aflatoxin B_1에 대한 항돌연변이 효과는 들깻잎, 들미나리, 시금치, 양배추에서 용량 의존적으로 (50~500㎕/plate) 증가하였으나 오이와 당근은 큰 저해 효과가 없었다.

항산화능 및 돌연변이③ : 한국인 상용채소 7종(깻잎, 돌나물, 돌미나리, 시금치, 쑥갓, 참취, 부추)의 항산화능 및 돌연변이를 검색한 결과, 시료의 MDA에 대한 단백질 보호 효과는 깻잎, 돌나물이 효과적이었고, 그 다음으로 부추〉참취〉돌미나리 순이었다. EtOH 추출물의 지질과산화 억제활성은 돌나물(67.1%), 돌미나리(61.5%)가 높았고, DPPH 라디칼 소거능에 있어서는 쑥갓(78.8%), 돌미나리(73.6%)가 저해활성이 있었다. Ames test에 의한 항돌연변이를 보면, 간접작용으로 *S. typhimurium* TA98에서 2-anthramine에 대해 돌미나리(99.8%), 깻잎(52.6%), 부추(79.6%), 쑥갓(82.8%), 시금치(74.5%)가 항돌연변이 효과가 있었고, TA98에서 2-nitrofluorene의 돌연변이 저해율은 깻잎

(82.8%)〉참취(82.3%)〉쑥갓(66.6%) 순이었으며, TA100에서 sodium azide의 돌연변이 저해율은 돌미나리가 91.8%였다.

항염 효과와 진통작용 : 참죽나무 잎, 미나리, 쑥의 MeOH ex가 생쥐에서 항염증 및 진통 작용을 하는지 관찰한 결과, 쑥은 부종 및 혈관투과성 항진 모델에 대해 항염증활성을 보였고, 진통작용은 모두에서 관찰되었다.

해독작용 : 미나리의 해독작용 기전을 알고자 사염화탄소에 의해 간이 손상된 쥐에 미나리 추출물(시료)을 투여한 결과, 미나리 n-BuOH 추출분획은 free radical 생성계 효소인 간 조직 xanthine oxidase의 활성을 조절함으로써 사염화탄소에 의한 간 손상을 보호하는 것으로 나타났다.

항암 효과 : 항암효과 활성물질 phytol과 돌미나리 추출물이 sarcoma 180 쥐에서 자살세포인 natural killer cell의 활성인자로 작용할 가능성이 높아 그 항암성이 추정되었다.

항세균활성 : 항세균활성은 잎이 강하며, *Shigella dysenteriae* ATCC 9361에 대한 MIC는 불미나리(550㎍/disc)〉동곡미나리(700㎍/disc)〉물미나리(850㎍/disc) 순으로, 밭 재배 불미나리가 강하였다. 잎의 phenol성 획분의 *S. dysenteriae* ATCC 9361에 대한 MIC 값은 불미나리(400㎍/disc)〉동곡돌미나리(550㎍/disc)〉전주물미나리(600㎍/disc) 순으로, 화순의 불미나리가 가장 강한 항균활성이 있었다.

중금속 및 기생충 조사 : 전남 도내 5개 지역, 광주 근교 1개 지역에서 재배되는 미나리의 중금속 함량과 기생충 감염 여부를 조사한 결과, 독성 중금속인 수은(Hg)은 흔적 수준이었고, 역시 독성 중금속인 비소(As)는 극히 미량인 0.003~0.01ppm이었으며, 납(Pb)은 모든 검체에서 나타나지 않았고, Cd은 0.013~0.036ppm이었다. 농작물 생장에 있어 필수 원소인 Cu, Mn, Zn의 함량은 각각 0.285~0.627ppm, 1.337~12.884ppm, 2.105~4.221ppm이었다. 미나리에서는 기생충 중 흡충류 간흡충, 수인성 원충류, 람블편모충, 크립토스포리듐, 선충류 회충, 십이장충의 6종에 대한 검사 결과 어느 것도 검출되지 않았다.

중금속 흡수능과 결합단백질의 동정 : 환경문제로 대두되고 있는 중금속 오염의 대처 방안으로 식물을 이용한 경제적인 정화 방법을 모색하고자, 미나리의 중금속 흡수 능력을 검정하였고, Cd 결합단백질을 동정하였다. 미나리의 중금속 흡수 능력을 알기 위해 Cd, Cr, Pb의 농도를 달리한 배양액에서 미나리를 재배한 후 미나리 잔류 중금속을 정량측정하였다. 중금속 처리 기간은 3일과 7일로, 생장저해가 일어나는 농도까지 처리하였다. Cd은 16.68ppm, Cr은 20ppm까지 지속적으로 잔류량이 증가하였고, 그 이상에서는 생장저해가 일어나면서 잔류량의 증가율이 둔화되었다. 잔류량은 뿌리에서 현저히 높았고, 그 다음으로 줄기, 잎 순이었다. Pb는 잔류량이 가장 높은 뿌리에서 Cd과 Cr에 비해 4배가 높았는데, 20ppm 중금속 용액에서 7일간 재배한 미나리 뿌리에는 건조중량 1g에 대해 Cd 6.1mg, Cr 5.2mg, Pb 23.6mg이 잔류하였다. 이 중 Cd는 80%, Cr은 92%, Pb는 96% 이상이 미나리 뿌리에 잔류하고 있었다. 20ppm Cd 함유 배양액에서 7일간 자란 미나리 뿌리 추출물을 분리하여 중금속 결합 단백질을 정제한 결과 5000Da이었다.

Cd 흡수능 : Cd를 처리한 미나리에서 전체 thiol 잔기, glutathion, phytochelatin의 농도 변화를 연구하였다. 1년, 3년, 7년, 14년, 21년생 미나리를 50 μM $CdCl_2$ 수경재배용액에서 3주간 길러 biomass와 chlorophylls를 분석한 결과, Cd 첨가 배양액과 무첨가 배양액에서 자란 미나리의 성장률은 별 차이가 없었으나 chlorophyll 양은 Cd 첨가 배양액에서 자란 미나리에서 50% 감소하였다. Cd 농축은 잎, 줄기, 뿌리에 각각 2.1, 7.3, 113 μmoles Cd/g dry weight였다. thiol 함량은 잎, 줄기, 뿌리에 각각 0.5배, 1배, 7배였다. glutathion 함량은 잎, 줄기, 뿌리에 각각 43%, 70%, 47%였다. 한편 담배를 Cd 첨가와 무첨가로 3주간 생육시킨 후 비교한 결과, biomass와 chlorophyll은 각각 70%, 75% 감소하여, 미나리의 Cd 흡수가 많음을 알 수 있었다.

간 보호 작용① : Bromobenzene 간 독성 유도 흰쥐에서 미나리 persicarin은 epoxide hydrolase 활성을 100% 증가시켜 간독성물질의 해독과정에 영향을 주었다.

간 기능 회복② : 미나리 추출물이 가토의 간 기능에 미치는 효과를 검토하고자, 가토에 CCl_4 유도 간 기능 장해를 일으킨 후 미나리 추출물을 8일간 경구투여하고 관찰하였다. 그 결과 대조군에 비해 유의성 회복을 보였고, 특히 GPT,

총 cholesterol, BSP 수치는 750mg/kg(대량) 투여군이 250mg/kg(소량) 투여군보다 회복이 빨랐다. 그러나 alkaline phosphatase와 bilirubin 수치는 그다지 변화가 없었다. 육안으로나 조직학적 검사에서도 대량 투여군의 간 기능 회복속도가 훨씬 빨랐다.

Alcohol 대사 : 미나리 지상부의 MeOH ex는 alcohol 투여 흰쥐에서 alcohol dehydrogenase(ADH)와 microsomal ethanol oxidizing system의 활성을 대조군보다 증가시켰으며, 또한 alcohol 투여에 의해 억제된 ADH의 활성을 대조군 수준으로 증가시켰다. 이러한 활성성분을 규명하고자 MeOH ex를 $CHCl_3$, EtOAc, n-BuOH 및 H_2O로 계통분획하고 그중 EtOAc 분획을 분리 · 정제하여 flavonoid인 isorhamnetin, hyperoside, persicarin을 분리한 후 흰쥐의 복강 내에 투여한 결과 persicarin이 가장 강한 활성을 보였다. 이로써 alcohol 대사에 관여하는 활성물질은 pericarin임을 알 수 있었다.

합성세제 정화 효과 : 계면활성제 표준액(LAS: linear akylbenzene sulfate)과 주방용세제 3종을 시료로 사용하여 일정 농도의 수경재배용수에 미나리를 재배한 결과, 미나리가 비교적 양호하게 성장한 6일간은 세제의 감소 효과가 현저하였고, 이후 시간이 경과함에 따라 그 효율이 낮아졌다. 이로써 미나리는 세제로 오염된 물을 수일 정도는 빠른 시간에 정화시켰으나, 그러한 능력은 오염의 정도나 미나리의 생육환경에 따라 변할 수 있다고 결론지었다.

향기성분 : 미나리의 향기성분을 상압수증기 증류법으로 추출하여 GC 및 GC/MS로 분석한 결과, 63개 성분이 분리되었고, 그중 탄화수소류 20종(61.9%), alcohol류 9종(8.76%), ester류 1종(1.34%), aldehyde류 1종(2.29%), ketone류 3종(11.52%) 및 miscellaneous 5종(2.35%) 등 39개 성분이 동정되었다. 미나리의 향기성분은 주로 탄화수소류로 그 주성분은 limonene(12.12%), pulegone(9.48%), germacrene D(8.34%) 및 β-pinene(7.68%) 등이다.

단백질 및 아미노산 조성 : 미나리 잎과 줄기의 단백질은 albumin이 많았고, 그 다음으로 globulin〉prolamin〉glutelin 순이었다. 잎의 유리아미노산은 aspartic acid, glutamic acid가 전체 아미노산의 41.62%를 차지하였고, 그 다음으로 alanine, valine, γ-aminobutyric acid(GABA), cysteine, isoleucine, phenylalanine, leucine, lysine, methionine 순이었으며, threonine, arginine, tyrosine, histidine, glycine은 적었다. 줄기의 아미노산은 aspartic acid와 glutamic acid가 전체 아미노산의 61.49%였고, 그 다음으로 arginine, cystine, valine, isoleucine, alanine, methionine, leucine, phenylalanine, serine, threonine, GABA, tyrosine 순이었으며, lysine, histidine, glycine은 적었다. 잎의 제1제한 아미노산은 tryptophan이였고, 줄기의 경우는 lysine이었다.

재배방법과 성분 특성 : 수경재배 동곡 돌미나리(동곡), 물미나리(물미), 그리고 밭에서 재배하는 불미나리(불미)의 줄기, 잎, 뿌리를 분석한 결과, 무기질로는 모두 Mg, Ca, Na, K 등이 있었고, 유리당으로는 glucose, fructose, sucrose가 검출되었으며, 당 함량은 불미〉물미〉동곡 순이었고, 잎〉줄기〉뿌리 순이었다. 수용성 vitamin은 ascorbic acid가 가장 많았고, 그 다음으로 thiamin, biothin 순이었으며, nicotin amide, pyridoxin, folic acid, riboflavin 등은 적었다. nicotin amide는 불미나리 잎에 6.09mg%로 많았으나, 물미나리에는 없었다. 유기산으로는 oxalic acid, citric acid, malic acid가 있었다. 지방산 조성은 부위별로 차이가 많았는데, 포화지방산은 뿌리〉줄기〉잎 순이었다(palmitic acid에 기인함). 아미노산은 잎〉뿌리〉줄기 순이었고, 물미에 glutamic acid가 115.5mg%로 가장 많았다.

Steroid 및 Flavonoid : 미나리에서 분리된 steroid 물질은 β-sitosteryl glucoside와 stigmasteryl glucoside이었고, flavonoid로는 isorhamnetin 및 quercetin-3-*O*-β-D-galactopyranoside인 hyperin이 규명되었다.

기타 연구 : 미나리는 민간에서 고혈압 예방에 이용되는 채소 11종 중 가장 뛰어난 angiotensin Ⅰ converting enzyme 저해 효과 식품으로 보고되고 있고, 육가공식품에 대한 항산화 효과도 비교적 높은 것으로 인정되고 있다.

효능과 이용

1) 효능 : 지상부 - 청열이수(淸熱利水).

2) 식용 : 비타민과 무기질이 풍부한 알칼리 식품이다. 독특한 향기가 식욕을 돋우며, 섬유질이 많아 변비에도 좋다. 숙채나 도라지, 혹은 생

선과 함께 생채로 이용한다. 향긋한 맛 때문에 미나리강회, 미나리회로 먹기도 하고, 쌈이나 김치의 부재료로 쓰거나 생선찌개나 전골에 부재료로 넣기도 한다.

3) 약용 : 한의학에서는 미나리를 급만성 간염, 간경변, 유행성 간염에 탕제로 이용하고, 지혈, 양정, 보혈, 갈증해소, 해열을 위해, 또는 구토, 설사, 월경불순, 하혈에 미나리 삶은 물을 수시로 마시게 한다. 또한 소아의 고열과 황달, 혈뇨에도 생즙을 식전에 마시게 한다. cholesterol을 낮추는 작용이 있어 고혈압에 쓰며, 해열 및 지혈 효과가 있고, 치질, 류머티즘, 신경통, 간경화, 간염에도 특효약이다.

참고문헌

1) 김광혁, 장명웅, 박건영, 이숙희, 류태형, 선우양일, **식품영양과학회지**, 1993, 22, 405 (Phytol과 들미나리 추출물, Sarcoma 180, T Subset)
2) 김성애, 윤수홍, **위생과학회지**, 1999, 5, 25 (사염화탄소, 간독성, 미나리즙액의 보호 효과)
3) 김영옥, 박양자, **식품영양과학회지**, 1995, 24, 1016 (수경미나리의 영양성분)
4) 김종규, **식품위생안정성학회지**, 2002, 17(1), 1 (미나리에 의한 합성세제에 오염된 물의 정화 효과)
5) 김홍태, 장혜숙, 안병만, 김영홍, **임상수의학회**, 2001, 18(2), 111 (농축 미나리 추출물의 투여가 개의 혈액상에 미치는 영향)
6) 문보흠, 이병일, **원예학회지**, 2001, 42(1), 60 (수확 전 양액 조정에 따른 미나리와 상추의 체내 질산태질소와 Ascorbic acid 함량의 변화)
7) 문숙임, 조용계, 류홍수, **식품영양과학회지**, 1990, 19(2), 133 (미나리의 단백질 및 아미노산 조성)
8) 민복기, 최순용, 이세영, **응용생명화학회지**, 1997, 40(3), 243 (카드뮴을 처리한 미나리에서 전체 Thiol 잔기, Glutahion, Phytochelatin의 농도 변화)
9) 박영일, 김희근, 김유영, 김인수, **응용생명화학회지**, 1996, 39(6), 494 (미나리의

중금속 흡수량 측정 및 중금속 결합단백질의 동정)
10) 박은진, **한양대학교 석사학위논문**, 1998(돌미나리로부터 Angiotensin I converting enzyme 저해물질의 분리와 구조분석)
11) 박종숙, 이원종, **식품영양과학회지**, 1994, 23(1), 120 [산채류(고사리, 미나리, 참나물, 고들빼기, 취나물, 더덕, 개두릅, 달래, 참두릅)의 식이섬유 함량과 물리적 특성]
12) 박종철, 유영범, 이종호, **생약학회지**, 1993, 24(3), 244 (미나리의 Steroid 및 Flavonoid)
13) 박종철, 유영법, 이종호, 김남재, **식품영양과학회지**, 1994, 23(1), 116 (한국산 식용식물의 화학성분 및 생리활성－VI : 참죽나무 잎, 미나리, 쑥의 항염증 및 진통작용)
14) 박종철, 유영법, 이종호, **생약학회지**, 1993, 24(3), 319 (재배방법이 다른 미나리의 항세균활성)
15) 박종철, 이종호, 최종원, **식품영양과학회** 1996년도 추계 학술대회, p.86 (알콜대사과정, 활성성분)
16) 박종철, 하정옥, 박건영, **식품영양과학회지**, 1996, 25(4), 588 (미나리에서 분리한 플라보노이드화합물의 Aflatoxin B_1에 대한 항돌연변이 효과)
17) 박종철, 허종문, 박주권, **식품 산업과 영양**, 2002, 7(2), 30 (미나리과 식용식물의 생리활성과 기능성 플라보노이드 물질)
18) 서화중, 이명렬, **식품영양과학회지**, 1985, 14(1), 72 (미나리 추출물이 가토의 간기능에 미치는 영향)
19) 석귀덕, **생약학회지**, 1975, 6, 270 (미나리과 식물의 과실)
20) 송근섭, 권용주, **식품영양과학회지**, 1990, 19(4), 311 (미나리의 향기성분)
21) 신중두, 이명선, **환경농학회지**, 1997, 16, 207 (Bentazon의 생물학적 분해)
22) 양승열, **순천대논문집(자연과학)**, 1986, 5, 123 (미나리의 정유성분)
23) 연미영, 현태선, **영양학회지**, 2005, 38(7), 586 (한국인 상용 식품의 엽산 함량 분석에 의한 식품 영양가 표의 보완)
24) 유태석, 김용환, **수의학회지**, 1981, 21, 1 (병원성세균, 미나리아재비, 항균성)

25) 이상일, 박용수, 조수열, **식품영양과학회지**, 1993, 22(4), 392 (미나리 추출물이 사염화탄소에 의한 마우스 간 손상에 미치는 영향)

26) 이웅호, 권영삼, 이재욱, 이병일, **원예학회지**, 1997, 38, 615 (질소급원, 미나리의 NO3- 함량, 글루타민 합성효소)

27) 이웅호, 이병일, 김기덕, 이재욱, 권영삼, **원예학회지**, 1998, 39, 256 (수경 미나리의 NO3- 함량, 글루타민합성효소의 활성)

28) 이철호, **약이 되는 식품**, 어문각, 1995

29) 이행재, 고무석, 최옥자, **조리과학회지**, 1995, 11(4), 386 (향기성분, 부위별)

30) 이행재, 정현숙, 김용두, **순천대 과학과 교육**, 1996, 4, 175 (미나리의 생육시기에 따른 향기성분 변화)

31) 이형재, **미나리(*Oenanthe javanica* D.C.)의 향미성분에 관한 연구**, 1993, 전남대학교 대학원 박사학위논문

32) 이홍렬, 유맹자, 정희종, **식생활문화학회지**, 2001, 16(3), 235 (재배방법이 다른 미나리의 성분 특성)

33) 이홍렬, 유맹자, 정희종, **식생활문화학회지**, 2001, 16(3), 243 (재배방법이 다른 미나리의 항세균활성)

34) 장종식, **상주대 논문집**, 1998, 8, 441 (미나리가 마우스의 조직 내 카드뮴 축적 및 혈액상에 미치는 영향)

35) 최무영, 최은정, 이은, 박희준, **자원식물학회지**, 2000, 13(1), 54 (미나리즙이 고지방식이를 급여한 흰쥐의 혈청지질구성)

36) 한국 영양학회, **한국인 영양권장량**, 제7차 개정판, 2000 (영양성분)

37) 한규석, 정의호, 함승시, **식품위생안전성학회지**, 1993, 8(4), 225 (2-AF 유발 미생물 돌연변이원성에 미치는 들미나리즙의 돌연변이 억제작용)

38) 함승시, **조리과학회 춘계심포지움**, 1998, 14(3), 289 (산야초류의 생리활성)

39) 허남칠, 김충모, 박숙, 나환식, **식품과학회지**, 2000, 32(4), 970 (미나리의 중금속 및 기생충조사)

40) 황제문, 박윤문, **원예학회지**, 1998, 39, 657 (재배방식, 미나리, 구성성분)

41) Bernhard, H.O. et al., Helv. Chem. Acta, 1978, 61, 2273 (Dillapoil)

42) Bohlmann, F. et al., Chem. Ber., 1961, 94, 958; 1962, 95, 1320; 1965, 98, 3010 (Pale Yellow Oil, Falcarinone, 1,9-Heptadecadiene-4,6-diyn-3-one)

43) Burger, K., Organic Reagent in Metal Analysis, Akadémiai Kiadó, Budapest, 1973 (Diethylphthalate, Phthalic Acid, Use)

44) Cross, B.E. et al., J. Chem. Soc., 1963, 2937 [Isol, Bis(2-ethylbutyl)phthalate]

45) Duke, J.A., Ayensu, E.S., Medicinal Plants of China, Vol. 1 · 2, Reference Publ. Inc. Michigan, 1985

46) Kirk-Othmer Encycl.. Chem. Technol. 3rd ed., Wiley, N.Y. 1978-1984, 17, 732 (rev, *N*-Butyl-2-ethylbutylphthalate)

47) Lewis, R.J., Sax' s Dangerous Properties of Industrial Materials, 8th ed., Van Nostrand-Reinhold. 1992, MRZ 150 (Myrcene, *RG 5365000)

48) Lewis, R.J., Sax' s Dangerous Properties of Industrial Materials, 8th ed., Van Nostrand-Reinhold. 1992, DJX 000, DEH 200 (Phthalic Acid, *TH 9625000; Diethylphthalate, *TI 1050000)

49) Mansour, R.M.A. et al., Phytochemistry, 1981, 20, 1180 (Yellow Needles, Persicarin)

50) Park, J.C., Choi, J.W., Phytother. Res., 1997, 11, 260 (Effect of MeOH Ex of *Oeanathe jaranica* on the Hepatic Alcohol-metabolizing Enzyme System and its Bioactive Component)

51) Park, J.C., Young, H.S., Yu, Y.B., Lee, J.H., Planta Med., 1995, 61, 377 (Isorhamnetin Sulphate from the Leaves and Stems of *Oeanathe javanica* in Korea)

52) Richards, G.F., J. Org. Chem., 1974, 39, 86 (β-Pinene)

53) Swern, D. et al., J. Am. Oil Chem. Soc., 1955, 32, 539 (struct, Petroselinic Acid)

54) Tschinkel, W.R., J. Insect. Physiol., 1975, 21, 659, 753 (I -Nonene)

55) Verghese, J., Perfum. Essent. Oil Rec., 1968, 59, 439 (rev, Limonene)

56) Wainhouse, D. et al., J. Chem. Ecol., 1992, 18, 1693 (α-Pinene)

57) Wrolstad, R.E. et al., J. Agric. Food Chem., 1964, 12, 507 (Myrcene)

58) Zhu, Y.-C., Plantae Medicáles China Roreali-Orientalis, Heilongjiang Science Technology Publ. House, 1989

18 밀 *Triticum aestivum* Linné

화본과(Gramineae)

Wheat(英),
Ko-mugi(日), 小麥 (中)

원산지 : 남서아시아
(Tigris-Euphrates basin),
남동아시아

용도 : 열매(식용)

식물학적 특성

오래전에 전해진 재배작물로 키는 60~120㎝이고, 줄기는 곧으며 총생한다. 잎몸과 엽초 사이에 얇고 흰 막이 있어 줄기를 싸고 있다. 이삭화서는 길이가 5~12㎝이고, 작은 이삭은 넓으며, 대개 털이 없고, 긴 까락이 있기도 하다. 호영은 용골이 있고, 외영은 9mm로 9맥이다. 인피는 2개로 윗부분에는 섬모가 있다.

성분

1) 영양성분

① 통밀(Whole grain, 1017) 가식부 100g 중 열량 338.0kcal, 단백질 12.0g, 지질 2.9g, 당질 69.0g, 조섬유 2.5g, Ca 71.0mg, P 390.0mg, Fe 3.2mg, Zn 2.93mg, vitamin B_1 0.34mg, B_2 0.11mg, niacin 5.0mg. 〈식이섬유 10.4g〉

② **밀쌀**(Milled grain, 1018) 가식부 100g 중 열량 360.0kcal, 단백질 9.1g, 지질 1.3g, 당질 75.4g, 조섬유 0.9g, Ca 47.0mg, P 189.0mg, Fe 3.6mg, Zn 2.66mg, vitamin B_1 0.21mg, B_2 0.08mg, niacin 40.0mg.

③ **밀 배아**(1019) 가식부 100g 중 열량 247.0kcal, 단백질 27.9g, 지질 9.7g, 당질 47.0g, 조섬유 2.10g, Ca 65.0mg, P 1200.0mg, Fe 6.60mg, Zn 2.93mg, vitamin B_1 2.10mg, B_2 0.60mg, B_6 0.40mg, niacin 7.0mg, 엽산 49.0㎍, E 1.40mg. 〈식이섬유 11.12g〉

④ **강력분**(1020) 가식부 100g 중 열량 329.0kcal, 단백질 12.3g, 지질 1.6g, 당질 71.0g, 조섬유 0.20g, Ca 15.0mg, P 99.0mg, Fe 1.10mg, Zn 0.85mg, vitamin B_1 0.10mg, B_2 0.03mg, B_6 0.04mg, niacin 1.0mg, 엽산 29.0㎍, E 0.40mg.

⑤ **중력분**(1020) 가식부 100g 중 열량 330.0kcal, 단백질 10.0g, 지질 1.4g, 당질 74.7g, 조섬유 0.20g, Ca 19.0mg, P 84.0mg, Fe 0.80mg, Zn 0.69mg, vitamin B_1 0.23mg, B_2 0.04mg, B_6 0.04mg, niacin 1.1mg, 엽산 25.7㎍, E 0.40mg. 〈식이섬유 3.67g〉

⑥ **박력분**(1021) 가식부 100g 중 열량 330.0kcal, 단백질 7.9g, 지질 1.4g, 당질 76.6g, 조섬유 0.20g, Ca 24.0mg, P 78.0mg, Fe 0.70mg, Zn 0.62mg, vitamin B_1 0.12mg, B_2 0.03mg, B_6 0.03mg, Niacin 0.7mg, 엽산 19.0㎍, E 0.40mg. 〈식이섬유 2.12g〉

⑦ **우동**(17033) 가식부 100g 중 열량 207.0kcal, 단백질 6.0g, 지질 0.7g, 당질 43.9g, Ca 23.1mg, Fe 0.28mg, Zn 0.39mg, vitamin B_1 0.2mg, B_2 0.07mg, B_6 0.55mg, niacin 1.0mg, C 0.2mg, 엽산 14.9㎍, E 0.45mg. 〈식이섬유 1.45g〉

⑧ **라면**(**너구리**, 17060) 가식부 100g 중 열량 428.0kcal, 단백질 8.6g, 지질 14.9g, 당질 60.7g, 조섬유 4.20g, Ca 36.0mg, P 91.0mg, Fe 0.40mg, Zn 0.55mg, vitamin A 49.0RE, β-carotene 413.0㎍, B_1 0.55mg, B_2 0.38mg, B_6 0.10mg, niacin 0.9mg, 엽산 17.6㎍, E 0.40mg.

⑨ **만두**(17088) 가식부 100g 중 열량 214.0kcal, 단백질 9.6g, 지질 10.4g, 당질 20.6g, 조섬유 0.30g, Ca 31.0mg, P 83.0mg, Fe 1.30mg, Zn 0.79mg, vitamin A 36.0RE, β-carotene 120.0㎍, B_1 0.21mg, B_2 0.09mg, B_6 1.47mg, niacin 0.9mg,

C 1.0mg, 엽산 4.0㎍, E 0.76mg.

2) 특수성분

Allantoin(A-01026), Lecithin, β-Sitosterol(S-01368), Biotin(B-00404), Guanine(G-00866), Uracil(U-00107), Uridine(U-00122), Guanosine(G-00867), Corymboside(C-01890), 4-Coumaroyl-2-hydroxyputrescine(S-01503), Feruloyl-2-hydroxyputrescine(S-01503), 2'-Deoxymugineic acid(M-01730), Gibberellin A_{54}(G-00329) · A_{60}(G-00343) · A_{61}(G-00343) · A_{62} · A_{79} · A_{90} · A_{93} · A_{94}(G-00343), Isoswertisin;4'-*O*-β-D-Glucopyranoside(I-00821), 2,12-Tetradecadiene-4,6,8,10-tetrayne(T-00300), 1,11-Tridecadiene-3,5,7,9-tetrayne;(E,T-01795), α-Triticene(M-01023), β-Triticene(P-00344), Wyomin(I-00581), Allantoin(A-01026), Apigenin(T-02175), Benzaldehyde(B-00221), Caffeic acid(D-02670), Choline(C-01219), Citrinin(C-01396), Coixol(M-00648), Diazepam, Ferulic acid(H-02285), Gramine(D-03025), Isoschaftoside(I-00788), N-Demethyldiazepam, Quercetin(P-00565), Schaftoside(S-00279), Swertisin(S-01584), Syringic acid(T-01965), Tricin(T-02065), Trigonelline(T-01917), α-Amyrin(U-00159), β-Amyrin(O-00383), β-Ionone(M-00395), α-Tochopherol (T-01508), β-Tochopherol(T-01509), γ-Tocopherol(T-01511), β-Sitosterol(S-01368) 등이 분리되었고, 효소로는 Diastase, Maltase, Protease, Gylcolate oxidase 등이 분리 · 규명되었다.

또 *Triticum* 속 식물에서 Campesterol(E-01477), N-Dimethyladenosine(D-03010), N^2,M^2-Dimethylguanosine(G-00867), Isoorientin 6''-diglucoside(I-00581), N-Methylguanosine(G-00867), Isoorientin 6''-rhamnoside(I-00581), Phytohemagglutinin, Subaphylline(S-01503), Tricin;5-*O*-Glucopyranoside(T-02065), Cycloart-5-ene-3β,25-diol(C-02237), Cycloartane-3β,25-diol(C-02238), Ochratoxin A(A-00055), Otan-1-ol(O-00217), 1-Octacosanol(O-00091), Stigmastan-3,6-dione(S-01345), Stigmast-4-ene-3,6-dione(S-013257), Triticum avestivum α-amylase inhibitor, Triticum avestivum H_2O_2 stress metabolite,

Triticum avestivum Polypeptide sp-1, Tritucusterol, Vicenin 1(V-00247), Wyomin(I-00581), 4α-Methylfucosterol(M-01349), Gibberellin A_{62}, 1,3-Diferuloylglycerol, 14-Methylcholestan-3one(M-00889), 1β, 2β, 3β-Trihydroxygibberellin A_9(G-00324), *2(3)-Benzoxazolinone(B-00251), 22, 23-Dehydroxyergostane-3,6-dione(E-01431), 4α-Methylfecosterol(E-01428), 4-Coumaroyl-2-hydroxyputrescine(C-01945), α-Amyrin(U-00159), Cycloart-5-ene-3β, 25-diol(C-02237), Cycloartane-3β, 25-diol(C-02236), γ-Glutamylcysteinylserine(G-00517), Nona-2,6-dien-1-ol(N-00566), Nona-2-en-1-ol, Sinapoyl-8-C-β-D-galactopyranosyl-6-C-α-L-Arabinopyranosyl apigenin(T-02175), Stigma-4-ene-3,6-dione, Stigmastane-3,6-dione(α, 5H)(S-01342), Triticum aestivum α-Amylase inhibitor, Triticum aestivum polypeptide sp-1, 2, Tricusterol, Uridine(U-00122), Uracil(U-00107), *Guanosine(G-00867), Guanine(G-00866), Adenine(A-00430), Adenosine(A-00433) 등도 분리되었다.

생리활성

밀 배아 Osctacosanol의 생리활성 : 밀 배아에 있는 octacosanol은 1949~72년 미국 Illinois 대학 T.K. Cureton 교수가 그 생리활성을 보고한 이래 물질대사 부활제, 체력증진물질로 알려져 왔다. octacosanol의 생리활성은 항stress, 심근 및 골격근의 기능 향상, 수축기 혈압의 저하, 임신중독의 감소, 조산 · 유산 · 사산의 감소 등으로 밝혀지고 있고, 그에 따른 기능성 식품이 개발되고 있다. 이 물질은 미강(쌀겨)에도 들어 있다.

항균활성 : 밀단백질 가수분해물 7종에 대해 항균활성을 측정한 결과, *Aspergilus saito* protease로 가수분해시킨 peptide만이 항균활성이 있었다. 이는 분자량이 1000~3000이었는데, 항균활성물질의 분자량은 1623이었고, amino acid 서열은 cysteine, glycine, proline, valine, alanine, arginine의 순이었다.

면역세포 활성화(밀 배아)① : 밀 배아 arabinoxylan(A1: low MW, A2: MW, A3: high MW)의 면역세포 활성화 작용을 쥐의 비장 림프구와 복강 대식세포에서 *in vitro* 관찰한 결과, 비장 림프구의 생존능은 50㎍/ml과 100㎍/ml에서 A1과

A3이 유의적으로 증가시켰고, 복강 대식세포의 생존은 10~100㎍/ml에서 A1과 A3이 유의적으로 증가시켰다. 5㎍/ml에서 A3이 암세포 독성을 유의적으로 증가시켰고, phagocytic index 측정 결과 arabinoxylan 20㎍/ml에서 대조군보다 유의적 증가를 보여, 밀 arabinoxylan이 대식세포 식작용을 증가시켰다. 또 arabinoxylan은 대식세포의 lysosomal phosphatase와 myleoperoxidase의 활성을 증가시켰고, NO 생성을 감소시켰다. 대식세포에서 분비되는 H_2O_2 측정 결과 arabinoxylan은 H_2O_2 생성을 유의적으로 증가시켰고, NBT환원법으로 대식세포의 O_2^- 생성을 측정한 결과 arabinoxylan은 NBT 환원을 역시 유의적으로 증가시켰다. 이상의 결과에서 밀 arabinoxylan의 면역세포 활성화 효과는 대식세포에서 분비되는 lysosomal enzyme 및 반응성 산소종(ROI)의 생성과 밀접한 관련이 있는 것으로 생각된다.

면역증강능(우리 밀)② : 면역증강능을 규명하기 위해 우리밀 6종과 수입밀 2종의 PBS(phosphate buffered saline) 및 EtOH: Acetic acid(100:1, EA) 추출물을 만들어 J774 macrophage를 대상으로 식작용 활성증강 효과를 검증하였다. 각 용매 추출물에 있어 대식세포의 식작용 활성증강 효과를 비교한 결과, PBS보다 EA 추출물의 식작용활성이 컸고, 고분밀〉알찬밀〉그루밀〉탑동밀≒수원267≒은파밀〉대조군〉ASW〉DNS 순이었다. 실험조건의 최적화를 위해 EA 추출물의 농도와 배양시간에 따른 식작용활성을 측정한 결과, 고분밀 대식세포의 식작용활성은 EA 추출물의 최종 농도 0.05mg에서 가장 강하였고, 안전한 조건에서 대식세포의 식작용활성을 측정하기 위한 최적의 배양시간은 2시간으로 나타났다.

밀 배아 산화안정성 : 밀 배아 지방질의 산화안정성과 카로티노이드 및 토코페롤의 변화를 조사한 결과, 밀 배아를 30℃로 저장할 경우 초기에 triglyceride가 66%, 유리지방산이 7%였던 것이 30일 후에는 각각 49%, 24%로 변하였고, 초기의 유리지방산 조성이 lauric acid 29%, palmitic acid 21%, linoleic acid 20%이던 것이 30일 후에는 linoleic acid가 30%로 증가하였다. 또 밀 배아 중 carotenoid로는 α-, β-carotene, lutein, taraxanthin 등이 있었는데, 20일 후에는 저장 초기보다 전반적으로 감소하였다. 특히 β-carotene이 360ng에서 36ng으로 감소하여 22.5ng/day이었고, α-, β-, γ-tocopherol 중 α-tocopherol의 최대 산화속도는 1.26ng/day이었다.

알레르기 원인 : 국내 주요 알레르기 원인식품을 알고자, 1998년 5월부터 2001년 8월까지 삼성의료원에 알레르기 증상으로 내원한 환자의 혈청, 특히 IgE 항체를 대상식품에 대해 CAP 시스템으로 조사하였다. 그 결과 총 9,054건의 CAP 검사에서 난백, 난황, 우유, α-lactalbumin, β-latoglobulin, 카제인, 밀, 쌀, 메밀, 대두, 복숭아, 게, 새우, 돼지고기, 닭고기, 참치, 연어, 고등어 및 혼합식품에 대해 1,707명이 양성이었다. 이들을 중심으로 다시 조사한 결과 CAP 수치+2(0.7U/ml)에서 11.3%(1,022/9,054건)가 양성이었는데, 난백이 336건, 우유 266건, 난황 95건, 대두 76건, α-lactalbumin 69건, 카제인 61건, β-lactoglobulin 58건, 메밀 39건, 밀 12건, 쇠고기 3건 등으로 나타나, 계란, 우유, 대두, 메밀, 밀이 우리나라 5대 알레르기 원인식품으로 확인되었다.

항원성 저감화 : 우리밀(금강밀)의 저알레르겐화를 시도하고자 시료에서 gluten fraction을 추출한 후 동물에 경구투여하고 항체생성을 유도하였다. 이 분획으로부터 10KDa에서 50KDa 사이, 즉 25KDa, 45KDa를 얻었고, gluten 경구투여에 대한 항체로는 antigluten IgG, IgE를 확인하였다. 경구투여 시간이 경과함에 따라 항체는 상승하였다. 추출된 gluten 분획을 bromelain, papain, ficin, bovine pancreas 각 효소의 최적 pH와 온도에서 가수분해하여 gluten 알레르겐 저감화를 시도하였는데, 금강밀 gluten fraction 10ml로 4시간 동안 처리하여 단백질을 분해함으로써 항원성 저하 가능성을 탐색하였다.

두류단백질 첨가와 성장발육 : 이유한 Albino rat 암수를 12주간 20% sugar-casein diet(SCD), corn protein(CP), wheat crude protein(WP), 대두박(SP), yeast(Y) 등으로 사육한 결과, 사료섭취량은 Y군과 SP군이 가장 높았고 WP군과 CP군은 낮았다. 증체량은 Y군과 SP군이 많았고, WP군과 CP군이 적었다. hematolog(♀)와 단백질 효율도 군 간 유의적 차이가 없었다. 장기 무게는 SP군이 가장 낮았고, 특히 Y군은 비장의 무게가 적었으며, CP군의 경우 간과 근육의 질소 함량이 낮았고(♂) 뇌의 질소함량이 높았다(♂).

Lysine 보족 효과 : Wistar계 흰쥐(♂)를 대상으로 소맥분에 참깨와 Lysine

(Lys)을 보충사료로 더하여 3주간 사육하였을 경우 간지질 축적과 plasma, liver의 free amino acid를 관찰하였다. 그 결과 성장은 소맥 단독군(H)보다 Lys 첨가군(Lys-H)이 양호하였고, 10% 참깨 및 0.25%, 0.5% Lys 첨가로 사육하였을 때 성장은 소맥 단독일 때보다 개선되었으나 간지질 축적이 생겼다. 한편 소맥분에 대두유나 shortening을 첨가했을 때보다 참깨를 첨가했을 때 지질 축적이 억제되었다. plasma 중 free amino acid의 함량을 보면 Lys 첨가군에서 Phe, Tyr, Leu, Ileu, Val, Lys, Met 등이 대조군보다 증가하였다. 간 중 free amino acid는 A군과 B군보다 Lys를 첨가한 C군과 D군에서 Phe, Tyr, Asp, His, Lys 등이 증가하였고, 그 밖의 free amino acid는 모두 감소하였다.

아미노산, 구성당 및 무기질: 국내산 밀의 품종별 아미노산, 구성당 및 무기질 조성을 알고자 그루, 수원257, 은파, 조광, 탑동과 더불어 수입밀 ASW, DNS에 대해 70% 제분수율로 제분한 밀가루와 통밀의 단백질, 아미노산 구성당 및 무기질을 조사하였다. 그 결과 국산 통밀 중 은파와 탑동의 단백질은 약 15%, 제분한 밀가루의 경우 약 14%였고, 점탄성에 영향을 주는 glutamic acid와 proline이 많았으며, 제한 아미노산은 ASW보다 높았고 DNS보다는 낮았다. 특히 수원257과 탑동의 제한 아미노산이 높았다. 제분 후 아미노산 함량을 보면 glutamic acid와 proline은 증가하였으나, lysine과 threonine 등의 제한아미노산은 감소하였다. 구성당에 있어서는 통밀이 밀가루보다 arabinose와 xylose 함량이 많았고, glucose는 적었다. 국내산 밀은 외국산보다 arabinose와 xylose가 많았으며, 국산 밀가루와 통밀은 ASW와 DNS와 비교하여 무기질 중 P, K, Ca이 더 많았고 Al과 silica는 비슷하거나 소량 증가하였다.

우유 중 필수 Amino acid와의 비교: 통밀, 밀가루, 밀 배아와 우유의 필수 amino acid를 비교한 결과, histidine은 통밀이 19mg/g protein, 밀가루가 20mg/g protein, 밀 배아가 27mg/g protein(우유의 경우 27mg/g protein)이었고, isoleucine은 각각 32mg, 46mg, 36mg(47mg)이었으며, leucine은 각각 58mg, 77mg, 64mg(95mg), lysine은 각각 25mg, 22mg, 63mg(78mg), methionine+cystine은 각각 33mg, 33mg, 37mg(33mg), phenylalanine+tyrosine은 각각 68mg, 89mg, 68mg(102mg), threonine은 각각 26mg, 29mg, 40mg

(44mg), tryptophan은 각각 11mg, 12mg, 12mg(14mg), valine은 각각 38mg, 43mg, 48mg(64mg)이었다. 이로써 밀은 양질의 단백질 급원으로 평가되고 있다.

제빵 과정 중 Phytic acid의 변화 : 밀알 전체를 제분한 전립분은 비타민과 무기질 등의 영양소가 밀가루보다 많으나, 다른 한편으로는 phytic acid가 많은 것이 단점이었다. 회분 함량은 밀가루가 0.413%, 전립분이 1.569%로, 전립분이 밀가루보다 무기성분이 많았으며, 섬유소도 같은 경향을 띠었다. amino acid로는 밀가루와 전립분에서 모두 glutamic acid가 32~36g/100g protein으로 많았고, lysine, glycine, arginine, aspartic acid는 전분립에, proline, glutamic acid, phenylalanine은 밀가루에 많았다. phytic acid는 밀가루(0.312%)보다 전립분(0.734%)에 많았고, 제빵 중 phytic acid는 yeast 첨가량의 5%에서 3%가 크게 감소하였다. 전립분 첨가량의 증가에 따라 빵의 부피가 감소하였고, 색택이 검어졌으며, 전립분 20%를 첨가한 빵과 고운 전립분 30%를 첨가한 빵의 선호도가 높았다.

전립분 첨가 반죽의 물리적 특성 : 전립분의 입도를 달리하여 거친 전립분(RP), 고운 전립분(MP)을 각각 첨가한 후 첨가량에 따른 반죽의 물리적 특성을 조사하였다. 그 결과 farinograph의 경우 흡수량은 전립분 첨가량의 증가에 따라 RP에서는 감소한 반면 MP에서는 증가하였고, 반죽 도달 시간 및 반죽 형성 시간은 RP가 MP보다 길었으며, 약화도는 전립분 첨가량의 증가에 따라 커졌다. extenograph의 경우는 전분립 첨가량의 증가에 따라 신장도 및 신장저항도가 감소하였으며, RP의 신장저하도가 MP보다 전반적으로 높았다. amylograph는 전분립 증가에 따라 최고 점도가 감소하였고, 백도는 전분립 첨가에 따라 감소하였는데, 동량 첨가구에서는 RP가 MP보다 백도가가 높아 약간 밝은 색을 띠었다.

녹차 첨가 반죽의 물성 : 혼합분과 강력분의 farinograph 수분흡수율, 반죽 형성 시간, 연화도는 녹차가루 첨가량이 증가할수록(0~5%) 증가하였고, 안정도는 혼합분에서 점차 증가하였으며 강력분에서는 점차 감소하여 서로 다른 경향을 보였다. 혼합분과 강력분 모두 녹차 첨가량이 증가할수록 반죽의 신장도는 감소하고 신장저항도는 증가하여 반죽이 경직되었다. amylograph의 경우 혼합분과 강력분 시료 현탁액 모두에서 녹차가루를 첨가하자 호화 개시 온도가 상승하였고, 최고 호화 점도는 감소하였다. DSC에 의한 밀 전분의 호화 특성에서 환원성 물질인 녹차의 카테킨성분은 밀 전분 결정질 구조의 용융을 촉진하였다.

Lysine 함량과 환경변이 : 소맥869의 단백질 및 lysine 함량을 분석하고 고단백, 고 lysine 품종의 환경에 대한 반응성을 stability parameter에 의하여 검토하였다. 그 결과 단백질과 lysine 함량은 r=0.902***의 정의 상관성이 있었고, bezostaya와 lancota는 단백질의 환경반응이 비교적 적은 반면, 회귀계수가 1.0 이상인 Cl13449와 Centurk는 환경반응이 컸다. 이러한 경향은 lysine의 환경반응에서도 동일하게 나타났다. 즉, 공시된 4개 품종 단백질 함량의 유전력은 h^2=0.809였는데, lysine 역시 h^2=0.649로 높은 유전력을 보였다.

Albumin과 Globulin의 분리 : 밀 배아의 일반성분은, Osborne변법으로 분석한 결과, 조단백이 22.8%이었고, 분리단백질의 분포는 albumin 20.22%, globulin 17.49%, gliadin 42.58%, glutelin 19.71%였다.

미맥 혼식과 단백질 대사 : 소맥, 대맥을 8분 도정한 후 나맥을 각각 백미에 30%씩 혼합한 식이로 흰쥐를 8주간 사육하고, 간과 혈청 내 총 질소, creatinine, amino acid 함량을 측정하였다. 그 결과 간과 혈청 중 총 질소 함량은 백미 식이군보다 소맥, 대맥 혼식군이 높았고, 간의 amino acid 질소 함량은 백미군보다 소맥, 대맥 식이군이 높았다. 혈청 내 urea 질소 함량은 백미군보다 도정 소맥과 나맥 혼식군이 높았고, 그중 도정 대맥 혼식군이 현저히 높았다. 요(尿) 중 creatinine 및 urea 질소 함량은 8주 급식 시 미도정 맥류 혼식군이 도정 맥류 혼합식이군보다 높았다. 즉, 맥류의 도정 여하에 따라 단백질 대사에 차이가 있었다.

솔잎 향미유 첨가와 건면의 품질 : 솔잎 향미유 처리에 의한 건면의 품질 개선 효과를 알고자 솔잎 향미유(PNSO : pine needle seasoning oil) 2~3% 첨가 국수에 대해 관능검사를 실시했다. 그 결과 솔잎 고유의 녹색이 아름다웠고, rheology 및 texture가 크게 개선되어 매끈하고 쫄깃했는데, PNSO 2% 첨가의 경우 조리 후 20~30분이 경과하여도 조리면의 쫄깃쫄깃한 특성이 유지되었다.

기타 연구 : 일반 생리활성은 sedative, antipyretic(in night sweat), insomnia이다. 최근 연구에 의하면 고콜레스테롤혈증에 있어 우리밀의 LDL 산화 및 동맥경화 예방 효과 등이 보고되었다.

지방산은 palmitic acid, linolenic acid, oleic acid, stearic acid 등이 분리되었다.

효능과 이용

1) 효능 : 열매 - 지통(止痛), 허한(虛汗), 객열(客熱), 지갈(止渴), 지한(止汗).

2) 식용 : 세계적으로 가장 많이 소비되는 전분 식품으로 빵, 국수 등 주식으로 쓰인다.

2) 약용 : 한의에서는 몸이 허한 것을 보하고, 양기를 돋우며, 오장을 보한다. 통증을 멈추는 효과가 있고 섬유가 많아 변비 치료 및 결장암 예방 작용을 한다.

참고문헌

1) 강광파, **농업기술회보**, 2002, 39(9), 15 (우리밀과 국민건강)

2) 김복란, 최용순, 이상영, **식품영양과학회지**, 2000, 29(3), 369 (밀과 밀가루 혼합분의 물성 특성)

3) 김영호, **식품영양과학회지**, 1996, 25(5), 779 (전립분 첨가 빵의 품질과 제빵과정 중 Phytic acid 변화)

4) 김영호, **식품영양과학회지**, 1996, 25(5), 817 (전립분 첨가 반죽의 물리적 특성)

5) 김완수, **조리과학회지**, 1993, 9(1), 14 (열처리가 라면 제조과정 및 물성)

6) 김재욱, 방찬식, 최준봉, 임춘선, **응용생명화학회지**, 1989, 32(4), 357 (밀가루 고오지에 의한 두유박이용 밀된장 제조)

7) 김재욱, 장학길, **응용생명화학회지**, 1986, 29(2), 116 (소맥의 단백질 및 Lysine 함량에 미치는 환경변이)

8) 김종태, 조성자, 황재관, 김철진, **식품영양과학회지**, 1997, 26, 229 (국내산 밀의

품종별에 따른 아미노산, 구성당 및 무기질 조성)

9) 김준평, 오문헌, 안용근, 남포능지, **중앙대 식량자원연구소 논문집**, 1991, 3(1), 49 (밀단백질 중의 β-Amylase의 성상에 관한 연구)

10) 김지연, **농촌진흥청농촌생활과학**, 1996, 68, 26 (쌀과 밀의 장기급여가 늙은 흰쥐의 지질대사에 미치는 영향)

11) 김창식, 장학길, 하덕모, 윤주억, 신효선, **식품과학회지**, 1984, 16, 233 (한국산 밀의 Mixograph 특성과 제빵적성과의 관계)

12) 김혜경, 최홍식, **식품과학회지**, 1995, 27(4), 478 (밀 배아 지방질의 산화 안정성과 카로티노이드 및 토코페롤의 변화)

13) 문정원, 서명자, **식품과학회지**, 1995, 27(3), 290 (감자 Lipoxygenase가 밀가루반죽의 지질분포, 지방산조성, 카로테노이드 및 색도 변화)

14) 박세열, **영양학회지**, 1973, 6(3), 179 (미맥 혼식이 백서의 단백질 대사에 미치는 영향)

15) 박주현, 안정엽, 홍희옥, 한명숙, **식품과학회지**, 2004, 36(1), 152 (효소분해에 의한 밀가루의 항원성 저감화)

16) 서정효, 박철우, 진창덕, **강원대기초과학연구소**, 2000, 11, 81 (분리된 밀 잎에서 Paraquat에 의해 유도된 항산화 효소활성도의 변화)

17) 서홍길, 식품과학회지, 1973, 5(1), 1 (Vital Wheat Gluten의 제조)

18) 손대열, 윤광로, 이상일, **식품과학회지**, 2002, 34(5), 885 (국내 주요 알레르기 원인식품)

19) 손무호, **조리과학회지**, 2001, 7(2), 181 (솔잎 향미유 처리에 의한 건면의 품질 개선 효과)

20) 송정춘, 이상양, 박남규, **식량작물연구논문집**, 1998, 40(2), 178 (국산밀과 수입밀의 이화학적 특성에 관한 연구)

21) 신인영, 김창순, **식품영양과학회지**, 1999, 28(6), 1251 (당알콜이 밀전분의 호화 및 노화에 미치는 영향)

22) 오경남, 김경은, 양재승, **식품위생안전성학회지**, 2001, 16(2), 139 (감마선 조사된 밀과 보리의 검지를 위한 발아특성 비교)

23) 오유경, 김창순, **식품영양과학회지**, 2002, 31(5), 749 (녹차가루 첨가에 따른 밀가루 반죽의 물성 및 호화특성 변화)

24) 유인수, 오남환, **식품과학회지**, 1980, 2, 205 (아미노산 조성으로 본 국산 소맥의 제빵 특성)

25) 윤종국, 채순님, 허남용, 김현수, 유대식, **식품영양과학회지**, 1999, 28(1), 212 (누룩 또는 밀기울 첨가식이와 혈중 Cholesterol 및 간 조직 유해산소 대사효소활성 변동)

26) 이기영, **알레르기학회지**, 1993, 13(1), 65 (쌀 항원의 면역학적 특성과 보리, 밀가루 및 메밀 항원과의 교차반응에 면역학적 연구)

27) 이기영, 최수임, 한억, **식품산업과 영양**, 1997, 2, 70 (밀 글루텐의 효소적 가수분해 시 약산 전처리와 초음파 처리)

28) 이명희, **식품영양과학회지**, 1981, 10(1), 77 (소맥분에 참깨와 Lysine을 보족한 흰쥐의 간지질 축적과 Plasma 및 간장 중의 유리아미노산에 대하여)

29) 이상덕, 주정현, 이규희, 이기택, 오만진. **식품영양과학회지**, 2003, 32(5), 745 (밀 단백 효소 가수분해물의 항균활성)

30) 이선영, 김창순, **식품영양과학회지**, 2001, 30(1), 56 (마 첨가가 우리밀과 수입밀을 이용한 식빵 품질 특성에 미치는 효과)

31) 이용숙, **식품과학회지**, 2002, 34(5), 846 (연질밀의 이화학적 특성과 Sugar-snap Cookie의 제조적성)

32) 이종미, **영양학회지**, 1977, 10(1), 10 (곡류 및 두류 단백질이 흰쥐의 성장 발육에 미치는 영향)

33) 이철호, 이현덕, 권오훈, 장학길, **응용생명화학회지**, 1984, 27(1), 21 (호주산 밀의 제분 특성과 밀가루의 물리화학적 성질)

34) 이현기, **부산대가정대학연구보고**, 1990, 16, 23 (밀 Gluten에 Lysine을 보족하였을 때의 흰쥐의 간장 및 Plasma 중의 유리 Lysine과 Threonine에 대한 연구)

36) 이형태, 김지연, **농촌진흥청농촌생활과학**, 1993, 56, 1 (쌀 · 밀에 단백질과 지방의 종류를 달리한 식이조합—성숙한 쥐의 체내 지질함량에 미치는 영향)

35) 이형태, 김지연, **농촌진흥청농촌생활과학**, 1993, 55, 1 (쌀 · 밀에 단백질과 지방

의 종류를 달리한 식이조합-어린 쥐의 성장에 미치는 영향)
37) 정환경, 박승조, 김명수, 남기대, **유화학회지**, 2002, 19(2), 79 (천연 밀 단백질/계면활성제 복합체의 세정에 있어 피부보호)
38) 최면, 김선률, 김종대, 이상영, 김현숙, **식품영양과학회지**, 2000, 29(2), 312 (우리밀 Ethanol-Acetic Acid 추출물에 함유된 대식세포의 식작용 활성증강물질)
39) 최면, 김현숙, **식품영양과학회지**, 2001, 30(1), 104 (고콜레스테롤혈증, 우리밀의 LDL 산화 및 동맥경화 예방 효과)
40) 최면, 박재봉, 김현숙, **식품영양과학회지**, 2000, 29(2), 307 (우리밀의 면역증강능 규명)
41) 최은미, 임태수, 이혜림, 황재관, **식품과학회지**, 2002, 34(3), 510 (밀 Arabinoxylan의 면역세포 활성화 작용)
42) 최홍식, 유정희, 권태완, **식품과학회지**, 1976, 8, 236 (보리-밀 및 보리-콩 복합분의 제면성 및 제품특성)
43) 함승시, 이상영, 최면, 황보현주, **식품영양과학회지**, 1998, 27(6), 1177 (산채 및 해조분말을 첨가한 우리밀 밀가루 열수 추출물의 항돌연변이성 및 암세포 성장억제 효과)
44) 호정기, 김동우, 신두호, 조광연, **식품영양과학회지**, 1986, 15(2), 128 (밀 배아 단백질 중 Albumin과 Globulin의 분리에 관한 연구)
45) Abouamer, K.M. et al., J. Chem. Sco., Perkin Trans. 1, 1975, 996 (deriv, 1β, 2β, 3β-Trihydroxygibberellin A_9)
46) Ackermann, D. et al., Hoppe Seyler' s Z. Physiol. Chem., 1961, 326, 197 (Trigonelline, occur)
47) Adler, G. et al., Phytochemistry, 1975, 14, 627 (isol, 14-Methylcholestan-3-one)
48) Aiello, A. et al., J. Nat. Prod.(Lloydia), 1991, 54, 281 (Stigmast-4-ene-3,6-dione)
49) Ara, I. et al., Z. Naturforsch., B, 1989, 44, 1279 (isol, Ochratoxin A)
50) Bandaru, S.R., J. Nutr., 1979, 109, 1028 (Effect of Dietary Wheat Bran, Alfalfa, Pectin and Carragreenan of Plasma Cholesterol and Fecal Bile Acid and Neutral Sterol Excretion in Rats)

51) Basic Princ. Nucleic Acid Chem., (Ts' O, P.O.P., Ed.), Academic Press, Vol.1, 1974 (Guanosine, rev, N^2,N^2-Dimethylguanosine)

52) Bennett, R.E., Baking Science (Lecture, Whole Wheat Products), American Institute of Baking, 1990, p.21

53) Bentley, R., Trends Biochem. Sci., 1985, 10, 51 (rev, Bacterial Growth Factor, Biotin)

54) Berti, G. et al., Tetrahedron Lett., 1967, 125 (isol, Bran Oil, Cycloartane-3β, 25-diol)

55) Bowden, B.F. et al., Aust. J. Chem., 1975, 2891 (Caffeic Acid, derivs)

56) Brady, P.G., Vanniner, A.M., Banwell, J.G., Gastroerology, 1978, 75, 236 (Identification of the Dietary Lectin, Wheat Germ Hemagglutinin in Human Intestinal Contents)

57) Brillouet, J.M., Joseleau, J.P., Utille, J.P., Lelierte, D., J. Agric. Food Chem., 1982, 30, 488 (Isolation, Purification and Characterization of a Complex Hetero-xylan from Industrial Wheat Bran)

58) Bryce, T.A. et al., Phytochemistry, 1967, 6, 727 (isol, α-Amyrin)

59) Burton, G.W. et al., J. Am. Chem. Soc., 1981, 103, 6472 (β-Tocopherol, Anti-oxidant)

60) Camire, A.L., Clydesdale, F.M., J. Food Sci., 1982, 47, 1296 (Interaction of Soluble Iron with Wheat Bran)

61) Camire, A.L., Clydesdale, F.M., J. Food Sci., 1981, 46, 548 (Effect of pH and Heat Treatment on the Binding of Ca, Mg, Zn and Fe to Wheat Bran and Fractions of Dietary Fiber)

62) Chakraborty, K., Khan, K., Ceral Chem., 1988, 65, 340 (Biochemical and Breadmaking Properties of Wheat Protein Component－II : Reconstitution Baking Studies of Protein Fraction from Various Isolation Procedure)

63) Chawla, A.S. et al., Planta Med., 1978, 34, 109 (isol, Cycloartane-3β, 25-diol)

64) Chen, H., Rubenthaler, G.L., Schanus, E.G., J. Food Sci., 1988, 53, 304 (Effects

of Apple Fiber and Cellulose on the Physical Properties of Wheat Flour)

65) Chen, W.L., Anderson, J.W., J. Nutr., 1976, 109, 1028 (Effects of Guar Gum and Wheat Bran on Lipid Metabolism of Rats)

66) Chopin, M.J. et al., Phytochemistry, 1974, 13, 2583 (Schaftoside)

67) Chulia, A.J. et al., J. Nat. Prod. (Lloydia), 1985, 48, 450 (Isoorientin 6''-diglucoside, Isoorientin 6''-rhamnoside)

68) Cole, E.W., Cereal Chem., 1969, 46, 382 (Some Physicochemical Properties of Wheat Flour Hemicellulose in Solution)

69) Das, B. et al., Phytochemistry, 1992, 31, 4371 (isol, Fibrinolytic, Stigmastane-3,6-diol, Stigmastane-3,6-dione)

70) Eastwood, M.A., Kirkpatrick, J.R., Mitchell, W.D., Ann Bone, Hamilton, T., Br. Med. J., 1973, 4, 392 (Effect of Dietary Supplement of Wheat Bran and Cellulose on Feces and Bowel Function)

71) Ensminger, Ensminger, Konalande, Robson, Food and Nutrition Encyclopedia, 2nd ed., CRC Press, 1994, 2301, 2315 (Nutritive Value)

72) Fedeli, E. et al., J. Am. Oil Chem. Soc., 1966, 43, 254 (Campesterol, occur)

73) Figueroa, J.D., Khan, K., Cereal Chem., 1991, 68, 284 (The Relationship of Bromate Requirement and Sugar in Breadmaking and Implications for Loaf Volume Potential of Hard Red Spring Wheat Flours)

74) Fox, J.J. et al., Adv. Carbohydr. Chem., 1959, 14, 283 (rev, Uridine)

75) Frazier, P.J., Leigh-Dugmore, F.A., Daniels, N.W.R., Eggitt, P.W.R., Coppaock, J.B.M., J. Sci. Food Agric., 1973, 24, 421 (The Effect of Lipoxygenase Action on the Mechanical Development of Wheat Flour Doughs)

76) Gallegos, E.J., Anal. Chem., 1971, 43, 1151 (isol, Ergostane, 22, 23-Dehydroxy-ergostane-3,6-dione)

77) Gaskin, P. et al., Agric. Biol. Chem., 1980, 44, 1589 (Gibberellin A16, A54)

78) Ghoneum, M., Int. J. Immunotheraphy, 1998, 14, 89 [Enhancement of Human Killer Cell Activity by Modified Arabinoxylan from Rice Bran(MGN-3)]

79) Gosselin, G. et al., J. Med. Chem., 1986, 29, 203 (derivs, Adenine, Guanine)

80) Greenbaum, F.R., Am. J. Pharm., 1940, 112, 205 (Allantoin, rev)

81) Harborne, J.B. et al., Phytochemistry, 1964, 3, 421 (Leaf, Tricin; 5-O-β-D-glucopyranoside)

82) Hariel, J., Soap, Perfum. Cosmet., 1969, 42, 571 (Use; Cucumber Odour, Nona-2,6-dien-1-ol)

83) Herrmann, K., Naturwissenschaften, 1958, 45, 111 (Ferulic Acid, occur)

84) Hirai, Y. et al., Chem. Pharm. Bull., 1986, 34, 82 (Glucotricin, Tricin, deriv)

85) Hoseney, R.C., Hsu, K.H., Junge, R.C., Cereal Chem., 1979, 56, 141 (A Simple Spread Teat to Measure the Rheological Properties of Fermenting Dough)

86) Huebner, F.R., Cereal Chem., 1989, 66, 333 (Assessment of Potential Bread Making Quality of Hard Spring Wheats by Reversed Phase HPLC of Gliadins)

87) Idourain, A., Khan, M.J., Weber, C.W., J. Agric. Food Chem., 1966, 44, 2067 (*In vitro* Binding Capacity of Wheat Bran, Rice Bran and Oat Bran for Ca, Mg, Cu and Zn Alone and in Different Combinations)

88) Joshi, K.C. et al., Planta Med., 1975, 28, 190 (isol, 1-Octacosanol)

89) Julian, E.A. et al., Phytochemistry, 1971, 10, 3185 (Isoswertisin; 4'-*O*-glucoside, Wyomin, 7-rutinoside, Wyomin)

90) Kato, T. et al., J. Org. Chem., 1980, 45, 4006 (*N*-Dimethyladenosine, *N*-Dimethylguanosine)

91) Keagy, P.M., Borenstein, B., Ranum, P., Connor, M.A., Lorenz, K., Hobbs, W.E., Hill, G., Bachman, A.L., Boyd, W.A., Kulp, K., Cereal Chem., 1980, 57, 59 (Natural Levels of Nutrients in Commercially Milled Wheat Flour—II : Vitamin Analysis)

92) Kim, K.Y. et al., Phytochemistry, 1971, 10, 2803 (β-Amyrin, derivs)

93) Kirkwood, P.S. et al, J. Chem. Soc., Perkin Trans. 1, 1982, 689 (Gibberellin A_{60}, A_{61}, A_{62})

94) Komatsu, M. et al., Tetrahedron Lett., 1966, 1611 (Swertisin)

95) Kozhin, S.A. et al., CA, 1976, 84, 155497 (isol, Otan-1-ol)

96) Kubo, I. et al., Experientia, 1983, 39, 355 (Coixol, Insect Attack Inhibitor)

97) Lafont, H., Lairon, D., Vigne, J.L., Chanussot, F., Chabert, C., Portugal, H., Pauli, A.M., Crotte, C., Hauton, J.C., J. Nutr., 1985, 115, 849 (Effect of Wheat Bran, Pectin and Cellulose on the Secretion of Bile in Rats.)

98) Lawson, L.D. et al., J. Nat. Prod. (Lloydia), 1991, 54, 436 (derivs, γ-Glutamyl-cysteinylserine)

99) Lewis, R.J., Sax' s Dangerous Properties of Industrial Materials, 8th ed., Van Nostrand-Reinhold, 1992, CMS 775 (*DJ 2275000, Citrinin)

100) Lewis, R.J., Sax' s Dangerous Properties of Industrial Materials, 8th ed., Van Nostrand-Reinhold, 1992, BAY 500 (*CU 435000, Benzaldehyde)

101) Lewis, R.J., Sax' s Dangerous Properties of Industrial Materials, 8th ed., Van Nostrand-Reinhold. 1992, CMF 000 (Choline, *FZ 9625000)

102) Lewis, R.J., Sax' s Dangerous Properties of Industrial Materials, 8th ed., Van Nostrand-Reinhold, 1992, DYC 000 (Gramine, Alkaloid, *NL 7525000)

103) Li, X. et al., Tetrahedron Lett., 1983, 24, 665 (isol, 4α-Methylfucosterol)

104) Lolas, G.M., Polamidis, N., Markakis, P., Cereal Chem., 1976, 53, 867 (The Phytic Acid : Total Phosphorous Relationship in Barley, Oats, Soybean and Wheat)

105) Lorenz, K., Loewe, R., Weadon, D., Wolf, W., Cereal Chem., 1980, 57, 65 (Natural Levels of Nutrients in Commercially Milled Wheat Flour—III : Mineral Analysis)

106) Lou-Cam, C.A., Phytochemistry, 1973, 12, 475 (isol, α-Amyrin)

107) Lukow, O., Payne, P.I., Tkachuk, R., J. Sci. Food Agric., 1989, 46, 451 (The HMW Glutenin Subunit Composition of Canadian Wheat Cultivars and their Association with Bread Making Quality)

108) Luttlefield, J.W. et al., Biochem. J., 1958, 70, 642 (isol, N-Dimethyladenosine)

109) Martin-Tangug, J. et al., Phytochemistry, 1978, 17, 1927 (occur, Alkaloid, 4-

Coumaroyl-2-hydroxyputresine)
110) Mathis, S. et al., Phytochemistry, 1964, 3, 379 (isol, 1-Octacosanol)
111) McMurry, T.A., Morrison, W.R., J. Sci. Food Agric., 1970, 21, 520 (Composition of Wheat Flour Lipids)
112) Medcalf, D.G., Gilles, K.A., Cereal Chem., 1965, 42, 558 (Wheat, Starch 1. Comparison of Physicochemical Properties)
113) Moberg, A., Hallmans, G., Sjstrm, R., Wing, K.R., Br. J. Nutr., 1987, 58, 383 (The Effect of Wheat Bran on the Absorption and Accumulation of Cadmium in Rats)
114) Moller, M.E., Dahl, R., Bockman, O.D.A., Fd. Chem. Toxicol., 1988, 26, 841 (Possible Role of the Dietary Fiber Product, Wheat Bran, as a Nitric Scanvenger)
115) Morrison, W.R., Mann, D.L., Soon, W., Conventry, A.M., J. Sci. Food Agric., 1965, 26, 507 (Selective Extraction and Quantitative Analysis of Non-starch and Starch Lipids from Wheat Flower)
116) Murakami, T. et al., Yakugaku Zasshi, 1985, 105, 655 (isol, Uracil)
117) Naves, Y.R., Perfume, Essent. Oil Rec., 1964, 55, 658, 667 (β-Ionone, occur)
118) Nyman, M., Borck, I., Hakansasson, B., Asp, N.G., J. Cereal Sci., 1987, 5, 67 (Popping of Whole-grain Wheat : Effects on Dietary Fiber Degradation on the Rat Intestinal Tract)
119) O' Connor, C.M., McGeeney, K.F., Biochem. Biophys., 1981, 658, 387 (Isolation and Characterization of Four Inhibitors from Wheat Flour Which Display Differential Inhibition Specificities for Human Salivary and Human Pancreatic α-Amylase)
120) Oda, T., Aoe, S., Sanda, H., Ayano, Y., J. Jpn. Soc. Nutr. Food Sci., 1992, 45, 560 (Effects of Oat, Barley and Wheat on Liver and Plasma Cholesterol Concentrations in Cholesterol-fed Rats)
121) Ohfune, Y. et al., J. Am. Chem. Soc., 1981, 103, 2409 (Mugineic Acid, 2'-Deoxymugineic Acid, deriv)

122) Ranhotra, G.S., Cereal Chemists, 1973, 50, 354 (Factors, Effecting Hydrolysis during Bread Making of Phytic Acid in Wheat Protein Concentrates)

123) Ranhotra, G.S., J. Food Sci., 1972, 37, 12 (Hydrolysis during Breadmaking of Phytic Acid in Protein Concentrates)

124) Rasool, N. et al., J. Nat. Prod.(Lloydia), 1991, 54, 889 (isol, cryst, Cycloart-5-ene-3β, 25-diol)

125) Reddy, A.M. et al., J. Heterocycl. Chem., 1990, 27, 1297 (ms, Adenosine)

126) Reddy, I., J. Cereal Sci., 2000, 31, 25 (Modified Waxy Wheat Starch Compared to Modified Waxy Corn Starch)

127) Reinhold, J.G., Faradji, B., Aradi, P., Isarail-Beigi, F., J. Nutr., 1976, 106, 493 (Decreased Absorption of Calcium, Magnesium, Zinc and Phosphorous by Humans Due to Increased Fiber and Phosphorus Consumption as Wheat Bread)

128) Reinhold, J.G., Salvador, G.J., Garzon, P., Am. J. Clin. Nutr., 1981, 34, 1384 (Binding of Iron by Fiber of Wheat and Maize)

129) Reneud, G. et al., Tetrahedron, 1986, 42, 4057 (Props, *N*-Methylguanosine)

130) Ring, S.G., Selvedran, R.R., Phytochemistry, 1980, 19, 1723 [Isolation and Analysis of Cell Wall Material from Beeswing Bran(*Triticum aestivum*)]

131) Safe, S. et al., Phytochemistry, 1975, 14, 1821 (isol, 4α-Methylfecosterol)

132) Schulte, H.E. et al., Phytochemistry, 1965, 4, 481 (isol, 2,12-Tetradecadiene-4,6,8,10-tetrayne, 1,11-Tridecadiene-3,5,7,9-tetrayne)

133) Seikei, M.J., J. Am. Chem. Soc., 1955, 77, 5685 (Apigenin, deriv)

134) Seikel, M.K. et al., Phytochemistry, 1966, 5, 439 (Vicenin 1)

135) Shima, K. et al., Phytochemistry, 1971, 10, 894 (Syringic Acid, isol. deriv)

136) Sjolander, A., Magmusson, K.E., Latkovic, S., Int. Arch. Allergy Appl. Immunol., 1984, 75, 230 (The Effect of concanavalin A and Wheat Germ Agglutinin on the Ultrastructure and Permeability of Rat Intestine)

137) Skarsaune, S., Youngs, V.L., Gulles, K.A., Cereal Chem., 1970, 47, 533 (Changes

in Wheat Lipid during Seed Maturation : Changes in Lipid Composition)

138) Smith, A.N., Elizabeth, Drummond H.N.C., Eastwood, M.A., Am. J. Clin. Nutr., 1981, 34, 2460 (The Effect of Coarse and Fine Canadian Red Spring Wheat and French Wheat Bran on Colonic Motility in Patients with Diverticular Disease)

139) Spendley, P.J. et al., Phytochemistry, 1982, 21, 2403 (α-Triticene, β-Triticene, Antifungal, oil)

140) Stoessl, A. et al., Tetrahedron Lett., 1969, 2807 (Subaphylline, 4-Coumaroyl-2-hydroxyputrescine, Feruloyl-2-hydroxyputrescine, Alkaloid)

141) Story, J.A., White, A., West, L.G., J. Food Sci., 1982, 47, 1276 (Absorption of Bile Acids by Component of Alfalfa and Wheat Bran *in vitro*)

142) Tabekhia, M.M., Donnelly, B.T., Cereal Chem., 1982, 59, 105 (Phytic Acid in Durum Wheat and its Milled Products)

143) Tanabe, S., Arai, S., Watanabe, M., Biosci. Biotech. Biochem., 1996, 60(8), 1269 (Modification of Wheat Flour with Bromelain and Baking Hypoallergenic Bread with Add Ingredients)

144) Thompson, M.L. Can. J. Chem., 1973, 51, 3313 [ä(3)-Benzoxazolinone]

145) Tinker, L.F., Schneeman, B.O., J. Nutr., 1989, 119, 403 (The Effects of Guar Gum or Wheat Bran on the Disappearance of 14C-labeled Starch from the Rat Gastrointestinal Tract)

146) Tomella, M.L., Yepiz, M.S., J. Food Sci., 1986, 51, 45 (Effect of Lysine and Methionine on Dough and Bread Characteristics)

147) Tsukida, K. et al., J. Vitaminol., 1972, 18, 24 (γ-Tochopherol)

148) Voirin, B., Phytochemistry, 1983, 22, 2107 (Quercetin, derivs)

149) Wagner, H. et al., J. Nat. Prod. (Lloydia), 1980, 43, 583 (Corymboside, derivs)

150) Wallace, J.M., Wheeler, E.L., J. Agric. Food Chem., 1975, 23(2), 146 (Lipoxigenase from Wheat : An Examination of its Reaction Characteristics)

151) Watanabe, M., Suzuki, T., Ikezawa, Z., Arai, S., Biosci. Biotech. Biochem., 1993, 58(2), 388 (Controlled Enzymatic Treatment of Wheat Proteins for

Production of Hypoallergenic Flour)

152) Wheaton, T.A. et al., Nature(London), 1965, 206, 620 (isol, Cryst, Alkaloid, Subaphylline)

153) Wheller, E.L., Ferrel, R.E., Cereal Chem., 1971, 48, 312 (A Method for Phytic Acid Determination in Wheat and Wheat Fraction)

154) Wollenweber, E. Phytochemistry, 1974, 13, 2318; 1975, 15, 438, 2013; 1977, 16, 295 (occur, Sinapoyl-8-C-β-D-galactopyranosyl-6-C-α-L-Arabinopyranosyl Apigenin)

155) Zemel, M.B., Shelf, L.A., J. Food Sci., 1982, 47, 535 (Phytic Acid Hydrolysis and Soluble Zinc and Iron in Whole Wheat Bread as Affected by Calcium Containing Addictives)

19 밤 *Castanea crenata* Sieb. et Zucc.

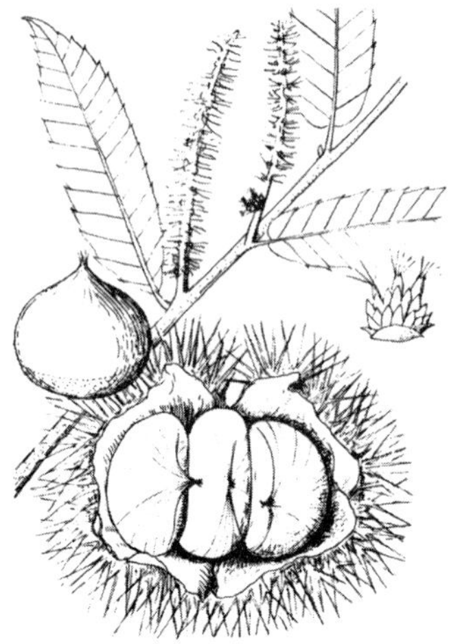

너도밤나무과(Fagaceae)

Chestnut(英), Chosen-guri, Kuri(日),
栗果, 栗子(中)

원산지 : 한국, 일본

용도 : 열매(식용 · 약용),
열매, 잎, 꽃(약용)

식물학적 특성

산기슭, 하천가, 밭둑에서 자라는 키 15m의 낙엽교목. 잎은 호생이고, 곁가지에 2줄로 배열되어 있으며, 타원형이거나 긴 타원형으로 끝에 날카로운 톱니가 있다. 꽃은 암수 한그루이고, 수꽃이삭은 유이화서이며 선형으로 햇가지 밑의 엽액에 곧게 선다. 열매는 견과로, 1~3개씩 밤송이 속에 들어 있고, 다갈색이며, 밤송이에는 가시가 많다.

동속식물로는 약밤나무(*C. mollissima*)가 있고, 열매는 식용하거나 약용하며, 꽃은 약용한다.

성분

1) 영양성분

① 생밤(5024) 가식부 100g 중 열량 162.0kcal, 단백질 3.2g, 지질 0.6g, 당질

5.8g, 조섬유 1.30g, Ca 28.0mg, P 68.0mg, Fe 1.6mg, Zn 0.6mg, vitamin A 8.0RE, B_1 0.25mg, B_2 0.08mg, B_6 0.29mg, ascorbic acid 12.0mg, niacin 1.0mg, 엽산 48.4㎍. 〈식이섬유 1.1g〉

② **밤가루(5025)** 가식부 100g 중 열량 377.0kcal, 단백질 6.7g, 지질 4.1g, 당질 76.1g, 조섬유 2.50g, Ca 52.0mg, P 162.0mg, Fe 3.30mg, Zn 0.35mg, vitamin A 14.0RE, B_1 0.32mg, B_2 0.38mg, B_6 0.63mg, niacin 1.2mg, C 66.0mg, 엽산 105.0㎍. 〈식이섬유 2.0g〉

③ **황률(5026)** 가식부 100g 중 열량 377.0kcal, 단백질 6.7g, 지질 4.1g, 당질 76.1g, 조섬유 2.50g, Ca 52.0mg, P 162.0mg, Fe 3.30mg, Zn 0.35mg, vitamin A 17.4RE, β-carotene 97.7㎍, B_1 0.32mg, B_2 0.38mg, B_6 0.63mg, niacin 1.2mg, C 26.0mg, 엽산 105.0㎍. 〈식이섬유 2.5g〉

④ **밤 구운 것(5027)** 가식부 100g 중 열량 161.0kcal, 단백질 3.2g, 지질 0.4g, 당질 36.0g, 조섬유 1.20g, Ca 16.0mg, P 75.0mg, Fe 1.60mg, Zn 0.87mg, vitamin A 8.0RE, β-carotene 46.0㎍, B_1 0.22mg, B_2 0.07mg, B_6 0.76mg, niacin 1.1mg, C 10.0mg, 엽산 106.4㎍.

⑤ **밤 삶은 것(5028)** 가식부 100g 중 열량 157.0kcal, 단백질 3.2g, 지질 0.3g, 당질 34.2g, 조섬유 1.00g, Ca 22.0mg, P 65.0mg, Fe 0.60mg, Zn 0.35mg, vitamin A 8.0RE, β-carotene 50.0㎍, B_1 0.24mg, B_2 0.12mg, B_6 0.29mg, niacin 0.8mg, C 17.0mg, 엽산 48.4㎍.

⑥ **밤 통조림(5030)** 가식부 100g 중 열량 233.0kcal, 단백질 2.4g, 지질 0.5g, 당질 54.5g, 조섬유 0.20g, Ca 8.0mg, P 16.0mg, Fe 0.80mg, Zn 0.35mg, vitamin B_1 0.04mg, B_2 0.03mg, B_6 1.26mg, niacin 8.0mg, C 8.0mg, 엽산 211.0㎍.

⑦ **밤꿀(3007)** 가식부 100g 중 열량 297.0kcal, 단백질 0.3g, 당질 80.3g, Ca 2.0mg, P 4.0mg, Fe 0.80mg, Zn 0.34mg, vitamin B_1 0.01mg, B_2 0.01mg, B_6 0.02mg, niacin 0.2mg, C 3.0mg, 엽산 1.9㎍.

2) 특수성분

열매에서 Acutissimin A(A-00423) · B(A-00424), Chesnatin(C-00885),

Chestanin(C-00886), 1,2'-Di-*O*-galloylhamamelofuranose(H-02459), 3-*O*-Galloylhamamelitanin(H-02459), Kurigalin(H-02459), Neocretanin(T-01950)등이 분리되었다.

동속식물에서는 1,2',3,5-Tetra-*O*-galloyl-D-hamamelofuranos(H-02459), 1,2',5-Tri-*O*-galloyl-D-hamamelofuranose(H-02459), 1,2'-Di-*O*-galloyl-D-hamamelofuranose, 2',3,5-Tri-*O*-Galloyl-D-hamamelose(H-02459), 2',5-Di-*O*-galloyl-D-hamamelose, 5-*O*-Galloyl-D -hamamelose(H-02459), 6-Deoxocastasterone(E-01438), Acutissimin A(A-00423), Acutissimin B(A-00424), Aesculetin(D-01543), Brassinolide, Brassinone, Caffeic acid(D-02670), Castasterone(T-00710), Chestanin(C-00886), Ferulic acid(H-02285), Gallic acid(T-01965), Gentisic acid(D-01537), Gentisinic acid(D-01537), Glutamic acid(G-00504), Hamamelitannin(H-02459), Jasmonic acid(J-00057), Kaempferol(T-00770), Kurigalin(H-02459), Methyl gallate(T-01965), Protocatechuic acid(D-01539), Quercetin(P-00565), Syringic acid(T-01965), Vanillic acid(D-01539), γ-Aminobutyric acid(A-01234), *p*-Hydroxybenzoic acid (H-01256) 등이 분리 · 규명되었다.

약밤나무(*C. mollissima*)에서는 Castamollissin(T-01959), Chesnatin(C-00885), Chestanin(C-00886), Isochesnatin(I-00339) 등도 분리되었다.

생리활성

항산화 및 항미생물 효과(잎)① : 밤나무 잎의 불발효증제차와 반발효차의 물 추출물을 동결건조하여 DPPH radical 소거활성으로 항산화 효과를 검토한 결과, 모든 시료는 동일 농도에서 대조구인 BHT보다 강한 활성을 나타냈고, SC_{50}은 증제차 53.3㎍/ml, 반발효차 49.9㎍/ml, BHT 101.0㎍/ml이었다. 또 paper disc법으로 각각의 차 0.2g, 0.5g에 상당하는 동결건조물의 MeOH ex 8mg과 20mg으로 다양한 미생물에 대해 항미생물활성을 측정한 결과, gram 양성 세균 중 *Staphylococcus aureus*와 *S. epidermidis*, gram 음성균 중 *E. coli*, *Salmonella typhimurium*, *Pseudomonas aeruginosa*에 대해서는 대조구로 사용한 0.65mg의 benzoic acid보다 강한 활성을 보였고, *Micrococcus luteus*와 *Leuconostoc mesenteroides, Bacillus substilis*에 대해서도 활성이 나타남으로써, 증제차와 반발효차 모두에서 비교적 광범위한 항균 spectra와 활성이 확인되었다.

항산화 및 항균활성(열매)② : 국내산 nut 4종에 해당하는 10개 sample의 MeOH ex와 분획물에 대한 항산화 및 항균 효과를 실험한 결과, DPPH radical 소거능 조사에서는 chestnut hull, acorn barnyard millet이 강한 항산화활성을 보였고, 이 두 검체의 내피와 외피의 MeOH 추출물은 일부 균에 대해서 모두 증식억제 효과를 보였으며, 열매보다는 내피와 외피 MeOH 추출물에서 증식억제 효과가 있었으나, 전반적인 항균활성은 미약하였다.

항균활성 검색(꽃, 잎)③ : 꽃과 잎을 80% MeOH 추출 · 분획하였을 때, 수율은 꽃에서 EtOAc 1.94%, MeOH 4.75%, H_2O 7.81%, 잎에서 EtOAc 2.24%, MeOH 5.03%, H_2O 8.47%였는데, 꽃과 잎의 MeOH 추출물은 gram(+)균과 (-)균에 강한 항균활성을 보였으며, EtOAc와 H_2O 분획은 항균활성이 약하였다. 최소 저해농도는 60㎍/disc 이상이었고, *Bacillus subtilis*에 대한 생육저해 효과는 control보다 낮았다. 각 추출물은 모두 배양 18시간까지는 현저히 낮은 생육저해를 보이다가 그 후 높아졌다. 꽃 추출물의 경우는 각 추출물에서 거의 비슷한 생육저해를 보였다. 꽃과 잎의 MeOH 분획을 *B. subtilis*에 대해 각각 500ppm에서 주사전자현미경(SEM)으로 관찰한 결과, 대조군이 전형적인 Bacilli의 형태를 보인 반면 MeOH 추출물로 처리하자 세포 형태가 손상되었다.

항알레르기 효과(잎) : 밤나무잎차의 항알레르기 효과를 규명하고자 밤나무잎차를 불발효차(증제차)와 반발효차(유념차)로 제조한 후 각각의 추출물이 RBL-2H3 세포에서 hexosaminidase의 방출을 억제하는 정도를 enzyme assay로 측정하였다. 그 결과 물 추출물 300kg/ml에서 증제차는 50.4%의 저해 효과가 있었고 유념차는 35.4%의 저해 효과를 나타내어 항알레르기 효과를 확인하였다.

항산화활성(삽피)① : 밤 삽피의 phenol성 물질을 보면, 유리 phenolic acid (FPA), phenolic ester(EPA), binding phenolic acid(BPA) 획분의 수율이 각각

0.794%, 1.236%, 1.937%였고, phenol성 물질 중 EPA가 65.19%로 가장 많았다. GC로 분석한 결과, FPA 획분에서 gallic acid(4.63%), ellagic acid(3.49%), salicylic acid(3.19%), gentisic acid(1.5%)가, EPA 획분에서는 gallic acid (13.4%), ellagic acid(11.6%), procatechuic acid(0.9%)가 확인되었고, BPA 획분에서는 sinapic acid(1.33%)가 있었다. 이들 획분의 항산화성을 DPPH 라디칼 소거능, hydroxyl radical 소거능, 지질과산화물 생성 억제능의 측면에서 조사한 결과, FPA〉EPA〉BPA 획분 순으로 항산화활성이 우수한 것으로 나타났다.

항산화작용(율피)② : 율피, 솔잎, 호프의 아세톤 추출물이 갖는 항산화작용을 보기 위해, 70% acetone 추출물을 대두유에 대해 실험한 결과 솔잎〉율피〉호프〉토코페롤〉무첨가구 순이었고, 돈지에 대해 실험했을 때에는 토코페롤〉율피〉솔잎〉호프〉무첨가구 순으로 항산화활성이 있었다. peroxide value로 항산화력을 비교한 결과에서도 율피, 솔잎, 호프 시료가 모두 우수한 항산화력을 보였고, 특히 율피가 가장 우수하였다. polyphenol 분석 결과, 율피 추출물에서는 ellagic acid가, 솔잎 추출물에서는 flavanol이 항산화력이 큰 것으로 보였다.

항산화활성(꽃)③ : 밤꽃 MeOH 추출물은 DPPH free radical 소거능에 있어서 기존 항산화제에 비해 활성은 낮았으나, 지속성이 있었으며, 50% 이상의 지질과산화 억제 효과도 있어, 천연 항산화제로의 개발 가능성이 충분하다고 추정되었다.

항산화활성(귀피)④ : 밤 귀피의 MeOH 추출물 및 용매분획에 대해 benzoic acid 수산화법으로 hydroxyl radical 소거능을 검색하고 ferric thiocyanate법으로 과산화물 생성 억제능을 실험한 결과, 대부분의 분획이 항산화능을 보였고, 특히 EtOAc 분획이 BHA나 α-tocopherol과 거의 유사할 정도의 강한 hydroxy radical 소거능 및 지질과산화물 생성 억제능을 보였다. EtOAc 분획에서 항산화물질인 gallic acid를 동정하였고, 주요 phenolic acid로는 ellagic acid (172.22mg%)와 gallic acid(107.39mg%)가 확인되었다.

항혈전능 및 항산화능(열매)⑤ : 밤과 도토리에서 polyphenol과 flavonoid는 과육보다 내피에 많았고, 밤과 도토리 첨가 식이 실험군이 대조군보다 혈장 및 간의 총 지방, 중성지방, 총 cholesterol 양이 유의적으로 낮았으며, 혈장 HDL-cholesterol 및 총 콜레스테롤에 대한 HDL-cholesterol 비율은 군 간에 유의성 차이는 없었으나 실험군에서 높았다. 또한 밤 · 도토리의 과육보다 내피 포함 식이군에서 총 cholesterol이 낮았고, 시료 함량이 클수록 혈장과 간의 중성지방이 저하되었다. 밤 · 도토리 식이섭취는 적혈구와 간 모두에서 SOD 활성을 유의적으로 증가시켰고, catalase와 GSH-Px 활성을 대조군에 비해 증가시켰으며(유의성 없음), 혈장과 간의 지질과산화 수준을 감소시켰다. 특히 과육 포함 식이보다 내피포함 식이에서 지질과산화물이 적었고, 함량 의존적 감소가 있었다. 밤과 도토리 식이 실험군에서 출혈시간 및 전혈응고시간이 대조군에 비해 연장되었다(유의성은 없음). 이상의 결과에서 밤과 도토리는 체내 지질 수준 저하, 지질과산화물 생성 억제 및 항산화 작용에 뛰어난 효과를 보였고, 항혈전 효과 또한 그 가능성이 보이므로, 고혈압성 질환, 뇌혈관 질환, 동맥경화증, 심근경색증 같은 혈액 · 순환기계 질환의 예방과 치료에 효과적으로 사용될 수 있으리라 기대된다.

Quercetin의 생리활성(항HSV활성) : Quercetin(flavonoid)의 HSV-1과 HSV-2를 대상으로 vero 세포 내에서 증식 억제 실험을 실시한 결과, HSV-1에 대한 EC_{50}은 18.7㎍/ml, SI는 4.8㎍/ml, HSV-2에 대한 EC_{50}은 24.5㎍/ml, SI는 3.7㎍/ml을 나타냈고, 용량 의존적으로 plaque 형성을 억제하였으며, HSV-1에 더 큰 활성을 보였다. quercetin과 nucleoside계 항 Herpes virus 제인 acyclovir 및 vidarabine을 병용하여 실험한 결과, HSV-1에는 acyclovir와 병용 시 CI value가 0.19~0.57을, vidarabine과 병용 시 0.97~1.46을 보였고, HSV-2에는 acyclovir와 병용 시 0.61~0.89를, vidarabine과 병용 시 0.43~1.42를 보여, acyclovir와의 병용이 더 우수한 상승 효과를 나타냈다.

Peroxidase : 밤의 peroxidase는 자연계에 널리 분포된 Fe^{+2} 함유효소로서, H_2O_2의 존재 하에 pyrogallol, gallic acid 등의 phenol류나 benzidine, *o*-phenylenediamine(OPPA), *p*-phenylenediamine(PPDA) 같은 aromatic amine을 산화해 내어 quinone 생성을 촉매하고 이를 중합하여 갈변이 진행되게 한다. 밤 속의 tannin은 주로 gallic acid로 이루어져 있고, 나머지는 3,6-digalloylglucose, pyrogallol, resorcinol, chebulinic acid, chebulagic acid, sugar 등이다. 이들 polyphenol 물질을 밤 과육에 들어 있는 peroxidase나 cytochrome oxidase에 의한 효소적 변색의 주요인으로 본다. 생밤을 $(NH_4)_2SO_4$ 염석, column chromatography, HPLC법으로 정제한 peroxidase의 분자량은 35,000, 최적 pH는 5.0, 최적 작용온도 50℃였고, 80℃에서 1.73분간 열처리함으로써 90%가 불활성화되었다. 이 효소는 OPDA와 PPDA 같은 aromatic amine류에 강한 활성을 보였다. OPPA와 H_2O_2에 대한 Km 값은 각각 2.6mM과 10mM이었고, 저해작용은 L-ascorbic acid와 Na-ascorbate가 가장 컸으며, Ca^{2+}, Ba^{2+}는 1mM과 5mM에서 효소활성을 현저히 증가시켰다.

속껍질의 쓴맛 : 밤 속껍질의 쓴맛은 chesnamin에 의한 것이고, 떫은맛은 여러 tannin에 의한 것이다. 밤 껍질에는 폐수 중의 중금속을 흡착하는 효과가 있다.

밤의 영양 효과 : 이유 직후의 흰쥐를 대상으로 곡류인 백미와 보리, 밤 혼식의 영양 효과를 관찰하였다. 백미 100%, 백미 70%+보리 30%, 백미70%+밤 30%, 백미 70%+보리 20%+밤10%, 백미 70%+보리 15%+밤 15%, 백미 70%+보리 10%+밤 20%를 실험식이로 하여 7주간 사육한 결과, 증체량은 밤 혼식이 많았으나 유의성이 없었고, 식이효율은 보리와 밤 혼합식이 백미식보다 양호하였다. 단백질 효율은 밤 혼합식이가 양호하였고, 단백질 소화율은 백미식이 밤·보리 혼합식보다 좋았으며, 생물가와 단백질 이용율은 백미식보다 보리 혼합식 또는 밤 혼합식이 높았다.

꽃과 잎의 성분 : 꽃과 잎의 유리당 함량을 보면, 밤꽃에는 sucrose와 maltose가 많았고, 잎에는 sucrose, glucose, fructose가 많았다. 타닌은 잎에 1.98%, 꽃에 0.16%였고, 지방산 조성에서는 꽃과 잎 모두에 linoleic acid가 가장 많았다. 불포화지방산과 포화지방산은 꽃에 각각 61.4%와 23.1%, 잎에 각각 76.4%와 17.1%로 나타나, 잎에 불포화지방산이 많았다. 유기산은 꽃에서는 malic acid, citric acid, succinic acid, oxalic acid 순으로, 잎에서는 succinic acid, citric acid, malic acid, oxalic acid 순으로 많았다. 아미노산 총 함량은 꽃이 230.33mg%, 잎이 1,550.36mg%로, 꽃보다 잎이 6.7배 많았다. 아미노산 조성을 보면, 꽃에

는 aspartic acid와 proline이, 잎에는 aspartic acid가 가장 많았다. 무기질로는 꽃과 잎 모두에 K가 많았고, 그 다음으로 Ca〉Mg〉Fe〉Mn〉Al 순이었다. vitamin은 꽃과 잎에서 ascorbic acid가 각각 5.2mg%, 6.4mg%였고, 다른 vitamin은 모두 흔적수준(trace)이었다.

꽃가루의 Histone : 밤꽃에서 histone을 분획하여 H1(f1), H2a(f2a2), H2b(f2b), H3(f3) 및 H4(f2a1) 등 5개 분획을 얻은 후 각 분획들을 15% polyacrylamide disc gel로 전기영동하여 순도 및 mobility를 검토하였다. 총 histone의 수율은 꽃가루 1g당 8.13mg으로, DNA : histone 비는 1 : 1.06이었고, H1, H2a, H2b, H3, H4 5개 분획 각각의 백분율은 17.23%, 19.23%, 26.89%, 23.06%, 13.50%였다. 각 분획이 나타낸 전기영동상의 mobility는 다른 동물의 정상조직과 비슷하였으나, 다만 동물 정상조직의 H2b(f2b) 분획에서 보고되지 않은 ε-N-monomethyl-lysine이 있었다. 각 histone 분획의 amino acid 조성은 pea bud와 차이가 많았으며, 다른 동물의 정상조직과도 많은 차이가 있었다.

Propolis의 성분 : 밤나무에서 채집된 propolis에는 kalium이 많았고, amino acid 15종(arginine, cysteine, glutamine, tryptophan, methionine 제외)이 검출되었다. 그중 aspartic acid가 가장 많았다. EtOH 추출물에서 total phenolic compound는 13.9~23.7%였고, flavonoid는 8.6~10.8%였다. 한편 polyphenol을 HPLC로 분석한 결과 16peak가 나타났고, 동정된 물질은 *p*-hydroxy benzoic acid, caffeic acid, ferulic acid, benzoic acid, cinnamic acid, chrysin 등 6종이었다.

지방성분과 Amino acid(열매) : 밤의 지방성분은 지방산, glycolipids, phospholipid 및 glycerol 등이 있었고, amino acid는 alanine, arginine, asparagine, aspartic acid, glutamic acid 등이 동정되었다.

저장 중 지방 변화(열매) : 저장 중 밤의 지방의 변화를 알고자, 밤을 20℃에서 9주, 1℃에서 15주 저장하면서 지질의 변화를 관찰한 결과, 총 지질 중 중성지질은 43.4%, 당지질이 26.5%, 인지질 30.1%로 저장기간 중 이들 함량이 증가하였다. 저장 중 중성지질은 저장 5주 후에 감소하였고, 당지질은 7주까지 증가하다 그 후 감소하였고, 인지질은 20℃와 1℃에서 가장 많이 증가되었다. 총 지질, 중성지질, 당지질, 인지질, TG, DG, acylsterylglycoside, lecithin, phosphatydylethanolamine의 주요 지방산은 linoleic, oleic, palmitic, linolenic acid 등이 확인되었고, 20℃, 1℃에서 저장기간에 따라 linoleic acid는 증가하였으나, oleic acid는 감소하였다.

휘발성 향기성분(꽃)① : 밤꿀과 밤꽃 향기성분의 연관성을 조사코자, 향기성분을 분리하여 GC, GC/MS로 확인한 결과, 밤꽃에서 14종의 방향족 화합물, 13종의 탄화수소, 7종의 지방산류, 4종의 terpene류, 12종의 산소 함유탄화수소류, 7종의 기타 성분 등 64종이 확인되었고, 밤꿀에서 7종의 방향족류, 16종의 탄화수소류, 12종의 지방산류, 1종의 terpene류, 2종의 함산소탄화수소류, 3종의 기타 성분 등 41종이 확인되었다. 밤꽃 향기의 주요성분으로 전체향기의 49.02% 차지하는 2-phenylethylalcohol, 1-phenylethylalcohol, benzylalcohol 등이, 밤꿀 향기는 2-phenylethylalcohol, benzylalcohol, 1-phenylethylalcohol, 1-(2-aminophenyl)ethanone 등이었다.

휘발성분(밤꿀)② : 밤꽃은 밤꿀의 밀원으로 휘발성분 122종이 분리 동정되었고, 휘발성분 중 향기성분은 aclcohol류(36.58%)가 가장 많다. 15종의 hydrocarbone류, 20종의 terpene류, 7종의 ketone류, 24종의 aldehyde류, 12종의 terpene류, 4종의 acid류, 3종의 furan류 등이 동정되었고, 1-phenylethanol, geraniol, tricosane, heneicosane, benzyl acohol, acetophenone, 2-phenylethanol 등 aromatic alcohol이 분리되었다.

밤의 항균물질 : antimicrobial effect 물질로는 procatechuic acid, ferulic acid, aesculetin 등이 있다.

기타 연구 : 율피 수성아세톤 추출물에서 melanin 생성억제 효과와 밤의 항당뇨활성이 없음도 연구되었다.

효능과 이용

1) 효능 : 열매 - 건위(建胃), 보신(補腎), 어혈(瘀血), 칠독(漆毒), 건비(健脾).

2) 식용 : 약식, 떡, 밤밥, 밤죽, 이유식, 찜, 안주 등 여러 음식을 만든다.

3) 약용 : 동의에서는 열매(밤)를 영양 강정제로 감기, 기침, 임질, 허약증에

쓰고, 마른 밤가루는 신장염과 설사에 쓴다. 속껍질을 꿀에 개어 바르면 얼굴기미가 없어지고, 습진과 뱃멀미를 완화시킨다. 꽃은 선병(腺病), 옻 오른 때, 뱃멀미, 음식장애(연하곤란)에, 그 잎은 감기와 알레르기에 쓴다. 민간에서는 생잎을 달여 뱀 물린 데나 옻 오른 데 바르고, 허리나 다리가 무력할 때 날밤을 10개씩 장복하며, 밤 속껍질은 옻 오른 데, 습진, 음낭수종(hydrocele)에 이용한다.

4) 기타 : 수피를 염료, 유피료(鞣皮料)로 쓴다.

참고문헌

1) 강귀환, **응용생명화학회지**, 1998, 41(1), 84 (한국산 밤꿀의 휘발성 향기성분)

2) 권은정, 김영찬, 권미선, 김창선, 강우원, 이주백, 정신교, **식품영양과학회지**, 2001, 30(4), 726 [밤귀피(Chestnut Husk)의 용매분획별 항산화활성과 항산화물질 분리]

3) 김세권, 전유진, 김용택, 이병조, 강옥주, **식품영양과학회지**, 1995, 24(4), 594 (밤 전분의 물리학적 특성과 Texture 특성), 601 (밤묵의 관능검사와 노화과정)

4) 김연순, 박은령, 김경수, **식품영양과학회지**, 2003, 32(6), 801 (밤꽃의 향기성분)

5) 김영소, 한성순, 생약학회지, 1999, 30(2), 151 [천연 Quercetin (flavonoid)의 항 Herpes virus 작용과 Nucleoside 계 항 Herpes virus제의 병용 효과]

6) 김영찬, 김미연, 정신교, **응용생명화학회지**, 2002, 45(30, 162 (밤 삽피의 Phenolic acid 조성과 항산화 활성)

7) 김인순, 김성곤, 김춘수, **응용생명화학회지**, 1982, 25, 218 (밤의 이화학적 전분 특성)

8) 김준한, 서영호, 문광덕, **식품과학회지**, 1999, 31(5), 1216 (저장, Low-temperature Blanching 처리가 밤가루의 물리적 특성)

9) 나영아, 양차범, **식품과학회지**, 1996, 28(6), 1164 (밤의 저장 중 성분 변화)

10) 나영아, 양차범, **식품과학회지**, 1997, 29(3), 437 (밤의 저장 중 지방질 조성의 변화)

11) 문전옥, 박종희, **생약학회지**, 1997, 28(3), 156 (간 보호 효과를 지닌 자원생약의

검색)

12) 박인순, 김성곤, 김춘수, **응용생명화학회지**, 1982, 25(4), 218 (밤 전분의 이화학적 특성)

13) 서영호, 김준한, 임정호, 문광덕, **식품영양과학회지**, 1999, 28(3), 572 (밤페이스트의 제조와 품질 특성)

14) 송효남, 길목임, **식품과학회지**, 2002, 34(4), 546 (국내산 아카시아나무와 밤나무 유래, Propolis의 영양성분과 Phenol성 화합물분석)

15) 송효남, 김영언, 이영철, **식품기술**, 1999, 12(4), 28 (아카시나무와 밤나무 유래, Propolis의 향기성분 특성)

16) 양민진, 김명길, 임세진, 안형수, 안령미, **약학회지**, 1999, 43(4), 494 (율피의 Melanin 생성억제, 율피 · 솔잎 · 호프의 수성아세톤 추출물에 의한 Melanin 생성억제 효과)

17) 오석흥, 김용휘, 이서나, **식품과학회지**, 1987, 19(6), 506 (밤에 함유된 Peroxidase의 정제 및 특성에 관한 연구)

18) 오승희, 김용옥, 김명애, **식문화학회지**, 2004, 19(4), 399 (율피, 솔잎, 호프의 아세톤 추출물의 항산화작용)

19) 육근정, 이혜진, 김미경, **영양학회지**, 2002, 35(2), 171 (밤과 도토리 과육 및 내피가 흰쥐의 지방대사, 항산화능 및 항혈전능에 미치는 영향)

20) 이종욱, 김은선, 김동연, **응용생명화학회지**, 1983, 26(1), 19 [밤의 지질 성분 분석(제2보), 구성지질 및 구성 지방산조성]

21) 이종욱, 김재욱, **응용생명화학회지**, 1982, 25(4), 239 [밤의 지질성분 분석(제1보), 내과육 및 외과육의 지질조성]

22) 이혜성, 이혜수, **조리과학회지**, 1991, 7(1), 11 (Gel의 특성, 도토리와 밤전분 Gel의 물리적 특성 비교)

23) 이희성, 황운용, 이경효, 이근배, **생화학회지**, 1976, 9, 61 (밤나무 꽃가루의 Histone)

24) 임숙자, 원새봄, **조리과학회지**, 1997, 13(5), 639 (당뇨유발 쥐의 혈당 변화와 에너지대사)

25) 조규성, 김해영, **응용생명화학회지**, 2003, 46(3), 262 [밤나무 꽃과 잎의 화학성분 및 항균활성 검색(제2보), 항균활성 검색]

26) 조규성, 조재선, **응용생명화학회지**, 2003, 46(3), 257 [밤나무 꽃과 잎의 화학성분 및 항균활성 검색(제1보), 화학성분 조성]

27) 주난영, 안승요, **식품과학회지**, 1995, 27(6), 1017 (밤전분 및 전분겔의 성질에 관한 연구)

28) 주난영, 안승요, **식품과학회지**, 1995, 27(6), 1028 (밤전분의 분자구조의 변화가 전분의 성질 및 전겔특성에 미치는 연구)

29) 차배천, 이혜원, 최무영, **생약학회지**, 1997, 29(1), 28 (Nut류의 항산화 및 항균효과)

30) 차배천, 이혜원, 최무영, **생약학회지**, 1998, 29(1), 39 (Nut류의 항산화 및 항균활성)

31) 최옥범, 김경만, 류경수, 박근형, **식품과학회지**, 1998, 30(2), 468 [밤나무 잎(茶)의 항알레르기 효과]

32) 최옥범, 유경수, 박근영, **식품과학회지**, 1999, 31(4), 1128 (밤잎차 물 추출물의 항산화 및 항미생물 효과)

33) 최용화, 김진호, 김명조, 한성수, 임요섭, **약용작물학회지**, 2000, 8, 373 (밤나무 잎으로부터 항산화 활성물질의 분리)

34) 최창숙, 송은승, 김장수, 강명화, **식품과학회지**, 2003, 35(6), 1007 (밤꽃 메탄올 추출물의 항산화 효과)

35) 하봉석, 배명숙, 정태명, 성낙주, 손량옥, **식품과학회지**, 1982, 14(2), 97 (밤의 동결건조에 의한 성분변화)

36) 하춘자, 현기순, 한인규, **영양학회지**, 1976, 9(3), 213 (보리와 밤의 혼식이 성장기 백서에 미치는 영양 효과)

37) 한국영양학회, **한국인 영양 권장량**, 제7개정판, 2000(영양소)

38) Abe, H. et al., Experientia, 1983, 39, 351 (Plant Growth Promoter, Brassinone)

39) Achenbach, H. et al., Chem. Ber., 1971, 104, 1468 (Caffeic acid, deriv)

40) Ageta, M. et al., Chem. Pharm. Bull., 1988, 36, 870 (Chesnatin)

41) Ashwood-Smith, M. J. et al., Experientia, 1982, 39, 262 (Aesculetin, Physiol, tox, deriv)

42) Bonaga, G., Giumanini, A. G., Gliozzi, G., J. Agric. Food Chem., 1986, 34, 319 (Chemical Composition of chestnut honey : Analysis of the hydrocarbon fraction)

43) Bonaga, G., Giumanini, A. G., J. Agric. Res., 1986, 25, 113 (The Volatile of Chestnut Honey)

44) Briggs, L. H. et al., J. Chem. Soc., 1961, 642 (isol, deriv, Ellagic acid)

45) Choi, Y. H., Kim, J. H., Kim, M. J., Han, S. S., Rim, Y. S., Kor. J. Medicinal Crop Sci., 2000, 8, 373 (Antioxidative compounds in leaves of *Castanea crenata*)

46) De Ropp. R. S. et al., Arch. Int. Pharmacodyn. Ther., 1969, 181, 127 (Protocatechuic acid, Pharmacol, Antimicrobial)

47) Eichholzer, J. V. et al., Phytochemistry, 1982, 21, 97 (isol, Vescalagin)

48) Ensminger, Ensminger, Konalande, Robson, Food and Nutrition Encyclopedia, 2nd ed., CRC press, 1994, 984 (Nutritive value)

49) Feng, H. et al., Phytochemistry, 1988, 27, 1185 (Castamollissin, Chesnamin, Isochesnatin, Struct, leaves, Bitter taste, Gall, Chestanin)

50) Grove, M. D. et al., Nature (London), 1979, 281, 216 (isol, Pollen, Plant growth promote, Brassinolide)

51) Gunther, H. et al., Org. Magn. Regn. Reson., 1975, 7, 339 (deriv, Antifungal props, Aesuletin)

52) Guyot, C., Bouseta, A., Scheirman, V., Collin, S., J. Agric. Food Chem., 1998, 46, 625 (Floral origin markers of chestnut and lime tree honeys)

53) Ishimaru, K. et al., Chem. Pharm. Bull., 1987, 35, 602 (isol, Acutissimin A, B)

54) Jeong, C. H., Hur, J. Y., Shim, K. H., Korean J. Food Preser., 2002, 9, 234 (Chemical components, antioxidative and antimicrobial activities of chestnut leaves)

55) Klosterman, H. J. et al., J. Am. Chem. Soc., 1954, 76, 1229; 1955, 77, 420 (Lino-

cinnamarin)

56) Lee, C. W., Kim, H. S., Korean J. Dermatology, 1976, 14, 91 (A study of antifungal activity with *Castanea crenata* Flos.)

57) Lee, Y. S., Seo, K. I., Shin, K. H., Korean J. Postharvest Sci. Technol., 1999, 6, 104 [Antimicrobial activities of chestnut flower extracts(*Castanea crenata*)]

58) Lewis, R. J., Sax' s Dangerous Properties of Industrial Materials, 8th ed., Van Nostrand-Reinhold, 1992, MKI 100 (*LW 75250000, Astringent, Gallic acid)

59) Lewis, R. J., Sax' s Dangerous Properties of Industrial Materials, 8th ed., Van Nostrand-Reinhold, 1992, VFF 000 (*YW 5300000, Vanillic acid)

60) Lewis, R. J., Sax' s Dangerous Properties of Industrial Materials, 8th ed., Van Nostrand-Reinhold, 1992, HNU 500 (*DH 1925000, p-Hydroxybenzoic acid)

61) Lewis, R. J., Sax' s Dangerous Properties of Industrial Materials, 8th ed., Van Nostrand-Reinhold, 1992, HNU 500 (Isochesnatin, *DH 1925000)

62) Lewis, R. J., Sax' s Dangerous Properties of Industrial Materials, 8th ed., Van Nostrand-Reinhold, 1992, FBP 200 (*GD 9275000, Ferulic acid)

63) Meldrum, B., Clin. Neuropharmacol., 1982, 5, 293 (γ-Aminobutyric acid, Natural inhibitory transmitter)

64) Meyer, K. et al., Science (Washington, D.C.), 1948, 108, 281 (Pharmacol, Analgesic, Antirheumatic, Antiarthritic, Gentisic acid)

65) Miersch, O. et al., Phytochemistry, 1986, 26, 1037; 1989, 28, 339 (Jasmonic acid, derivs, isol)

66) Nakaoki, T. et al., Yakugaku Zasshi, 1960, 80, 1473 (Hyperine)

67) Nonaka, G. et al., Chem. Pharm. Bull., 1984, 32, 483 (5-*O*-galloyl-D-hamamelofuranose, Gallates, 1,2',3,5,-Tetra-*O*-galloyl-D-hamamelofuranose, Gallates, 1,2',5-Trio-*O*-galloyl-D-hamamelofuranose, Gallates, Gallates, Hamanelitannin)

68) Nonaka, G. et al., Chem. Pharm. Bull., 1990, 38, 2151 (Acutissimin B, struct)

69) Ozawa, T. et al., Agric. Biol. Chem., 1977, 41, 1257; 1978, 42, 1213 (Neocertanin, galls)

70) Ozawa, T. et al., Agric. Biol. Chem., 1984, 48, 1411 (Kurigalin)

71) Schneider, J. A. et al., Tetrahedron Lett., 1983, 24, 3859 (6-Deoxocasterone)

72) Shima, K. et al., Phytochemistry, 1971, 10, 894 (isol, deriv, Dihydrodigallic acid, deriv, isol, Syringic acid)

73) Shin, S. E., Cha, W. S., Seo, J. J., Kim, J. S., Korean J. Biotechnol. Bioeng., 1999, 14, 141 (A study on the absorption of heavy metal by chestnut shell)

74) Tanaka, T. et al., Chem. Pharm. Bull., 1996, 44(12), 2236 (Tannins)

75) Takeda, C., Takeda, Y., Hizukuri, S., J. Jpn. Soc. Starch Sci., 1987, 34, 31 (Structure and properties of chestnut starch)

76) Tanaka, T. et al., Tennen Yuki Kagobutsu Toronkai Koen Yoshishu, 37th, 1995, 452 (Castalagin, Vestalagin), 457(Castacrenin A, B, C)

77) Welcher, J. F., Organic Analytical Reagents, Van Nostrand, N. Y., 1947, 1, 200 (Gallic acid, use)

78) Yamaguchi, K., Shibamoto, T., J. Agric. Food Chem., 1980, 28, 82 (Volatile constituents of the chestnut flower)

79) Yokota, T. et al., Agric. Biol. Chem., 1983, 47, 2149 (Plant hormone activity, Castasterone)

20 배추 *Brassica campestris* L. ssp. *napus* Hook. fil. et Anders var. *pekinensis* Makino

십자화과(Cruciferae)

Chinese cabbage(英),
Hakusai(日), 白菜, 松菜(中)

원산지 : 중국

용도 : 잎, 뿌리(식용)
씨(기름)

식물학적 특성

2년생 초본. 근생엽은 땅에서 갈리고 타원형으로 끝이 둥글다. 가장자리에 불규칙한 톱니가 있고, 양면에 우글쭈글한 주름이 있으며, 경생엽은 줄기를 싸며 분백색이다. 노랑꽃은 총상화서를 이루고 기둥모양의 열매는 각과로 결실한다.

동속식물에는 갓(*B. juncea*)과 양배추(*B. oleracea*)가 있다.

성분

1) 영양성분

① 배추 생것(6152) 가식부 100g 중 열량 12.0kcal, 단백질 1.4g, 지방 0.1g, 당질 2.2g, 조섬유 0.6g, Ca 38.0mg, P 45.0mg, Fe 0.4mg, Zn 0.18mg, vitamin A 6.0RE, β-carotene 37.0㎍, B_1 0.03mg, B_2 0.03mg, B_6 0.15mg, C 28.0mg, niacin

0.6mg, 엽산 46.1㎍, E 0.12mg. 〈식이섬유 1.13g〉

② **봄동 생것**(6153) 가식부 100g 중 열량 21.0kcal, 단백질 1.9g, 지방 0.2g, 당질 4.1g, 조섬유 0.8g, Ca 76.0mg, P 40.0mg, Fe 0.5mg, Zn 0.18mg, vitamin A 155.0RE, β-carotene 928.0㎍, B_1 0.03mg, B_2 0.08mg, B_6 0.15mg, C 85.0mg, niacin 0.9mg, 엽산 46.1㎍, E 0.12mg.

③ **얼가리**(6154) 가식부 100g 중 열량 10.0kcal, 단백질 1.4g, 지방 0.1g, 당질 1.7g, 조섬유 0.30g, Ca 61.0mg, P 40.0mg, Fe 1.30mg, Zn 0.18mg, vitamin A 61.0RE, β-carotene 364.0㎍, B_1 0.03mg, B_2 0.03mg, B_6 0.15mg, C 24.0mg, niacin 0.7mg, 엽산 46.1㎍, E 0.12mg.

④ **호배추**(6156) 가식부 100g 중 열량 11.0kcal, 단백질 1.3g, 지방 0.1g, 당질 1.6g, 조섬유 0.40g, Ca 55.0mg, P 41.0mg, Fe 0.30mg, Zn 0.19mg, vitamin A 5.0RE, B_1 0.05mg, B_2 0.05mg, B_6 0.15mg, C 32.0mg, niacin 0.6mg, 엽산 46.1㎍, E 0.12mg. 〈식이섬유 1.09g〉

2) 특수성분

잎에서 1-Cyano-3,4-epithiobutane(T-01371), Isorhamnetin(T-00872), 1-Cyano-4,5-epithiobutane(T-01370), Allylisothiocyanate(I-00887), Kaempferol(T-00770), Oxalic acid(O-00584), Quercetin(P-00565), β-Carotene(All-trans, C-00451) 씨에서 Sinapine(S-00768), Rutin(R-00494), Erucic acid(D-03530)등이 규명되었다.

동속식물에서 Campesterol(E-01477), Glucobrassicanapin(P-00773), Glucobrassicin(I-00140), Gluconapin(B-01112), Gluconapoleiferin(H-02799), 4-Hydroxyglucobrassicin(H-02054), 4-Hydroxy-1H-indole-3-acetonitrile(H-02051), 4-Methoxyglucobrassicin(H-02054), S-Methylcysteinesulfoxide(M-00920), Neoglucobrassicin(N-00198), Progoitrin(P-01865), Sulforaphane(R, I-00861), *Thiocyanic acid(T-01384) 등이 분리되었다.

생리활성

항돌연변이 효과 : 10종의 십자화과 채소류(양배추, 적채, 배추, 케일, 콜리플라워, 브로콜리, 무, 열무, 유채, 냉이)의 항돌연변이 효과를 *Salmonella* 시험계에서 검토한 결과, 양배추, 케일, 콜리플라워, 무즙액이 간접돌연변이원인 AFB_1의 돌연변이성을 상당히 저해하였으며, 양배추, 브로콜리 즙액의 직접 돌연변이활성은 MNNG보다 AFB_1의 돌연변이성을 더 강하게 억제하는 것으로 나타났다. MeOH 추출 케일, 브로콜리, 냉이는 *S. typhimurium* TA100과 TA98에서 AFB_1과 MNNG의 돌연변이성을 크게 저해하였다.

GABA의 간 기능 개선 : 배추잎의 총 아미노산을 측정한 결과, 59.15㎛ol/dry basis, GABA는 4.69㎛ol로 총 아미노산의 약 8%를 함유하였으며, 뿌리의 총 아미노산 26.14㎛ol 중에 GABA는 7.02㎛ol로 총 아미노산의 26.86% 함유하였다. 만성 알코올 흰 쥐에 배추잎과 뿌리를 첨가한 식이를 제공한 후 지방대사와 간 기능에 미치는 영향을 조사한 결과, 5% 배추뿌리 첨가 식이에서 혈중 LDL-cholesterol량이 감소되었고, 5% 배추잎과 뿌리 첨가 식이는 알콜로 인한 혈장과 간 조직 중의 총 지질 및 중성지질 함량을 감소시켰으며 알코올로 증가된 혈중 γ-GTP활성 또한 감소시켰다. 그 결과, 배추 첨가 식이는 알콜로 손상된 간을 부분적으로 개선시키는 효과가 있고, 뿌리 첨가 식이는 LDL-cholesterol을 감소시키는 등 배추의 GABA가 알코올로 인한 지방대사와 간 기능 개선에 기여하는 것으로 사료되었다.

김치의 항돌연변이 및 항암증진 효과① : 부재료를 첨가한 배추김치 13종에 대하여 Ames test와 SOS chromo test를 실시한 결과, 마늘을 3배(5.2%) 더 첨가한 배추김치, 고춧가루와 마늘을 각각 2배씩(7%, 2.8%) 첨가한 김치, 유기농 배추김치에서 더 높은 항돌연변이 효과가 있는 것으로 나타났다. 또 위암세포(in vitro)에 대한 항암 효과에서도 고춧가루와 마늘 고농도 첨가군과, 초피를 첨가한 김치 및 유기 배추김치에서 높은 AGS 인체 위암세포 생존저해 효과가 있는 것을 알 수 있었다. 유기농 배추에 고춧가루와 마늘을 고농도로 첨가하고, 초피를 첨가하면 배추김치의 기능성을 증진시킬 수 있을 것으로 기대되었다.

김치의 항암성② : 김치는 그 재료가 채소류이기 때문에 채소류가 갖고 있는 생리활성물질인 비타민, 무기질, 식이섬유 등을 함유하고 있으며 김치 발효로 생성되는 유기산과 유산균의 기능성으로 볼 때 이상적인 건강식품이다. 풍부한 섬유질은 변 · 혈당과, 혈중 지질을 조절하며 동맥경화를 예방한다. 또한 각종 효소와 비타민, 무기질은 체중조절, 빈혈예방, 항노화, 항암 효과를 나타낸다. 질산염, 아질산염, nitrosoamine 때문에 발암성의 우려도 있으나, 소금 섭취만 주의한다면 큰 장해는 없을 것으로 생각된다. 김치는 암예방 채소가 주원료로, 항암 영양소인 vitamin C, β-carotene, 식이섬유소, phenol성 물질이 많고, 유산균과 같은 여러 항암성 물질을 갖고 있다.

김치의 항암 효과 및 면역활성 증강③ : 일반 배추김치와 유기 배추김치를 그 기능성을 증진시킬 양념비로 담그고, 15℃에서 하루 동안 방치한 후, 5℃에서 pH 4.5까지 발효시켜 MeOH 추출물을 만들었다. Balb/c mouse에 sarcoma-180 종양세포를 이용하여 고형암 성장저지 효과, 장기 중량 변화, 비장면역능의 변화, 간의 glutathione-s-transeferase(GST) 활성 변화, glutathione 함량 변화를 살펴보았다. 시료는 in vitro에서 viability test 결과를 토대로 모두 0.75mg/kg을 주사하였다. 고형암 성장 저지 효과는 일반 배추김치와 유기 배추김치, 기능성 양념을 첨가한 일반 배추김치(II), 유기 배추김치(II)는 각각 12%, 34%, 39%, 65%로 나타났다. 비장의 중량비는 일반 배추김치(I), 유기 배추김치(I)가 다소 낮았고, 간, 심장, 신장의 중량비는 거의 차이가 없었다. 비장 natural killer cell의 yac-1 세포 파괴활성은 일반 배추김치(I), 유기 배추김치(I), 기능성 양념첨가 일반 배추김치(II), 유기 배추김치(II)가 각각 35%, 47%, 44%, 79%로 나타났고, mouse 간의 glutathione 함량과 GST 활성은 기능성 양념 첨가 일반 배추김치(II)와 유기 배추김치(II)에서 높았다.

김치의 항암 및 식균작용④ : 김치 추출물이 sarcoma-180 세포의 성장과 마우스 식균활성에 미치는 효과를 검토하고자, 김치 발효 전 0주(생김치)와 최적 숙성도인 3주(5℃)에 MeOH, hexane 추출물과 MSF(MeOH soluble fraction)에 대해 sarcoma-180를 종양 세포에 작용시켜 보았다. 그 결과, 3주 숙성 김치 추출물이 0주 시료보다 세포독성 작용이 높았고, phagocytic activity 는 in vitro에서 대조군(41.3%)보다 3주 MeOH 추출물(57.3%)과 hexane 추출물(49.2%)이,

in vivo에서 대조군(24.3%)보다 3주 MeOH 추출물(57.0%)과 MSF(55.0%)가 높았다. 또한 in vivo에서 3주 시료 MeOH 추출물과 MSF에서 대식세포 당 평균 2개 이상의 *C. albicans*를 탐식하고 있었고, 생김치보다 3주 시료 추출물이 탐식능 증진 효과가 있었다.

김치와 노화① : 배추김치, 배추갓김치, 갓김치 5% 첨가식이를 노화촉진 쥐 SAMPS에 1년간 섭취시킨 후 총 유리기, OH radical, H_2O_2 농도 및 TBARS 농도를 측정한 결과, 모두 가령에 따라 증가하였으며, 김치 섭취 시 유의적으로 감소하였다. 김치군에서 생성된 유리기 제거 SOD, catalase, GSH-px, GSH/GSSG는 모두 김치군에서 유의적 증가가 있었다. 따라서 김치 섭취는 먼저 가령에 의해 생성되는 유리기를 억제시키면서 이를 제거키 위한 항산화효소활성은 더욱 강화시켜, 항노화 기능을 발휘하는 것으로 보였다. 배추김치보다 배추갓김치와 갓김치가 유리기 생성을 억제하였고, 항산화활성을 증진시켜 항노화 효과가 클 것으로 생각되었다.

김치와 노화② : 배추김치, 갓김치, 배추갓김치를 동결건조하여, 노화촉진 쥐 SAMPS 식이에 5%씩 첨가해 1년간 섭취시키면서 간의 노화관련 특성인 총 유리기, OH radical, H_2O_2, TBARS를 살펴본 결과, 모두 가령에 따라 증가하였으며 간에서 생성된 유리기 농도와 TBARS 농도는 대조군에 비해 김치 섭취군에서 유의적인 감소를 보였다. 생성된 유리기 제거를 위한 SOD활성은 오히려 김치 섭취군에서 증가되었고(유의성), catalase와 GSH-px, GSH/GSSG의 비에서도 김치 섭취군이 증가하었다. 따라서 김치 섭취는 노화에 따라 발생하는 간의 유리기와 TBARS 생성은 억제시키면서, 이를 제거하는 항산화제 효소는 활성화시켜, 노화를 억제하는 것으로 생각되었다. 김치 종류 중 배추김치보다 갓김치가 유리기 생성억제 및 항산화효소활성을 더욱 증진시키는 것으로 관찰되어 이는 첨가된 갓의 항산화 물질에 의한 것으로 사료되었다.

김치와 피부① : 김치 종류를 달리한 식이가 hairless mice의 간과 피부에서 산화억제 및 광산화에 미치는 영향을 조사하기 위해, 배추김치, 갓김치, 부추김치를 동결건조하고, 항산화물질을 측정한 결과, 갓김치와 부추김치에 chlorophyll이 많았고, β-carotene과 ascorbic acid는 갓김치에 많았다. hairless mouse에 10% 동결건조 김치를 20주간 투여, 사육한 후, 간의 활성산소종의 생성량을 측정한 결과, superoxide anion과 hydroxy radical 함량에는 유의한 차이가 없었고, hydrogen peroxide는 갓김치와 부추김치군에서 낮아 활성산소 소거에 김치가 효과를 나타냄을 알 수 있다. 간에서 지질과산화물을 측정한 결과, 갓김치와 부추김치가 우수하였고, 특히 부추김치는 피부의 지질과산화를 억제하였다. 또 간과 피부조직에 자외선을 조사한 후 조직산화를 측정한 결과, 갓김치와 배추김치에서는 조직산화가 낮았으나, 부추김치에서는 높게 나타났다. 즉, 자외선 조사 후, 갓김치와 배추김치는 광산화를 억제하고, 부추김치군은 산화를 촉진하였다.

김치와 피부② : 김치가 피부건강에 미치는 영향을 알고자, 숙성시기를 달리한 김치(0주~5주) 추출물의 세포독성 실험결과, 표피세포(ketarinocyte)에서 TD_{50}은2.5~5% 또는 5~10%였다. 김치 추출물을 keratinocyte에서 1.25%, fibroblast에는 2.5%로 투여하고, 산화적 stress를 유발시키는 과산화수소와 paraquat를 농도별로 투여하여, 시료의 활성산소에 대한 독성완화작용을 살펴본 결과, keratocyte에서 세포생존율이 급격히 감소하였고, 2주 숙성김치는 세포독성이 가장 현저하게 완화되었다. 이는 장기간의 과산화수소 투여보다 단기 투여에서 분명하였다. paraquat 1mM 농도에서 3주, 2주, 1주 숙성김치의 세포독성 완화가 가장 현저하게 나타났다. fibroblast에 대한 숙성김치의 세포사멸억제 효과도 keratocyte와 유사하였다. 과산화수소 1mM에서 김치 추출물들의 세포독성 완화가 눈에 띄게 좋았고, 그중 2주 숙성김치의 효과가 가장 크게 나타났다.

김치의 항산화① : 김치 용매획분 중 in vitro에서 LDL산화억제활성이 강하였고, in vivo에서 지질저하 효과가 있었던 CH_2Cl_2 획분, EtOAc 획분, 수용성 획분이 고콜레스테롤 식이 섭취 토끼의 심장, 신장, 폐에서 항산화 효소의 활성에 미치는 영향을 살펴보았다. 그 결과, 과산화물 함량은 심장에서 가장 높았고, 신장에서 가장 낮았으나, catalase와 GSH-px 활성은 심장에서 낮았고, 신장에서는 높았다. catalase, GSH-px 및 SOD 활성은 모든 장기에서 1% cholesterol 식이 섭취 대조군보다 김치 용매 획분군에서 낮았고, 특히 CH_2Cl_2 획분군의 항산화 효소활성은 낮았다($p<.05$). 그 결과, 김치 용매 획분군은 심

장, 신장, 폐에 지방축적억제 효과가 있었고, 이로 인해 지질 유리기의 생성이 적어, 각 장기에 유리기 제거 항산화 효소의 활성이 낮은 것으로 사료되었다.

김치의 항산화② : 배추김치의 CH_2Cl_2 획분 수율은 약 1.66%이었다. column chromatography, sep-pack catridge등 활성물질을 분리 정제하고, IR, EI-MS, GC/MS, ^{1}H-NMR, ^{13}C-NMR 등으로 구조를 확인한 결과, 분자량은 226인 3-(4'-hydroxyl-3',5'-dimethoxy phenyl) propionic acid로 규명되었다. 배추김치 활성성분의 DPPH 유리기 소거능은 vitamin C보다 3, 4배 높았고, LDL 산화억제 효과는 대조군에 비해 현저히 높아, 인체에서 지질저하 효과 및 동맥경화 억제 효과가 기대되었다.

김치의 항균작용 : 배추 김치즙의 위생 세균에 대한 항균작용을 알고자, 배추즙 시료(염분 2.8%, 산도 1.34%, pH 4.1) 2%를 보통 한천배지에서 배양하여 관찰한 결과, 집락수 억제율은 *Salmonella echteriditis* ATCC 13076이 가장 낮은 63%였고, *Enterobacter cloacae* ATCC 13047과 *Staphylococcus aureus* ATCC 6538p는 각각 72%, 76%, *Vibrio parahaemolyticus* ATCC 17802 시료 6~100% 발육억제를 보였다. 시료 6%에서 *Sal. enteritidis* ATCC 13076, *Enterobacter cloaca* ATCC 13047, *Staphyl. aureus* ATCC 6538p에 각각 89%, 90%, 91%의 집락수억제 효과를 보였다. 시료 10%에서 모든 실험군에서 집락수가 100% 억제되어 식중독균의 생존이 어려웠다.

김치와 지질대사① : 배추김치의 활성성분 3-(4-hydroxyl-3',5'-dimethoxyphenul) propionic acid의 고지혈증 치료 효과와 배추김치즙 투여가 고열량 섭취 흰쥐의 지질대사 및 체중 변화에 영향이 있음이 관찰되었다.

김치와 지질대사② : 고 cholesterol 혈증을 유발시킨 토끼와 정상(대조)군에 각각 16일간 정맥으로 3-(4-hydroxyl-3',5'-dimethoxyphenyl)propionic acid(HDP)를 투여한 결과, 정상식이 공급 시 김치군과 simvastatine(S:고지혈증 치료제)군에 의한 총 cholesterol 감소는 대조군에 비해 18.65%와 29.67%이었고, 고 cholesterol 공급 시에는 각각 33.79%와 21.81%였다. 정상식이 공급 시, LDL-C의 저하는 미비하였으나, 고 cholesterol 공급 시에는 김치군과 S군에서 약 130% 감소하였다. 중성지방 감소는 고 cholesterol 식이 시에 김치군은 약

105%, S군은 약 62% 감소되었다. HDL-C의 변화는 모든 군에서 없었고, 고 cholesterol 식이 토끼간의 HMG-CoA reductase 활성에서 김치군은 48.44%, S 군은 139.06% 증가하였다. 이로써 김치가 고 cholesterol 치료 효과가 있으며, 그 효과는 simvastatine과 유사하다는 것을 알 수 있다. 김치와 S군에서 HMG-CoA reductase 활성 증가는 지질저하 현상에 대한 보상작용으로써 생체 항상성 유지를 위한 현상으로 사료되며, 3-(4-Hydroxyl-3',5'-dimethoxyphenyl) propionic acid의 고지혈증 치료 기전은 simvastatin과 유사할 것으로 예상되었다.

김치와 지질대사③ : 30%의 갓을 첨가해 배추김치를 담아 동결건조한 분말 500mg을 캡슐에 넣어 시료로 하고 볶은 찹쌀가루를 위약으로 이용하여, 6주간 성인 각 6명에 복용시켰다. 이때, 이들 식이열량은 1910~1940kcal(RDA의 97%), 단백질은 69~105g(RDA의 125~190%), 칼슘은 439~607mg(RDA의 63~57%)로 일정하게 하였다. 1일 평균 김치섭취량은 위약군 55.5g, 김치군 63.2g(한국인 김치섭취량 100~120g)였는데, 위약군(김치섭취량 55.5g)의 중성지방은 9.8% 증가하였고 김치보충군(김치섭취량 93.2g) 의 중성지방은 16.8% 감소하였다($P < .05$). LDL-cholesterol은 변화가 없었으나, 김치보충군은HDL-cholesterol이 11.7% 증가하였고($P < .05$), 김치군의 LDL/HDL-cholesterol은 6.7% 감소하였다($P < .05$). 즉, 김치섭취가 혈중 중성지질 및 동맥경화지수(LDL/HDL-cholesterol)를 낮추는 것으로 사료되었다.

김치와 지질대사④ : 1% cholesterol 식이를 6주 섭취한 토끼에게 100g식이에 첨가한 김치 용매 획분의 양 8.3mg CH_2Cl_2, 5.6mg EtOAc, 221.9mg H_2O을 투여해 보았다. 그 결과, 심장, 신장, 폐의 cholestrol 및 중성지질은 대조군보다 현저히 감소하였고, 인지질과 총 지방 함량은 CH_2Cl_2 획분군에서만 감소하였다($p < .05$). 심장의 cholesterol 농도는 CH_2Cl_2획분 42%, EtOAc획분 21%, H_2O 획분은 8% 감소하였고($p < .05$) 중성지질 농도는 각각 29%, 4%, 11% 감소하였다. 신장의 cholesterol은 CH_2Cl_2, EtOAc, H_2O 획분군에서 각각 23%, 12%, 11% 감소 억제되었으며($p < .05$), 중성지질은 CH_2Cl_2과 H_2O 획분군에서 각각 51%, 21% 감소하였다. 폐에서는 CH_2Cl_2, EtOAc, H_2O 획분군에서 cholesterol(-37%, -

29%, -22%) 및 중성지질(-39%, -28%, -28%) 모두 감소하였고, 인지질과 총 지질은 CH_2Cl_2 획분군에서만 33%, 34% 감소하였다($p<.05$). 장기별 cholesterol 함량은 폐〉신장〉심장 순으로, 중성지방 함량은 심장〉신장〉폐 순으로 높았고, 인지질 함량은 심장, 신장, 폐에서 비슷하였다. 이러한 결과는 김치 용매 분획 중 CH_2Cl_2 획분에 지질을 감소시키는 활성성분이 다량 함유되었기 때문이라고 생각되었다.

김치와 지질대사⑤ : 비교적 고열량 사료를 섭취하는 흰쥐의 사료에 1%, 5%, 10% 배추김치즙을 1개월 동안 각각 경구로 섭취시킨 결과, 10% 투여군에서 체중증가가 둔화되고 사료섭취 효율이 감소하는 것을 발견할 수 있었다. 또한 혈중 중성지방과 총 cholesterol 및 LDL-cholesterol도 감소하였고, HDL-cholesterol도 유의미한 증가를 보였다. 10% 투여군에서 혈중 GPT와 GOT 활성도 및 creatine 농도가 정상가 범위에서 높았으나, 혈당량은 유의적으로 낮았다. 이로써 다량의 김치를 장기간 섭취하면, 혈중 지질성분과 혈당이 감소하는 효과가 있을 것으로 사료되었다.

김치의 항비만 효과 : 비만 여중생의 운동군에게 HR max 60~85% 운동 강도의 조깅, 줄넘기운동을 일주일에 4회 가량 매회 60분 동안 실시하고, 김치보충제군은 500mg×6알=3g(김치약 30g 분말)을 6주 동안 섭취하게 했다. 운동군(EG) 8명, 김치보충제군(KG) 12명, 운동과 김치보충제 병행군(EKG) 8명과 비만 여중생 28명, 대조군(정상체중군, CG) 10명에 대하여 실시하였다. EKG, EG, KG는 CG군에 비해 신체조성과 혈중지질농도가 유의적으로 감소하였고, 체중, BMI, 체지방의 감소는 EKG 〉EG 〉KG 순이었고, 비만도와 LDL-cholesterol 감소 효과는 EKG 〉KG 〉EG 순이었다. HDL-cholesterol은 EKG와 EG군이 KG와 CG군보다 유의적 증가를 보였다. 이로써 혈중 cholesterol을 감소시키는 데는 김치보충제가 효과적이었고, 체지방 및 혈중 중성지방감소에는 운동이 효과적이었다. 그러므로 여중생의 비만해소에는 김치보충제와 운동의 병행이 효과적임을 확인할 수 있었다.

김치와 성인병 : 중년남성이 적당량의 숙성된 김치를 섭취할 경우, HDL-cholesterol을 높이고 LDL-cholesterol과 동맥경화지수를 낮추어, 동맥경화 위

험도가 떨어지게 하고 혈중 지질농도도 감소시키는 경향을 보였다. 이는 흡연하지 않으며 음주량이 많지 않고 짜게 먹지 않는 정상 체중의 사람을 대상으로 하였다.

김치와 철분대사 : 건강한 성인 남자에 하루에 300g의 김치를 4주간 먹인 결과, 이들의 serum iron과 serum ferritin이 김치섭취 기간동안 증가되었다. 이는 김치에 있는 환원성 물질(ascorbic acid 및 sulfur compound)과 철분의 용해성에 영향을 미치는 유기산(lactic acid, acetic acid 등), 위산분비를 촉진시키는 매운맛성분(capsaicin, gingerol, allicin 등) 등이 관여한 때문으로 생각되었다.

장내 세균류의 길항작용 : 하절기의 김치재료나 담근 지 얼마 되지 않는 김치가 장내 세균에 오염되어 있었고, 오염세균은 식중독균인 *Salmonella*균이었다. 겨울 온도 10℃ 내외에서는 김치에 *Sal. typhi.*, *Shigella flexneri*, *E. coli* 등을 첨가했을 때 세균이 약 10일간 잔존하였고, *Vibrio parahemolyticus*는 더 강한 길항을 보였다. 여름 온도 30℃ 이상에서 첨가된 장내 세균은 pH가 4.5 이하에서 2일 후에야 거의 사멸되었다. 약 30℃에서 각종 장내 세균류의 김치발효 중 길항력은 pH 4.8의 젖산 완충액에서 보다 약하였다. 그러므로 이렇듯 장내 세균오염이 일반적이므로 김치재료를 세척할 때 위생적이어야 한다.

Listeria균 억제 : 김치에서 분리한 젖산균 *bacteriocin*은 *Listeria* species에 대해, 모든 *L. monocytogenase*에 대해 저해활성이 있으나, *L. denigrificans* 28과 *L. welchimeri* 89에는 *Leuconstoc paramerenteroides*에서 분리된 bacteriocin에는 저해활성이 없었다. 분리된 bacteriocins은 catalase, α-amylase, lysozyme과 열(30분, 100℃)에 안정하였다.

김치와 Thyroxin 농도 : SD계 흰쥐(♂)에게 0%, 3%, 5%, 10% 김치 식이를 6주간 섭취하게 한 후 조사한 결과, 혈중 중성지질은 10% 김치군에서 32% 감소하였고, 총 cholesterol은 모든 농도군에서 감소하였다. 또한 김치섭취군에서 VLDL과 중성지방이 저하되었으나, HDL은 증가되었다. 간의 cholesterol, 중성지방, 총 지방, Apo-B는 5%와 10%의 김치군에서 감소하였으며, 분변 중 cholesterol, 중성지방, Apo-A-1도 증가하였다. 또한 김치섭취는 thyroxin과 T_3 농도를 증가시켰다.

Quercetin의 생리활성(항HSV활성) : Quercetin(flavonoid)의 HSV-1와 HSV-2의 vero 세포 내에서의 증식억제 실험 결과, HSV-1에 대한 EC_{50}은 18.7㎍/ml, SI는 4.8, HSV-2에 대한 EC_{50}은 24.5㎍/ml, SI는 3.7을 나타냈으며, 용량의존적으로 plaque 형성을 억제하였고, HSV-1에 더 큰 활성을 보였다. quercetin과 nucleoside계 항 Herpes virus제인 acyclovir 및 vidarabine을 병용한 결과, HSV-1에는 acyclovir와 병용 시 CI value가 0.19~0.57을, vidarabine과 병용 시에 0.97~1.46을 보였고, HSV-2에 acyclovir와 병용 시 0.61~0.89를, vidarabine과 병용 시에 0.43~1.42를 보여 acyclovir와 병용이 더 우수한 상승 효과를 나타내었다.

김치 부재료와 질산염, 아질산염 및 Vitamin C : 김치 첨가 부재료를 달리한 김치를 18℃에서 24시간 예비발효 후, 4℃에서 35일간 저장하면서 질산염, 아질산염, vitamin C의 함량을 분석하였다. 염도가 2.5% 김치의 숙성도를 pH와 산도를 판정해볼 때, 초기 숙성속도는 새우젓〉멸치, 갓, 마늘〉대조구, 무〉ascorbic acid〉K-sorbate 순이었다. 35일 후 pH 기준으로 그 숙성도는 대조구〉갓〉무〉ascorbic acid〉멸치젓〉새우젓〉K-sorbate〉마늘 첨가구 순이었다. 총 vitamin C 함량은 적숙기인 2주에 ascorbic acid 첨가구를 제외한 시료들에서 18.2~26.4%로 담근 직후와 같은 수준이었다. 그중 환원형 ascorbic acid 보존율은 마늘, 갓, K-sorbate 첨가구가 비교적 좋았다. 질산염, 아질산염은 숙성 초기에 마늘, 무첨가 김치에서 높았으며, 숙성기간 중 질산염은 260~490ppm이었고, 숙성 3주째에 최소였다. 이때 아질산염은 없었고, 총 vitamin C 함량도 가장 낮았다.

김치 숙성과 MSG : 배추김치의 숙성에 미치는 monosodium glutamate의 영향을 검토하고자, MSG를 0~400mg 농도별로 첨가하여 질적 변화를 관찰한 결과, MSG가 농도의존적 젖산균의 생육을 촉진하고 산생성량를 증가시키는 데에도 불구하고, pH 변화는 대조구와 거의 유사해 MSG의 완충 효과가 인정되었다. MSG 200mg% 첨가, 48시간 숙성시킨 김치에서 젖산균수가 최대치를 보여, MSG가 김치숙성을 촉진시키는 생육인자 및 완충작용으로 생육 최적 pH를 제공하고 있음을 알 수 있다. 또 vitamin C, B_1 및 β-carotene 등의 안정화,

숙성 중 B_1과 β-carotene 보존 효과도 보였다. 관능검사 결과, 대조구보다 MSG 첨가구에서 정미성을 보였고, 산미를 순화시켜 가식기간을 다소 연장시킬 수 있음을 확인하였다.

김치숙성과 인삼 : 인삼 첨가량은 김치의 2% 정도가 기호성, 경제성에서 우수하였으며, 가식기간을 연장할 수 있었다.

김치숙성과 염도 : 배추의 소금 절임 시 염수의 초기온도가 김치숙성에 미치는 영향을 알고자, 절임 시 소금용액의 온도를 40~80℃ 범위로 절인 배추로 김치를 담근 후, 10℃에서 숙성시켜 품질 변화를 조사한 결과, 40℃군이 최적 pH를 유지하였고, 산도도 pH 결과와 같았다. 40℃군이 맛있는 김치의 신맛 유지기간이 길었고, 아삭거리는 조직감, 종합적 맛에 대한 평가가 높았다. 또한 총 균수와 젖산균수가 대조군보다 적었고, 젖산함량이 낮아 가식기간이 연장되었다. 경도는 발효전반에 걸쳐 40℃군이 가장 높은 반면 씹힘성은 40℃군이 가장 낮아, 40℃ 처리 김치가 조직감이 좋은 김치로 평가되었다.

김치숙성과 칼슘 : 김치에 칼슘을 보충코자, 꼬막, 맛조개, 모시조개, 반지락, 굴 및 소라껍질의 물 추출물을 절임배추의 5%정도로 첨가하여, 10℃에서 숙성시킨 결과, pH는 숙성 전기간에서 대조구보다 낮았다. 젖산균수는 첨가구가 높았고, 숙성 7일 이후 조회분은 첨가구(3.31~4.99%)가 대조구(2.75~3.01%)보다 높았다. 칼슘함량은 첨가구(300.2~376.0mg%)가 대조구(2.75~3.01%)보다 높았으며, 그중 굴껍질과 모시조개껍질 물 추출물을 첨가한 김치에서 높았다. 조개껍질의 물 추출물을 첨가한 김치는 대조구보다 아삭아삭한 조직감이 높은 반면, 산미는 약했다. 기호도는 담금일에 차이를 보이지 않았으나, 숙성 14일 이후에는 전반적으로 첨가구가 높았다(조개껍질의 칼슘함량은 25.57~38.78%).

김치숙성과 Vitamin C : 김치숙성 중의 vitamin C 함량의 소장 및 galacturonic acid 첨가 효과 연구에서, 김치숙성 중 vitamin C 함량은 초기에 일시적 감소를 거쳐 증가하여 성숙적기에 최고량이 되었다가 완만히 감소하였고, galacturonic acid 첨가는 숙성과정 중 vitamin C가 증가, 즉 생합성을 촉진시켰다. 김치 중 vitamin C의 생합성 및 보존에 유리한 숙성 pH는 4.0~4.5로 나타났으며, galacturonic acid를 첨가한 김치의 혐기적 숙성은 vitamin C합성 촉진보다 산화적 파괴를 억제시켜, 호기적 숙성보다 vitamin C의 증가에 유리하였다.

김치 발효조건 : 소금농도가 증가할수록 pH 감소속도는 낮았으며, 발효초기보다 말기에 효과가 컸다. 0℃에서 24일 후 산도는 0.35~0.43%, 15℃에서 8일 후 0.75% 이상, 소금농도 증가에 따른 산도증가 억제효과는 15℃보다 0℃에서 뚜렷하였다. 김치의 pH와 산도에 미치는 영향은 발효기간, 발효온도, 소금농도 순서로 큰 것으로 나타났다.

김치발효와 향신료 : 배추에 향신료의 종류와 배합량을 달리하여, 담근 김치의 숙성 중 발효속도, pH, 적정산도, 환원당 함량 및 ascorbic acid 변화를 관찰하였다. 배추의 절임염농도는 3%로, 고춧가루첨가 김치의 마늘과 청파는 1%, 2%, 3%를, 생강은 0.5%, 1.0%, 1.5%를 각각 첨가했더니, 숙성 30시간부터 2% 고춧가루군의 발효속도가 빨라졌다가 느려졌으며, 환원당 함량과 적정산도는 높았고, pH는 약간 낮았다. 마늘 첨가군의 발효속도는 12시간부터 높게 나타났고 pH 및 환원당은 같은 시간에 감소하였으나, 적정산도는 높아졌다. ascorbic acid는 숙성 6시간 후 증가하여, 최고치를 보인 18시간 후에는 담금시보다 높았다. 청파와 생강은 첨가 효과가 크지 않았다.

김치의 질산염과 아질산염 함량 : 김치류(깍두기, 배추김치, 열무김치) 저장 중 pH 및 질산염과 아질산염 함량의 변화를 알고자 실험하였다. pH의 변화 결과는 다음과 같이 나타났다. 담근 직후 깍두기 6.5, 배추김치 6.2, 열무김치 6.1이었으나, 5℃ 냉장저장 시 28일 후에 각각 6.25, 5.60, 5.60이었고, 25℃ 실온저장 시 1일 후 각각 4.65, 4.90, 5.10으로 감소하였으나, 깍두기는 계속 떨어졌고, 배추와 열무김치는 5일 후 4.2, 13일 후 각각 6.5, 6.7로 상승하였다. 질산기 함량은 담근 직후 깍두기 409.5ppm, 배추김치 1174.6ppm, 열무김치 1056ppm이였고 5℃ 저장 시, 깍두기는 20일 후 최고 743.5ppm, 24일후 161.6ppm, 배추김치는 4일 후 최고 1191.6ppm, 24일 후 최저 528.0ppm, 열무김치는 6일 후에 최고 1180.3ppm, 24일 후에 최저 452.6ppm, 25℃ 저장 시에는 전반적으로 감소하였다가 13일에 각각 344.8, 400.0, 350.0ppm으로 감소하였다. 아질산기는 담근 직후 깍두기는 7.24ppm, 배추김치는 2.60ppm, 열무김치는 5.40ppm, 5℃ 저장 2일 후부터 감소하다가 20일을 전후하여 깍두기는 3.9ppm, 배추김치는 3.7ppm, 열무김치는 4.1ppm로 감소하였고, 25℃ 저장 시 전반적으로 감소하다가 13일 후에 각각 344.8ppm, 400.0ppm, 350ppm으로 계속 떨어지는 경향을 보였다(미국 Public Health Service에 의하면 음료수의 질산성 질소함량은 10ppm 이하로 규정하고 있다).

김치양념 저장과 솔잎 분말 : 솔잎, 송화, 녹차 및 고추냉이 분말이 김치양념 저장성에 미치는 영향연구에서 김치양념의 이화학적 · 미생물학적 변화를 관찰한 결과, 김치양념 저장기간 중 모든 실험군에서 초기에 pH가 5.00~5.19, 30일에 4.79~5.04이었다. 총 산은 큰 변화가 없었으나, 총 균수와 유산균은 완만히 증식하였고, 특히 솔잎분말 첨가군에서 이화학적 · 미생물학적 변화가 가장 적었다.

김치저장과 자몽씨 추출물 : 자몽씨 추출물을 함유한 Eudragit E100 미세캡슐의 제조 및 김치에 대한 영향을 알고자, 자몽씨 추출물(GFSE)을 함유한 Eudragit E100 미세캡슐을 제조하여, 김치에 첨가하고 저장해 보았다. 저장기간 2일까지 GFSE Eudragit E100 양이 증가할수록, 김치 pH 저하가 완화되었으나 3일 후에는 큰 영향이 없었고, 총 균수와 젖산균도 GFSE의 첨가량이 증가할수록 감소하는 경향이 있었다.

Lipoxygenase 특성① : 배추의 lipoxygenase는 산소 존재 하에 cis, cis-1,4-pentadiene 구조 불포화지방산의 산화를 촉진하고, 과산화물을 형성하는 산화효소로 여러 종류의 열매 및 채소류에 분포하는데, 특히 대두, 밀 등에 많다. 콩의 lipoxygenase는 이미취, 콩비릿맛, 쓴맛, 떫은맛 등의 불쾌미를 내는 동시에, green bean puree의 곰팡이 내, 날콩 내, 풀 내, 산패취 등의 이미취를 내며, 지방을 산화시켜 맛과 향의 변화를 준다. 이 효소의 이미취는 수침이나, 세포 손상 시에 나타나므로 가열 등으로 효소를 불활성화시켜 이를 미연에 방지해야 한다. 배추 절임과정에서 효소를 측정하였더니, 조효소액 증가 시 효소의 활성이 증가하였고 최적 pH는 7.0이었다. 효소활성을 억제하기 위해 절임과 열처리를 하였다. 그러자 온도가 증가함에 따라 효소활성이 억제되었는데, 90℃에서 15분간 열처리하였더니 효소활성이 약 50% 감소되었으며, 13% 소금물에서 20시간 절이면 열처리와 유사한 결과를 보였다.

PE, PG와 POD의 효소특성[②] : 김치재료에 존재하는 pectinesterase(PE), polygalacturonase(PG) 및 peroxidase(POD)의 특성을 연구한 결과, 배추, 무우, 마늘, 생강에서 PE의 활성이 확인되었다. PE의 활성 정도는 각각 200unit/mg protein, 23.1unit, 0.8unit, 3.2unit으로 최적 pH는 모두 7.0~8.0이었다. PE 활성에 미치는 NaCl과 $CaCl_2$의 농도는 각각 배추와 무의 경우 0.2~0.3M NaCl, 50mM $CaCl_2$, 마늘의 경우는 0.05M NaCl, 20mM $CaCl_2$, 생강은 0.2M NaCl, 20mM $CaCl_2$에서 최대 활성을 보였다. 배추, 무우, 마늘, 생강에 존재하는 PG 활성과 pH는 1.5unit/mg protein, pH 4.5;1.6unit/mg protein, pH 4.5~5.5; 0.06unit/mg protein, pH 3.0~3.5;0.06unit/mg protein, pH 4.5~5.5이었다. PG 역가에 미치는 염농도의 영향은 출처에 관계없이 0.1~0.2M NaCl과 0.15~0.2mM $CaCl_2$에서 최대 활성을 보였다. 또 POD 활성과 최적 pH는, 배추의 경우71.3unit pH 6.0;769unit pH 5.5;1.09unit, pH 4.5;12.7unit, pH 5.0~5.5이었다. 염도가 POD활성에 미치는 영향을 살펴보면, 배추는 NaCl과 $CaCl_2$ 농도에 따라 활성 감소현상이 보이지 않았으나, 무는 활성 감소현상이 있었고, 마늘과 생강은 NaCl과 $CaCl_2$ 농도 증가에 따라 활성 감소에 큰 영향을 받지 않았다.

Myrosinase의 정제와 특성[③] : 배추 myrosinase(Mys)를 DEA bio-gel, concanavalin-A sepharose 및 FPLC Mono-Q column으로 분리 정제하여, SDS-PAGE상에서 단일 band를 확인하였고, 이 효소의 비활성도는 15,120units/mg, 약 21배 정제, SDS-PAGE상에서 분자량은 55kD이었다. Mys의 최적 pH는 phosphate 및 Tris-HCl 완충액에서 7.0이었고, pH 6.5~7.0에서 가장 안정하였으며, 최적 온도는 37~38℃이었다. Mys는 Cu와 Hg에 의해 저해되었고, ascorbic acid 1mM일 때 최대 활성을 보였으나, dehydroascorbic acid일 때 활성은 거의 없었다. Mys에 대한 환원제의 영향은, 2-mercaptoethanol과 dithiothreitol에 활성이 없었으나, ascorbic acid와 2-mercaptoethanol과 함께 첨가하면 활성을 나타내었다.

항암물질 : 배추 중 항암 효과 물질로는 β-carotene, quercetin, kaempferol, allylisothiocyanate 등이며, 항산화 효과 물질에는 quercetin과 kaempferol 등이 있다.

배추씨의 Glucosinolate : 십자화과 채소(배추, 양배추, 무 및 케일)의 가공 및 저장 중 glucosinolate의 분석과 그 함량 변화를 알고자, 십자화과 채소에서 glucosinolate(GS) indole glucosinolate(IGS)를 배추(6종), 양배추(5종), 무(5종), 케일(2종)에서 분리 동정하였다. 겨자에서 4종이 분리 동정되었으나, IGS는 분리되지 않았다. 배추의 GS는 속〉줄기〉잎 순으로 함유되었고, 총 GS 함량은 배추〉양배추〉무〉케일〉겨자 순이었으며(dry basis), 신선한 상태〉자연건조〉가열건조〉조리 상태 순이었다. 또 총 GS 함량은 저장기간이 경과함에 따라 감소하였다.

배추씨의 성분 : 겨자과종실 6품종(적갓, 진주대평, 서울배추 등 6종)의 조지방은 39.1~46.5%, 종실유의 요오드가는 93.4~107.2, 검화가는 170.4~185.0, 산가는 0.7~1.2로 품종 간 차이가 있었다. 전 지질 중 중성지질이 95.8~96.4%, 복합지질은 3.6~4.2%였다. 전체 지방산 조성 중 erucic acid 함량은 적갓, 진주대평, 서울배추는 33.4~51.5%, 목포 71은 0.8%이었는데, oleic acid 함량이 증가함에 따라 erucic acid 함량은 감소하였고, 중성지질 분획의 지방산은 전체 지방산 조성비와 별 차이 없었다. 탈지한 종실박 중에는 glutamic acid, leucine, lysine, arginine 및 proline 등이 많았고 이들 5종의 아미노산은 총 아미노산에 대해 약 50%였다. cycteine 및 methionine은 적게 함유하고 있었다. 필수아미노산은 전체 아미노산의 35%, 적갓, 진주대평, 서울배추에서는 methionine, phenylalanine이 제 1제한 아미노산이었고, 목포 66, 목포 71 및 목포단교 8에는 methionine만이 제 1제한 아미노산이었다.

효능과 이용

1) 효능 : 지상부 - 해열, 주갈(酒渴), 천식, 통리(通利).

2) 식용 : 우리나라 대표적인 전통발효식품인 김치의 주재료이며 국거리, 나물, 쌈, 찜, 전 등으로 이용되는 중요한 부식 중의 하나이다.

3) 약용 : 해열작용이 있으며 타액분비를 도와 소화가 잘 되게 하며, 장과 위

에서 음식물 통과를 쉽게 한다. 배추씨기름은 괴혈병에 효과가 있으며, 민간에서는 전초즙을 장 연동운동 촉진하는 설사약으로, camphor와 씨기름을 혼합하여 류머티즘, 피부병, 기관지염에 쓴다.

참고문헌

1) 강갑석, 서권일, 심기환, **식품영양과학회지**, 1995, 24(4), 563(배추 Myrosinase의 정제 및 효소학적 특성)

2) 권명자, 송영옥, 송영선, **식품영양과학회지**, 1997, 26(3), 507(흰쥐에서 김치식이가 조직과 분변의 지질 조성과 Apo 단백 및 Thyroxine 농도에 미치는 영향)

3) 권명자, 전진호, 송영선, 송영옥, **식품영양과학회지**, 1999, 28(5), 1144(김치섭취수준이 중년남성의 혈중 지질농도에 미치는 영향)

4) 김광옥, 김원희, **식품과학회지**, 1994, 116, 324(젓갈의 종류 및 첨가수준에 따른 배추김치의 발효기간 중 특성 변화)

5) 김동경, 한기영, 노봉수, **식품과학회지**, 1995, 27(1), 121(배추 중의 Lipoxygenase 측정)

6) 김동경, 한기영, 노봉수, **식품과학회지**, 1997, 29(4), 710(배추 Lipoxygenase의 특성)

7) 김동관, 김병기, 김명환, **식품영양과학회지**, 1994, 23(1), 73(배추의 환원당 함량이 김치 발효에 미치는 영향)

8) 김명환, 장문정, **응용생명과학회지**, 2000, 43(1), 7(발효온도 및 소금농도에 따른 배추김치의 발효특성)

9) 김미정, 김미향, 김순동, **식품영양과학회지**, 2003, 32(2), 161(김치의 숙성과 칼슘함량에 미치는 조개류 껍질 물 추출물 첨가 효과)

10) 김순동, 김일두, 박미자, **식품영양과학회지**, 2001, 30(5), 826(김치의 숙성과 품질에 미치는 홍국의 첨가 효과)

11) 김영미, 한달호, 정연호, 이상영, 이해익, **생물공학회지**, 1995, 10, 335(배추뿌리의 Peroxidase를 이용한 Phenol의 제거)

12) 김영소, 한성순, **생약학회지**, 1999, 30(2), 151[천연 Quercetin (flavonoid)의 항 Herpes virus 작용과 Nucleoside 계 항 Herpes virus제의 병용 효과]

13) 김예숙, 이혜수, **조리과학회지**, 1985, 1(1), 27(배추의 가열과 산 발효에 따른 Chlorophylls의 변화)

14) 김재연, 조정식, 우제승, 채갑룡, 강세원, 이상구, **국립보건원보**, 1985, 21, 553(Stress와 배추급여 수준이 Guinea pig의 성장율, 혈청 및 조직의 Vitamin C함량에 미치는 영향에 관한 연구)

15) 김정기, 이성호, **응용생명화학회지**, 1987, 30(1), 46(한국산 겨자과 종실류의 화학적 조성)

16) 김정호, **응용생명화학회지**, 1995, 38(4), 302(김치에서 분리한 젖산균 Bacteriocin에 의한 *Listeria monocytogenase*의 억제)

17) 김종현, 권명자, 이소영, 류재수, 문갑순, 최홍식, 송영옥, **식품영양과학회지**, 2002, 31(1), 109(김치가 노화촉진 쥐 간의 유리기 생성 및 항산화효소 활성에 미치는 영향)

18) 김종현, 류재두, 이한기, 박정희, 문갑순, 최홍식, 송영옥, **식품영양과학회지**, 2002, 31(1), 117(김치가 노화촉진 쥐 뇌의 유리기 생성 및 항산화효소 활성에 미치는 영향)

19) 김주연, 이숙희, 문숙희, 박건영, **식품영양과학회 1999년 제46차 추계학술발표회**, p.157(원석을 이용 처리한 배추김치 발효특성과 In vitro 암예방 기능성)

20) 김주연, 이숙희, 박건영, **식품과학회 1999년도 식품관련학회 춘계 연합학술대회 논문초록집**, p.458(In vivo에서 부재료 첨가 배추김치의 항암 효과 및 면역활성 증강 효과)

21) 김한수, 정성기, 조성환, 구재관, 이승철, **식품영양과학회지**, 2003, 32(8), 1239(자몽씨 추출물을 함유한 Eudragit E100 미세캡슐의 제조 및 김치에 대한 영향)

22) 김현주, 권명자, 서정민, 김재곤, 송수희, 서홍석, 송영옥, **식품영양과학회지**, 2004, 33(1), 52(배추김치의 활성성분인 3-(4-Hydroxyl-3', 5' -dimethoxyphenyl) Propionic acid의 고지혈증 치료 효과)

23) 김현주, 권명자, 송영옥, **식품영양과학회지**, 2000, 29(5), 900(배추김치 용매분획

이 고 콜레스테롤 식이를 섭취한 토끼의 항산화 효소계 및 인지질 지방산 조성에 미치는 영향)

24) 김현주, 송영옥, **식품영양과학회 1999년 제46차 추계 학술발표회**, p. 101(배추김치 용매활성 획분이 콜레스테롤 첨가식이를 섭취한 토끼의 지질과산화 및 항산화효소계에 미치는 영향)

25) 나영아, 박정난, **조리과학회지**, 2003, 9(4), 179(솔잎, 송화, 녹차 및 고추냉이 분말이 김치양념 저장성에 미치는 영향)

26) 남궁석, 조종후, 신광순, **영양학회지**, 1982, 15(1), 39[김치류(깍두기, 배추김치, 열무김치) 저장 중 pH 및 질산염과 아질산염 함량의 변화]

27) 류승희, 전영숙, 권명자, 문정원, 이영순, 문갑순, **식품영양과학회지**, 1997, 26(5), 814(김치 추출물의 활성산소에 대한 피부세포독성 완화효소)

28) 문광덕, 변정아, 김석중, 한대석, **식품과학회지**, 1995, 27, 257(김치 선도유지를 위한 천연 보존제의 탐색)

29) 박건영, **식품과학과 산업**, 1997, 30, 89[한국 전통 발효 식품(된장, 김치)의 발암 안정성, 항돌연변이 및 항암 가능성]

30) 박건영, **식품영양과학회지**, 1995, 24(1), 169(김치의 영양학적 평가와 항돌연변이 및 항암 효과)

31) 박건영, 조은주, 이숙희, **김치의 과학화 기술**(부산대학교 김치연구소), 1998, 4, 39(부재료첨가 배추김치의 항돌연변이 및 항암성 증진 효과)

32) 박건영, 조은주, 이숙희, **식품영양과학회지**, 1998, 27(4), 625(부재료 첨가 배추김치의 항돌연변이 및 항암성 증진 효과)

33) 박경자, 우순자, **식품과학회지**, 1988, 20, 40(Na-acetate 및 K-sorbate가 김치발효 중 pH, 산도 및 산미에 미치는 효과)

34) 박상규, 강성국, 정희종, **산업 미생물학회지**, 1994, 22, 217(떫은 감잎의 정유성분이 김치발효에 미치는 영향)

35) 박연희, 권정주, 조도현, 김수일, **응용생명화학회지**, 1983, 26(1), 35(김치에서 분리한 젖산균의 미생물 생육억제)

36) 박우포, 김재욱, **응용생명화학회지**, 1991, 34(3), 235(향신료가 김치발효에 미치

는 영향)
37) 박우포, 조용범, 이승철, 김정목, 이미정, **식품영양과학회지**, 2001, 30(5), 834[녹미채(톳) 첨가가 김치의 숙성 중 품질에 미치는 영향]
38) 박인경, 김순희, 김순동, **식품영양과학회지**, 1996, 25(6), 747(배추의 소금 절임시 염수의 초기온도가 김치숙성에 미치는 영향)
39) 박희옥, 김기현, 윤선, **식문화학회지**, 1990, 5(4), 443(김치재료에 존재하는 Pectinesterase, Polygalacturonase 및 Peroxidase 특성)
40) 배태진, 김해섭, 조영철, **수산과학연구소논문집**, 2001, 10, 54(배추에 함유된 Dimethyl-β-propiothetin 추출 및 이용)
41) 백영호, 곽정록, 김세종, 한성섭, 송영옥, **식품영양과학회지**, 2001, 30(5), 906(운동 및 김치 보충제 섭취가 비만 여중생의 신체조성 및 혈중지질에 미치는 영향)
42) 서화중, 서유석, **식품영양과학회지**, 2003, 32(8), 1351(배추김치즙의 위생 세균에 대한 항균작용)
43) 서화중, 서유석, **식품영양과학회지**, 2004, 33(1). 91(배추김치즙 투여가 고열량 섭취 흰쥐의 지질대사 및 체중 변화에 미치는 영향)
44) 성낙주, 신정혜, 서종권, 이수정, **식품영양과학회**, 1997년 제41차 춘계학술대회 초록집, p.52(배추김치 숙성 중 *N*-Nitrosamine의 생성요인)
45) 송태희, 김상순, **식문화학회지**, 1991, 6(3), 237(인삼첨가가 김치의 가식기간과 기호성에 미치는 영향)
46) 심기환, 강갑석, 서권일, **응용생명화학회**, 1992년 임시총회 및 학술발표회 초록집, p.15(배추 및 무 중의 Myrosinase 분리 · 정제 및 효소학적 특성)
47) 연미영, 현태선, **영양학회지**, 2005, 38(7), 586(한국인 상용 식품의 엽산함량 분석에 의한 식품영양가 표의 보완)
48) 오석홍, 서경원, 최동성, **응용생명화학회지**, 2000, 43(1), 34(배추의 생장 및 배추 중의 γ-Aminobutyric acid 함량에 미치는 키토산비료의 시비 효과)
49) 오영애, 김순동, **식품영양과학회지**, 1997, 26(3), 404(배추의 소금 절임과 김치숙성 중 효소류의 활성 변화)
50) 오영주, 황인주, **영양학회지**, 1997, 30(10), 1188(김치섭취가 성인남성의 철분 영

양상태 지표에 미치는 영향)

51) 유명식, 김주봉, 변유량, **식품과학회지**, 1991, 99, 420(염절임 및 가열에 의한 배추조직의 구조와 펙틴의 변화)

52) 윤석인, 박길동, 김영찬, 임명희, 이철, **특허공보 제 1766호**, 1990(산초 추출물을 첨가한 김치류의 보존연장 방법)

53) 윤숙영, **영양학회지**, 1979, 12(1), 59(장내 세균류의 김치 유산균에 대한 길항작용)

54) 윤진숙, 이혜수, **식품과학회지**, 1977, 9(2), 116(김치의 휘발성 향미성분에 관한 연구)

55) 이귀주, **동아시아 식생활학회지**, 1995, 5, 79(김치숙성 과정 중 조직감의 변화)

56) 이남진, 전재근, **응용생명화학회지**, 1982, 25, 197(배추김치의 순간살균 조건이 김치의 정장성에 미치는 영향)

57) 이명희, 이기동, 손광진, 윤성란, **식품영양과학회지**, 2002, 31(3), 417(배추의 절임조건에 따른 관능적 특성 및 물성 변화)

58) 이서래, **최신원예**, 1986, 289, 108 (배추-채소의 약리작용)

59) 이선미, 이숙희, 박건영, **식품위생안전성학회지**, 1997, 12(4), 321[*Salmonella* 실험계에서 십자화과 채소류(양배추, 배추, 케일, 콜리플라워, 브로콜리, 유채)의 항돌연변이 효과]

60) 이선화, 우순자, **식문화학회지**, 1989, 4(2), 161(배추김치 숙성 중 일부 첨가재료가 질산염, 아질산염 및 Vitamin C 함량에 미치는 영향)

61) 이신호, 박경남, 이용숙, **식품영양과학회지**, 1999, 28, 359(자초, 황금추출혼합물과 오존처리한 게껍데기의 첨가가 배추김치 발효에 미치는 영향)

62) 이영옥, 최홍식, **생명과학회지**, 1996, 6, 66(김치 용매 추출물의 항산화성)

63) 이윤미, 권명자, 김재곤, 서홍석, 최재수, 송영옥, **식품과학회지**, 2004, 36(1), 129(배추김치의 Dichloromethane 획분으로부터 항산화 물질의 분리 및 동정)

64) 이철우, 고창영, 하덕모, **산업 미생물학회지**, 1992, 20, 102(김치발효 중 젖산균의 경시적 변화 및 분리 젖산균의 동정)

65) 이철호, 황성연, 황인주, 윤의정, **식생화문화학회지**, 1988, 3(3), 309(보존료, 젓갈, CaCl2 첨가가 김치발효 중 배추잎의 조직감 변화에 미치는 영향)

66) 이태영, 이정원, **응용생명화학회지**, 1981, 24(2), 139(김치성숙 중의 Vitamin C 함량의 소장 및 Galacturonic acid 첨가 효과)
67) 이해익, 박경숙, 최용순, 이상영, **산업미생물학회지**, 1991, 19, 470(배추 기원 Peroxidase의 정제 및 성질)
68) 이희섭, 이철호, 이귀주, **조리과학회지**, 1987, 3(1), 64(배추의 염장과정 중 성분변화와 조직감의 변화)
69) 임종락, 박현모, 한홍의, **미생물학회지**, 1980, 27, 404(김치에 서식하는 Gram(+)균의 분리와 젖산균의 동정)
70) 장경숙, **식품영양과학회지**, 1989, 18(4), 321(김치용 천연 pH 조정제 연구)
71) 장경숙, **식품영양과학회지**, 1990, 19(4), 342(배추김치의 숙성에 미치는 Mono Sodium Glutamate의 영향)
72) 전재근, 이남진, **응용생명화학회지**, 1996, 25(6), 905(김치의 순간살균 조건이 김치의 저장성에 미치는 영향)
73) 전혜년, 권명자, 송영옥, **식품영양과학회지**, 2002, 31(5), 814(김치용매 획분이 고Cholesterol 식이를 섭취한 토끼의 심장, 신장 및 폐의 지질 축적에 미치는 영향)
74) 전혜년, 김현주, 송영옥, **식품영양과학회지**, 2003, 32(2), 250(김치용매 획분이 고Cholesterol 식이를 섭취한 토끼의 심장, 신장 및 폐의 항산화 효소계활성에 미치는 영향)
75) 정태규, 문태화, 박관화, **식품영양과학회지**, 1993, 22(4), 576(배추 Polygalacturonase의 열안정성)
76) 정하숙, 고영태, 임숙자, **식품영양과학회지**, 1985, 14(1), 36(당류가 김치의 발효와 Aascorbic acid의 안정도에 미치는 영향)
77) 조은주, 이숙희, 강갑석, 박건영, **식품영양과학회지**, 1999, 28(6), 1326(배추김치의 분획물의 in vitro 항암 효과)
78) 조은주, 이숙희, 박건영, **김치의 과학화 기술(부산대학교 김치연구소)**, 1999, 5, 21[배추김치 분획물 (In vitro)의 항발암 효과]
79) 조재선, **식문화학회지**, 1991, 6, 479(김치숙성 중 미생물의 동태와 성분 변화)
80) 지승택, 박종흠, 현창기, 신현길, **식품영양과학회지**, 2000, 29(2), 316(Comet

Assay를 이용한 전통발효식품인 배추김치의 항유전 독성 효과)
81) 차보숙, 김우정, 변명우, 권중호, 조한옥, **식품과학회지**, 1989, 21(1), 109(김치 저장성 연장을 위한 γ-선 조사)
82) 차연수, 오석홍, **식품영양과학회지**, 2000, 29(3), 500(배추 γ-Aminobutyric Acid의 탐색 및 배추첨가 식이가 알콜 투여 흰쥐의 지방대사와 간기능에 미치는 영향)
83) 최명원, 김광혁, 박건영, **식품영양과학회지**, 1997, 26(2), 254(김치 추출물이 Sarcoma-180 세포의 성장과 마우스 식균활성에 미치는 효과)
84) 최선혜, 김현주, 권명자, 백영호, 송영옥, **식품영양과학회지**, 2001, 30(5), 913(김치보충제가 건강한 성인의 혈중지질농도에 미치는 영향)
85) 최신양, **식품산업과 영양**, 1996, 1(1), 88(김치 연구문헌 목록;1955~1996)
86) 최운영, 김소희, 박건영, **식품영양과학회 1998년도 춘계 공동학술발표회**, p.233(유기 배추김치의 항돌연변이 및 항암 효과)
87) 한재숙, 서봉순, **영남대자원문제연구논문집**, 1989, 8(1), 131(김치의 발효과정에 있어서 Capsaicin이 김치의 성분 및 관능성에 미치는 영향)
88) Bilyk, A., Spears, G. M., J. Agric. Food Chem., 1985, 33(2), 226 (Distribution of quercetin asnd kaemferol in lettuce, kale, chive, garlic chive, leek, horse radish, red radish and cabbage tissues)
89) Brocker, E. R. et al., Phytochemistry, 1983, 22, 770 (Biosynth., 1-Cyano-3,4-epithiobutane)
90) Cheigh, H. S.. Park, K. Y., Crit. Rev. Food Sci. Nutr., 1994, 34, 175 (Biochemical, microbiological and nutritional aspects of kimchi)
91) Cheigh, H. S., Lee, Y. O., Choi, T. S., Food Industry Nutr., 1998, 3, 47 (Antioxidative properties of kimchi and materials for kimchi.)
92) Cole, R. A., Phytochemistry, 1975, 14, 2293 (1-Cyano-4,5-epithiobutane)
93) Daxenbichler, M. E. et al., J. Agric. Food Chem., 1964, 12, 127 (occur, very pungent, Allylisothiocyanate)
94) Ensminger, Ensminger, Konalande, Robson, Food and Nutrition Encyclopedia, 2nd ed., CRC press, 1994, 970 (Nutritive value)

95) Hasegawa, M. et al., Phytchemistry, 1940, 11, 299; CA, 35, 1403 (Campesterol, Kaempferol, isol)

96) Kuse, S. et al,, Anal. Chem, Acta, 1974, 70, 64 (use, Oxalic acid)

97) Lewis, R. J., Sax' s Dangerous Properties of Industrial Materials, 8th ed., Van Nostrand-Reinhold, 1992 AGI 250 (NX 82255000, Allylisothiocyanate)

98) Lewis, R. J., Sax' s Dangerous Properties of Industrial Materials, 8th ed., Van Nostrand-Reinhold. 1992, EBD 600 (1-Cyano-3,4-epithiobutane, seeds)

99) Lewis, R. J., Sax' s Dangerous Properties of Industrial Materials, 8th ed., Van Nostrand-Reinhold. 1992, CCK 685 (β-Carotene)

100) Park, K. Y., Kweon, M. H., Baik, H. S., Cheigh, H. S., Environ. Mut. Carcino., 1988, 8, 13 (Effect of L-ascorbic acid of the mutagenicity of aflatoxin B1 in the *Salmonella* assay system)

101) Park, K. Y., Baek, K. A., Rhee, S. H., Cheigh, H. S., Foods Biotech., 1995, 4, 141 (Antimutagenic effect of kimchi)

102) Rhee, H. I., Park, K. S., Choi, Y. S., Lee, S. Y., Korean J. Appl. Microbiol Biotechnol., 1991, 19, 490 (Purification and characterization of peroxidase from chinese cabbage)

103) Schweiter, U. et al., Chimia, 1965, 19, 294 (Props, β-Carotene)

104) The Flavonoids;Advances in Research since 1980, (ed. Harborne, J. B) Capmann and Hall, London, 1988 (antioxidant, Quercetin)

105) Voirin, B., Phytochemistry, 1983, 22, 2107 (Quercetin, Antioxidant)

106) Wakabayashi, K., Nagao, M., Ochiai, M., Tahira, Y., Yamaizumi, Z., Sugimura, T. A., Mutation Res., 1985b, 143b, 17 (Mutagen precusor in chinese cabbage, indole-3-acetonitrile, which becomes mutagenic on nitrite treatment)

21 부추 *Allium tuberosum* Rottler

백합과(Liliaceae)

Chinese chives, Korean leek(英), Nira(日), 韮菜, 韭菜(中), 정구지, 솔(별명)

원산지 : 중국 서부

용도 : 잎(식용)
잎, 씨, 뿌리(약용)

역사

중국 서부원산으로 고대에 이미 중국에서 재배되어 한국, 일본 및 동남아시아로 전파되어 아직도 동양적 채소로 많이 이용되고 있다. 우리나라에도 도입되어 향약구급방(鄕藥救急方)에서 비(韭)는 속운후채(俗云厚菜)라 하여 부추의 고어(古語)가 부치임을 알 수 있다.

국내 총생산은 1992년 836M/T, 1993 2048M/T, 1994년 3,317M/T로 증가추세에 있으며, 경북 영일과 경기 남양주 일대에서 주로 생산되고 있다.

식물학적 특성

각지에서 재배하는 다년초 식물로 키는 30~40㎝ 정도이다. 전체에 특이한 냄새가 나며 비늘줄기는 좁은 난형이고 겉 비늘줄기는 검은 빛을 띤다. 잎은 선형으로 평평하고 녹색이다. 흰색 꽃은 줄기 끝에 반구형 산형화서로 달리고, 심장형 열매는 삭과로 결실한다(씨가 6개).

동속식물로는 산부추(*A. thunbergii*), 두메부추(*A. senescens*), 한라부추(*A. taquetii*) 등 우리나라에 11종이 서식한다.

성분

1) 영양성분

① 부추 생것(6162) 100g 중 열량 31.0kcal, 단백질 4.3g, 지질 0.4g, 당질 3.7g, Ca 34mg, P 27.0mg, Fe 2.90mg, Na 36mg, K 480mg, Zn 0.34mg, vitamin A 638RE, B_1 0.41mg, B_2 0.06mg, C 41mg, 엽산 57.8㎍, E 0.92mg. 〈식이섬유 2.51g〉

② 부추(재래종)(6164) 100g 중 열량 24kcal, 단백질 2.9g, 지질 0.4g, 당질 2.8g, Ca 47.0mg, P 34.0mg, Fe 2.10mg, Zn 0.34mg, vitamin A 516.0RE, β-carotene 3094.0㎍, B_1 0.11mg, B_2 0.18mg, niacin 0.8mg, C 37.0mg. 엽산 60.3㎍, E 0.92mg. 〈식이섬유 1.1g〉

③ 호부추(6165) 100g 중 열량 18.0kcal, 단백질 2.3g, 지질 0.3g, 당질 2.9g, Ca 63.0mg, P 50.0mg, Fe 1.5mg, Zn 0.34mg, vitamin. A 1390RE, β-carotene 1390.0㎍, B_1 0.09mg, B_2 0.07mg, niacin 0.7mg, C 15.0mg, 엽산 60.3㎍, E 0.92mg.

2) 특수성분

Bulb의 주성분은 Furostanol(F-00659), Diallylsulfite(D-03432), Allicin(A-01037), Allithiamin(A-01043), Methyl allyltrisulfide(D-03095), Kaempferol-3,4'-diglucoside 7-(2-feruloylglucoside)(G-00470), Kaempferol-3-(2-feruloyl-glucoside)-4',7-diglucoside(G-00470), Kaempferol-3-sophoroside-7-(2-feruloylglucoside)(G-00470), Quercetin-3,4'-di-*O*-β-D-glucopyranoside(H-00908), 1,2,3,4-Tetrahydro-β-carboline-3-carboxylic acid(T-00404), Ally (methylthio)ethyldisulfide(D-01894), Butyl(methylthio)propyl disulfide(D-03435) 등이 분리되었다.

Allium 속 식물에서 3,4-Dihydro-3-vinyl-1,2-dithiin(D-01461), *Di-2-propenylsulfide(D-03432), N-γ-Glutamyl-s-(1-propenyl)cysteine(G-00517), *2,4,6-Trihydroxybenzoic acid(T-01964), Yuccagenin(S-01107), Dimethyl tetrasulfide(D-03095), Linalool(D-03196), Methyl trisulfide(D-03305), Dimethyl disulfide(D-03095), Diallyl sulfide(D-03432), Methyl disulfide(D-03095) 등도 분리되었다.

생리활성

부추의 생리적 유용성 : 부추의 일반성분과 특수성분, 생리활성 중 심혈관 질환 예방 효과, 항산화 효과, 항미생물작용, 암예방 효과 등에 대해 유효하였다. 또한 부추 추출물을 정맥주사(토끼)하면 혈압강하와 심장흥분 작용이 나타났다.

항산화능 및 돌연변이① : 한국인 상용채소 7종(깻잎, 돌나물, 돌미나리, 시금치, 쑥갓, 참취, 부추)의 항산화능 및 돌연변이를 검색한 결과, 시료의 MDA에 대한 단백질 보호 효과는 깻잎, 돌나물이 효과적이었고, 부추〉참취〉돌미나리 순이었다. EtOH 추출물의 지질과산화억제활성은 돌나물(67.1%), 돌미나미리(61.5%)가 높았고, DPPH 라디칼 소거능은 쑥갓(78.8%), 돌미나리(73.6%) 저해활성이 있었다. 항돌연변이는 Ames test에서 간접작용은 *S. typhimurium* TA98, 2-anthramine에 대해, 돌미나리(99.8%), 깻잎(52.6%), 부추(79.6%), 쑥갓(82.8%), 시금치(74.5%), TA98에서 2-nitrofluorene의 돌연변이 저해율은 깻잎(82.8%), 참취(82.3%), 쑥갓(66.6%0, TA100에서 sodium azide 돌연변이 저해율은 돌미나리(91.8%)였다.

항산화 효과② : 부추의 in vivo에서 항산화 및 항노화 효과는 ICR 마우스에 2%, 5% 부추식이를 13개월 급여하면서 조사한 결과, 간에서의 항산화 효소계활성 중 SOD활성은 대조군에서 5개월까지 증가하다가 이후 감소하였으나, 부추식이군은 7개월까지 증가하여, 대조군보다 300% 이상 높았다. GSH-Px활성은 대조군은 9개월까지 증가하다가 감소하였으나, 부추첨가군에서 가령에 따라 계속 그 활성이 증가하였고, 특히 5% 부추첨가군의 효소활성이 가장 높아, 대조군보다 200%활성을 보였다. catalase활성은 대조군에 있어, 연령에 따라 활성의 변화가 없었고, 부추식이군에서 그 활성이 대조군보다 높았다. 간조직내의 총 glutathione 함량은 대조군보다 부추식이군이 높아, 13개월령에서 대조군보다 118% 증가하였다. 따라서 *Allium* 속식물에 함유된 항산화물질과 함황화합물이 ICR 마우스의 가령에 따른 항산화계를 적극적으로 보호한다는 것을 확인하였다.

항산화 효과③ : TBA법으로 부추의 지질과산화 억제를 측정했더니 31.6%로 나왔고, *S. typimurium* TA98로 측정한 결과 항돌연변이능은 79.6%였다.

항산화작용④ : 구자(부추씨)의 전자공여능은, 40ppm에서 시료추출액은 26.81±1.34%로 유의성 항산화효과를 보였고, superoxide dismutase의 활성은 시료 200ppm이상에서 50% 이상의 항산화활성을 보였다. nitrate reductase의 활성은 시료 40ppm 이상에서 50% 이상의 강한 활성을 보였고, xanthine oxidase의 활성은, 시료의 농도가 증가함에 따라 uric acid 생성이 감소하였다. 과산화지질 생성에 미치는 영향은 시료의 농도증가에 따라 과산화지질의 함량이 감소하였다.

간과 피부에서 산화억제① : 김치 종류를 달리한 식이가 hairless mice의 간과 피부에서 산화억제 및 광산화에 미치는 영향을 조사하기 위해 배추김치, 갓김치, 부추김치를 동결건조하고, 항산화물질을 측정하였다. hairless mouse에 10% 동결건조 김치를 20주간 투여해 사육한 후, 간의 활성산소종의 생성량을 측정한 결과, superoxide anion과 hydroxy radical 함량은 유의성 차이가 없었고, hydrogen peroxide는 갓김치와 부추김치군에서 낮아, 김치가 활성산소 소거에 효과가 있다는 사실을 알 수 있었다. 간에서 지질과산화물을 측정한 결과, 갓김치와 부추김치가 우수하였고, 피부에서는 부추김치가 유의적으로 지질과산화를 억제하였다. 또 간과 피부조직의 자외선을 조사한 후 조직산화를 측정한 결과, 갓김치와 배추김치가 낮았으나, 부추김치에서 높게 나타났다. 이로써 갓김치와 배추김치는 광산화를 억제하고, 부추김치군은 산화를 촉진한다는 것을 알 수 있었다. 갓김치와 부추김치에 chlorophyll이 많았고, β-carotene과 ascorbic acid는 갓김치에 많았다.

간과 피부에서 산화억제② : ICR-mouse에 2%, 5% 부추식이를 12개월 동안 투여한 후, 간과 피부조직의 시토졸, 마이크로솜 및 미토콘드리아를 분리하여 가령에 따른 활성산소 superoxide anion, hydroperoxide 및 hydroxy radical 함량을 측정하였다. 그 결과, 간의 활성산소 함량은 피부조직의 2배 이상 있었고, 가령에 따라 활성산소종의 함량은 증가하였다. 항산화 효과가 큰 부추를 식이에 첨가했을 때, 활성산소종의 생성을 현저히 억제하였고, 2%보다 5% 부추첨가 식이군에서 유의성 활성산소종 감소 효과가 있었다. 즉 부추에 다량 함유되어 있는 항산화 관련 물질들이 조직의 산화를 막고, 활성산소종들을 처리하는 항산화효소계 활성을 높였기 때문으로 생각된다.

간 손상 회복③ : 부추녹즙투여군, 사염화탄소투여군, 부추와 사염화탄소 투여군, 대조군을 6주간 사육 후, 사염화탄소투여군에서 혈청 중 GOT, GPT 활성도, 간 중의 TBA 반응생성물량은 대조군보다 현저히 증가되었으나, 녹즙투여군은 사염화탄소투여군보다 유의성 감소가 있었다. 또한 SOD, catalase 및 GSH-Px의 활성도는 사염화탄소 투여로 대조군보다 증가되었으나, 부추녹즙과 사염화탄소 병합투여로 SOD와 GSH-Px활성은 사염화탄소투여군에 비해 유의성 감소를 보였다. catalase도 감소하였으나, 유의성은 없었다. 비효소적 항산화물인 glutathione 함량은 사염화탄소 투여로 대조군보다 감소했으나, 부추와 사염화탄소 병합투여군은 많은 증가를 보였다. 이상과 같이 사염화탄소 투여로 각종 효소의 활성도 및 지질과산화물이 증가한 것은 사염화탄소가 간세포를 손상시킨 것이며, 부추녹즙과 사염화탄소 투여로 증가된 각종 항산화효소활성, 지질과산화물 및 항산화효소활성을 증가시키는 각종 free radical의 생성감소물질이 있음을 추정할 수 있어, 부추녹즙이 손상된 간을 회복시킴을 알 수 있었다.

항미생물 효과① : 식품오염지표로 이용되는 *E. coli*와 식중독균 *Staphyllococcus aureus*에 부추 추출물을 시험한 결과, 미생물의 생육을 저해하였으며, *S. aureus*에 더 강하였다. paper disc에 50㎕ 부추 추출물을 흡수시켰을 때, *E. coli*와 *S. aureus*가 각각 440mm^2, 609mm^2의 저해 면적을 나타냈으며, 이는 부추 농도와 비례하였다. 추출물을 68℃에서 30분간, 98℃에서 20분간 열처리해도 생육 효과가 있었고 pH 2.0에서 3시간 보관해도 항균활성을 나타냈으나, 투석한 결과 활성이 완전히 없어져, 항균물질은 저분자물질로 사려되었다.

항미생물 효과② : 부추 MeOH 추출물의 항미생물활성을 17종의 미생물을 대상으로 검색한 결과, gram(+)균 *Micrococcus luteus, Lactobacillus plantarum, Leuconostoc mesenteroides, Pediococcus cererisiae, staphylococcus aureus, streptococcus fecalis*와 gram(-)균 *Pseudomonas aeruginosa, Salmonella typhimurium, Proteus sp.* 및 효모 *Candida alnicans, Saccharomyces cerevisae* 등 광범위한 미생물억제 효과가 있었다.

항균활성③ : 생부추즙을 agar diffusion method로 항균활성을 측정한 결과, *Bacillus substilis, B. cereus, Staphylococcus aureus, Pseudomonas florescens, E. coli*, 0157:H7 등의 세균류와 효모인 *Pichia membranaefaciens* 등에서 항균작용이 나타났다. 생부추즙과 생부추 동결 후 착즙시료에서만 항균활성이 나타났고, 착즙 후 동결저장이나 데친 시료에서는 항균활성이 없었다. 또한 여과, 원심분리, 진공농축, pH 변화에 의한 항균성 변화가 없었다. 생즙시료를 첨가한 두유나 냉면육수에서도 미생물 성장저해 효과가 나타났으며, 특히 인위적 *B. cereus* 접종에도 불구하고 10℃에서 20시간 저장 시 시료첨가 육수에서 미생물은 완전히 사멸되었다.

***Listeria*균 항균활성**④ : 12종의 채소 $CHCl_3$ 추출물에 대하여 *L. monocytogenes* F-78에 항균성을 실험한 결과 마늘이 가장 강하였고, 다음 부추, 양파, 양배추였다.

항균활성물질⑤ : 부추의 항균활성물질을 추출, 분리 정제하여, GC/MS로 확인한 결과, cis-propenyl methyl disulfide, S-methyl methylthiosulphonate, dimethyl disulfide 등의 황화합물로 구성된 복합물질이었다.

항암 효과① : 부추첨가 식이가 수컷 생쥐의 암예방 효소계 및 혈중 남성 호르몬 농도에 미치는 영향을 알고자, 수컷 생쥐를 대상으로 부추 0%, 2%, 5%를 식이에 첨가하였다. 8주간 사육한 후, 각 장기들에서 암예방 지표효소인 QR(quinone reductase)과 발암물질의 활성화와 관련이 있는 AHH (arylhydrocarbon hydroxylase) 효소활성을 관찰한 결과, QR활성은 위〉소장〉

폐〉간 순으로 유도정도가 컸으며, AHH활성은 간과 폐에서 유의적으로 감소되었다. 특히 폐에서 QR 효소계의 변화 없이 1상 효소계의 감소가 관찰되어, 부추가 폐에 암예방 효과가 클 것으로 예상된다. 부추식이가 생쥐의 혈중 testosterone 함량에는 큰 영향을 미치지 않았으나, dihydrotestosterone 함량을 감소시켜, 부추식이가 전립선 암예방에 효과가 있을 것으로 기대되었다.

항암 효과② : 부추의 hexane 추출물은 SK-OV-3(Ovarian cancer), SK-MEL-2 (malignant melanoma), XF498(CNS-cancer), HCT-15(Colorectal adenocarcinoma) 등에 현저한 항암 효과를 보였다.

항암 효과③ : 부추를 건조하여 MeOH ex를 만들고, hexane(ATMH), Et_2O(ATMEE), EtOAc(ATMEA), BtOH(ATMB), 수층(ATMA) 분획을 인체 암세포주인 $HepG_2$, HeLa, MCF-7, SK-N-MC의 4종에 대하여 암세포 증식억제 및 암예방 QR(Quinone reductase) 유도활성 효과를 측정하였다. MTT assay 암세포 증식억제 실험에서 4종의 암세포주주 모두 ATMEE에서 아주 높은 농도의 존적 증식억제 효과가 있었다. 즉 15㎍/ml에서 세포주 약 90% 이상의 증식억제 효과가 있었고, 특히 신경아종세포주 SK-N-MC에 ATMEE 100㎍/ml에서 99.8%, ATMEA는 200㎍/ml 첨가 시 91% 증식억제 효과가 있었다. 암예방 QR 유도활성은 ATMB 5㎍/ml에서 대조군의 3.92배 활성이 있었다.

항돌연변이 효과 : 10종의 십자화과 채소류(양배추, 적채, 배추, 케일, 콜리플라워, 브로콜리, 무, 열무, 유채, 냉이)의 항돌연변이 효과를 *Salmonella* 시험계에서 검토한 결과, 양배추, 케일, 콜리플라워, 무즙액이 간접돌연변이 원인인 AFB_1의 돌연변이성을 상당히 저해하였으며, 양배추, 브로콜리의 즙액은 직접돌연변이활성 MNNG보다 AFB_1의 돌연변이성을 더 강하게 억제하는 것으로 나타났다. MeOH 추출한 케일, 브로콜리, 냉이는 *S. typhimurium* TA100과 TA98에서 AFB1과 MNNG의 돌연변이성을 크게 저해하였다.

항비만 효과 : 부추에서 암예방 지표효소인 quinone reductase(QR) 유도능을 확인하였고, 항산화효소 유도능도 확인되었다. QR 유도능은 음성 대조구보다 약 2배 이상의 활성을 보였다. 또한 지방세포 분해능에 의해 부추의 항비만 기능성 식품으로써의 가능성을 측정한 결과, 50㎍/㎕ 농도에서 음성 대조구의

약 3배 이상 분해능이 있어, 항비만 기능성 식품으로의 개발이 기대되었다.

효소유도 효과 : 부추, 씀바귀, 달래, 돌나물, 냉이의 hexobarbital 수면시간에 미치는 영향을 생쥐에서 측정한 결과, 부추와 돌나물의 MeOH 추출 획분에서 수면연장 효과가 있었다. 이를 분리 정제하여 얻은 활성물질은 1,2,3,4-tetrahydro-β-carbolin 3-carboxylic acid였다.

지방대사와 혈소판 응집 : 생후 4주된 SD계 흰쥐에 1% cholesterol, 30% 돈지를 첨가, 제조한 고지방 식이로 4주간 사육하여 고지혈증을 유발시키고, 들기름, 옥수수기름, 돈지로 지방급원을 달리하고, 셀룰로오스, 부추 첨가 식이로 사육한 결과, n-3계 지방산인 들기름이 n-6계 지방산이나 포화지방산보다 혈청, 총 지방, 중성지방, 총 cholesterol의 농도가 더 감소되었다. 부추첨가는 모든 지방산 군에서 총 지질, 총 cholesterol, LDL-cholesterol 함량을 더 감소시켰으며, 혈소판 수, prothrombin time, 혈소판 응집이 감소되었다. 특히 돈지 같은 포화지방산 섭취 시 혈중 지방, prothrombin time, 혈소판 응집 저하 효과가 유의적이었다.

SOD 유사활성과 수확기 : 경남 김해에서 수확되는 부추의 초벌에서 5벌에 재배되는 성분을 분석한 결과, 엽록소 함량은 3벌이 가장 많았고(2벌 : 762.24mg%, 3벌 : 775.09mg%, 4벌 : 763.47mg%, 5벌 : 198.47mg%)다. 무기질 함량은 초벌에서 Fe, K, Cu가 각 10.61mg%, 627.13mg%, 0.14mg%로 가장 많았으며, 수확횟수가 증가할수록 무기질 함량은 감소하였다. Ca, Mn, P, Zn, Na 함량은 각 117.34mg%, 1.27mg%, 92.61mg%, 0.73mg%, 21.52mg%로 5벌에서 가장 많았으며 중금속 오염지표인 Pb는 없었다. SOD 유사활성은 2벌 : 1600unit/g, 3벌 : 1357.32unit/g, 4벌 : 1317.65unit/g, 5벌 : 1291.71unit/g으로 2벌에서 가장 높았고 수확이 거듭될수록 활성이 낮았다.

산화적 Stress억제 효과 : steptozotocin(STZ) 유발하는 당뇨쥐에서 부추식이의 산화적 stress 및 lipofuscin 생성억제 효과를 알고자, STZ 유도 당뇨쥐를 10% 부추식이로 14주간 사육하였더니, 부추식이군은 간보다는 피부조직의 지질 및 단백질 산화를 유의적으로 감소시켰으며 간과 피부조직의 항산화 효소계 활성을 증가시켰다. 심장과 눈조직에서 노화색소인 lipofuscin을 측정한 결과, 부추식이군이 당뇨군보다 감소하였고, 특히 눈에서 감소하였다. 즉 부추 섭취는 당뇨합병증 발생 주원인인 산화적 stress억제 효과를 보였으며, 이로써 당뇨합병증 완화에 도움을 기대할 수 있다.

핵산과 아미노산 : 부추잎의 핵산은 adenosine, 유리 아미노산은 alanine (9.90%), glutamic acid(8.67%), valine(7.44%), aspartic acid(6.31%), phenyoalanine(5.84%), threonine(5.66%), γ-aminobutyric acid(5.18%), arginine(5.0%), lysine(4.81%), serine(4.71%), isoleucine(4.33%), leucine(3.49%) 등 31종이 분리 동정되었다.

영양성분과 항산화 효과 : 그린벨트종 부추의 영양성분을 살펴보면 초벌부추는 수분함량이 적고, 단백질, 지방, 회분이 많았다. 아미노산 함량은 2벌부추가 높았고, aspartic aicd, alanine, glutamic acid가 함유되어 있다. 또한 초벌부추의 항산화 효과가 가장 컸고, 수확이 되풀이되면서 유리기 소거 효과는 낮아졌다. 부추의 항산화성분 chlorophyll은 532.11~581.47mg%, carotenoid는 24.8~30.5mg%, vitamin C는 249.4~325.4mg%, 총 phenol은 132~1844mg%로 관찰되었다. 수확횟수가 증가함에 따라 chlorophyll은 증가하였으나, 다른 성분은 감소하였다. 특히 vitamin C와 총 phenol 함량의 급격한 감소(23.4%, 28.3%)는 항산화 효과를 감소시키는 것으로 밝혀졌다.

Sterol성분 : 부추의 sterol성분은 *Allium*속 식물 중 hypocholesterolemia effect가 가장 강한 phytosterol인 β-sitosterol이 80.02%로 가장 많다.

향기성분① : 신선한 두메부추잎 및 동결건조한 두메부추잎 증류시료를 GC, GC/MS로 분석하여 신선한 시료에서 46종, 동결건조한 시료에서 총 30종의 향기성분을 얻었다. 이들 중 aldehyde류 9(Freeze dried 5), hydrocarbone 11(8), alcohols 4(3), acids 7(2), ketones 4(3), esters 2(5), S-containing compound 9(4) 등이 분리되었다.

휘발성 향기성분② : 부추의 휘발성 향기성분을 알고자, GC와 GC/MS로 분석한 결과, 총 65종으로, 함황화합물 28종, aldehyde류 12종, alcohol류 9종, lactone류와 ester류 각각 4종, acid류와 hydrocarbon류 각각 3종, 기타 2종이 동정되었다. 동정된 성분 중 함황화합물은 73.78%로 휘발성 향기성분의 대부분을 차지하며, dimethyldisulfide(19.47%), dimethyl trisulfide(17.38%), trans-1-propenyl methyl disulfide, trans-2-hexanal, methyl allyl disulfide가 다량 동정되었다. 이들은 부추의 휘발성 향기성분의 주성분으로 사료되었다.

두메부추의 성분 : 흰 부분 100g 중 열량 72.1kcal, 탄수화물 19.0g, 단백질 0.9g, 지방 0.1g, 조섬유 2.1g, vitamin A 254.9RE, vitamin C 31.8mg, Ca 320.0mg, P 150.0mg, Fe 2.3mg, Zn 2.0mg, Cu 2.0mg, Mg 82.6mg, Mn 1.6mg, amino acid가 분석되었다. 녹색 부분 100g 중 열량 56.5kcal, 탄수화물 14.4g, 단백질 1.1g, 지방 0.1g, 조섬유 1.0g, vitamin A 1.538.3RE, vitamin C 33.7mg, Ca 430.0mg, P 240.0mg, Fe 2.3mg, Zn 1.9mg, Cu 0.2mg, Mg 100.6mg, Mn 2.3mg이 있었다.

효능과 이용

1) 효능 : 韮根(뿌리) - 온중(溫中), 행기(行氣), 산어(散瘀), 순환원활, 고장, 대하.
韮子(씨) - 보간신(補肝腎), 난요슬(暖腰膝), 장양고정(壯陽古精).
韮菜(지상부) - 온중(溫中), 행기(行氣), 산혈(散血).

2) 식용 : 지상부는 부추떡, 부추전, 부추장아찌, 부추 겉절이, 부추 겨자초 등에 쓰이며 중국식 부추무침, 부추전, 부추잡채, 부추꽃볶음, 부추죽 등의 음식과 양념에도 쓰였다. 지금도 오이소박이와 장아찌 속으로 애용되고 건강주나 녹즙으로도 이용된다.

3) 약용 : 한방에서는 부추경엽(韮菜)을 지혈제로, 종자는 비채자(菲菜子, 菲子)라 하여 강심강장제(强心强壯劑)로 쓰며, 유정(流精), 요통, 빈뇨, 설사, 백대하, 치통 치료, 딸꾹질 등에 사용하였다. 중국에서는 그 뿌리를 가슴이 답답할 때나 백대하, 상처, 혈뇨, 비출혈에 이용한다.
민간에서는 위장병, 기관지염, 간장병, 각체, 월경불순, 신경쇠약, 구충, 가시 찔린 데 쓰며, 부추씨는 구자라하여 자양, 고정(固精), 산혈(散血), 해독, 간장과 신장을 보하는 데 사용하며 향기도 있다.

부추씨 달인 물에 청주를 넣어 마시면 만성요통에 효과가 있었고, 정력강화제로도 쓰였다.

참고문헌

1) 곽연주, 전희정, 김정상, **조리과학회지**, 1998, 14(5), 513 (수확시기별 클로로필, 무기질, Superoxide Dismutase유사활성의 변화)

2) 곽연주, 전희정, 이민자, 권태완, 김정상, **1998년도 식품과학회, 식품영양과학회 춘계 공동학술발표회 및 총회**, p.237 [부추 첨가식이가, 암예방 효소계활성(흰쥐)과, 혈중 Testosterone 농도에 미치는 영향]

3) 곽연주, 전희정, 이민자, 권태완, 김정상, **식품영양과학회지**, 1998, 27(5), 968 (부추 첨가식이가 수컷 생쥐의 암예방 효소계 및 혈중 웅성호르몬 농도에 미치는 영향)

4) 국립수목원, **희귀 및 멸종위기 식물도감**, 산림청국립수목원, 1997, 37

5) 김경업, 김성희, 정효숙, 유영법, 이종호, **식품영양과학회지**, 1998, 27(6), 1071 (김치숙성 중 부추의 Chlorophyll 및 유도체의 함량 변화)

6) 김선재, 박근영, **식품과학회지**, 1996, 28(3), 604 (부추의 항미생물활성물질)

7) 김선재, 박근형, **식품과학회지**, 1995, 27(5), 813 (부추의 김치발효 지연과 미생물 증식억제)

8) 김유경, 이귀주, **조리과학회지**, 1999, 15(3), 258 (김치발효 중 펙틴질, 무기질 함량, 조직감)

9) 김태정, **한국의 자원식물** V, 서울대학교 출판부, 1998, 150

10) 류복미, 류승희, 이유순, 전영수, 문갑순, **식품영양과학회지**, 2004, 33(2), 291 (김치 종류를 달리한 식이가 Hairless mice의 간과 피부에서 산화억제 및 광산화에 미치는 영향)

11) 문갑순, 류복이, 이민자, **식품과학회지**, 2003, 35(3), 493 (수확기에 따른 부추성분 및 항산화 효과 변화)

12) 문갑순, 이민자. **식품영양과학회지**, 2003, 32(3), 444 (장기간 부추식이가 ICR 마

우스의 간과 피부조직의 활성산소종 생성에 미치는 영향)
13) 박성희, 조성지, 이인선, 이정옥, 이인자, 김종원, **생약학회지**, 1996, 27(4), 383 (부추 Hexane 추출물의 항암 효과)
14) 박윤자, 김미향, 배송자, **식품과학회지**, 2002, 34(4), 688 (부추 추출성분의 항발암 효과 연구)
15) 박용기, **본초학회지**, 1999, 14(2), 33 [구자(韮子 : 부추씨)의 항산화 작용에 관한 연구]
16) 박은령, 조정옥, 김선민, 이명렬, 김경수, **식품영양과학회지**, 1998, 27(4), 563 (부추의 휘발성 향기성분)
17) 신동화, **식품과학과 산업**, 1990, 23, 68 (천연항균성 물질의 연구현황과 식품가공에의 이용)
18) 안령미, 고금숙, 황성희, **유화학회지**, 1991, 8, 183 (콜레스테롤 투여 흰쥐의 혈청지방과 정맥압)
19) 안령미, **동덕여대 동덕논총**, 1991, 21, 333 (부추가 Cd 독성 흰쥐의 혈청테스토스테론과 고환에 미치는 영향)
20) 안정미, 이숙희, 송영선, **식품산업과 영양**, 2001, 6(3), 68 (부추의 생리적 유용성)
21) 연미영, 현태선, **영양학회지**, 2005, 38(7), 586 (한국인 상용 식품의 엽산 함량 분석에 의한 식품 영양가 표의 보완)
22) 오세인, 이미숙, **식품영양과학회지**, 2003, 32(8), 1344 [한국인 상용채소 7종(깻잎, 돌나물, 돌미나리, 시금치, 쑥갓, 참취, 부추)의 항산화능 및 돌연변이 검색]
23) 오세인, 이미숙, **식품영양과학회지**, 2003, 32(8), 1344 (상용채소종의 항산화능 및 항돌연변이능 검색; 돌나물, 깻잎, 돌미나리, 시금치, 부추, 참취, 쑥갓)
24) 이명렬, **식품영양과학회지**, 2001, 30(1), 102 (부추 녹즙이 사염화탄소투여에 의한 흰쥐의 간 손상에 미치는 영향)
25) 이미순, 정미숙, **조리학회지**, 2001, 17(1), 55 [두메부추(*Allium senescens*)의 휘발성 향기성분 분석]
26) 이민경, 이정아, 박인식, **식품영양과학회지**, 2001, 30(1), 196 (부추 추출물에 의한 *E. colli* 및 *Staphyllococcus aureus*의 생육저해 효과)

27) 이민자, 류복미, 이유순, 문갑순, **식품영양과학회지**, 2002, 31(5), 834 (장기간의 부추식이가 ICR 마우스의 항산화 시스템에 미치는 영향)

28) 이민자, 문갑순, **식품과학회 1999년도 식품관련학회 춘계 연합학술대회** 논문초록집, p. 451 (부추식이의 활성산소 소거 효과);정근옥, 박건영, p. 459 (추출물의 인체 암세포 증식 및 성장 억제 효과)

29) 이민자, 문갑순, **식품산업과 영양**, 1997, 2, 84 (항산화, 수확시기별 성분)

30) 이병환, 신동화, **식품과학회지**, 1991, 23(2), 200 (식품 부패미생물의 증식을 억제하는 천연항균물질의 검색)

31) 이선미, 이숙희, 박건영, **식품위생안전성학회지**, 1997, 12(4), 321 [*Salmonella* 실험계에서 십자화과 채소류(양배추, 배추, 케일, 콜리플라워, 브로콜리, 유채)의 항돌연변이 효과]

32) 이점옥, 류승희, 이유순, 김정인, 문갑순, **식품영양과학회지**, 2003, 32(8), 1337 (Steptozotocin 유발 당뇨쥐에서 부추식이의 산화적 Stress 및 Lipofuscin 생성억제 효과)

33) 이정아, 김은애, 김기남, 김지은, 이민경, 박인식, **식품산업과 영양**, 1997, 2, 72 (항세균활성과 열안정성)

34) 이종임, 이현순, 전우진, 유광원, 신동훈, 홍범식, 조홍연, 양한철, **식품영양과학회지**, 2000, 29(2), 335 (허브 추출물의 항응고활성 검색)

35) 장명숙, 박문옥, **조리과학회지**, 1998, 14(3), 232 (김치의 발효숙성과 들깨가루 첨가량)

36) 정경진, 박석근, **한국 민속 채소의 효능과 이용**, 서원, 1995

37) 정근옥, 서명자, 이숙희, 박건경, **식품산업과 영양**, 1997, 2, 81 (부추김치의 in vitro 항돌연변이 및 항암 효과)

38) 정미숙, 이미순, **조리과학회지**, 2001, 17(1), 60 (두메부추의 화학적 조성 및 조직감 특성)

39) 정종화, 김동술, 조태웅, 강성조, 김성영, 정덕화, **식품위생안전성학회지**, 1995, 10(1), 7 [채소 추출물(양파, 마늘, 부추, 양배추 등)이 *Listeria monocytogenes*의 생육에 미치는 영향]

40) 정현실, 노경희, 고미경, 송영선, **식품영양과학회지**, 1999, 28(1), 113 (부추의 첨가가 식빵의 물리화학적 및 관능적 특성에 미치는 영향)

41) 정현실, 송영선, **식품영양과학회 1998년 제44차 추계 학술발표회 및 정기총회**, p.141 (부추의 섭취, Streptozotocin 유발 당뇨쥐의 지질대사, 간 기능);이민자, 문갑순, p.142 (항노화 효과)

42) 정현실, 한정희, 송영선, **식품산업과 영양**, 1997, 2, 90 (부추김치의 흰쥐의 혈액성상)

43) 정희돈, 윤선주, **원예학회지**, 1996, 37(5), 611 (재래종부추의 성분, 맛의 비교)

44) 차재영, 김성규, 김현정, **생명과학회지**, 2000, 40, 273 (부추씨의 이화학적 특성과 항산화활성)

45) 최재수, 김재연, 이지현, 양한석, 이태웅, **영양식량학회지**, 1992, 21(3), 286 (부추잎으로부터 Adenosine의 분리와 유리 아미노산 조성)

46) 최재수, 박시향, 김일성, **생약학회지**, 1989, 20(2), 117 (야생 식용실물의 약물대사활성성분에 관한 연구)

47) 한국영양학회, **한국인 영양 권장량**, 제7개정판, 2000 (영양소)

48) 한용봉, 변지영, **고려대학교 사대논집**, 1991, 16, 75 (*Allium*속 식물의 Sterol 성분조성)

49) 한정희, 강민정, 송영선, 김정인, **식품영양과학회 1999년 제46차 추계 학술발표회 및 정기총회**, p. 152 (SHR, 부추가 혈압, 지질농도, 혈당에 미치는 영향)

50) 홍서아, 왕수경, **영양학회지**, 2000, 33(4), 374 (부추와 식이지방이 고지혈증 흰쥐의 혈액성상 및 혈소판응집에 미치는 영향)

51) 홍정화, 이미형, 전치수, 허성호, **식품위생안전성학회지**, 1999, 14(4), 422 (부추의 항균활성 특성과 식품에의 응용)

52) 홍정화, 이미형, 강민철, 허성호, **식품위생안전성학회지**, 2000, 15(3), 235 (부추의 항균활성물질의 분리)

53) 황철원, 신현길, 도명술, **식품과학회지**, 2001, 33(3), 279 (포항부추의 생화학적 기능성 효과)

54) Alexander, B., Spers, G. M., J. Agric. Food Chem., 1985, 33(2), 226 (Distribu-

tion of quercetin and kaempferol in lettuce, kale, chive, garlic chive, leek horse-radish, red radish, and red cabbage tissues)

55) Anguinagalde, I. et al., Phytochemistry, 1982, 21, 2875 (derivs, Quercetin-3,4'-di-*O*-β-D-glucopyranoside)

56) Bilyk, A., Spears, G. M., J. Agric. Food Chem., 1985, 33(2), 226 (Distribution of quercetin and kaemferol in lettuce, kale, chive, garlic chive, leek, horse radish, red radish and cabbage tissues)

57) Block, E., Ahmad, S., Jain, M. K., Creecely, R. W., Apitzcastro, R., Cruz, M. R., J. Am. Chem. Soc., 1984, 106, 8295 [(E,Z)-Ajoene;a potent antithrombotic agent from garlic]

58) Bock, H. et al., J. Am. Chem. Soc., 1982, 104, 312 (Bactericidal, Fungicidal, Antithyroidal, Anticancer, *Diallyl sulfide)

59) Brodnitz, M. H. et al., J. Agric. Food Chem., 1969, 17, 760 [isol, Ally(methylthio) ethyldisulfide]

60) Budzianowski, J., Phytochemistry, 1991, 30, 1679 [derivs, Kaempferol-3,4'-diglucoside;7-(2-feruloylglucoside)]

61) Cannon, J. R. et al., Aust. J. Chem., 1982, 35, 1497 (deriv, alkaloid, 1,2,3,4-Tetrahydro-β-carboline-3-carboxylic acid)

62) Choi, J. S., Kim, J. Y., Woo, W. S., Arch. Pharm Res., 1988, 11(4), 270 (Isolation of a β-carboline alkaloid from the leaves of *Allium tuberosum*)

63) Chung, H. D., Youn, S. J., J. Lor. Soc. Hort. Sci., 1996, 37, 611 (Comparison of chemical composition and taste of the Korean native chinese chive leaves)

64) Ensminger, Ensminger, Konalande, Robson, Food and Nutrition Encyclopedia, 2nd ed., CRC press, 1994, 972 (Nutritive value)

65) Gonzales, A. G. et al., Phytochemistry, 1974, 13, 627 (Yuccagenin)

66) Hahn, S. J., Takano, T., J. Kor. Soc. Hort. Sci., 1986, 27, 1 (Studies on the chinese chives(*Allium tuberosum*) and wild type of *Allium* species in Korea)

67) Hermann, K., Arch. Pharm. (Weinhein, Ger.), 1958, 291, 238, DH 8750000,

(2,4,6-Trihydroxybenzoic acid)

68) Ho, T. L. et al., Synthesis, 1974, 872 [Synth., Butyl(methylthio)propyl disulfide]

69) Hong, Y. J., Lee, M. H., Kang, M. C., Hur, S. H., J. Food Hyg. Safety, 2000, 15, 235 [Separation and Identification of antimicrobial compounds from Korean leek (*Allium tuberosum*)]

70) Huang, K. C., The Pharmacology of Chinese Herbs, 2nd ed., CRC Press, New York, 1999

71) Hwang, C. W., Shin, H. K., Do, M. S., Kim, Y. J., Park, J. H., Choi, Y. S., Joo, W. H., Korean J. Food Sci. Technol., 2001, 33, 279 [The various biofunctional effects (Anticarcinogenic, antioxidative and lypolytic activity) of Pohang buchu]

72) Ikegami, F. et al., Phytochemistry, 1992, 32, 31-4 (Cysteine synthase)

73) Isenberg. N., Int. J. Sulfur Chem., 1973, 3, 307 (rev, Allicin, Antibactericidal)

74) Jung, H. S., Noh, K. H., Cho, H. Y., Park, J. Y., Choi, C. Y., Kwon, T. W. Song, Y. S., Korean J. Life Sci., 2003, 13, 333 [Effect of buchu(*Allium tuberosum*) on lipid peroxidation and antioxidative defens system in Streptozotocin-induced diabetic rats]

75) Kameoka, H., Miyake, A., Nippon Nogeikagaku Kaishi, 1974, 48, 385 (Linanool, volatile oil of *Allium tuberosum*)

76) Keys, J. D., Chinese Herbs-Their Chemistry and Pharmacodynamics, Charles E. Tuttle, Vermont, 1976

77) Kong, E. Y., Cho, Y. O., J. Food Sci. Nutr., 2004, 9(1), 39 (Effects of *Allium* Vegetables on Energy Stores and Utilization in Exercising Rats)

78) Kudchodkar, B. J. et al., Arteriosclerosis, 1976, 23, 239 (cholesterol metabolism)

79) Lawson, L. D. et al., J. Nat. Prod. (Lloydia), 1991, 54, 436 [N-γ-Glutamyl-S-(1-propenyl)cysteine]

80) Lee, M. J., Ryu, B. M., Kim, M. H., Lee, Y. S., Moon, G. S., Nutraceut. Food, 2002, 7, 238 [Protective effect of diet buchu (Chinese chives) against oxidative damage from aging and ultraviolet irradiation in ICR mice skin]

81) Lee, M. Y., J. Korean Soc. Food Nutr., 2001, 30, 102 (Inhibitory effect of leek green juice on CCl4-induced hepatotoxicity in rats)

82) Lewis, R. J., Sax' s Dangerous Properties of Industrial Materials, 8th ed., Van Nostrand-Reinhold, 1992, DRQ 400 (Dimethyl disulfide, Dimethyl trisulfide, *JO 1927500)

83) Mackenzie, I. A., Ferns, D. A., Phytochemistry, 1977, 16, 763 (Thialnes, volatile oil of *A. tuberosum*)

84) Markham, K. R. et al., Phytochemistry, 1990, 29, 3919 [struct, Kaempferol-3-sophoroside- 7-(2-feruloylglucoside)]

85) Nishimura, H. et al., J. Agric. Food Chem., 1988, 36, 563 (isol, 3,4-Dihydro-3-vinyl-1,2-dithiin)

86) Ohloff, G. et al., Tetrahedron, 1962, 18, 37 (Linalool)

87) Peng, J. P. et al., Planta Med., 1995, 61, 58 (Furostanolglycosides)

88) Schultz, O. E. et al., Pharmazie, 1965, 20, 441 (Insecticidal, Di-2-propenylsulfide, *Methyl disulfide, isol, Methyl allyltrisulfide)

89) Shigezo, N., Nippon Shokuhin Kogyo Gakkaishi, 1981, 28, 291 (Antioxidative activities of vegetables of *Allium* species)

90) Whitfield, F. B. et al., Chem. Ind. (London), 1981, 692 (isol, Methyl trisulfide, *Methyl disulfide)

91) Yoshida, T., Saito, T., Kadoya, S., Chem. Pharm. Bull., 1987, 35, 97 (New acylated flavonol glucosides in *Allium tuberosum* Rottler)

92) Yu, B. P., Free Rad. Biol. Med., 1996, 21, 651 (Aging and oxidative stress : Modulation by dietary restriction)

93) Zheng, S. et al, J. Cell. Biochem. Suppl., 1997, 27, 106 (Chinese herbs and Vegetables for Chemoprevention)

22 상추

Lactuca sativa Linné

국화과(Compositae)

Lettuce(英), Chisa(日),
상치(일반명), 萵苣(中)

원산지 : 유럽

용도 : 잎(식용)
씨(약용)

식물학적 특성

재배하는 키 1m 정도의 월년초. 근생엽은 대형 타원형이며 경생엽은 차츰 작아지면서 위의 잎은 밑이 화살모양으로 줄기를 감싸고 양면에 주름이 많이 잡혔으며 가장자리에 불규칙한 톱니가 있다. 노란꽃은 두상화서이다. 전체가 큰 산방상으로 되고, 포엽이 많고 쓴맛이 있다. 열매는 수과 끝에 긴 부리가 있고 관모는 흰색이다.

동속식물로는 산씀바귀(*L. raddeana*), 왕고들빼기(*L. indica*), 한라고들빼기(*L. hallaisanensis*) 등 5종이 있다.

성분

1) 영양성분

① 상추 재래종(6178) 가식부 100g 중 열량은 18.0kcal, 단백질 1.4g, 지질

0.2g, 당질 3.5g, 조섬유 0.7g, Ca 60.0mg, P 51.0mg, Fe 1.10mg, Zn 0.3mg, vitamin A 269.0RE, β-carotene 1612.0㎍, B_1 0.06mg, B_2 0.13mg, B_6 0.20mg, C 17.0mg, niacin 0.4mg, 엽산 88.8㎍, E 0.44mg. 〈식이섬유 1.99g〉

② **상추 개량종**(6177) 가식부 100g 중 열량은 18.0kcal이며 단백질 1.2g, 지질 0.3g, 당질 3.5g, 조섬유 0.8g, Ca 56.0mg, P 36.0mg, Fe 2.1mg, Zn 0.22mg, vitamin A 365.0RE, β-carotene 2191.0㎍, B_1 0.07mg, B_2 0.08mg, B_6 0.2mg, C 19.0mg, niacin 0.4mg, 엽산 88.8㎍, E 0.44mg.

③ **양상추**(6225) 가식부 100g 중 열량은 11.0kcal이며 단백질 0.9g, 지질 0.1g, 당질 2.3g, 조섬유 0.5g, Ca 32.0mg, P 27.0mg, Fe 0.6mg, Zn 0.40mg, vitamin A 16.0RE, β-carotene 96.0㎍, B_1 0.04mg, B_2 0.05mg, B_6 0.20mg, C 7.0mg, niacin 0.2mg, 엽산 66.7㎍, E 1.20mg. 〈식이섬유 1.19g〉

2) 특수성분

2-Butyl-2-octenal(E, B-01140), 3,14-Dihydroxy-11,13-dihydroxe-ostunolide(D-01938), Lactucerol(T-00847), Lactucin(D-02523), Lactupicrin(D-02523), Lettucenin A(O-00699), 4,6,8-Decatriyn-1-ol(D-00219), 2-Aminoadipic acid(A-01366), 9-*cis*-β-Carotene(C-00451), Choline(C-01219), Dehydroascorbic acid(D-00280), Germanicol acetate(O-00385), Lupeol;acetate(L-00847), Lutein(L-00885), Luteolin(T-00771), Macrocliniside A(D-02018), Oxalic acid(O-00584), Quercetin(P-00565), Saccharopine(S-00003), Trigonelline(T-01917), α-Amyrin;acetate(U-00159), Cichoriin(D-01543), β-Amyrin acetate(O-00383), β-Carotene(all-trans, C-00451), γ-Aminobutyric acid(A-01234) 등이 있고, 또 동속식물에서는 4,6,8-Decatriyn-1-ol(D-00219), Lactuside A(D-01938), B(D-01938), Lactuside C(D-01938), Macrocliniside A(D-02018), *Xylitol(X-00097), 3β-Hydroxy-11β, 13-dihydroacanthospermolide(D-02509), 3β, 14-Dihydroxy-11β,13-dihydrocostunolide(D-01938) 등도 분리되었다.

생리활성

항돌연변이 효과 : Aflatoxin B_1과 4-NQO에 대한 녹황색 채소류의 항돌연변이 효과를 알아 보았다. 녹황색 채소류의 MeOH 추출물과 주스는, *S. typhimurium* TA98과 TA100에 들깻잎, 상치, 브로콜리, 쑥갓, 미나리, 들미나리, 홍고추, 고추잎, 비름, 시금치, 무의 MeOH 추출물에서 강한 항돌연변이 원성율, 50% 저해 효과를 보였으나, direct mutagen인 4-NQO에 60% 이상 저해 효과 시료는 양배추, 케일, 상치, 브로콜리, 갓, 풋고추, 피망, 시금치, 비름, 콩나물, 애호박이었다. 주스의 aflatoxin B_1에 대한 항돌연변이 효과는 들깻잎, 들미나리, 시금치, 양배추에서 용량의존적(50~500μl/plate)으로 증가하였으나, 오이와 당근은 큰 저해 효과가 없었다.

ACAT 억제 : 상추 MeOH 추출물을 EtOAc, n-BuOH, H2O로 분배추출하였더니, 이 중 EtOAc 분획에서 ACAT 억제활성이 확인되었다. 분리, 정제, 기기분석 data를 종합 분석한 결과, isoprenoid와 tetramer C_{20}의 phytol을 동정하였다. 이는 acyclic diterpene alcohol로 식물조직에서 chlorophyll의 구성성분 porphyrin 고리에 propionic acid와 ester 결합을 하고 있다. 이 물질은 ACAT활성을 억제한다.

타감성 생육저해 물질 : 결명자를 MeOH : $CHCl_3$: H_2O(2 : 1 : 0.8)의 혼합용매로 추출하고, 이를 $CHCl_3$, EtOAc, BuOH로 분획, 상추의 발아와 유모 성장을 통해 활성을 확인한 결과, 각 분획에 모두 활성을 보였다.

타감작용성 : 화학물질을 환경에 분비하여, 타식물의 발아 및 생육을 저해하는 타감작용(allelopathy)물질을 들깨와 쑥에서 추출해 휘발성분의 타감작용을 탐색하고자 했다, 들깻잎의 수용성 추출물은 무, 벼, 녹두, 상치로 생물검정한 결과, 상치〉벼〉무우〉녹두 순으로 발아 및 유묘생장이 저해되었고, 휘발성분에서는 발아 저해보다 유묘의 생육을 저해하였다. 쑥의 휘발성분은 깻잎 휘발성분보다 활성이 높았으며, 저해도는 상치〉우〉벼〉녹두 순이었다.

휘발성 타감작용 : 들깨와 쑥잎에서 휘발성 물질을 얻어, 이를 벼, 무우, 녹두, 상치를 대상으로 타감작용을 확인하였다. 들깻잎의 휘발성분을 분리하여 분석한 결과, terpenoid 4종, aldehyde 3종, alcohol 3종, 탄화수소류 3종, 기타 성

분 1 종을 동정하였고, 쑥의 휘발성분은 terpenoid 9종, aldehyde 3종, alcohol 1종, 기타 성분 1종을 검출하였다. 들깻잎 수증기 증류에서 얻은 물질은 terpenoid 2종, alcohol 2종 이었고, 쑥은 terpenoid 6종, alcohol 1종, 탄화수소 1종, 기타 성분 2종이었고, 이들을 분획한 획분을 무에 대한 타감작용을 조사한 결과, 활성이 컸다. 이를 GC-MS로 분석한 결과, 들깻잎에서 terpenoid 7종, alcohol 2종 등 9종이, 쑥에서 terpenoid 15종, alcohol 3종, aldehyde 1종, 탄화수소류 2종, 기타 성분 3종 등 24종을 동정하였다.

오존처리와 항산화활성 : 상추에 0.2㎕/L 농도 오존처리 시, 활성산소 제거능에 관여하는 항산화 효소의 활성도 변화를 관찰한 결과, superoxide dismutase (SOD)활성도 변화는 품종 간 적은 변화를 보였으나, 청치마는 노출 4시간 후에 큰 활성도 증가를 보였다. 적치마는 3시간 후에 급격한 증가를 보이다가 이후에 별로 변동이 없었다. catalase 활성도에 있어 청치마는 3시간까지 완만한 증가를 보였고, 일정 수준을 유지하였으나 적치마는 뚜렷한 변화가 없었다. ascorbate peroxidase의 경우, 청치마에서 2시간 처리 후 점진적으로 활성도가 증가하였고 적치마는 3시간까지 급격하게 증가하였다가 그 이후에 일정 수준을 유지하였다. glutathion reductase 활성도에 있어서는 청치마는 노출시간에 따라 증가하였고, 적치마는 3시간 노출 시 급격한 활성도 증가를 보이다가, 이후 서서히 증가하였다. 동위효소의 전기영동 패턴은 대조구의 ascorbate peroxidase의 활성밴드의 비율이 각각 67.31%, 16.42%이었고, 0.2㎕/L, 3시간 노출 시 동위효소의 활성밴드 비율이 각각 56.00%, 19.80%와 24.20%이었다. glutathione reductase는 하나의 활성밴드가 확인되었고, 오존노출 시 활성강도가 약간 증가하였다.

부위별 생리활성 : 상추의 흰 유액 중 lactucin은 analgesic effect, sedative effect, anesthetic effect가 있고, 경엽의 쓴맛성분 중 quercetin glucuronide, luteolin glucuronide는 심장, 위장에 작용한다. 씨는 쓴맛이 있으며, diuretic effect가 있다. 상추잎의 쓴맛성분은 lactupicrin이다. 또한 cholesterol의 체내 축적과 동맥경화증, 고혈압을 예방할 수 있고, 항돌연변이 및 항암 효과가 있다. 씨와 전초에는 sedative, diuretic, antidiabetic effect가 있다.

Quercetin의 생리활성(항HSV활성) : Quercetin(flavonoid)의 HSV-1와 HSV-2의 vero 세포 증식억제 실험 결과, HSV-1에 대한 EC_{50}은 18.7㎍/ml, SI는 4.8, HSV-2에 대한 EC_{50}은 24.5㎍/ml, SI는 3.7을 나타냈으며, 용량의존적으로 plaque형성을 억제하였고, HSV-1에 더 큰 활성을 보였다. quercetin 과 nucleoside계 항 Herpes virus제인 acyclovir 및 vidarabine과 병용 실험 결과, HSV-1에는 acyclovir 와 병용 시 CI value가 0.19~0.57을, vidarabine과 병용 시에 0.97~1.46을 보였고, HSV-2에 acyclovir와 병용 시 0.61~0.89를, vidarabine과 병용 시에 0.43~1.42를 보여 acyclovir와의 병용이 더 우수한 상승 효과를 나타내었다.

저장과 품질 : 저장온도는 4~5℃보다 0~1℃가 더 적당하며, 적축면보다 청치마에서 저장상태가 좋았다. 가을재배보다는 겨울재배일 경우 더 오래 저장할 수 있었는데, 저장 중 황화현상의 이유는 carotenoid보다 주로 chlorophyll파괴 때문이다. vitamin C함량은 적축면보다 청치마에서, 또 가을재배보다는 겨울재배상추에서 많았고, 4~5℃보다 0~1℃ 저장에서 vitamin C의 감소가 덜 일어났다. nitrate는 적축면이 3812.6ppm, 청치마가 2856.6ppm 함유하였고, 4~5℃보다 0~1℃ 저장에서 다소 억제되었다.

질산염과 아질산염 함량 : 엽채 23종, 과채류 4종, 근채류 4종, 향신 채소류 7종 및 과실류 15종에 대하여 질산염과 아질산염 함량을 조사한 결과, 아질산염은 상치(349.mg/kg), 질산염은 겨자잎(415.7mg/kg), 애호박(86.2mg/kg), 오이(평균 5.5 mg), 적고추에 많았으며, 질산염은 청고추가 적고추보다 7배 많았다.

기타 연구 : lupeol은 antirheumatic, antitumor effect, trigonelline은 anticancer (cervix, liver), hypocholesterolemic, hypoglycemic effect, γ-aminobutyric acid은 antihypertensive, neurotransmitter effect, choline은 antialzheimeran, anticirrhotic, htpotensive effect, β-carotene은 antitumor, antiulcer effect, quercetin은 antilipoperoxidant, antioxidant effect 물질이다.

효능과 이용

1) 효능 : 전초, 씨 - 소변불리(小便不利), 뇨혈(尿血), 유즙불통(乳汁不通).

2) 식용 : 쌈, 샐러드, 겉절이 등에 다양하게 이용한다.

3) 약용 : 동의에서는 경맥이 잘 통하도록 근골을 튼튼히 하고, 오장을 튼튼히 하며, 해열 효과가 있다 한다. 소변을 잘 못 보거나 유즙부족에 상추씨를 탕제로 이용하며, 혈뇨(血尿)에도 쓰고 있다.

참고문헌

1) 강상재, 오중열, 정재동, **원예학회지**, 1999, 17(2), 201 (오존처리에 의한 상추의 항산화효소 활성도 변화)

2) 김선희, 문경애. **환경관리학회지**, 2000, 6, 429 (곰솔 수용추출액이 상치의 종자 발아에 미치는 영향)

3) 김영소, 한성순, **생약학회지**, 1999, 30(2), 151 [천연 Quercetin (flavonoid)의 항 Herpes virus작용과 Nucleoside 계 항 Herpes virus제의 병용 효과]

4) 문보흠, 이병일, **원예학회지**, 2001, 42(1), 60 (수확 전 양액조정에 따른 미나리와 상추의 체내 질산태질소와 Ascorbic acid 함량의 변화)

5) 문보흠, 이병일, **원예학회지**, 2002, 43(4), 429 (Sodium L-Ascorbate의 시비방법에 따른 수경 상추의 체내 질산태질소 및 Ascorbic acid 함량 변화)

6) 신정혜, 강민정, 양승미, 김형식, 성낙주, **식품위생안전성학회지**, 2002, 17(2), 101 (채소류와 과실류 중의 질산염 및 아질산염의 함량)

7) 양용준, 박권우, 정진철, **식품과학회지**, 1991, 23(2), 133 (수확 전후 요인이 잎상추의 저장수명 및 품질에 미치는 영향)

8) 양용준, **상명대학교 산업과학연구소 산업과학연구**, 1996, 4, 25 (CA 저장이 잎상추, 쑥갓 및 오이의 품질과 비타민 C 의 함량)

9) 연미영, 현태선, **영양학회지**, 2005, 38(7), 586 (한국인 상용 식품의 엽산 함량 분석에 의한 식품 영양가 표의 보완)

10) 이웅호, 권영삼, 이재욱, 이병일, **원예학회지**, 1998, 16(1), 615 (질산환원효소 및

글루타민 합성효소의 활성)

11) 장태오, 방명호, 송명종, 홍윤희, 김지영, 정대균, 배동근, 권병목, 김영국, 이현선, 김인호, **응용생명화학회지**, 2003, 46(1), 66 (식용식물 자원으로부터 활성물질의 탐색-Ⅴ.상추의 ACAT 억제 Diterpenoid, phytol)

12) 한국영양학회, **한국인 영양권장량**, 제7차 개정판, 2000 (영양성분)

13) Abraham, E. P. et al., Nature(London), 1953, 172, 395 (2-Aminoadipic acid)

14) Alexander, B., Spers, G. M., J. Agric. Food Chem., 1985, 33(2), 226 (Distribution of quercetin and kaempferol in lettuce, kale, chive, garlic chive, leek horseradish, red radish, and red cabbage tissues.)

15) Arthur, H. R. et al., Aust. J. Chem., 1969, 22, 597 (α-Lactucerol, Taraxstenol)

16) Ashwood-Smith, M. J. et al., Experientia, 1982, 39, 262 (physiol, tox, deriv, Cichoriin)

17) Bentley, R. K. et al., J. Chem. Soc., C, 1969, 1096 (4,6,8-Decatriyn-1-ol)

18) Brimacombe, J. S. et al., The Carbohydrates, 1972, 1A, 479 (cryst, *Xylitol)

19) Ensminger, Ensminger, Konalande, Robson, Food and Nutrition Encyclopedia, 2nd ed., CRC press, 1994, 1304, 1306 (Nutritive value)

20) Ghosal, S. et al., Planta Med., 1973, 23, 321 (Trigonelline)

21) Herz, W. et al., J. Org. Chem., 1975, 40, 3486 (Acanthospermals, 3β, 14-Hydroxy-11

22) Kim, K. Y. et al., Phytochemistry, 1971, 10, 2803 (β-Amyrin, derivs)

23) Kuse, S. et al., Anal. Chim. Acta, 1974, 70, 65 (Oxalic acid, use)

24) Lewis, R. J., Sax's Dangerous Properties of Industrial Materials, 8th ed., Van Nostrand-Reinhold, 1992, CMF 000 (Choline, *FZ 9625000)

25) Mahmoud, Z. F., Kassem, F. F., Abdel-Salam, N. A., Zdero, C., Phytochemistry, 1986, 25, 747 [Sesquiterpene lactones from *Lactuca sativa*, Lactuside, A(3,14-Dihydroxy-1(10),4-germacradien-12,6-olide)]

26) Meldrum, B., Clin. Neuropharmacol., 1982, 5, 293 (γ-Aminobutyric acid, natural inhibitory transmitter at Synaptic junctions)

27) Miyase, T. et al., Chem. Pharm. Bull., 1984, 32, 3912 (Amorph, Macrocliniside A)

28) Monde, K. et al., Chem. Lett., 1990, 1283 (Lettucenin A)

29) Nishimura, K. et al., Phytochemistry, 1986, 25, 747 (3β, 14-Dihydroxy-11β, 13-dihydrocostunolide, Lactuside C)

30) Oka, Y. et al., Agric, Biol. Chem., 1979, 43, 1995 (Saccharopine, Amino acid)

31) Rao, K. V., J. Indian Chem. Soc., 1962, 39, 749 (Lupeol acetate)

32) St. Pyrek, J. et al., Pol. J. Chem. (Rocz. Chem.), 1977, 51, 2165 (Lactucin, Lactupicrin)

33) Syne, R. L. M., Biochem. J., 1951, 48, 429 (γ-Aminobutyric acid, Higherplants)

34) Takemoto, T. et al., Yakugaku Zasshi, 1966, 86, 1160; CA, 66, 102503 (Germanicolacetate)

35) The Flavonoids : Advances in Research Since 1980 (ed. Harborne, J. B), Chapman and Hall, London, 1988 (Quercetin, derivs)

36) Wahlberg, I. et al., Acta Chem. Scand., 1972, 26, 1383 (isol, α-Amyrin)

23 수박

Citrullus vulgaris Schrader
Citrullus battich Forskal

박과(Cucurbitaceae)

Watermelon(英),
Suika(日), 西瓜, 水瓜, 大瓜(中)

원산지 : 아프리카

용도 : 열매(식용, 약용), 씨(식용)

식물학적 특성

밭에 재배하는 덩굴성 1년초. 전체적으로 흰털 줄기가 땅 위로 뻗었으며, 마디에 덩굴손이 달렸다. 잎은 호생으로 잎자루가 있고, 난상 긴 타원형의 깃 모양으로 녹백색이며 불규칙한 톱니가 보인다. 연노란색의 꽃은 암수한그루 단성화이다. 열매는 타원형 박과이고 표면은 여러 가지 색을 띤다. 과육은 수분이 많고 달며, 붉은색, 황색, 흰색으로 구분된다. 난형씨는 검은 갈색이다.

동속식물에는 참외(*Cucumis melo*)와 오이(*Cucumis sativus*) 등이 있다.

성분

1) 영양성분

① 수박, 적육질(8105) 가식부 100g 중 열량 31.0kcal, 단백질 0.7g, 지질 0.2g, 당질 7.5g, 조섬유 0.1g, Ca 4.0mg, P 14mg, Fe 0.2mg, Zn 0.07mg, vitamin A

26RE, B_1 0.05mg, B_2 0.01mg, C 6mg, 엽산 15.8㎍, E 0.15mg. 〈식이섬유 0.33g〉

② **양수박, 황육질**(8106) 가식부 100g 중 열량 19kcal, 단백질 0.5g, 지질 0.2g, 당질 4.3g, 조섬유 0.2g, Ca 12.0mg, P 10.0mg, Fe 0.5mg, Zn 0.07mg, vitamin A 2.0RE, B_1 0.40mg, B_2 0.02mg, B_6 0.11mg, C 6.0mg, niacin 0.2mg, 엽산 15.8㎍, E 0.15mg.

③ **수박씨**(말린 것, 5035) 100g 중 열량 318.0kcal, 단백질 19.3g, 지질 22.9g, 당질 14.6g, 조섬유 32.6g, Ca 42.0mg, P 128.0mg, Fe 4.9mg, Zn 5.2mg, vitamin B_1 0.32mg, B_2 0.41mg, B_6 0.8mg, niacin 0.8mg, 엽산 237.4㎍, E 50.3mg.

④ **수박씨**(조미한 것, 5036) 100g 중 열량 545kcal, 단백질 30.1g, 지질 46.4g, 당질 10.5g, 조섬유 4.7g, Ca 70.0mg, P 620.0mg, Fe 5.30mg, Zn 5.20mg, vitamin A 3.0RE, β-carotene 16.0㎍, B_1 0.10mg, B_2 0.16mg, B_6 0.8mg, niacin 0.8mg, 엽산 237.4㎍, E 50.3mg.

2) 특수성분

2-Amino-3-(1-pyrazolyl) propanoic acid (S, A-01555), γ-Aminobutyric acid(A-01234), Betaine(B-00307), Bryonolic acid(H-02470), β-Carotene(C-00451), Phytofluene(H-00654), Lycopene(L-00931), Citrulline (S, C-01405), 3,6-Nonadien-1-ol (all Z, N-00574), 3,6-Nonadien-1-ol (3Z, 6E, N-00574)등이 함유되어 있다.

2-(Nona-cis-3-cis-6-dienoyloxy)-5-pentyl-tetrahydrofuran, 2-(Nona-cis-3-enoyloxy)-5-pentyl-tetrahydrofuran, 2-Hexanoyl-5-pentyl-tetrahydrofuran, 2-Hydroxy-5-pentyl-tetrahydrofuran, 4-Oxononan-1-al(H-02492), Linoleic acid(O-00108) 등이 분리되었다.

생리활성

이뇨작용 : Carbamyl phosphate synthetase와 ornithine transcarbonylase 결핍

에 의한 urea synthesis의 inborn error 치료에 이용되며 citrulline과 arginine이 있어 뇨생성 증진 효과에 의한 diuretic effect가 있고, bryonolic acid는 anti-allergic effect가 있다.

피로회복 효과 : Citrulline은 이뇨작용을 도와 edema에 효과가 있고 수분과 K가 많아 더운 여름에 피로회복에 도움이 되며 신체피로를 감소시킨다.

수박 발효주 제조 최적조건 : 수박(*Citrullus lanatus*) 원료 17종(*Sacchromyces* 속) 중 우수한 *S. kwso6*을 선발하였더니 이들의 탄소이용성은 sucrose가 가장 높았고, glucose〉fructose〉maltose 순이었다. 수박즙의 적정농도는 24°Brix였으며 질소원은 0.2%에서 알코올 발효가 가장 우수하였다. 살균방법으로는 가열살균법이 적당했는데 70℃에서 20분 살균이 좋았으며, 특히 100℃, 120℃의 고온살균에서 맛이 우수하였다. 풍미증진은 복분자, 오미자, 지치 중 발효 후에, 풍미 효과로는, 복분자(20g/L)와 오미자(10g/L) 혼합배양하였더니 수박색과 유사하였고, 향의 개선은 수박향 첨가(0.04%)에서 기호도가 높았다.

수박의 부위별 유리당 : 수박(*Citrullus vulgaris L.*)과 멜론(*Cucumis melo* var. *reticulatus* Naud.)에 함유된 주요 유리당은, HPLC로 분석한 결과, glucose, fructose, sucrose, maltose가 있었다. 유리당의 총 함량은 stem end보다 stylar end와 side 부위의 수박과 멜론에서 많았다. 수박의 유리당 함량은 과피부위에서 중심부로 갈수록 증가하였고, 멜론은 종자를 포함한 중심부를 제외한 과피에서 중심부로 증가하였다. 환원당과 비환원당 비율(fructose+glucose/sucrose)을 볼 것 같으면, 수박은 과피에서 중심으로 갈수록 약간씩 감소하였는데, 중심부는 좋았다. 멜론은 가식부 과피에서 중심으로 갈수록 감소했다. 수박은 과피에서 중심으로 갈수록 환원당과 비환원당 모두 증가하였으나, 멜론은 환원당이 감소하였다.

수박씨의 화학적 조성(폐기종실의 식량자원화) : 수박씨의 일반성분 중 조지방과 조단백은 각각 40.44%와 28.36%였고, 지방은 중성지질이 97.35%였다. 중성지질성분은 TG(50.40%), DG(21.84%) 및 sterol(11.48%), 지방산 조성은 linoleic acid(55.30~67.85%), palmitic acid(12.07~28.12%) 및 oleic acid (9.06~16.40%)가 주이며, 그 외에 stearic과 linolenic acid가 소량 함유되었다.

염용해성 단백질의 추출율은 약 27%였고 아미노산 조성은 glutamic acid와 arginine이 많았고, lysine, threonine, valine, methionine, isoleucine, leucine 및 phenylalanine 같은 필수아미노산이 검출되었다. 염용해성 단백질의 분자량은 약 120,000이었다.

수박주스의 알코올 발효 : 수박주스에는 3.2%의 환원당이 있으며, *Saccharomyces cerevisae*, *Kluyveromyces fragilis* 및 *S. cerevisiae* var. *ellipsoideus*를 2% 접종한지 8일 후에 5.3%의 알코올이 최대치로 생성되었다. 알코올발효 시 nitrogen sources와 여러 무기 염류에 관여하였고, SO2 살균보다 고온살균(121℃, 15분)이 살균 효과 면에서나 알코올생성 면에서나 효과가 높았다.

휘발성 향기성분 : 국산 수박에 동정된 휘발성 향기성분은 37종으로 16종의 alcohol류, 15종의 aldehyde류, 2종의 ester류, 2종의 ketone류 등으로 확인되었고 그들은 (Z)-3-nonen-1-ol, (Z,Z)-nonadien-1-ol, (E,Z)-2,6-nonadienal, (E)-2-nonenal 특징적 향기성분이다. 동속식물에는 *cucurbitacin E(C-02110)가 공통적으로 있었다.

수박의 영양 : 당으로는 fructose, glucose, sucrose가 있으며 organic acid는 malic acid, propionic acid, amino acid는 glutamic acid, arginine 등이 있고, 과실 중 수분이 94.5%로 가장 많아 저칼로리 식품(21.3kcal/100g)이라 할 수 있다.

Amino acid와 유리당 : 수박의 과육을 amino acid analyzer와 TLC로 분석한 결과, 13개의 amino acid와 4개의 유리당이 확인되었다. 가장 많은 amino acid는 asparagine과 lysine이었고, 유리당은 fructose(2639.0mg), glucose(1292.1mg), maltose(241.0mg), sucrose(235.0mg)이었다.

씨기름 TG의 분자종 : 씨기름의 분자종은 26종으로, 주요 분자종은 $C_{18:1}$ · $C_{18:2}$ · $C_{18:1}$(OLO) 6.4%, $C_{18:0}$ · $C_{18:2}$ · $C_{18:2}$(SLL) 7.1%, $C_{18:1}$ · $C_{18:2}$ · $C_{18:2}$(OLL) 16.6%, $C_{16:0}$ · $C_{18:2}$ · $C_{18:2}$(PLL) 19.6%, $C_{18:2}$ · $C_{18:2}$ · $C_{18:2}$(LLL) 27.6%의 5종류로 전체 분자종의 77.3%를 차지하였다.

기타 연구 : γ-aminobutyric acid는 antihypertensive, neurotransmitter effect, lycopene은 antioxidant, antiradicular, antitumor, cancer preventive effect, cucurbitacin E은 antihepatotoxic, cytotoxic(0.45ppt) effect, citrulline은

antiasthemic(180mg/kg/day), antihepatoxic, diuretic effect 물질로 보고되고 있다.

효능과 이용

1) 효능 : 과실 - 지갈(止渴), 이뇨(利尿), 청열해독(淸熱解毒).
과피 - 해열, 지갈(止渴), 이소변(利小便).
씨 - 구충.

2) 식용 : 과실은 생식하고, 수박정과 수박화채로 먹을 수 있다. 또, 씨는 볶아 먹으며, 속껍질은 나물로 무쳐 먹는다.

3) 약용 : 한방에서는 과실과 과피에 해열작용이 있어, 더위에 쓰며, 갈증을 없애주고, 주독도 풀어 준다고 한다. 또 이뇨작용이 있어, 소변불통과 신장염으로 부종이 있을 때, 더위 먹었을 때 자주 먹으면 좋다고 한다. 혈리(血痢)나 폐병, 기관지염, 폐염, 해수병에도 효과가 있어 응용하며, 씨에는 강한 구충효과(호박씨보다 강함)가 있다.
민간에서도 부기를 다스리거나, 이뇨 등에 응용한다.

참고문헌

1) 김경수, 이해정, 김선민, **식품과학회지**, 1999, 31(2), 322 (국내산 수박과 참외의 휘발성 향기성분)
2) 김성림, 김우정, 이상열, 변시명 **응용생명화학회지**, 1984, 27(3), 139 (수박주스의 알코올 발효에 관한 연구)
3) 박순기, 김광수, 정순주, **전남대농업과학기술연구**, 2000, 35, 1 (평지 비가림하우스와 무등산 현지재배 무등산수박의 수량 및 과실품질 비교)
4) 박순기, 정순주, 안장순, **전남대농업과학기술연구**, 2000, 35, 7 (무등산수박의 과실비대 시기별 당 및 유기산 함량의 변화)
5) 손주용, 반성철, 신정섭, 홍성희, **응용생명화학회지**, 1996, 39(3), 200 (수박과 멜론의 부위별 유리당 함량 분포에 관한 연구)

6) 심기환, 최진상, 주옥수, 강갑석, **식품영양과학회지**, 1990, 19(6), 555 [과실(사과, 배, 감, 수박)주스의 동결건조 중 휘발성분 보유력]
7) 연미영, 현태선, **영양학회지**, 2005, 38(7), 586 (한국인 상용식품의 엽산함량 분석에 의한 식품영양가 표의 보완)
8) 윤형식, 권중호, 황주호, 배만종, **식품영양과학회지**, 1983, 12(3), 2007 [폐기종실의 식량자원화에 관하여(제5보), 수박씨의 화학적 조성]
9) 윤형직, 오만진, 최청, **응용생명화학회지**, 1983, 26(3), 163 (발효종실의 식량자원화, 호박 및 참외종실의 화학적 조성)
10) 이희봉, 양차범, 유태종, **식품과학회지**, 1972, 4(1), 36 (토마토, 수박, 참외, 복숭아, 자두의 유리아미노산 및 당의 함량)
11) 천석조, 박영호, **식품과학회지**, 1987, 19, 377 (수박씨 기름의 Triglyceride)
12) 최재환, **상주농업전문대논문집**, 1983, 22, 15 (수박씨의 지방질 조성)
13) 황영, 이기권, 정기태, 고복래, 최동칠, 최영근, 은종방, **식품과학회지**, 2004, 36(1), 50 (수박 발효주 제조를 위한 최적조건)
14) Cho, H. J. et al., Phytochemistry, 1992, 31, 3893 (occur, Bryonolic acid)
15) Cho, H. J. et al., Phytochemistry, 1993, 33, 1407 (Antiallergic, Bryonolic acid)
16) Davis, J. B. et al., J. Chem. Soc. C, 1966, 2154 (isol, Phytofluene)
17) Dunhill, P. M. et al., Phytochemistry, 1965, 4, 933 (amino acid)
18) Ensminger, Ensminger, Konalande, Robson, Food and Nutrition Encyclopedia, 2nd ed., CRC press, 1994, 920 [Nutritive value, table (F-36)]
19) Flath, R. A. et al., J. Agric. Food Chem., 1978, 26, 835 (isol, 3,6-Nonadien-1-ol)
20) Gunstone, F. D. et al., J. Sci. Food Agric., 1976, 27, 675 (isol, Linoleic acid)
21) Kemp, T. R. et al., J. Agic. Food Chem., 1974, 22, 717 (isol, 3,6-Nonadien-1-ol)
22) Khattak, J. N., Hamdy, M. L., Power, J. J., Food Technol., 1965, 19, 106 (Alcohol fermentation of watermelon juice)
23) Lewis, R. J., Sax' s Dangerous Properties of Industrial Materials, 8th ed., Van Nostrand-Reinhold. 1992, AAJ, 350 (*ES 6300000, γ-Aminobutyric acid)
24) Lewis, R. J., Sax' s Dangerous Properties of Industrial Materials, 8th ed., Van

Nostrand-Reinhold, 1992, COE 250 (Cucurbitacin E)
25) Msall, M. et al., N. Engl. J. Med., 1984, 310, 1500 (Pharmacol)
26) Perkins, M. V. et al., J. Chem. Soc., Perkin Trans. 1, 1990, 1111 (occur, 4-Oxo-nonan-1-al)
27) Premavalli, K. S., Arya, S. S., J. Food Technol., 1985, 20, 359 (Stability of water-melon carotenoid extract in isolated model system)
28) Tabata, M. et al. J. Nat. Prod., 1993, 56, 165 (Antiallergic, Bryonolic acid)
29) Wada, M., Proc. Imp. Acad. (Jap.), 1930, 6, 15 (Citrulline)
30) Winterstein, A. et al., Chem. Ber., 1960, 93, 2951 (derivs, Lycopene)

24 수수 *Sorghum bicolor* Moench

화본과(Gramineae)

Sorgo, Sorghum, Great Millet(英), Morokoshi(日), 高粱米, 蜀黍, 秫米(中)

원산지 : 온대 아프리카

용도 : 열매(식용)

식물학적 특성

키 2m 되는 1년생 재배식물. 원줄기 속이 충실하고 마디가 뚜렷하다. 잎은 호생이며, 잎과 원줄기의 녹색은 적갈색으로 되고, 큰 원추화서에 꽃은 밀생한다. 가지는 반윤생이며, 암꽃에는 꽃자루가 없고, 넓은 도란상 타원형 밑부분에 다발로 털이 난다. 수꽃은 각 마디에 1~2송이씩 달린다.

동속식물로는 수수새(*S. nitidum*)과 변종 단수수(*S. bicolor* var. *dulciusculum*), 비수수(*S. bicolor* var. *hoki*)가 있다.

성분

1) 영양성분

① 수수, 알곡(1181) 가식부 100g 중 열량 333.0kcal, 단백질 10.5g, 지질 3.1g, 당질 73.9g, 조섬유 2.60g, Ca 10.0mg, P 191.0mg, Fe 2.10mg, Zn 0.66mg, vitamin B_1 0.32mg, B_2 0.11mg, B_6 0.20mg, niacin 2.0mg, 엽산 28.5㎍, E 0.54mg. 〈식이섬유 5.33g〉

② **수수, 도정곡(1182)** 열량 365.0kcal, 단백질 9.5g, 지질 2.6g, 당질 73.9g, 조섬유 0.40g, Ca 6.0mg, P 210.0mg, Fe 1.50mg, Zn 0.68mg, vitamin B_1 0.10mg, B_2 0.03mg, B_6 0.20mg, niacin 3.0mg, 엽산 28.5㎍, E 0.54mg.

③ **수수, 가루(1183)** 열량 380.0kcal, 단백질 9.9g, 지질 2.7g, 당질 76.9g, 조섬유 0.40g, Ca 6.2mg, P 218.0mg, Fe 1.60mg, Zn 3.03mg, vitamin B_1 0.10mg, B_2 0.03mg, B_6 0.56mg, niacin 3.1mg, 엽산 52.4㎍, E 0.5mg.

④ **차수수(1279)** 열량 354.0kcal, 단백질 10.5g, 지질 1.9g, 당질 72.1g, 조섬유 0.40g, Ca 11.0mg, P 265.0mg, Fe 2.80mg, Zn 1.40mg, vitamin B_1 0.11mg, B_2 0.03mg, B_6 0.20mg, niacin 2.8mg, 엽산 28.5㎍, E 0.54mg.

2) 특수성분

열매에서 N-Hydroxytyrosine(S, H-03149), Sorghumol(A-02684), Epicatechin-(4,8)-epicatechin-(4,8)-Catechin triemer, Tetramer, Pentamer, Eriodicytol;-5-*O*-β-D-glucopyranoside(T-00734), Catechin(P-00500), Chlorogenic acid(C-00083), Dhurrin(G-00469), Apigenin(T-02175), *O*-Xylene(D-03254), Naringenin(T-02152), *p*-Hydroxybenzaldehyde(H-01245), Procyanidin dimer B1(P-00530), Alternariol;monoethylether(A-01139), Sorglactone(A-02684), Taxifolin; 7-*O*-β-glucopyranoside(P-00517) 등이 분리되었다.

열매껍질에는 7-Methoxy luteolin(T-00875). Apigenin(T-02175), Luteolinidin(T-00788) 등이 있고, Alternanariol(A-01139), (+)Catechin(P-00500), 2',4,4',6-Tetrahydroxychalcone-4'-*O*-β-D-glucopyranoside(T-00610), Epicatechin-(4,8)-epicatrchin-(4,8)-catechin trimer(P-00550, 00541), Tetramer, Pentamer, Toluene(T-01532), *m*-Xylene(D-03256), *p*-Hydroxybenzal-dehyde (H-01245), *p*-Hydroxymandelonitrite-glycoside(G-00469) 등이 규명되었다.

동속식물에서 Chalconaringenin; 4'-*O*-β-D-glucopyranoside(T-00610), Dhurrin(G-00469), Eriodictyol; 5-*O*-β-D-glucopyranoside(T-00734),

Procyanidin dimer B1(P-00530), Sorghum bicolor lectin, Sorgolactone(A-02684), Eriodicytol(S); 5-*O*-β-D-glucopyranoside(T-00734), Taxifolin(2R, 3R);7-*O*-β-D-glucopyranoside(P-00517), Chlorogenic acid(C-00083), Caffetannic acid(D-02670), Naringenin(T-02152), Procyanidin dimer B1(P-00530), Apigenin(T-02175), Alternariol monomethylether(A-01139), Quercimeritrin(Q-00014)이 규명되었다.

생리활성

혈당조절 : 메밀, 메조, 멥쌀, 보리, 율무, 차조, 찹쌀, 현미멥쌀, 현미찹쌀, 차수수에 대하여 혈당지수(GI)를 측정한 결과, 보리가 57±7%로 가장 낮았고, 찹쌀이 110±8%로 가장 높았다. 멥쌀을 기준한 GI-rice은 보리 63±6, 메밀 79±5, 메조 85±6, 현미 90±12, 찹쌀 100±0, 찹쌀 102±7, 현미찹쌀 106±6, 차조 115±13, 율무 116±13, 차수수 122±4%로 멥쌀군(멥쌀, 메조, 현미멥쌀)이 찹쌀군(찹쌀, 차조, 현미찹쌀)보다 GI가 낮았고, 혈당반응도 완만하여 혈당조절에 유리하였다.

GI=(식품 섭취 시 혈당반응 면적/포도당 섭취 시 혈당반응 면적)×100

GI-rice=(식품 섭취 시 혈당반응 면적/멥쌀 섭취 시 혈당반응 면적)×100

Angiotensin Transferase 저해활성 : 수수입국을 이용하여 만든 전통주는 ethanol 13.8%이고, 항고혈압활성을 나타내는 angiotensin converting enzyme(ACE)활성은 43.3%로 타 곡류 전통주보다 가장 높았다. 또한 녹두가루를 덧밥의 50% 정도 첨가하고 민들레꽃 1% 첨가 후 수수입국과 주모로 30℃에서 10일 발효 시 ethanol 생성량과 항고혈압활성을 나타내는 ACE 저해활성이 약 69%로 크게 증가하였으며 맛과 향도 우수하였다.

HMG-CoA Reduetase 저해활성 : 곡류(수수, 흑임자, 기장, 메밀, 흑미 등)의 EtOH와 MeOH 추출물을 cholesterol 생합성 중요효소인 HMG-CoA reduetase 저해활성을 검색한 결과 EtOH 추출물 중 수수가 가장 높은 활성을 보였고, 다음은 흑임자였으며, MeOH 추출물에서는 기장이 가장 높았고 수수 〉메밀 〉흑미 순이었다.

항산화 효과 및 돌연변이억제 효과 : 한국산 메밀, 수수, 기장, 율무의 항산화 효과 및 돌연변이억제 효과를 규명코자, EtOH로 추출한 시료를 Ames test로 돌연변이 억제효과를 검색하였고, Fe^{2+} 유도지질과 산화억제율, DPPH 라디칼 소거율 및 MDA-BSA 결합억제율 측정 등 3가지 방법의 항산화 효과를 검토하였다. 그 결과, IC_{50}에 의한 지질과산화억제 효과를 비교하면 메밀(0.174mg/assay)〉수수(0.241mg)〉율무(1.891mg)〉기장(2.879mg) 순이었다. IC50을 계산했더니 DPPH 라디칼 제거능은 메밀(0.264mg/assay)〉수수(2.135mg)〉기장(2.902mg)〉율무(4.667mg) 순으로 나왔다. 지질과산화물-단백질결합 억제 효과는 EtOH 추출물 IC_{50} 기준으로 비교한 결과, 메밀(3.73mg/assay)〉율무(51.82mg)〉기장(120.59mg)〉수수(449.43mg) 순으로 나왔다. *S. typhimurium* TA98에서 EtOH 시료 4.5mg/assay 농도에서 2-nitrofluorene에 의한 직접돌연변이 저해율은 수수(50.2%), 기장(20.3%), 메밀(18.5%), 율무(17.5%) 순이었으며 S. typhi. TA100에서 sodium azide에 직접돌연변이 저해율은 기장(100%), 율무(78.6%), 수수(23.7%), 메밀(10.1%) 순으로 나타났다. *S. typhi.* TA98과 TA100에서 시료의 2-anthramine에 간접돌연변이 억제율은 기장, 수수, 율무, 메밀이 우수하였고 특히 기장과 수수가 좋았다. 총 flavonoid 함량은 메밀(1.41mg/g), 수수(1.76mg/g), 기장(0.96mg/g), 율무(0.66mg/g) 순이며, 총 polyphenol 함량은 메밀(3.17mg/g), 수수(1.76mg/g), 율무(1.7mg/g), 기장(1.09mg/g) 순으로 각각 DPPH 라디칼 제거 효과와 지질과산화 억제 효과의 순은 일치하였고, 총 flavonoid량은 DPPH 라디칼 제거 효과에 대한 IC_{50}과 높은 상관성($r=-0.9924$, $p<.01$)을 보였다.

혈당지수 : 메밀, 메조, 멥쌀, 보리, 율무, 차조, 찹쌀, 현미멥쌀, 현미찹쌀, 차수수에 대하여 혈당지수(GI)를 측성한 결과, 보리 57±7%로 가장 낮았고, 찹쌀이 110±8%로 가장 높았다. 멥쌀을 기준한 GI-rice은 보리 63±6, 메밀 79±5, 메조 85±6, 현미 90±12, 찹쌀 100±0, 찹쌀 102±7, 현미찹쌀 106±6, 차조 115±13, 율무 116±13, 차수수 122±4%로 멥쌀군(멥쌀, 메조, 현미멥쌀)이 찹쌀군(찹쌀, 차조, 현미찹쌀)보다 GI가 낮았고, 혈당반응도 완만하여 혈당조절에 유리하였다.

GI=(식품 섭취 시 혈당반응 면적/포도당 섭취 시 혈당반응 면적)×100

GI-rice=(식품섭취 시의 혈당반응 면적/멥쌀 섭취 시 혈당반응 면적)×100

Cholesterol 감소 효과 : 수수의 MeOH 추출물을 SD계 흰쥐(♂)에 5%-cholesterol 식이로 4주간 사육한 후, 혈중 cholesterol 함량을 측정하고, 다시 2군으로 나누어 정상식이와 1% MeOH 추출물 첨가식이로 4주간 더 사육하여 조사하였다. 그 결과, 증체량과 주요장기 무게에는 수수 MeOH ex 첨가에 의한 영향은 없었고, 총 cholesterol 함량에도 영향이 없었으나, HDL-choesterol은 수수 MeOH ex 첨가군이 높았으며, 혈중 중성지방도 감소하였다. 혈중 GOT와 GPT 값도 수수 MeOH ex 투여군에서 감소하였고, 간장 중 중성지방과 총 cholesterol 함량도 감소경향을 보였다,

영양 효과 : 육계(肉鷄)사료 내 옥수수 0%(사료 1), 40%(사료 2와 3), 60%(사료 4와 5), 80%(사료 6과 7)로 6주간 사육하였고, methionine(Met)과 lysine(Lys) 첨가 수준은 기초사료에 NRC(1977)에서 제시한 이들 amino acid 요구량을 충족되게 계산하여 첨가하였다. 수수 첨가량, Met와 Lys 첨가에 따른 증체량 변화는 없었으나, 수수 첨가로 사료섭취량은 증가하였고($p<.05$) 수수섭취는 옥수수섭취보다 에너지 함량이 적었기 때문으로 생각된다. Met와 Lys 첨가 효과는 명확치 않았으나, 수수첨가량의 한계는 80%까지인 것으로 나타났다.

단백질 특성 : 조, 수수, 기장의 단백질을 6N-HCl로 가수분해하여 아미노산 조성을 분석한 결과, 가장 많이 함유한 것은 모두 tyrosine이며, 약 7.1% 이었다. 다음으로는 arginine과 phenylalanine이었고, 가장 적은 것은 glycine이고, 모두 2.93%이었다. 필수 amino acid인 tryptophan은 모든 시료에서 검출 되지 않았다. 단백질 함량은 조와 기장이 8.9%, 수수는 11.1% 이었고, microkjeldahl법으로 정량한 순 단백질은 수수가 8.9%로 가장 많았고, 다음은 기장, 조 순이었다. 조, 수수, 기장의 전기영동 결과, 몇 개의 band가 뚜렷하였고, 수수는 35kDa, 조와 기장 단백질은 대부분 15kDa 이하의 저단백질이었다.

옥수수와 우유의 필수 Amino acid 비교 : 수수의 필수 amino acid를 우유 및 옥수수와 비교한 결과, 수수 Ristidine 21mg/g protein (우유 27mg, Corn 27mg) isoleucine 40mg (38, 47) leucine 129mg (95, 133), lysine 22mg (78, 27)

methionine + cystine 30mg (33, 41), phenylalanine + tyrosine 86mg (102, 92), threonine 33mg (44, 37), tryptophan 13mg (14, 9), valine 47mg (64, 46)이었다.

기타 생리활성 : 체온유지, 위장보호, 소화촉진 작용이 있고, 주독이나 약물중독에 수수뿌리를 끓여 마시면 diuretic activity가 강하며, detoxication effect가 있다. 수수 추출물이 잡초의 발아와 초기 생육에 미치는 영향도 연구되었다.

기타 연구 : cancer preventive 물질은 eriodictyol, taxifolin, naringenin, apigenin, catechin 등이 있고, antiinflammatory 물질로는 taxifolin, naringenin, apigenin 등이 있으며, eriodictyol은 expectorant, taxifolin은 hepatoprotective 효과 물질도 있다.

효능과 이용

1) 효능 : 열매 - 곽란(癨亂), 제열(除熱), 삽장(澁腸), 종기(腫氣), 난산(難産).
뿌리 - 평천(平喘), 이뇨(利尿), 지혈(止血).

2) 식용 : 귀중한 잡곡이며, 수수로 만든 술은 식욕개선에 효과 있고, 해열작용과 보양작용도 있다.

3) 약용 : 한방에서는 천식, 기침, 해소에 은행, 차조기를 동량 달여 마시게 한다.
민간에서는 뿌리를 동풍, 신경통, 류머티즘, 씨는 이뇨제로 쓴다.
단, 많이 먹지 말 것.

참고문헌

1) 곽충실, 임수진, 김성애, 박상철, 이미숙, **식품영양과학회지**, 2004, 33(6), 921 (한국산 메밀, 수수, 기장, 율무의 항산화 효과 및 돌연변이억제 효과)

2) 김광석, **축산학회지**, 1986, 28(11), 732 (수수의 옥수수 대체 및 메티오닌, 라이신의 첨가가 육계의 능력에 미치는 영향)

3) 김재호, 정승찬, 김나미, 이종수, **식품과학회지**, 2003, 35(4), 733 (수수입국과 두류 첨가가 전통주의 품질과 Angiotensin Transferase 저해활성에 미치는 영향)

4) 김제중, **고려대학교 석사학위논문**, 1995 (한국산 수수와 도토리로부터 추출한 탄닌의 항균성에 관한 연구)

5) 김종덕, 고병희, 송일병, **사상의학회지**, 1998, 10(2), 163 (옥수수의 도입과정과 기장, 수수와의 상관관계)

6) 김종태, 김철진, 김동철, 권태완, **식품과학회지**, 1990, 94, 668 (대두-수수 혼합곡물의 템페발효)

7) 김현구, 강덕순, 최맑음, 권중호, **식품과학회지**, 2001, 33(6), 645 [국산 및 중국산 곡류(기장 및 수수)의 감마선 조사 여부 검지를 위한 점도 측정]

8) 유창연, 정일민, **환경농학회지**, 1997, 16(1), 67 (보리, 수수의 식물체 추출물이 잡초의 발아와 초기 생육에 미치는 영향)

9) 이미숙, **식품산업과 영양**, 2004, 9(2), 19 (곡류의 기능성)

10) 이정화, 이창섭, **동양공전논문집**, 1985, 7, 417 (수수씨 외피색소의 공업적 제조에 관한 연구)

11) 임정교, 김용식, 하태열, **식품과학회지**, 1998, 142, 1158 (수수가루 첨가가 머핀의 품질특성에 미치는 영향)

12) 조민석, 최용순, 김종화, **강원대농업과학연구**, 1999, 10, 1 (한국에서 재배된 수수의 영양성분)

13) 조일진, 하태열, 이상효. **식품영양과학회 1997년 정기총회및 제42차 추계학술대회**, (수수메탄올 추출물이 고콜레스테롤 혈증 흰쥐의 체내 지질함량)

14) 하영득, 이삼빈, **식품저장유통학회지**, 2001, 8(2), 187 (조, 수수 및 기장의 단백질 특성)

15) 하태열, 조일진, 이상효, **식품과학회지**, 1998, 30(1), 224 [곡류(수수, 흑임자, 기장, 메밀, 흑미 등)의 EtOH와 MeOH 추출물을 Cholesterol 생합성 중요효소인 HMG-CoA reduetase 저해활성]

16) Awika, J. M., Rooney, L. W., Phytochemistry, 2004, 65, 1199 (Sorghum phytochemicals and their potential impact on human health)

17) Bean, S. R., Lookhart, G. L., Bietz, J. A., J. Agric. Food Chem., 2000, 48, 318 [Acetonitrile as a buffer additive for free zone capillary electrophoresis separation

and characterization of maize(*Zea mays* L.) and sorghum(*Sorghum bicolor* L.) storage proteins]

18) Bowden, B. F. et al., Aust. J. Chem., 1975, 28, 91 (derivs, Caffetannic acid, Caffeic acid)
19) Brune, W. et al., Aust. J. Chem., 1965, 18, 1649 (Eriodictyol)
20) Chandrashekar, A., Kirleis, A. W., Cereal Chem., 1988, 65, 457 (Influence of protein on starch gelatinization in sorghum)
21) Cole, R. J. et al., Handbook of Toxic Fungal Metabolits Academic Press, N. Y., 1981, 615, 623 (Alternariol)
22) Ensminger, Ensminger, Konalande, Robson, Food and Nutrition Encyclopedia, 2nd ed., CRC press, 1994, 832, 2008 (Nutritive value)
23) Ensminger, Ensminger, Konalande, Robson, Food and Nutrition Encyclopedia, 2nd ed., CRC press, 1994, 2008 (Essential amino acids in sorghum compared to corn to cow' s milk)
24) Guise, G. B. et al., Aust. J. Chem., 1962, 15, 314 (Chalconaringenin)
25) Itokawa, H. et al., Chem. Pharm. Bull., 1990, 38, 1434 (Sorghumol)
26) Kashiwada, Y. et al., Chem. Pharm. Bull., 1986, 34, 4083 (derivs, Epicatechin-(4,8)-epicatechin-(4,8)-catechin timer)
27) Kowalewski, Z., Planta Med., 1971, 19, 311 (Naringenin, derivs)
28) Lewis, R. J., Sax' s Dangerous Properties of Industrial Materials, 8th ed., Van Nostrand-Reinhold, 1992, CHK 175 (Chlorogenic acid, *GU 8480000)
29) Lewis, R. J., Sax' s Dangerous Properties of Industrial Materials, 8th ed., Van Nostrand-Reinhold, 1992, AGW 476 (*HP 8757000, Alternariol monomethylether)
30) Mehansho, H., Hagerman, A., Clements, S., Butler, L., Rogler, J., Carlson, D., Proc. Natl. Acad. Sci., 1983, 80, 3948 (Modulation of proline-rich protein biosynthesis in rat parotid glands by sorghums with hight tannin levels)
31) Mossor, T. et al., Anal. Biochem., 1972, 47, 39 (use, p-Hydroxybenzaldehyde)

32) Nahrstedt, A. et al., Phytochemistry, 1979, 18, 1137 (isol, Dhurrin)

33) Nonaka, G. et al., Phytochemistry, 1982, 21, 429 (derivs, Procyanidin dimer B_1)

34) Osagie, A. U., J. Agric. Food Chem., 1987, 35, 601 (Total lipid of sorghum grain)

35) Perrissoud, D., Prog. Clin. Biol. Res., 1986, 213, 559 (rev. Pharmacol, Catechin)

36) Price, M. L., Scoyoc, S. V., Butler, L. G., Agric. Biol. Chem., 1978, 26, 1214 (A critical evaluation of vanillin reaction as an assay for tannin in Sorghum grain)

37) Raistrick, H. et al., Biochem. J., 1953, 55, 421 (isol, phytotoxic, Alternariol monomethylether)

38) Rao, R. S. P., Muralikrishna, G., Food Chem., 2004, 84, 527 (Non-starch polysaccharide-phenolic acid complex from native and germinated cereals and millet)

39) Ready, P. F. et al., Phytochemistry, 1969, 8, 2259 (isol, *p*-Hydroxymandelonitrile glucoside)

40) Seikel, M. J., J. Chem. Soc., 1955, 77, 5685 (Apigenin, deriv)

41) Strumeyer, D. H., Malin, M. J., J. Agric. Biol. Chem., 1975, 23, 909 (Condensed tannins in grain sorghum;Isolation fractionation and Characterization)

42) Sun, S. -S. et al., Phytochemistry, 1989, 27, 1776 (Tetrahydroxychalcone glucoside)

43) Watanabe, M., J. Agric. Food Chem., 1999, 47, 4500 [Antioxidant phenolic compounds from Japanese Barnyard Millet(*Echinocholoa utilis*) grains]

44) Watson, T. G., *J. Appl. Bact.*, 1975, 38, 133 (Inhibition of microbial fermentation by sorghum grain and malt)

25 시금치 *Spinacia oleracea* Linné

명아주과(Chenopodiaceae)

Spinach(英),
Horen-so(日), 菠薐, 菠菜(中)

원산지 : 아시아 서부, 페르시아

용도 : 어린잎(식용)

식물학적 특성

채소로 재배되는 1년초 또는 2년초로, 키는 50cm이다. 원뿌리는 깊고 연분홍색 육질이며, 원줄기는 곧고 속이 비었다. 호생의 연한 녹색잎을 가졌으며 밑의 잎은 긴 삼각형이나 난형 날개 모양으로 잎자루는 위로 갈수록 짧아진다. 꽃은 암수딴그루로 줄기 끝이나 엽액에 모여 달리는 이삭화서이고 열매는 포과이다.

성분

1) 영양성분

① 시금치, 생것, 노지(6197) 100g 중 열량 30.0kcal, 단백질 3.1g, 지질 0.5g, 당질 5.2g, 조섬유 0.80g, Ca 40.0mg, P 29.0mg, Fe 2.60mg, Zn 0.50mg, vitamin A 607.0RE, β-carotene 3640.0㎍, B_1 0.12mg, B_2 0.34mg, B_6 0.24mg, C 60.0mg, niacin 0.5mg, 엽산 145.8㎍, E 3.10mg. 〈식이섬유 2.87g〉

② **시금치, 생것, 하우스**(6198) 100g 중 열량 27.0kcal, 단백질 2.8g, 지질 0.4g, 당질 4.7g, 조섬유 0.60g, Ca 43.0mg, P 48.0mg, Fe 2.50mg, Zn 0.50mg, vitamin A 477.0RE, β-carotene 2860.0㎍, B_1 0.12mg, B_2 0.28mg, B_6 0.24mg, C 66.0mg, niacin 0.5mg, 엽산 145.8㎍, E 3.10mg. 〈식이섬유 2.93g〉

③ **시금치, 삶은것**(6199) 100g 중 열량 20.0kcal, 단백질 3.4g, 지질 0.1g, 당질 3.1g, 조섬유 0.70g, Ca 48.0mg, P 47.0mg, Fe 2.20mg, Zn 0.50mg, vitamin A 487.0RE, β-carotene 2920.0㎍, B_1 0.02mg, B_2 0.12mg, C 40.0mg, niacin 0.3mg, 엽산 145.8㎍, E 3.10mg.

2) 특수성분

N-Acetylhistamine(H-00922), Oxalic acid(O-00584), Malic acid(H-01327), Citric acid(C-013937), 6-(Hydroxymethyl)-2,4-(1H,3H)pteridinedione(H-02448), Patuletin(P-00633), Quercetagetin(H-00736), α-Spinasterol(S-01328), 7-Stigmasterol(S-01369), SpinasaponinA (H-02589), B(D-02456), Spinacetin(T-00660), Spinacetin;3-*O*-gentiobioside(T-00660), Spinatoside(T-00661), Wharangin(H-00737), *20-Hydroxy-ecdysone(H-00676), 24(28)-Dehydromakisterone A(H-00707), 2-Carboxyarabinitol(A-02631), 2-Phenylamine(P-00965), 3',4',5-Trihydroxy-3-methoxy-6,7-methylenedioxyflavone;glucuronide(H-00736), 6-Phytyltoluquinol(M-01281), Amaranthin(B-00309), Astragalin(G-00470), Benzylamine(B-00259), Betanin(B-00309), Calmodulin(C-00144), Calsequestrin, Celosianin(C-00661), Chlorogenic acid(C-00083), Chlorophyll A(C-01047), Citrusin Ⅰ(C-01411), Cochliophillin A, Coumesterol(C-01950), Cystathionine(2S, 2'S, C-02479), Diethylamine, Ethylamine, Methylamine, Ferulic acid(H-02285), Hyperoside(H-03226), Indole-3-acetic acid(I-00122), Isobetanin(B-00309), Isocelosianin(C-00661), Jaceidin-4'β-D-glucuronide(T-02691), Kaempferol(T-00770), *N*-Acetylamine, Neochlorogenic acid(C-00085), Phytylplastoquinol(P-01213), Protocatechuic acid(D-01539), *Quercetin(P-

00565), *Quercitrin(Q-00019), Vanillic acid(D-01539), Zeaxanthin(All E, Z-00018) 등이 분리 규명되었다.

효소 Protease inhibitor I-10-K, Spinach lipid transfer protein 5-1, Spinach lipid transfer protein 5-2도 분리되었다.

생리활성

항돌연변이 효과① : Aflatoxin B_1과 4-NQO에 대한 녹황색 채소류의 항돌연변이 효과를 알고자, 녹황색 채소류의 MeOH 추출물과 주스의 항돌연변이는 *S. typhimurium* TA98과 TA100에 들깻잎, 상치, 브로콜리, 쑥갓, 미나리, 들미나리, 홍고추, 고추잎, 비름, 시금치, 무의 MeOH 추출물에서 강한 항돌연변이 원성율과 50% 저해 효과를 보였으나, direct mutagen인 4-NQO에 60% 이상 저해 효과 시료는 양배추, 케일, 상치, 브로콜리, 갓, 풋고추, 피망, 시금치, 비름, 콩나물, 애호박으로 나타났다. 주스의 aflatoxin B_1에 대한 항돌연변이 효과는 들깻잎, 들미나리, 시금치, 양배추에서 용량의존적(50~500㎕/plate)으로 증가하였으나, 오이와 당근에서는 큰 저해 효과가 없었다.

항산화능 및 돌연변이② : 한국인 상용채소 7종(깻잎, 돌나물, 돌미나리, 시금치, 쑥갓, 참취, 부추)의 항산화능 및 돌연변이를 검색한 결과, 시료의 MDA에 대한 단백질 보호 효과는 깻잎, 돌나물이 효과적이었고, 부추〉참취〉돌미나리 순이었다. EtOH 추출물의 지질과산화 억제활성은 돌나물(67.1%), 돌미나미리(61.5%)가 높았고, DPPH 라디칼 소거능은 쑥갓(78.8%), 돌미나리(73.6%)에서 저해활성이 있었다. 항돌연변이는 Ames test에서, 간접작용은 *S. typhimurium* TA98, 2-anthramine에 대해, 돌미나리(99.8%), 깻잎(52.6%), 부추(79.6%), 쑥갓(82.8%), 시금치(74.5%), TA98에서 2-nitrofluorene의 돌연변이 저해율은 깻잎(82.8%), 참취(82.3%), 쑥갓(66.6%), TA100에서 sodium azide 돌연변이 저해율은 돌미나리(91.8%)가 높았다.

NDMA 생성 억제 : 천연식물 차류(녹차, 두충), 약용식물(어성초, 백화사설초, 삼백초) 및 해조류(미역, 청각, 김), 추출물과 채소류(피망, 케일, 오이, 양파) 및 과실류(토마토, 매실, 자두, 포도) 주스 등을 이용하여 N-Nitrosodi-methylamine(NDMA) 생성억제 작용을 pH 1.2, 4.2 및 6.0에서 관찰하였다. 차류 및 약용식물류에서는 NDMA 생성촉진 경향이 보였으나, 해조류는 다소 억제시켰으며, 반응용액의 pH가 산성일수록, 추출물의 농도가 높을수록 NDMA 생성의 억제가 강하였다. pH 1.2에서 채소류주스는 57.6~99.7%, 과실주스는 35.9~99.7%, pH 4.2에서 채소주스는 55.0~97.5%, 과실주스 21.3~96.8% 억제 효과를 보였다. 시금치는 10~49%, 피망은 15~75%, 오렌지는 52~58% NDMA 생성이 억제되었다.

수세시금치 중의 세균 : cook-chill 제품원료로 사용할 시금치와 수세한 시금치에 대해 세균을 검색한 결과, *Aeromonas hydrophila, Bacillus cereus, Clostridium perfrigens, Staphyllococcus aureus* 등이 검색되었다.

Quercetin 의 생리활성(항HSV활성) : Quercetin(flavonoid)의 HSV-1와 HSV-2의 vero 세포 내에서의 증식억제 실험 결과, HSV-1에 대한 EC_{50}은 18.7㎍/ml, SI는 4.8, HSV-2에 대한 EC_{50}은 24.5㎍/ml, SI는 3.7을 나타냈으며, 용량의존적으로 plaque 형성을 억제하였고, HSV-1에 더 큰 활성을 보였다. quercetin과 nucleoside계 항 Herpes virus제인 acyclovir 및 vidarabine의 병용실험 결과, HSV-1에는 acyclovir와 병용 시 CI value 가 0.19~0.57을, vidarabine과 병용 시에 0.97~1.46을 보였고, HSV-2에 acyclovir와 병용 시 0.61~0.89를, vidarabine과 병용 시에 0.43~1.42를 보여 acyclovir와의 병용이 더 우수한 상승 효과를 나타내었다.

저장 중 Chlorophyll 색소 : 저장 중 온도(20, 60℃), pH(4.5, 7.0), 기체조성(N2, O2), 광도(0, 5,000lux), 항산화제 및 포장조건이 시금치 및 동결건조 시금치 chlorophyll 색소(chp)성분에 주는 영향을 조사한 결과, 시금치의 chp a와 b는 각각 710.54(mg/100g dry weight) 및 280.15mg이었고, 20℃ 저장에서 60℃로 하면 chp a와 b는 감소($P < .05$)하였고, pH 7.0에서 4.5로 하여도 chp a와 b는 감소하였다. N_2 저장조건에서는 대조군보다 chp a와 b의 분해는 억제되었고, 5,000lux에서 빛을 차단한 상태에서보다 chp a와 b가 감소하였다. O_2 저장에서는 chp a와 b 모두 잘 파괴되었고, 암저장(25℃, 15min)에서 항산화제는 시금치의 자동산화에 의한 지용성 chp a의 분해가 억제되었다. 억제 효과는

α-tocophenol〉ascorbic acid〉β-carotene〉catechin〉quercetin〉rutin〉kaempherol〉caffeic acid〉chlorogenic acid〉*p*-coumaric acid〉ferulic acid 순이었다. 항산화제는 빛저장(5000lux, 6min)에서 singlet oxygen oxidation에 의한 chp a의 분해억제 효과는 β-carotene〉α-tocophenol〉ascorbic acid〉catechin〉quercetin〉rutin〉kaempherol〉caffeic acid〉chlorogenic acid〉*p*-coumaric acid〉ferulic acid 순이었다.

Vitamin C 함량 : 데친 시금치의 vitamin C는 토마토의 2.2배 vitamin E는 유채의 2배, 이밖에 K, Mg, Zn, Cu 등도 풍부하여 빈혈에 좋으나, 수산(oxalic acid)이 많아 Ca 흡수가 방해되므로 다량 섭취는 삼가야 한다.

조리와 Ascorbic acid 함량 : 시금치, 양배추, 실파를 소량물(150mg/100g)로 뚜껑 없이 60초 처리, 찌기(150mg/100g) 120초, microwave 열처리 60초간 하였을 때 열처리에서 각각 기호도가 좋았고, ascorbic acid 잔존량은 데치기, 찌기, microwave oven 처리는 각각 73.7%, 72.9% 및 96.2%로 microwave oven이 가장 많았다.

조리와 엽산 함량 : 증류수에 시금치를 넣고, 1, 2, 3, 4, 5, 10, 20분간 조리 후, 엽산 함량을 조사한 결과, 1분 후 80.7%, 2분 후 33.4%, 3분 후 12.6%로 급격히 감소되었고, 20분후에는 5.5% 감소하였다. 조리수와 시금치의 엽산 함량은 가열조리 1분 후 101.1%, 2분 후 68%, 3분 후 51.3%, 20분 후 52.0%로 4분 이상 가열한 조건에서는 총 엽산 함량이 크게 변하지 않았다. 엽산이 조리액으로 유출되었다. 조리수로 유출되어 손실되는 양은 1분 가열 시 20.2%, 20분에 88.8%로, 가열 시간이 길어질수록 크게 증가하였다. 전자레인지로 가열 을 때, 물로 끓여 조리한 경우와 유사하였으나, 조리수를 적게 쓰는 전자레인지 조리에서는 조리수 손실이 낮았다. 시금치를 냉장저장 할 때, 1~2주 후의 엽산 보유량이 90% 이상으로 엽산 손실이 적었다.

조리와 무기질 함량 : 시금치와 브로콜리를 microwave oven(Mio)로 저(400W)와 고(700W) 출력으로 조리하여, 무기질(Na, K, Fe, Ca, Mg, P, Cu)함량을 측정한 결과, 조리수 첨가량과 시간에 상관없이 잔존율이 높았다. 저출력 시 blanching 되지 않고, 질감이 그대로 남았으며, 고출력에서는 blanching 되었고, 조리수 첨가량과 조리시간 경과에 따라 무기성분의 감소가 증가되었다. 시금치가 고출력에서 브로콜리보다 무기질 잔존율이 적었고, 조리 100ml 첨가 시금치 저출력 60초에서 93.8%, 120초 89.9%, 180초 52.5%의 잔존율을 보였으며, 브로콜리는 같은 조건에서 60초 93.6%, 120초 91.5%, 180초에서 87.8%로 잔존율이 높았다. 그러므로 저출력에서 단시간 조리하는 것이 무기질 감소율을 최소화하는 것이다.

유통 중 Vitamin C : 시금치 잎의 vitamin C가 줄기보다 3배 많았으며, 35.38mg%(fresh weight)이었고, 유통 중 상온에서 중량 손실과 vitamin C 손실이 많았으며, 저온에서는 비교적 낮았다. 전체적으로 중량 손실 X와 vitamin C 손실 Y와의 관계는 Y=21.3X+48.32(r=0.69)로 상관성이 인정되었다.

결석과 시금치 : 시금치는 철분이 많아 예부터 보혈강장제로 많이 썼으며, 부드러운 잎은 소화가 잘되어 환자식으로 많이 이용되나 수산이 많아 신장이나 방광결석이 생기기 쉬우므로 자주 많이 먹지 않는다. 3kg의 생시금치를 1개월 계속 먹지 않으면 결석 위험이 없다는 연구가 있다.

기타 연구 : 시금치는 인체에 유독한 uric acid를 배설시켜, rheumatism이나 gout예방에 효과가 있다. 근래 시금치의 아질산염 소거작용 및 전자공여작용에 대한 보고도 있다.

Oxalic acid와 citric acid은 hemostatic 물질이고, patuletin은 antispasmodic, cholagogue 물질이며, wharangalone은 antiseptic quercetagetin은 HIV-RT inhibitor 물질이다.

효능과 이용

1) 효능 : 지상부 - 빈혈(貧血), 통풍(通風), 지혈(止血), 해독(解毒), 윤조(潤燥).
2) 식용 : 나물, 쌈, 국거리 등 상용하는 채소이다. 시금치죽은 환자식으로 좋고, 다른 채소와 함께 녹즙을 내어 건강식으로도 이용된다.
3) 약용 : 한방에서는 노인성 변비, 소갈, 주독, 괴혈병, 류머티즘, 통풍, 빈혈, 갱년기 장애, 당뇨병 등에 이용한다.

참고문헌

1) 김나영, 윤숙자, 장명숙, **조리과학회지**, 1993, 9(3), 204 (데치는 방법이 품종별 시금치의 성분에 미치는 영향 - 데치는 물량과 시간에 따른 성분 변화)

2) 김명애, **동덕여대생활과학연구**, 2000, 5, 15 (당뇨조절을 위한 식단연구)

3) 김상옥, **식품영양과학회지**, 1985, 14(1), 23 (시금치 유통 중 조위현상과 Vitamin C의 함량)

4) 김상옥, **영남공전논문집**, 1986, 14, 319 (시금치의 유통 중 조위 및 변색과 비타민 B1, B2, C 함량)

5) 김영소, 한성순, **생약학회지**, 1999, 30(2), 151 [천연 Quercetin(flavonoid)의 항 Herpes virus 작용과 Nucleoside계 항 Herpes virus제의 병용 효과]

6) 김혜정, 김영훈, 이동선, 백동현, **식품과학회지**, 2003, 35(1), 97 (시금치로부터 병원성 세균의 분리 및 동정)

7) 민혜선, **식품영양과학회지**, 1998, 27(2), 286 (조리 및 저장에 따른 시금치 엽산 함량의 변화 : 조리시간에 따른 엽산의 열파괴 손실과 조리수를 통한 손실의 비교)

8) 박상규, 박누리, 정종배, **응용생명화학회지**, 2002, 45(3), 129 (시금치 nitrate reductase cDNA 클로닝 및 염기서열 분석)

9) 박세원, 김선태, 유양자. **조리과학회지**, 1995, 11(2), 98 (Microwave를 이용한 조리방법에 따른 상용채소의 무기질 함량 변화-시금치와 브로커리)

10) 손의동, 박양서, 조태주, 최정도, 조남정. **생화학회지**, 1994, 27, 408 (시금치 Glycolate oxidase의 활성부위에 관한 연구)

11) 연미영, 현태선, **영양학회지**, 2005, 38(7), 586 (한국인 상용식품의 엽산 함량 분석에 의한 식품영양가 표의 보완)

12) 오세인, 이미숙, **식품영양과학회지**, 2003, 32(8), [한국인 상용 채소 7종(깻잎, 돌나물, 돌미나리, 시금치, 쑥갓, 참취, 부추)의 항산화능 및 돌연변이 검색을 검색]

13) 이상화, 최은옥, 이현규, 박관화, **응용생명화학회지**, 2001, 44(2), 73 (저장 중 시금치의 Chlorophyll 색소성분에 영향을 주는 요인)

14) 이수정, 신정혜, 정미자, 성낙주, **식품위생안전성학회지**, 2000, 15(2), 95 (천연식물성분이 N-Nitrosodimethylamine 생성억제에 미치는 영향)

15) 이애랑. 조리과학회지, 1992, 8(1), 15 (데치기에 따른 시금치 잎의 변색)
16) 임숙자, 조리과학회지, 1992, 8(4), 411 (여러 가열 방법에 따른 채소의 Ascorbic acid 잔존량)
17) 장명숙, 김나영, 단국대논문집, 1994, 28, 373 (데치는 방법이 품종별 시금치의 이화학적 특성에 미치는 영향 ; 소금 첨가량에 의한 영향)
18) 하정욱, 이승철, 윤이란, 경남대공업기술연구소연구논문집, 2000, 18, 165 (시금치 및 마늘의 아질산염 소거작용 및 전자공여작용)
19) Ardo, C., Vennesland, B., Plant Physiol., 1960, 35, 368 (Chlorophylase activity of spinach chloroplastin)
20) Aritomi, M. et al., Phytochemistry, 1986, 25, 23 (Spinacetin-3-*O*-Gentiobioside)
21) Asada, K., Takahashi, M., Nagate, M., Agric. Biol. Chem., 1974, 38, 471 (Assay and inhibitors of spinach superoxide dismutase)
22) Banerji, N., J. Indian Chem. Soc., 1980, 57, 417, 1043 (α-Spinasterol)
23) Billek, G. et al., Monatsh, Chem.1962, 93, 85;1964, 95, 1044 (deriv, Vanillic acid)
24) Budzianowski, J., Phytochemistry, 1991, 30, 1679 (derivs, Astragalin)
25) Cambie, R. C. et al., J. Chem. Soc., 1960, 2376 (Wharangin)
26) Canonica, L. et al., Phytochemistry, 1975, 14, 525 [isol, 24(28)-Dehydromakisterone A]
27) Corse, J. et al., Tetraheron, 1962, 18, 1207 (deriv, Chlorogenic acid)
28) Dreiding, A. S. et al., Helv. Chim. Acta, 1965, 48, 252;1977, 60, 673 (Betanin, Isobetanin)
29) El-Negoumy, S. I. et al., Phytochemistry, 1982, 21, 953 (yellow cryst, 3',4',5-Trihydroxy-3-methoxy-6,7-methylenedioxyflavone;Glucuronide)
30) Ensminger, Ensminger, Konalande, Robson, Food and Nutrition Encyclopedia, 2nd ed., CRC press, 1994, 984, 2037 (Nutritive value)
31) Gatt, H., Baker, E. A., Biochem. Biophysiol. Act., 1970, 206, 125 (Purification and separation of α and β-galactosidase from spinach leaves)
32) Gent, P. A. et al., Carbohydr. Res., 1976, 49, 325 (2-Carboxyarabinitol)

33) Greenstein, J. P. et al., Chemistry of the Amino Acids, Wiley, N. Y. 1961, 3, 2156 (rev, 2-Phenylamine)

34) Hänsel, R. et al., Arch. Pharm.(Weinheim, Ger.), 1954, 287, 117 (occur, Hyperoside)

35) Harborne, J. B., Phytochemistry, 1965, 4, 647 (Quercetagetin Deriv)

36) Henbest, H. B. et al., J. Chem. Soc., 1953, 3796 (plant growth hormone, Indole-3-acetic acid)

37) Herrmann, K., Naturwissenschaften, 1958, 45, 111 (occur, Ferulic acid)

38) Higuchi, R. et al., Chem. Pharm. Bull., 1972, 20, 135, 2143 (deriv, root, Spinasaponin B)

39) Horn, M. J. et al., J. Biol. Chem., 1941, 139, 649 (isol, Cystathionine)

40) Kaplanis, J. N. et al., Steroids, 1979, 34, 333 (ä0-Hydroxyecdysone)

41) Knights, R. J. et al., Anal, Biochem., 1977, 77, 106 (use, Benzylamine)

42) Markham, K. R. et al., Tetrahedron, 1978, 34, 1389 (cmr, *Quercitrin)

43) Marshall, P. S. et al., Phytochemistry, 1985, 24, 1705 (metab, 6-Phytyltoluquinol)

44) Matsubara, Y. et al., Agric. Biol. Chem., 1991, 55, 2923 (isol, unripe citrus fruit, Citrusin Ⅰ)

45) Micheli, R. A. et al., J. Med. Chem., 1962, 5, 321 (Phamracol, Coumesterol)

46) Minale, L. et al., Phytochemistry, 1966, 5, 1037 (struct, pigment, Isocelosianin)

47) Myer, H. H., Biehl, B., Phytochemistry, 1980, 19, 2267 (Activities and multiplicity of phenolase from spinach chloroplasts during leaf ageing)

48) Pakudin, Z. P. et al., Khim. Prir. Soedin., 1965, 67 (isol, derivs, *Quercetin)

49) Palermo, J. A. et al., Phytochemistry, 1991, 30, 2983 (isol, Zeaxanthin)

50) Piattelli, M. et al., Ann. Chim.(Rome), 1966, 56, 1060; CA, 66, 65805y, Amaranthin)

51) Piatteli, M. et al., Phytochemistry, 1964, 3, 547 (isol, Celosianin)

52) Quenzer, N. M., Burns, E. E., J. Food Sci., 1981, 46, 410 (Effect of microwave, steam and water blanching on freeze-dried spinach)

53) Rouser, G., Kritclevsky, G., Simon, G., Lipids, 1967, 2(1), 37 (Quantitative analysis of brain and spinach leaf lipids employing silicic acid column chromatography and aceton for elutin of glycolipids)
54) Row, L. R. et al., Proc. Indian Acad. Sci., Sect. A., 1945, 22, 215: CA, 40, 3447 (Patuletin)
55) Sato, M., Hasegawa, M., Phytochemistry, 1976, 15, 61 (The latency of spinach Chloroplast phenolase)
56) Saunders, J. et al., Phytochemistry, 1976, 15, 809 (Spinacetin)
57) Schaller, D. R. et al., J. Food. Sci., 1970, 35, 762 (isol, Neochlorogenic acid)
58) Schels, H. et al., Phytochemistry, 1977, 16, 1019 (Jaceidin-4' β-D-glucuronide)
59) Schoch, S. et al., Z. Pflanzen Phisiol., 1977, 83, 427 (isol, Chlorophyll A)
60) Schwarz, R. et al., Monatsh. Chem., 1952, 83, 883 (isol, Protocatechuic acid)
61) Sugiura, K. et al., CA., 1996, 65, 15375, 20508, 6-Hydroxymethyl-2,4-(1h,3h)-pteridinedione, leaves)
62) Tabor, H. et al., J. Biol. Chem., 1949, 180, 703 (*N*-Acetylhistamine)
63) Terauchi, H. et al., Chem. Pharm. Bull., 1970, 18, 213 (isol, 7-Stigmasterol)
64) Tomlinson, S. et al., Clin, Sci., 1984, 66, 497 (rev, props, Calmodulin)
65) Tschesche, R. et al., Justus Liebigs Ann. Chem., 1969, 726, 125 (Spinasaponin A)
66) Wagner, H. et al., Tetrahedron, 1977, 33, 1405 (Spinacetin, Spinatoside)
67) Whistance, G. R. et al., Phytochemistry, 1970, 9, 213 (oil, Phytylplastoquinol)

26 쌀보리 *Hordeum vulgare* Linné var. *nudum* Hooker fil.

화본과(Gramineae)

Barley(英), Hadaka-mugi(日)
大麥, 穬麥(中)

원산지 : 서아시아, 온대

용도 : 열매(식용), 싹튼맥아(약용)

식물학적 특성

주로 재배되며 60~120㎝ 자라는 1년초 또는 월년초로 잎몸은 납작하고, 이삭화서이다. 호영은 선형으로 밑에서 벌어지고, 억센 까락으로 끝이 가늘고, 외영은 5맥으로 곧은 까락이 있다. 자방은 윗부분에 긴 털이 있고, 인피는 2개이며 절두형이다.

변종으로는 겉보리(대맥, *Hordeum vulgare* var. *hexastichon* Aschers)가 있고 식용한다.

성분

1) 영양성분

① 쌀보리(1174) 100g 중 열량 345.0kcal, 단백질 9.9g, 지질 0.6g, 당질 77.2g, 조섬유 0.50g, Ca 19.0mg, P 72.0mg, Fe 1.40mg, Zn 0.73mg, vitamin B_1

0.41mg, B_2 0.04mg, niacin 0.9mg, 엽산 50.0㎍, E 0.60mg, 식이섬유 9.93g. 〈식이 섬유 0.5g〉

② **보리가루, 생것**(1175) 100g 중 열량 357.0kcal, 단백질 11.2g, 지질 2.0g, 당질 74.8g, 조섬유 1.20g, Ca 37.0mg, P 139.0mg, Fe 3.00mg, Zn 2.63mg, vitamin B_1 0.40mg, B_2 0.08mg, B_6 0.56mg, niacin 5.8mg, 엽산 50.0㎍, E 0.60mg.

③ **찰보리**(1176) 100g 중 열량 352.0kcal, 단백질 10.3g, 지질 1.1g, 당질 77.6g, 조섬유 0.70g, Ca 22.0mg, P 73.0mg, Fe 0.70mg, Zn 0.82mg, vitamin B_1 0.33mg, B_2 0.04mg, B_6 0.63mg, niacin 1.1mg, 엽산 56.0㎍, E 0.67mg.

④ **보리밥**(1177) 100g 중 열량 140.0kcal, 단백질 12.0g, 지질 2.2g, 당질 32.1g, 조섬유 6.70g, Ca 10.0mg, P 60.0mg, Fe 0.30mg, Zn 0.84mg, vitamin B_1 0.05mg, B_2 0.03mg, B_6 0.13mg, 엽산 18.4㎍, E 0.05mg.

⑤ **보리차**(15078) 100g 중 열량 317.0kcal, 단백질 12.0g, 지질 2.2g, 당질 71.8g, 조섬유 6.70g, Ca 55.0mg, P 290.0mg, Fe 13.90mg, Zn 2.63mg, vitamin B_1 0.40mg, B_2 0.07mg, B_6 0.56mg, niacin 6.2mg, 엽산 50.0㎍, E 0.60mg.

⑥ **보리침출액**(15079) 100g 중 열량 1.0kcal, 단백질 12.0g, 당질 0.3g, 조섬유 0.3g, Ca 2.0mg, P 1.0mg, Fe 13.90mg, Zn 0.01mg, B_6 0.002mg, 엽산 0.2㎍.

⑦ **맥주**(15041) 100g 중 열량 37.0kcal, 단백질 0.3g, 당질 2.8g, Ca 2.0mg, P 18.0mg, Zn 0.03mg, vitamin B_1 0.01mg, B_2 0.02mg, B_6 0.05mg, 엽산 6.0㎍.

Pentosan 8~12%, Lignin 4%, 단백질 중 Prolamin 35~40%, Glutelin 30~35%, 지방산 Linoleic acid가 있다.

2) 특수성분

Allantoin(A-01026), β-Glucan(L-00533), Bifurcose(B-00381), *N*-Carbamoylputrescine(A-01239), Catechin(4α→8)gallocatechin(4α→8)catechin(P-00528), Distichonic acid A(D-03473), B(D-03473), 5,7-Dihydroxy-3',4',5'-trimethoxyflavone(P-00572), Epigallocatechin(4β→8)catechin(H-00713), [Gallocatechin(4α→8)]2catechin(P-00528), Gallocatechin(4α→8)catechin(4α→8)catechin(P-

00528), Alkaloid인 Hoedenine(H-01049), Hordatine A(H-01048), Hordatine B;Glucoside(H-01048)등이 있으며 Hordenone(H-01049), 3-Hydroxymugineic acid(H-01730), Leucoanthocyan, 1H-Indole-3-methanamine(I-00125), Isomugineic acid(M-01730), Lutonarin(I-00581), *N-Methyltyramine(T-03078), 3-(Methylaminomethyl)indole(I-00125), Mugineic acid(M-01730), Orientin +(O-00499), α-Podocarprene(K-00122), Prodelphinidin (H-00713), Saponarin(I-00908), *Tyramine(T-03078), 인지질인 Phosphatidylserine, Phosphatidylcholine, Phosphatidyethanolamine이 분리되었다.

생리활성

혈당조절 : 메밀, 메조, 멥쌀, 보리, 율무, 차조, 찹쌀, 현미멥쌀, 현미찹쌀, 차수수에 대하여 혈당지수(GI)를 측정한 결과, 보리가 57±7%로 가장 낮았고, 찹쌀이 110±8%로 가장 높았다. 멥쌀을 기준한 GI-rice은 보리 63±6, 메밀 79±5, 메조 85±6, 현미 90±12, 찹쌀 100±0, 찹쌀 102±7, 현미찹쌀 106±6, 차조 115±13, 율무 116±13, 차수수 122±4%로 멥쌀군(멥쌀, 메조, 현미멥쌀)이 찹쌀군(찹쌀, 차조, 현미찹쌀)보다 GI가 낮았고, 혈당반응도 완만하여 혈당조절에 유리하였다.

GI=(식품 섭취 시 혈당반응 면적/포도당 섭취 시 혈당반응 면적)×100

GI-rice=(식품 섭취 시 혈당반응 면적/멥쌀 섭취 시 혈당반응 면적)×100

항산화능과 γ-선 조사① : 왕겨, 미강, 맥강의 메탄올 추출에 4.2Gy/h의 속도로 각 5, 10, 15, 20KGy로 조사 후와 감마선을 조사하지 않은 대조군의 총 phenol 함량은 일정하였다. 전자공여능도 감마선 조사시료와 대조군에서 유의성 차이기 없었다. TBARS 분석에서 감마선 조시히지 않은 왕겨와 미강 추출물이 맥강 추출물보다 지질과산화 억제력이 높았고, 감마선 조사 후에 왕겨와 미강의 활성이 유지되었으나, 맥강은 조사선량이 많을수록 지질의 산화 억제력이 상당히 감소하였다. 따라서 왕겨, 미강, 맥강의 phenol 성분과 전자공여능에 관여하는 성분이 감마선에 매우 안정하여, 지질과산화 억제능은 왕겨와 미강의 감마선에 안정하나 맥강은 불안정하였다.

항산화 효과와 Polyphenol② : 보리 도정부산물 맥강과 배아획분 중의 polyphenol(barley polyphenol extract;BPE)은 linoleic acid 모델계와 옥배유를 기질로 한 유지의 자동산화를 통한 항산화 효과는 TBA 측정결과, branIII의 BPE는 α-tocopherol과 유사하였고, Bran I 과 배아획분은 합성 항산화제인 BHT와 유사하였다. 유지 자동산화에 대한 BPE의 항산화 효과는 과산화물가를 이용해 측정한 결과, 저장 초기 10~15일까지 첨가농도에 따라 α-tocopherol 및 BHT와 높거나 유사하였고, 저장 20일 후부터 첨가농도에 따른 차이는 없었다. 또한 40meq/kg oil에 도달하는 기간은 유도기간에 따른 상대적 항산화 효과(RAE)는 Bran과 배아획분의 BPE 0.02% 첨가 시 RAE값은 각각 128, 126이었고, 0.1% 첨가 시 135, 133으로 첨가량에 따른 변화는 없었으나, BHT의 126보다 높아 이들 분획은 향후 천연 항산화제로의 가능성이 기대된다.

아질산염 소거작용 : 볶음보리의 수용성 분획의 EtOH 가용성 획분이 아질산염 소거작용이 가장 강하였고, 볶음보리 추출물과 dimethylamine의 아질산염 소거 효과는 반응시간 3시간에 볶음보리 추출물이 100% 소거 효과가, dimethylamine은 30% 소거 효과가 있어, 발암성 nitrosamine 생성억제는 볶음보리 추출물이 유효하였다.

돌연변이 유발능① : 시판 보리차와 참기름용 볶음참깨는 가정용 보리차나 깨소금용 참깨보다 각각 4배, 5배 더 볶아진 것으로 평가되었으나, Ames test(*Salmonella typhimmrium* TA 98과 TA 100 균중)에서 돌연변이 유발능이 있다고 단정하기는 어려웠다.

항변이원성② : 보리 MeOH 추출물, MeOH 추출물의 용매별 분획 및 β-glucan 시료를 *Salmonella typhimurium* reversion assay(in vitro)와 micronucleus test(in vivo)로 항변이원성을 검색한 결과, 보리 β-glucan의 항변이원성은 0.5~5mg/plate에서 TA100에서 직접변이원에 대해 59~77% 항변이원성을, TA98에서 간접변이원에 대해 24~56% 항변이원성을 보였고, MeOH 추출물의 항변이원성은 직접 변이원보다 간접변이원에서 TA100보다 TA98이 더 컸다. TA98 항변이원성은 간접변이원에 대해 Et_2O획분(98.05%)에서 항변이원성이 가장 높았다. 또 micronuleus test에서 소핵형성은 시료의 최대농도 5g/10cc

Na-CMC/kg body weight에서 골수의 소핵형성은 CP만의 처리 대조군에 비해 50% 억제 효과가 있었다(P〈.05). 즉 보리의 β-glucan과 보리 추출물은 in vitro와 in vivo에서 높은 항변이원성이 있어, 식이섬유 중 발암원을 낮추는 데 크게 기여할 것으로 기대된다.

지질 대사① : 곡류 급원에 따른 혈중 지질농도를 관찰하기 위하여 곡류 급원인 현미, 백미, 보리, 밀, 밀가루를 대상으로, 곡류 자체에 있는 식이에 0.7% cholesterol과 함께 섭취시킨 결과, 평균 식이섭취량, 증체량, 식이효율은 실험군 간의 유의성 차이는 없었고, 배변량과 건조변량은 불용성 식이섬유질(NDF)이 많은 밀군이 유의적으로 많았다. 장기 무게 중 대장 무게가 밀군이 높았으며 소장, 간, 위, 대장의 길이는 실험군 간 유의적 차이는 없었다. 간의 총 지질 및 TG와 TC 함량은 가용성 섬유질(SDF)이 많은 보리군에서 가장 낮았다. 혈중 cholesterol은 실험군 간에 유의적 차이는 없었으나 TG는 백미군이 높았다. 보리에 HDL이 가장 높았고, HDL/LDL, free cholesterol/ester cholester 비는 유의성은 없었으나 보리군이 가장 높았다. 곡류에 함유된 SDF는 혈중지질을 낮춰 보리군의 혈중지질농도가 낮았고, HDL도 보리가 가장 높았다. 또한 혈중 TG는 섬유질이 가장 적은 백미에서 가장 높았다.

지질 대사(β-Glucan)② : 메보리인 송학(N)과 찰보리인 찰쌀보리(W)를 대상으로, β-glucan 농축시켜 시료를 만들어 흰쥐에 투여한 후, 혈장과 분변 cholesterol을 측정하였다. 보리 β-glucan 농축획분을 식이섬유원으로 첨가한 N-glucan(5%)군과 W-glucan(5%)군의 혈장cholesterol은 fiber-free군 및 control군(C군)보다 낮았다. 혈장 HDL cholesterol은 C군보다 낮았고, HDL-C은 C군이 30.2mg인 반면, N-glucan(5%)군은 39.6mg%, W-glucan(5%)에서 33.8mg%로 보리 β-glucan 농축획분 섭취로 증가되었으며 메보리인 N-glucan(5%)에서 유의성이 있었다. 식이섬유 10%까지 농축획분 첨가량을 증가시킨 W-glucan(10%)군은 5% W-glucan군보다 혈중 중성지방이 감소하였고 HDL-C는 증가하였으나, 유의성은 없었다. 변의 무게는 β-glucan 첨가군들이 C군보다 1.5~2배 이상 많았다. C군인 cellulose첨가군은 변으로 38.29/day의 cholesterol과 2.6g/day의 TG이 배설되었고, N-glucan(5%)군과 W-glucan(5%)

군은 변으로 각각 52.4, 59.2g/day의 cholesterol과 6.8, 9.5g/day의 TG가 배설되었다. 따라서 0.5% cholesterol을 첨가하고, 5% 식이섬유-보리 β-glucan 농축획분을 공급했을 때, 체내 지질흡수가 되지 않도록 효율적으로 TG와 cholesterol이 배설되었다. TG 배설은 송학 메보리보다 분자량이 크고 점성이 큰 찰쌀보리가 우수하였다.

간 지질대사(β-Glucan)③ : 총 식이섬유 함량과 열량을 동일화한 보리첨가식이 및 β-glucan 농축획분 첨가식이가 간 지질대사에 미치는 영향을 관찰한 결과, 간 무게는 cholesterol 투여로 증가하였고, 보리 및 β-glucan 투여에 의한 차이는 없었다. 대조군과 fiber-free군의 간에서는 cholesterol-free군의 간과는 달리 cholesterol 첨가로 심한 지질침착이 관찰되었다. 반면 보리 첨가군은 동량 cholesterol을 섭취하였으나, 지질침착이 없거나 미약하여 cholesterol-free 간과 유사한 형태였다. 간의 cholesterol과 TG는 보리 β-glucan 농축분획을 첨가한 N-glucan(5%)와 W-glucan(5%)군에서 각각 대조군의 50%와 60% 이하로 현저히 감소하였다. 식이섬유 10% 찰보리 농축분획 W-glucan(10%)군의 간 cholesterol 저하 효과가 현저하였다. 따라서 0.5% cholesterol에 5%와 10% 보리 식이섬유 투여 시 변의 cholesterol과 TG를 보상키 위한 간에서의 생합성 증가는 없었고, 오히려 간의 cholesterol과 TG가 현저히 감소하고, 간에 지질침착이 나타나지 않았다.

지질대사④ : 표고버섯과 보리에서 추출한 β-glucan을 alloxan 유발 당뇨마우스에 투여한 결과, 체중 및 혈중 포도당 농도가 감소되었고, 특히 보리 β-gaucan은 혈중 중성지방 감소 효과가 있어, 표고버섯과 보리의 β-glucan이 당뇨병 개선 효과가 인정되어, 이들의 기능성 식품으로의 개발이 기대되었다.

지질대사⑤ : 쌀보리에서 제조한 식이섬유소 추출물(시료)의 조성은 cellulose 19.3% hemicellulose 58.7%, lignin 10.5%이었다. 흰쥐의 성장에 미치는 시료의 영향은 현저하지 않았고(p〈.05), 시료가 흰쥐의 혈청지질 조성 및 간의 지방 함량에 미치는 영향은 없었으나, 혈청 및 간의 cholesterol 농도를 일정 수준까지 감소시켰다(p〈.05).

혈당반응지수 : 주요 곡류의 혈당반응지수를 측정한 결과, 차수수(122)〉율무

(116)〉차조(115)〉현미찹쌀(106)〉찹쌀(102)〉멥쌀(100)〉현미(90)〉메조(85)〉메밀(79)〉보리(63) 순으로 보리의 혈당값이 가장 낮아 혈당조절에 유리한 것으로 조사되었다.

α-Amylase의 저해물질①: 국산 쌀보리의 α-amylase 저해물질을 DEAE-cellulose, concanavalin-A sepharose 및 FPLC superose 6 column으로 분리 정제한 결과, 저해물질의 비활성도는 336.7 units/mg, 분자량은 29KD, α-amylase 저해물질의 주요 amino acid는 glutamic acid, aspartic acid 및 arginine 이며, 탄수화물을 1.0% 함유한 당단백질로 추정되었다.

α-Amylase 저해물질의 특성②: 한국산 검정콩 및 쌀보리 α-amylase 저해물질의 이화학적 특성을 살펴본 결과, 검정콩과 쌀보리 α-amylase 저해물질은 최적 pH 7.0으로, pH 6~8에서 안정하였고, 70℃에서 17분 가열할 때 50% 저해활성이 유지되었다. 이 두 효소저해물질은 모두 porcine pancreatic과 human saliva의 α-amylase를 저해하였고, 농도의존적이었다. pepsin 처리 시 검정콩, 쌀보리의 α-amylase 저해물질은 각각 40, 30분 trypsin 처리 시 각각 30, 50분간 50% 저해활성을 유지하였다. 이 두 물질은 이온강도가 높을수록 저해활성도가 높았으며, maltose의 영향은 70mM에서 최대 저해활성을 보였으나, 그 이상의 농도에서는 변화가 없었다. 효소-저해물질 복합체 형성 후에는 maltose 첨가에 변화되지 않았으나, K와 Mg 첨가에 저해활성이 컸다.

혈전용해활성: 보리입국을 이용하여 전통주를 제조하였을 때, EtOH 생성량은 16.8%로 시판입국으로 제조한 15.6%보다 높았고, 혈전용해활성도 20.0u로 제일 높았다. 또한 보리입국을 10% 첨가한 술덧에 녹두가루 50%와 대추 3%를 첨가, 30℃에서 10일간 발효시키면, 혈전용해활성이 26.0u로 증가하였고, 맛과 향도 우수하였다.

항보체활성: 보리 추출물의 classical pathway 항보체활성은 250μg/ml에서 MeOH 추출물이 83.1%로 가장 높았고, alternative pathway에서 9.2%이었다. MeOH 추출물의 T-cell 증식 효과는 PHA 처리에서 양성 대조군에 비해 13배 높아, 면역증진 효과가 높았다. 보리의 식이섬유 β-glucan의 classical 및 alternative pathway 항보체활성은 각각 3.2%, 22.3%로 MeOH 추출물(83.1%)

보다 낮았으나, 250㎍/ml에서 T-cell의 면역증강 효과는 13배였다.

식이섬유와 Cd대사 : 곡류의 식이섬유 특히, 수용성 식이섬유인 β-glucan의 함량이 높은 보리를 섭취했을 때, Cd 공급군의 혈청 cholesterol 농도가 낮았고, Cd 비공급군의 HDL-cholesterol 농도가 높았다. 간의 총 지방량이 감소하였으며, 변으로의 지질 배설량이 높았다. 또한 변으로의 Cd 배설량을 현저히 증가시켜, 간과 신장의 Cd 함량이 감소되었다.

근육이완 효과 : 맥아의 모근에 있는 malotoxin, *p*-hydroxy-β-phenyethyl-trimethylammonium은 근육내 acetylcholine의 감수성을 낮추고, 근육의 정지 전위를 강화시켜, muscle relaxant작용을 나타내었다.

영양개선① : 보리와 밤의 혼식이 성장기 백서에 미치는 영양 효과를 알고자 이유 직후 백서를 대상으로 곡류인 백미와 보리, 밤의 혼식의 영양 효과를 관찰하였다. 실험식이는 백미 100%, 백미 70%+보리 30%, 백미 70%+밤 30%, 백미 70%+보리 20%+밤 10%, 백미 70%+보리 15%+밤 15%, 백미 70%+보리 10%+밤 20%로 하여 7주간 사육한 결과, 증체량은 밤혼식이 많았으나 유의성이 없었고, 식이효율은 보리와 밤혼합식이 백미식보다 양호하였다. 단백질 효율은 밤혼합식이가 양호하였고, 단백질 소화율은 백미군〉밤 · 보리 혼합식 순이었으며, 생물가와 단백질 이용율은 백미식보다 보리혼합식 또는 밤혼합식이 높았다.

영양개선② : 흰쥐에 있어서의 보리와 발아보리의 영양효율을 알고자 이유한 albino rat에 보리군(B군)과 발아보리군(GB군), 5% casein 첨가군(5%BC군), 쌀보리 8 : 2군(RB군), RB에 5% casein 첨가군(RBC군)으로 나누어 4주 사육 후, 식이, 열량 섭취량, 식이효율 및 증체량을 측정한 결과, GB와 BC군에서 높았고, RC군에서 현저히 높았다. 단백질 효율은 단일 곡류군보다 곡류에 casein 첨가군이 높았고, 식이 및 단백질 소화흡수율은 B군 및 GB군에서 낮았으나, 이에 단백질, 또는 쌀과 단백질 혼합군에 비해 발아보리군이 단백질 소화 흡수율이 높았다.

소미맥 혼식과 단백질대사 : 소맥, 대맥을 8분 도정, 나맥을 각각 백미에 30%씩 혼합시켜 8주간 사육한 후 간과 혈청 내 총 질소, creatinine, amino acid 함량을 측정한 결과, 간과 혈청 중 총 질소함량은 백미식이군보다 소맥, 대맥 혼식군에서 높았고 간의 amino acid 질소함량은 백미군보다 소맥, 대맥 식이군에서 높았다. 혈청 내 urea 질소함량은 백미군보다 도정소맥과 나맥혼식군이 높았으나, 도정 대맥 혼식군이 현저히 높았다. 뇨 중 creatinine 및 urea 질소는 8주 급식 시 미도정 맥류혼식군이 도정 맥류혼합식이군보다 높았다. 즉 맥류의 도정 여하에 따라 단백질 대사에 차이가 있었다.

보리등겨 간장의 향기성분 : 보리등겨로 제조한 간장의 향기성분은 2-furan carboxaldehyde, benzenacetaldehyde, 4-vinyl-2-methoxyphenol, palmitic acid, methyl-9,12-octadecadienoacetate 등이, 대두와 보리등겨를 1 : 1로 제조한 간장의 향기성분은 2-furancarboxaldehyde, benzaldehyde, benzacetaldehyde, diethylphtalate, palmitic acic 및 2-chloroethyl linoleate 함량이 높았다.

압맥의 영양성분 : 보리쌀, 할맥 및 납작보리의 영양성분을 분석한 결과, 일반성분과 열량 변화는 없었으나, 할맥단백질 및 지방질 함량이 다소 낮았고, 칼슘 과인의 비는 평균 0.143, 필수 아미노산과 질소의 비는 평균 1.66이며, 아미노산 값은 할맥이 가장 높았고, 납작보리가 그 다음이었다. 주지방산은 linoleic acid, palmitic 및 oleic acid로 전체의 92%였고 고도 불포화지방산과 포화지방산의 비는 납작보리가 가장 낮았다.

지질성분① : 3종의 보리에서 추출한 지방은 중성지방 69.3~73.1%, 당지질 9.6~16.5%, 인지질 14.2~17.9%였고, 중성지질 중 triglyceride는 54.2~55.7%, 소량의 1,2 및 1,3-diglyceride, sterol, 유리지방산, sterol ester, 미확인 3종의 지방이 함유되었다. 당지질은 digalactosyl diglyceride와 monogalactosyl diglyceride가 주성분이고, 그 외에 esterified sterylglyceride, sterylglyceride, cerebroside, sulfolipid, 미확인 1종 지질 등이었다. 인지질 중에는 phophatidyl choline과 serine, lysophosphatidyl choline, phosphatidyl ethanolamine 등이 80% 이상이었고, 주요지방산은 palmitic, oleic, linoleic, linolenic acid이며, 중성지방 중에는 oleic acid가, 인지질 중에는 plamitic acid가 많았다.

중성 지질성분② : 4종의 보리와 4종의 맥아를 $CHCl_3$, MeOH, 물로 추출한 총 지방질 중 중성지질의 조성을 TLC, GC로 분석한 결과, 보리와 맥아의 총 지질은

3.3%, 2.9%, 보리 총 지방이 맥아에서 평균 12.2% 감소하였다. 보리와 맥아의 총 지질 중 중성지질은 평균 78.8%, 68.5%, 보리 중성지질 중 맥아에서 7.2% 감소하였다. 중성지질 중 triglyceride와 유리지방산은 평균 57.5%(보리), 15.4%(맥아)로 맥아에서 감소하였으나, 유리지방산은 증가하였다. 그 외에 sterol ester, free sterol, 1,3-diglycerde 등이 보리와 맥아의 중성지방 중 부성분으로 함유하고 있으며, 보리와 맥아의 주된 지방산은 linoleic acid, palmitic acid, oleic acid이며, 맥아는 보리보다 포화지방산의 함량은 증가 하였으며, 불포화지방산은 감소하였다.

극성 지질 조성③ : 4종의 보리와 그 맥아의 총지방질 중 극성지질을 TLC와 GC로 분석한 결과, 보리와 맥아의 총 지방 중 당지질은 평균 8.9%(보리), 12.3%(맥아), 인지질은 17.3%, 19.2%로 당지질과 인지질은 보리보다 맥아에서 평균 39.5%, 11.5%가 증가하였다. 보리의 당지질 중 DGDG(digalactosly diglyceride)와 MGDG(digalactosyl diglyceride)가 평균 35.5%, 28.6%, SG(steryl glycoside)와 cerebroside 20.7%, 15.2%였고, 보리 중 DGDG와 MGDG는 맥아에서 감소되었으나, SG와 cerebrosid는 증가하였다. 보리 인지질에는 phosphatidyl choline(PC), lysophaphatidyl choline (LyPC), diphosphatidyl choline(DPG), phosphatidyl ethanolamine(PE)순으로 함유되었으나, 맥아에서는 PC, LyPC는 감소하고, PE와 DPG는 증가하였다. 당지질 분획 중 linoleic acid, 인지질 분획 중 palmitic acid가 많았다.

결합 지질 조성④ : 쌀보리의 결합지질을 water saturated butanol(25℃, WSB-LT)로 추출한 결과, 중성지질, 당지질, 인지질은 각각 35.5%, 32.4%, 32.1%이었고, WSB(95℃, WSB-HT) 추출에서 인지질 50.6%로 가장 많았다. 중성지질에 TG(66~82.9%), FFA, free sterol(FSt), DG, esterfied sterol(ES-St) 등이, 당지질에는 digalactosyl DG(40.2~44.8%), cerebroside, sterylglycosides, monogalactosyl diglycerides이, 인지질에는 lysophosphatidyl choline(20.3~ 34.4%), phosphatidyl choline과 phosphatidyl serine(18.6~22.5%), phosphatidyl ethanolamine(18.4~28.2%), diphosphatidyl glycedols(10.5~ 16.9%)이, 주요지방산은 linoleic acid와 palmitic acid, 특히 중성지질에는 palmitic acid(34.3~

38.2%), linoleic acid(44.2~48.8%)등이 함유되어 있었다.

보리가루 중 지방조성⑤ : 유리지방질은 2.12%, 결합지방질은 0.76%, 유리지질 중 TG 56.2%, 유리지방산 14.9%, sterol류 13.4%이며, 결합지방질 중 인지질은 2.5%, 당지질은 3.9%이며, 지방산의 경우 유리 및 결합지방질의 주요지방산은 각각 linoleic acid 52.1%, 54.8%, palmitic acid는 24.8%, 30.0%, oleic acid 15.6%, 8.8%였다.

무기질과 아미노산 : 겉보리(올보리, 강보리) 및 쌀보리(세도하다가, 백동)를 각각 60%와 70%로 도정하고, 무기질 및 아미노산을 분석한 결과, 무기질 함량은 P〉K〉Ca · Mg〉Na 순이었고, 쌀보리 무기질은 P를 제외하고는 겉보리가 같았다. 아미노산 함량은 올보리가 낮았고, 기타 품종 간의 차이는 없었다. 단백질의 아미노산 가는 올보리가 70, 기타는 60 내외였다.

Phytase 활성도 : 보리의 phytic acid 함량과 phytase 활성도를 알고자 분석한 결과, 보리의 phytic acid가 0.94~1.17%이었고, 쌀보리 70%, 겉보리 60% 도정한 결과, 71~83% phytic acid가 감소하였다. 쌀보리를 가열, 증자하였을 때, phytic acid는 감소하지 않았으나, 초음파 처리로는 57% 감소하였다. 맥주맥 발아 시 phytase 활성도는 4일 후 최대였고, phytic acid 함량은 5일 후 24%정도 감소하였다. 정제된 phytase 작용 최적 pH 5.0, 40℃에서 최대 활성도를 보였다.

무기질 함량 : 정맥수율별 쌀보리쌀의 일반성분 및 무기질 함량은 쌀보리의 주된 입자(7~10mesh)를 5% 정맥하고, 정맥수율 70~100%인 쌀보리쌀의 일반성분과 무기질을 분석한 결과, 단백질, 회분, 지방 모두 정맥수율이 감소될수록 감소되었으며, 단백질의 감소율은 적었다. 무기질도 일반성분과 유사한 경향이었으나, 정맥수율이 낮을수록 P, K, Mg, Na은 크게 감소하였고, Fe, Ca은 완만한 감소를 보였다.

품종별 색소 특성 : 유색보리 4종과 보통보리 4종의 종피에 함유된 색소를 분석, 해당 작물의 신품종 육성 시 우수계 선발에 유용한 자료를 제공코자, 유색(검정) 쌀보리인 Ab2231을 표준시료로 실험한 결과, EtOH 농도가 80%때 색소 추출물효율이 양호하였고, 80% EtOH에 1.0% HCl을 첨가할 때 가장 추출효율

이 좋았고, 1시간 추출하면 충분하였다. 각 보리시료에서 추출한 색소의 흡광 스펙트럼은 Ab2231은 535nm에서 최대 흡광도를 나타내어, anthocyan계로 판단되었고, 호계 4호는 다른 색소를 함유하는 것으로 나타났다. 추출된 색소의 특성에 따라 유색보리 품종은 Ab2231와 모찌무기로 대표되는 쌀보리 그룹과 Lion과 호계 4호로 대표되는 겉보리 그룹으로 분류되었다.

보리등겨 메주의 향기성분 : 시금장 대량생산을 위한 기초자료로 보리메주의 발효기간에 따른 향기성분을 조사하였다. pH는 발효기간에 따라서 pH 5.2~5.6, L값과 b값은 발효기간 경과에 따라 점차 감소하였으며, a값은 5이하까지 증가, 15일 후 감소하였다. 보리메주의 향기성분 분석 결과, 총 75종이 관찰되었다. 관능기별로는 aldehyde와 ketone류가 각각 10종이 동정되었고, acid와 phenol류는 각각 9종, alcohol류 및 hydrocarbon류가 7종, ester류 6종, purazine류 3종, 질소화합물과 furan류는 각각 2종, 기타 11종이었고, 함량별로는 ethylacetate가 67.8~89.1%로 가장 많았고, hexadecanoic acid(1.21~12.00%), tetramethylpyrazine(0.06~12.30%) 순이었다.

보리잎의 성분① : 품종별 보리잎의 이화학적 특성을 알고자 올보리, 수원 298호, 수원 311호, 밀양 60호, 보리품종에 대해 출수 약 2주 전 보리잎을 채취하여 이들의 이화학적 특성을 조사하였다. 그 결과, 보리잎의 영양성분은 건물양으로 조단백 25~29%, 조지방 9.3~9.9%, 회분 9.3~11.2%, β-glucan 1.3~1.8%, chlorophyll 함량은 올보리 951mg%, 수원 311호 885mg%, 밀양 60호 866mg%, 수원 298호 826mg%, 무기질은 K가 가장 많았고, 품종 간 차이는 별로 없었다. vitamin C 함량은 올보리 328mg%, 수원 298호 266mg%, 수원 311호 278mg%, 밀양 60호 269mg%, 유리당 함량은 모든 품종에서 glucose류 5.70~8.35%로 가장 많았고, 다음으로는 fructose, sucrose, raffinose의 순이었으며, oligo당은 GF2인 1-ketose류 0.26~0.39%, GF3인 1-nystose는 0.03~0.04%, 유리 아미노산은 arginine, aspartic acid, glutamic acid, serine이 많았고, 품종 간 다소의 차이가 있었다.

잎의 영양성분② : 보리잎을 식품소재로 이용하고자 성분을 성숙기별로 분석한 결과, 10cm일 때 수분 85.9%, 50cm일 때 78.4%, 조섬유질은 5.0%, 10.8%로 성숙에 따라 증가하였다. 20cm일 때 단백질 4.3%로 가장 많았고, 회분과 지방은 큰 변화가 없었다. 총 chlorophyll 함량은 10cm와 20cm일 때 각각 1096.3mg%, 1137.3mg%이었고, 그 후 차차 감소하였다. 무기질은 K〉Ca〉P〉Na〉Mg 순이며, 10cm일 때 가장 많았다. vitamin C는 성숙이 진행되면서 증가하다가 감소하였다. 즉, 10cm, 20cm, 35cm, 50cm일 때 각각 245mg%, 564mg%, 406mg%, 369mg%이며 유리당은 주로 glucose, fructose, sucrose이며, arabinose, raffinose 등이 있다. 유리아미노산은 성숙에 따라 일정치 않았으며, 총량은 1068.5mg%(10cm), 969.2mg%(20cm), 657.4mg%(35cm), 570.5mg%(50cm)이었다.

보리코오지 지질성분 : 삶은 보리쌀에 *Aspergillus oryzae*를 접종 제국하여, 제국 중의 Et_2O와 85% MeOH로 추출, 정제한 후 지방조성 및 구성지방산을 분리 정제한 결과, Et_2O 추출물에서 중성지질, 당지질, 인지질 함량이 증가하였고, 85% MeOH 추출물에서는 모두 감소하였다. Et_2O 추출물의 중성지질에서 TG가 감소한 반면, DG, FS, FFA 및 ES량은 증가하였으며, 85% MeOH 추출물에서는 DG, FS, TG 함량은 감소하였고, FFA, ES는 증가하였다. 또한 Et_2O 추출물의 인지질에서는 LPC. PI, (PC+PS), PE 함량은 감소했으며 PI, PG 함량은 증가하였다. Et_2O 추출물의 중성지질 구성지방산은 palmitic, linoleic acid는 감소되었고 stearic, oleic acid 함량은 증가되었으며, 85% MeOH 추출물에서는 palmitic, stearic, oleic, linoleic, linolenic 함량이 감소하였다. 보리 Koji 제국 중 Et_2O 추출물을 구성하는 지방산에는 palmitic, stearic, linoleic acid는 증가, linolenic acid는 감소하였다. 85% MeOH 추출물에서는 palmitic, oleic, linoleic acid 함량은 감소, stearic, linolenic acid는 증가하였다.

단백질 추출① : 변형된 Osborne의 방법으로 보리단백질을 분획한 결과, 염가용성 획분은 전질소의 21.4~24.1%, hordein은 30.4~43.4%, hordein-II는 9.3~19.5%, borate buffer 가용성 glutein은 17.1~23.7%로 높은 추출율을 보였다.

품종 간 단백질조성 비교② : 올보리, 염산보리, 사천 6호, 수원 228호, 4품종의 보리에서 Osborne변법으로 단백질을 분획하여 albumin, globulin, hordein 및 glutelin 획분을 얻어, 이들 각 획분을 SDS-PAG로 분석한 결과, 품종 간

polypeptide 조성 차이를 관찰할 수 있었으며, 특히 hordein과 hordein-1을 pH 3에서 PAGE를 수행하였을 때, 품종 간의 pattern에 명확한 차이가 있었다. 또한 hordein-1의 아미노산 조성은 glutamic acid와 proline 함량이 높았으나, 품종 간의 아미노산 조성 차이는 거의 없었다.

전분의 이화학적 성질 : 멥쌀보리(늘쌀보리, 무등쌀보리, 새쌀보리)전분과 찹쌀보리(수원 236호)전분의 이화학적 성질을 비교하였다. 그 결과, 모두 전분 입자의 모양은 둥근형, X선 회절도에 의한 전분의 결정형은 전형적 A형으로 나왔고 물결합능력, 팽윤력, 용해도는 찹쌀보리전분이 멥쌀보리전분보다 높고, 0.1% 전분 현탁액과 광투과도는 찹쌀보리가 60℃ 이후에 급격히 증가했고, 멥쌀보리전분은 65℃ 이후에 서서히 증가했다. amylograph에 의한 호화개시 온도는 찹쌀보리전분는 62.5℃, 멥쌀보리전분은 68.2℃, DSC에 의한 호화엔탈피는 멥쌀보리전분이 1.12~1.58cal/g, 찹쌀보리전분은 0.85cal/g이었다.

β-Glucan 함량과 용해성 : 보리에서 수용성, 불용성 및 총 β-glucan 함량을 분석하고 용해성을 관찰한 결과, 보리원맥의 총 β-glucan은 3.3~5.6%였고, 65~70% 도정한 껍질과 각층을 제거한 정맥의 β-glucan은 3.5~7.1%였고, 수용성 β-glucan은 1.4~3.3%, 총 β-glucan에 대한 수용성 β-glucan은 43~61%로, 약 50%가 수용성이었다. 보리정맥의 총 β-glucan과 불용성 β-glucan은 증가한 반면, 수용성 β-glucan은 약간 감소하여, 용해성이 35~55%로 원맥보다 낮았다.

품종 및 입도 분획별 β-Glucan : 국내산 보리 17종과 귀리 5종을 정맥하고, 분쇄한 뒤, 105~600㎛ 입도로 분획하여, 수용성 및 불용성 β-glucan을 분석한 결과, 총 β-glucan은 보리와 귀리 모두 입자가 커질수록 증가하였으나, 수용성 β-glucan은 중간입도에서 높았고, 불용성 β-glucan은 원료분말보다 높았고, 총 수용성, 불용성 β-glucan 함량은 원료분말일 때보다, 보리는 1.5배, 1.7배, 2.0배로 증가하였고, 귀리는 각각 2.1배, 1.6배, 2.0배 증가하였다.

보리차 변패 미생물 : 보리차 변패 미생물은 *Bacillus licheniformis, B. coagulans, B. circulans, B. stearothermophilus, B. brevis* 이었고, 변패 시 유기산은 acetic acid, ethanol, lactic acid, succinic acid 이었고, 변패취 주요 물질은

acetic acid와 ethanol이었다.

혈당지수 : 메밀, 메조, 멥쌀, 보리, 율무, 차조, 찹쌀, 현미멥쌀, 현미찹쌀, 차수수에 대하여 혈당지수(GI)를 측정한 결과, 보리 57±7%로 가장 낮았고, 찹쌀이 110±8%로 가장 높았다. 멥쌀을 기준한 GI-rice은 보리 63±6, 메밀 79±5, 메조 85±6, 현미 90±12, 찹쌀 100±0, 찹쌀 102±7, 현미찹쌀 106±6, 차조 115±13, 율무 116±13, 차수수 122±4%로 멥쌀군(멥쌀, 메조, 현미멥쌀)이 찹쌀군(찹쌀, 차조, 현미찹쌀)보다 GI가 낮았고, 혈당반응도 완만하여 혈당조절에 유리하였다.

GI=(식품 섭취 시 혈당반응 면적/포도당 섭취 시 혈당반응 면적)×100

GI-rice=(식품 섭취 시 혈당 반응 면적/멥쌀 섭취 시 혈당반응 면적)×100

기타 연구 : protease inhibitor는 장내 발암물질의 작용을 억제하는 anticancer effect가 있다. 또한 식이섬유는 당뇨병의 blood sugar control로 식이요법에 쓰이며, 또한 gastric juice secretion, starch hydrolase, proteolytic enzyme 분비촉진 효과도 있어 소화가 잘 되게 하며, 발아보리의 영양 효과에 대한 연구도 보고되었다.

효능과 이용

1) 효능 : 열매 - 갈증해소, 각기, 풍기(風氣), 변통(便通).

2) 식용 : 인간이 소비하는 잡곡의 하나로 보리밥, 보리죽, 수제비, 차, 누룩, 수단, 막걸리 등을 만드는 데 비교적 많이 소비된다. 싹튼 맥아는 맥주, 식혜, 고추장 등 발효식품 제조에 이용된다.

3) 약용 : 동의에서는 건비(健脾), 건위제로, 소화불량, 식욕부진에 쓰며, vitamin B군이 많아 어린이 영양제로의 원료로 쓴다.
민간에서는 맥아를 갈증을 해소하고, 신열제거 기운을 증강시키는 데 쓰고 식체를 없애고 식욕을 증진시키며 위를 편하게 하는 데 썼다. 또한 씨를 각기병, 황달, 급성위염, 홍역에 쓴다.

참고문헌

1) 강길진, **식품과학회지**, 1997, 72, 97 (수분-열처리에 따른 쌀보리 전분의 물리화학적 성질)

2) 김경탁, 석호문, 김성수, 이영택, 홍희도, **식품과학회지**, 1994, 26(4), 471 (보리잎의 성숙기별 이화학적 특성)

3) 김경탁, 석호문, 김성수, 홍희도, 이영택, 김정곤, **응용생명화학회지**, 1995, 38(5), 431 (품종별 보리잎의 이화학적 특성)

4) 김미경, 백주은, **영양학회지**, 1997, 30(3), 252 (쌀과 보리의 식이섬유가 흰쥐의 지방 및 Cadmium 대사에 미치는 영향)

5) 김선봉, 도정룡, 이용우, 구연숙, 김창남, 박영호, **식품과학회지**, 1990, 22(7), 748 (볶음보리 추출물의 아질산염 소거작용)

6) 김영수, 민병용, 서기봉, **식품영양과학회지**, 1983, 12(4), 2310 (보리의 식이섬유가 흰쥐의 지질대사에 미치는 영향)

7) 김영수, 이영택, 석호문, **응용생명화학회지**, 1999, 42(3), 240 (찰성과 메성 쌀보리전분의 이화학적 특성)

8) 김원일, 장현세, 박노동, 김광식, **응용생명화학회지**, 1986, 29(3), 266 (재배환경이 맥주맥의 β-Glucan 함량과 β-Glucanase활성에 미치는 영향)

9) 김유영, 구성자, **조리과학회지**, 1997, 13(5), 661 (보리 추출물의 항보체 및 면역증강 효과)

10) 김재욱, 김정상, **응용생명화학회지**, 1986, 29(1), 57 (보리단백질의 추출 및 품종간의 조성 비교, II. 보리단백질의 품종 간의 조성 비교)

11) 김재호, 이주현, 김현종, 최신양, 이종수, **식품영양과학회지**, 2003, 32(7), 1066 (보리입국과 두류첨가가 전통주의 품질과 혈전붕해활성에 미치는 영향)

12) 김정상, 김재욱, **응용생명화학회지**, 1986, 29(1), 51 (보리단백질의 추출 및 품종간의 조성 비교, I. 보리단백질의 추출)

13) 김중만, 김동한, 백승화, 최이섭, **응용생명화학회지**, 1995, 38(4), 297 (열풍팽화 및 자숙한 벼와 보리의 알코올 발효성 비교)

14) 김현구, 신효선, **식품과학회지**, 1982, 14(4), 382 (보리의 유리 및 결합지질의 조

성에 관한 연구)
15) 김혜경, 김복남, 최홍식, **식품영양과학회지**, 1989, 18(1), 109 (쌀보리 결합지질의 추출과 그 조성에 관한 연구)
16) 김혜경, **식품영양과학회지**, 1989, 18(1), 109 (쌀보리 결합지질의 추출과 그 조성에 관한 연구)
17) 김희갑, **식품과학회지**, 1978, 10, 109 (맥류가공에 관한 연구)
18) 문주석, 배영일, 심기환, **식품영양과학회지**, 1998, 27(3), 367 (한국산 검정콩 및 쌀보리 α-Amylase 저해물질의 이화학적 특성)
19) 문주식, 신창식, 최진상, 박석규, 심기환, **식품영양과학회지**, 1995, 24(4), 556 (한국산 쌀보리 α-Amylase 저해물질의 분리와 정제)
20) 민경수, 황태익, 안장순, 조영식, **식물조직배양학회지**, 1987, 14, 111 (보리, 호밀, 콩의 원형질체 배양)
21) 박성희, 김관, 김성곤, 박양균, **응용생명화학회지**, 1989, 32, 441 (쌀보리 입자 내의 일반성분 및 무기질의 분포)
22) 박성희, 김관, 김성곤, 박양균, **식품영양과학회지**, 1989, 18(3), 328 (정맥수율별 쌀보리쌀의 일반성분 및 무기질 함량)
23) 박세열, **영양학회지**, 1973, 6(3), 179 (미맥혼식이 백서의 단백질 대사에 미치는 영향)
24) 박훈, **응용생명화학회지**, 1976, 19, 31 (나맥 품종별 단백질, 탄수화물 및 P, Ca, Mg 함량)
25) 배성문, 김정한, 조철우, 정태준, 윤홍선, 변명우, 이승철, **식품영양과학회지**, 2002, 31(2), 246 (감마선 조사에 의한 왕겨, 미강, 맥강의 항산화능의 변화)
26) 서형주, 정수현, 김영순, 홍재훈, 이효구, **식품영양과학회지**, 1997, 26, 417 (쌀보리, 겉보리 및 밀을 이용한 엿기름의 특성)
27) 서형주, 정수현, 황종현, **식품과학회지**, 1997, 135, 716 (쌀보리, 겉보리 및 밀엿기름에 의한 식혜 제조 시 특성)
28) 서호찬, **조리과학회지**, 1999, 15(2), 185 (보리의 전분생산)
29) 석호문, 김성란, 최희돈, 김홍만, **식품과학회지**, 2002, 34(4), 678 (보리 β-Glucan

농축획분 섭취가 흰쥐 혈장과 변의 지질 및 콜레스테롤 함량에 미치는 영향)
30) 석호문, 서미숙, 김홍만, 안명수, 이영택, **식품과학회지**, 2002, 34(5), 889 (도정 부산물로부터 분리한 보리 폴리페놀 추출물의 항산화 효과)
31) 성종은, 이영택, 석호문, **식품과학회지**, 1999, 145, 644 (찰성 및 메성 쌀보리 β-Glucan Gum의 특성 비교)
32) 송은, 신말식, **응용생명화학회지**, 1991, 34(2), 94 (쌀보리전분의 이화학적 성질)
33) 송지영, 윤기주, 윤혜경, 구성자, **식품과학회지**, 2001, 33(6), 802 (표고버섯과 보리에서 추출한 β-Glucan이 Alloxan 유발당뇨 마우스의 혈당 및 지질성분에 미치는 영향)
34) 신현국, 김영상, 배성희, 김재욱, **응용생명화학회지**, 1980, (한국산 맥주맥 품질 특성에 관한 연구)
35) 신효선, 이강현, 이상영, **식품과학회지**, 1981, 13(1), 30 [보리와 맥아의 지방산성분에 관한 비교연구(제1보), 중성지질의 조성]
36) 신효선, 제이아이그레이, **식품과학회지**, 1983, 15(2), 195 (보리의 지방질성분에 관한 연구)
37) 연미영, 현태선, **영양학회지**, 2005, 38(7), 586 (한국인 상용식품의 엽산함량 분석에 의한 식품영양가 표의 보완)
38) 오희정, 이서래, **식품과학회지**, 1996, 28, 4 (보리가루에서 분리한 β-Glucan의 생리적 기능성)
39) 윤계순, 강옥주, 김형수, **응용생명화학회지**, 1984, 27(2), 79 (찰보리전분의 이화학적 특성)
40) 이동석, 박훈, **식품과학회지**, 1972, 4(2), 90 (한국산 보리의 화학조성에 관한 연구)
41) 이동석, 박훈, **식품과학회지**, 1975, 7(1), 82 (대맥 품종별 P, K, Ca, Mn 함량과 단백질 함량과의 관계)
42) 이미숙, **식품산업과 영양**, 2004, 9(2), 19 (곡류의 기능성)
43) 이민정, 유양자, 경규항, **조리과학회지**, 1990, 6(2), 51 (보리차 저장 시 변패 및 변패미생물에 관한 연구)
44) 이상영, 이종승, 신효선, **식품과학회지**, 1981, 13(1), 37 [보리와 맥아의 지질성분

에 관한 비교연구(제2보), 극성지질의 조성]
45) 이상화, 김재욱, **응용생명화학회지**, 1986, 29(2), 138 (보리코오지 제조 중 지질성분의 변화)
46) 이영택, **응용생명화학회지**, 1996, 39(6), 482 (보리와 귀리의 β-Glucans)
47) 이영택, 목철균, **응용생명화학회지**, 1999, 42(4), 324 (발아조건별 당화용 엿기름의 분해효소 활성도)
48) 이영택, 석호문, 조미경, **식품과학회지**, 1996, 28, 1078 (제분방법에 따른 쌀보리가루의 이화학적 특성)
49) 이원종, **식품영양과학회지**, 1989, 18(1), 40 (보리의 Phytic acid의 함량과 Phytase 활성도)
50) 이은정, 권오준, 임무혁, 최응규, 손동화, 이석일, 김대곤, 조영제, 김은성, 김성홍, 정영진, **식품과학회지**, 2002, 34(5), 751 (보리등겨로 제조한 간장의 각종 성분 변화)
51) 이은주, 구성자, **조리학회지**, 1998, 14(5), 468 (보리 추출물의 항변이원성)
52) 이정선, 이지수, 양차범, 신현경, **영양학회지**, 1997, 30(10), 1170 (주요곡류의 혈당반응 및 쌀 기준 혈당지수 측정)
53) 이종숙, 김성곤, 김춘수, 조만희, **식품과학회지**, 1983, 15, 90 (겉보리 및 쌀보리의 무기질과 아미노산 함량)
54) 장윤환, 강태홍, 이규호, 이인덕, **동물자원과학회지**, 1982, 24, 248 (고구마 및 쌀보리 주정박의 화학성분 및 대사에너지)
55) 장학길, 이민재, 권경순, **응용생명화학회지**, 1997, 40(4), 301 (보리 Isogenic Lines의 이화학적 품질과 취반특성)
56) 전승규, **응용생명화학회지**, 1981, 24(1), 67 (흰쥐에 있어서의 발아보리의 영양효과)
57) 전혜경, 이서래, **식품과학회지**, 1984, 16(1), 51 (한국산 보리가루의 지방질 조성)
58) 정경아, 장유경, **영양학회지**, 1995, 28(1), 5 (곡류 급원에 따른 혈중 지질농도)
59) 정승현, 신건진, 최춘언, **식품과학회지**, 1991, 23, 272 (옥수수, 고구마, 감자, 소맥, 녹두 전분의 이화학적 성질비교)

60) 정은영, 염초애, 김성곤, 장명숙, **식품과학회지**, 1987, 19(4), 290 (보리쌀, 할맥 및 납작보리의 영양성분)

61) 정헌상, 강태수, 정익수, 박희정, 민용규, **식품과학회지**, 2003, 35(4), 610 (보리와 귀리의 품종 및 입도 분획별 β-glucan)

62) 정희진, 이서래, **식품과학회지**, 1991, 23(3), 280 (볶은 보리와 참깨의 갈색도와 돌연변이의 유발성)

63) 조순옥, **가정학회지**, 1983, 21, 79 (당화력이 강한 맥아제조 및 맥아침수 시간, 쌀의 종류와 취반 방법에 따른 식혜의 비교연구)

64) 조신호, **조리과학회지**, 1990, 6(2), 77 (맥아 및 식혜 제조에 관한 연구)

65) 주완택, 민경수, 박노동, **응용생명화학회지**, 2003, 46(4), 338 (유색보리종실의 품종별 색소 특성)

66) 진병순, 박노동, 은무영, 이은섭, **응용생명화학회지**, 1993, 36(3), 139 (동위효소 분석과 제한효소 단편 다형화현상, 보리 품종의 분류)

67) 최용규, 손동화, 권오준, 이은정, 곽동주, 권오진, 정영건, **응용생명화학회지**, 2000, 43(3), 196 (보리등겨로 제조한 메주의 향기성분)

68) 최준복, 이신영, **식품과학회지**, 1989, 8(3), 80 (쌀보리와 겉보리 전분의 분자구조적 성질)

69) 최홍식, 유정희, 권태완, **식품과학회지**, 1976, 8(3), 236 (보리-밀 및 보리-콩 복합분의 제면성 및 제품특성)

70) 최홍식, 이남숙, 권태완, **식품과학회지**, 1976, 8(4), 260 (보리가루의 영양성분)

71) 하춘자, 현기순, 한인규, **영양학회지**, 1976, 9(3), 1 (보리와 밤의 혼식이 성장기 백서에 미치는 영양 효과)

72) Anderson, J. W., Bridges, S. R., **Diabetes**, 1981, 30(suppl), 133 (Plant fiber metabolites after hepatic glucose and lipid metabolism)

73) Baker, D. L., Hellman, N. N., **Food Technol.**, 1958, 12, 33 (Antioxidant in malt and malt sprouts)

74) Bengtosson, S., Graham, H., **J. Sci. Food Agric.**, 1990, 52, 435 (Chemical studies on mixed-linked β-Gucan in hull-less barley cultivars giving different

hypocholesterolemic respones in chickens)

75) Collins, E., J. Agric. Food Chem., 1971, 19, 532 (Steam volatile components of roasted barley)

76) Ensminger, Ensminger, Konalande, Robson, Food and Nutrition Encyclopedia, 2nd ed., CRC press, 1994, 163, 830 (Nutritive value)

77) Fedel, J. G., Newman, R. K., Newman C. W., Barnes, A. E., Nutr. Rep. Int., 1987, 35, 1049 (Hypocholesterolemic effect of β-Glucans in different barey diets fed broiler chicks)

78) Granfeldt, Y., Liljeberg, H., Drews, A., Newman, R., Bjork, I., Am. J. Clin. Nutr., 1994, 59, 1075 (Glucose and insulin response to barley products : influence of food structure and amylose-amylopectin ratio)

79) Greenbaum, F. R., Am. J. Pharm., 1940, 112, 205 (rev, Antipsoriatic, Topical vulneary, Wound healing, Allantoin)

80) Hanson, J. R. et al., J. Chem. Soc., Perkin Trans 1, 1976, 114 (cmr, α-Podocarprene)

81) Hoerhammer, L. et al., Tetrahedron Lett., 1965, 1707 (Cryst, Saponarin)

82) Holmer, G., Ory, R. L., Hoy. C. E., Lipids, 1973, 8, 277 (Changes in lipid composition of germinating barley embryo)

83) Hotchkiss, J. H., Barbour, J. F., Scanlan, R. A., J. Agric. Food Chem., 1980, 28, 678, (Analysis of mated barley for *N*-nitrosodimethylamine)

84) Jackson, K. A., Suter, D. A. I., Topping, D. L., J. Nutr., 1994, 124, 1678 (Oat bran, barley and malted barley lower plasma cholesterol relative to weat bran but differ in their effects on liver cholesterol in rats fed diets with and without cholesterol)

85) Kahlon, T. S., Chow, F. I., Knuckles, B. E., Chiu, M. M., Cereal Chem., 1993, 70, 435 (Cholesterol-lowering effects in hamsters of β-glucan enriched barley fraction, dehulled whole barley, rice bran and oat bran and their combination)

86) Kajimoto, G., Onitake, N., Okuda, H., Murakami, C., Nippon Shokuhin Kagaku

Kaishi, 1999, 46, 67 (Antioxidant activity of barley tea and their composition)

87) Kaneta, M. et al, Chem. Agric. Biol. Chim., 1973, 37, 2663 (isol, 5,7-Dihydroxy-3',4,5'-trimethoxyflavone)

88) Kang, H. J., Song, Y. S., J. Korean Soc. Food Sci. Nutr. 1997, 26, 358 (Dietary fiber and cholesterol metabolism)

89) Kashiwada, Y. et al, Chem. Pharm. Bull., 1986, 34, 4083 [derivs, Gallocatechin(4α→8)catechin(4α→8)catechin, Catechin(4α→8)gallocatechin(4α→8)catechin, Gallocatechin(4α→8)]$_2$catechin]

90) Klopfenstein, C. F., Cereal Foods World., 1988, 33, 865 (The role of cereal β-Gucans in nutrition and human health)

91) Klopfenstein, C. F., Hoseney, R. C., Nutr. Rep. Inter., 1987, 36, 1091 (Cholesterol-lowering effect of glucan-enriched bread)

92) Lewis, R. J., Sax's Dangerous Properties of Industrial Materials, 8th ed., Van Nostrand-Reinhold. 1992, TOG 250 (*SJ 5950000, Tyramine)

93) Lin, Q. S., Zhongcaoyao Chengfen Huaxue, 1977, 182, 689 (Alkaloid)

94) Lolas, G. M., Polamidis, N., Markakis, P., Cereal Chem., 1976, 53, 867 (The phytic acid-total phosphorous relationship in barley, oats, soybeans and wheat)

95) Lookhart, G. L., Bean, S. R., Jones, B. L., Electrophoresis, 1999, 20, 1605 [Separation and characterization of barley(*Hordenum vulgare* L.) hordenins by free zone capillary electrophoresis]

96) Lupton, J. R., Robinson, M. C., Morin, J. L., J. Am. Diet. Assoc., 1994, 94, 65 (Cholesterol-lowering effect of barley flour and oil)

97) Mahdi, G. S., Naismith, D. J., Ann. Nutr. Metab., 1991, 35, 65 (Role of chromium in barley in modulating the symptom of diabetes)

98) Mailard, N. M., Berset, C., J. Agric. Food Chem., 1995, 43, 1789 (Evolution of antioxidant activity during kilning : role of insoluble bound phenolic acids of barley and malt)

99) Marlett, J. A., Cereal Foods World, 1991, 36, 576 (Dietary fiber content and

effect of processing on two barley varieties)

100) McCleary, B. V., Glennie-Holmes, M., J. Inst. Brewing, 1985, 91, 285 (Enzymatic quantification of (1→3), (1→4)-β-D-Glucan in barley and malt)

101) McIntosh, G. H., Whyte, J., McAthur, R., Nestel, P. J., Am. J. Clin. Nutr., 1991, 53, 1205 (Barley and wheat foods : Influence on plasma cholesterol concentrations in hypercholesterolemic men)

102) McMurrogh, L., Loughrey, M. J., Hennigan, G. P., J. Sci. Food Agric., 1983, 34, 62 (Content of (+)-Catechin and Proanthocyanidins in barley and malt grain)

103) Mudd, S. H., Nature(London), 1961, 189, 489 [isol, 3-(Methylaminomehtyl) indole]

104) Mulkay, P., Touillaux, R., Jerumanis, J., J. Chromatogr., 1981, 208, 419 (Proanthocyanidins of barley : separation and identification)

105) Naismith, D. J., Mahdi, G. S., Skakir, N. N., Ann. Nutr. Metab., 1991, 35, 61 (Therapeutic value of barley in the management of diabetes)

106) Newman, R. K., Lewis, S. E., Newman, C. W., Boik, R. J., Pamage, R. T., Nutr. Rep. Int., 1989, 39, 749 (Hypocholesterolemic effect of barley foods on healthy men)

107) Newman, R. K., Newman, C. W., Graham, H., Cereal Foods World, 1989, 34, 883 (The hypocholesterolemic effect of barley β-Glucan)

108) Newman, R. K., Newman, C. W., Hofer, P. J., Barnes, A. E., Plant Foods Hum. Nutr., 1991, 41(4), 371 (Growth and lipid metabolism as affected by feeding of hull-less barleys with and without supplemental β-Glucanase)

109) Newman, R. K., Newman, C. W., Fadel, J., Graham, H., Proc. VIth Barley Genetics Symp. V, 1986, 773-780 (Nutritional implications of β-Glucans in barley)

110) Nomoto, K. et al., Chimia, 1981, 35, 249 (deriv, roots, Mugineic acid)

111) Nonaka, G. et al., Chem. Pharm. Bull., 1983, 31, 3906 [deriv, Epigallocatechin (4β→8)catechin, Prodephinidin]

112) Oda, T., Aoe, S., Sanda, H., Ayano, Y., J. Jpn. Soc. Nutr. Food Sci., 1992, 46, 147 (Effect of oat and barley gums on lipid metabolism in rats)

113) Oda, T., Aoe, S., Sanda, H., Ayano, Y., J. Jpn. Soc. Nutr. Food Sci., 1992, 45, 560 (Effects of oat, barley and wheat on liver and plasma cholesterol concontrations in cholesterol-fed rats)

114) Oda, T., Aoe, S., Imanish, S., Kanazawa, Y., Sanada, H., Ayano, Y., J. Nutr. Sci. Vitaminol, 1994, 40, 213, (Effect of dietary oat, barley and guar gums on serum and liver concentrations in diet-induced hypertriglyceridemic rats)

115) Ohfune, Y. et al., J. Helv. Chim. Acta, 1977, 60, 1322;1978, 61, 1373 (deriv, Lutonarin)

116) Parsons, J. G., Price, P. B., J. Agric. Food Chem., 1979, 27, 913 (Phospholipid of barley grain)

117) Pauli, G. F. et al., Phytochemistry, 1992, 31, 2522 (isol, 3-Hydroxymugineic acid)

118) Price, P. B., Parsons, J. G., J. Agric. Food Chem., 1980, 28, 875 (Neutral lipids of barley grain)

119) Price, P. B., Parsons, J. G., Lipids, 1974, 9, 560 [Lipids of six cultivated barley(*Hordeum vulgare* L.) varieties]

120) Putochin, N., Ber., 1926, 59, 1987 (Cryst, 1H-Indole-3-methanamine)

121) "Quanguo Zhongcaoyao Huibian" 1978, Vol. 2. 311 (Saponarin, Luteonarin)

122) Qureishi, A. A., Burger, W. C., Pederson, M. D., Elson, C. E., J. Biol. Chem., 1986, 261, 10544 (The structure of an inhibitor of cholesterol biosynthesis isolated from barley)

123) Radger, G. M. et al,, Aust. J. Chem., 1963, 16, 734 (isol, Diuretic, ephedrine-like, Hordenine)

124) Rao, K. V., Planta Med., 1975, 27, 31 (deriv, Diuretic, Hordenone)

125) Schulbach, H. H. et al., Justus Liebigs Ann. Chem., 1963, 665, 191; 1964, 677, 165 (isol, Bifurcose)

126) Seong, H. M., Kim, S. R., Choi, H. D., Kim, H. M., Korean J. Food Sci. Technol. Submitted, 2002 (Effects of barley and β-Glucan-enriched barley fraction on the lipid and cholesterol contents of plasma and feces)

127) Siekel, W. et al., J. Org. Chem., 1959, 24, 1995 (isol, Orientin+)

128) Smith, T. A., Phytochemistry, 1977, 16, 9 (rev, occur, derivs, *N*-Methyltyramine)

129) Smith, T. A. et al., Phytochemistry, 1964, 3, 23 (occur, *N*-Carbamoylputrescine)

130) Smith, T. A. et al., Phytochemistry, 1978, 17, 1093 (Antifungal, Hordatine A)

131) Srivastava, B. I. S., Can. J. Bot., 1964, 42, 1303 (The effect of gibbererllic acid on ribonuclease and phytase activity of germinating barley seeds)

132) Stossel, A., Tetrahedron Lett., 1966, 2287, 2849 (isol, Antifungal, Antibiotic, Hordatine B;glucoside)

133) Tamagawa, K., Fukushima, S., Kobori, M., Shinmoto, H., Tsushida, T., Biosci. Biotechnol. Biochem., 1998, 1483 (Procyanidins from barley bran potentiate retinoic acid-induced granulocytic and sodium butyrate-induced monocytic differentiation of HL 60 cells)

134) Tamagawa, K., Iizuka, S., Fukushima, S., Endo, Y., Komiyama, Y., Nippon Shokuhin Kagaku Kaishi, 1997, 44, 512 (Antioxidative activity of polyphenol extracts from barley bran)

135) Tamagawa, K., Iizuka, S., Ikeda, A., Koike, H., Nakanuma, K., Komiyama, Y., Nippon Shokuhin Kagaku Kaishi, 1999, 46, 106 (Antioxidative activity of proanthocyanidins isolated from barley bran)

136) Tamagawa, K., Iizuka, S., Ikeda, A., Koike, H., Nakanuma, K., Komiyama, Y., Nippon Shokuhin Kagaku Kaishi, 1999, 46, 521 (Inhibitory effects of proanthocyanidins isolated from barley bran on hyaluronidase activity soybean lipoxygenase activity and complementary activity)

137) Tamagawa, K., Iizuka, S., Kobori, M., Shinmoto, H., Tsushida, T., Nippon Shokuhin Kagaku Kaishi, 1998, 45, 420 (Radical scavenging activity and

antimutagenicity of proanthocyanidins from barley bran)

138) Tashiro, T. et al., Chem. Pharm. Bull., 1988, 36, 893 (Distichonic acid A, B)

139) Teranaka, T., Ezawa, M., Matsuyama, J., Ebine, H., Kiyosawa, I., Nippon Nogaikagaku Kaishi, 1995, 69, 1169 (Inhibitory effects of extracts from rice-kojimiso, barley-koji miso and soybean-kojimiso on the activity of angiotensin I converting enzyme)

140) Ward, K. Jr. et al., The Carbohydrates, Academic Press, 1970, 2A, 413 (β-glucan)

27 쑥갓 *Chrysanthemum coronarium* Linné

국화과(Compositae)

Garland chysanthemum, Crown daisy(英), Shinun-giku(日), 茼蒿, 春菊(中)

원산지 : 지중해연안

용도 : 지상부(식용)

식물학적 특성

30~60㎝ 정도 자라는 1-2년 생초본. 재배 식용식물로, 독특한 향기가 난다. 잎은 호생이며, 2회 깃 모양이며 밑줄기를 감싸고, 다소 다육질이다. 노랑 또는 흰 두상화는 가지 끝에 1개씩 달려 있다. 가장자리의 설상화는 암꽃이며, 가운데의 관상화는 양성화이다. 삼각 또는 사각기둥 모양의 진갈색 열매는 수과이며 모서리는 날개 모양이다.

동속식물로는 국화(*C. morifolium*), 산국(*C. boreale*) 등 6종이 있다.

성분

1) 영양성분

① 쑥갓 생것(6206) 가식부 100g 중 열량 19.0kcal, 단백질 2.7g, 지질 0.3g, 당질 2.8g, Ca 94.0mg, P 43.0mg, Fe 1.9mg, Zn 0.18mg, vitamin A 458.0RE, β-

carotene 2746.0㎍, B_1 0.11mg, B_2 0.23mg, B_6 0.24mg, C 15.0mg, niacin 0.6mg, 엽산 145.8㎍, E 1.6mg이며 조섬유는 1.0g. 〈식이섬유 2.90g〉

② 쑥갓 삶은 것(6207) 100g 중 열량은 16.0kcal, 단백질 2.3g, 지질 0.2g, 당질 2.5g, Ca 123.0mg, P 68.0mg, Fe 8.60mg, Zn 0.17mg, vitamin A 525.0RE, β-carotene 2746.0㎍, B_1 0.11mg, B_2 0.23mg, B_6 0.24mg, C 15.0mg, niacin 0.6mg, 엽산 145.8㎍, E 1.6mg, 조섬유 0.90g.

2) 특수성분

Chrycolide(C-01255), Chrycorin(C-01256), Dihydrocumambrin A(D-01991), Mycosinol;Ac(7E,7Z, M-01894), 2-[(5-Methylsulfinyl)-4-penten-2-ynylidene]1,6-dioxaspiro[4,4]non-3ene(M-01410), 5-[5-(Methylthio)-4-penten-2-ynyl] 2furanacrolein(2E,11Z, M-01409), 1-Methylthio-5-phenyl-1-penten-3-yne(Z, M-01413), 5-(Methylthio)-1-phenyl-4-penten-2-yn-1-one(Z, M-01414), 3,4',5,6,7-Pentahydroxy-3'-methoxyflavone-7-D-β-D-glucopyranoside(P-00639), 1-Phenyl-2,4-pentadiyn-1-one(P-01009), 2-(2-Thienylmethylene)-1,6-dioxa-spiro[4,4]non-3-ene(T-01363)이 분리되었다.

생리활성

효소유도 효과 : 쑥갓은 hexobarbital 수면시간을 대조군보다 50%이상 유의적으로 단축시켜 liver microsomal enzyme유도 효과가 있었다.

항산화 효과 : 21종 식용식물의 부위별 MeOH ex를 DPPH와 TBA법으로 항산화 효과를 검색한 결과, DPPH법 유리라디칼 소거 효과는 쑥갓잎, 참취잎, 머위잎에서 특이적으로 높은 효과를, H_2O_2로 유발시킨 지질과산화에 억제 효과는, 0.25mg 농도에서 L-ascorbic acid의 과산화 억제률과 비교하면 가지잎, 감자껍질이 가장 높았다. $FeSO_4$로 유발시킨 지질과산화에 억제 효과는 쑥갓잎의 IC_{50}이 0.08mg/ml로 높았다.

항돌연변이 효과① : Aflatoxin B_1과 4-NQO에 대한 녹황색 채소류의 항돌연변이 효과를 알고자 실험한 결과, 녹황색 채소류의 MeOH 추출물과 주스의 항돌연변이는, *S. typhimurium* TA98과 TA100에 들깻잎, 상치, 브로콜리, 쑥갓, 미나리, 들미나리, 홍고추, 고추잎, 비름, 시금치, 무의 MeOH 추출물에서 강한 항돌연변이 원성율과 50% 저해 효과를 보였다. 그러나 direct mutagen인 4-NQO에 60% 이상 저해 효과 시료는 양배추, 케일, 상치, 브로콜리, 갓, 풋고추, 피망, 시금치, 비름, 콩나물, 애호박이었고, 주스의 Aflatoxin B_1에 대한 항돌연변이 효과는 들깻잎, 들미나리, 시금치, 양배추에서 용량의존적(50~500㎕/plate)으로 증가하였고, 오이와 당근은 큰 저해 효과가 없었다.

항산화능 및 돌연변이② : 한국인 상용채소 7종(깻잎, 돌나물, 돌미나리, 시금치, 쑥갓, 참취, 부추)의 항산화능 및 돌연변이를 검색한 결과, 시료의 MDA에 대한 단백질 보호 효과는 깻잎, 돌나물이 효과적이었고, 부추〉참취〉돌미나리 순이었다. EtOH 추출물의 지질과산화억제활성은 돌나물(67.1%), 돌미나미리(61.5%)가 높았고, DPPH 라디칼 소거능은 쑥갓(78.8%), 돌미나리(73.6%) 저해활성이 있었다. Ames test에 의하면, *S. typhimurium* TA98, 2-anthramine의 간접작용은 돌미나리(99.8%), 깻잎(52.6%), 부추(79.6%), 쑥갓(82.8%), 시금치(74.5%)에서, TA98에서 2-nitrofluorene의 돌연변이 저해율은 깻잎(82.8%), 참취(82.3%), 쑥갓(66.6%)에서, TA100에서 sodium azide 돌연변이 저해율은 돌미나리(91.8%)에서 나타났다.

간 보호 효과 : galactosamine으로 독성을 유발시킨 흰쥐의 일차 배양 간세포에서 유리되는 GPT활성을 MeOH ex가 유의적으로 감소시켜 간세포 보호활성을 나타내었다. MeOH ex를 $CHCl_3$, n-BuOH, H_2O 분획으로 나누고, galactosamine 독성에 의한 간세포 보호작용을 재검석한 결과, $CHCl_3$ 소분획에서 더 큰 간세포 보호활성을 보였다.

항균활성① : 쑥갓꽃에서 분리한 13개의 sesquiterpene lactone은 세균 8종과 곰팡이 5종에 대하여 항균 효과를 보였다. gram(+)균인 *Bacillus subtilis, B. cereus, Staphylococcus aureus*와 gram(-)균인 *Vibrio parahaemolyticus*에 13종 물질이 활성을 보였으며, 실험 결과, dihydrochrysanolide 유도체가 S. aureus에 3.1㎍/disc 이하의 강한 항균활성을 보였고, α-methylene-γ-butyrolactone group 화합물이 *Rhizoctonia solani*와 *Phytophthora capsici*에 항진균활성을 보

였다.

항균활성② : *Chrysanthemum*속 식물(5종, 9부위)의 MeOH 추출물 및 각 용매 분획의 수율은 MeOH 추출물 31.5~16.9%로 전초보다 꽃에 많았고, 물 분획의 경우엔 꽃보다 전초에서 높았으며, 유기용매 획분의 경우에는 전초보다 꽃에서 모두 높았다. 각 분획의 항균활성을 살펴보면 구절초의 꽃에서 강한 항균력을 관찰할 수 있으며, 산국은 꽃과 구절초의 전초, 쑥갓의 꽃에서 비교적 우수하였다. 용매 분획에서 각 $CHCl_3$ 분획은 *Bacillus substilis*와 *Vibrio parahaemolyticus*를 비롯한 공시 4종 균주에서 전반적으로 가장 강한 활성을 보였다. 산국의 전초 $CHCl_3$ 분획은 꽃 $CHCl_3$ 분획보다 4균주에 모두 강한 활성을 보였고, 산국, 구절초, 쑥갓꽃의 $CHCl_3$ 분획물은 유사한 TLC pattern을 보였다.

항염 효과와 진통작용 : 참죽나무 잎, 미나리, 쑥의 MeOH ex를 생쥐의 항염증 및 진통에 대해 관찰한 결과, 쑥은 부종 및 혈관투과성 항진모델에 대해 항염증활성을 보였으며, 진통작용은 모두에서 관찰되었다.

Aflatoxin 생성저해 : 쑥갓의 물-$CHCl_3$ 추출물은 *Aspergillus parasiticus* R-716의 Aflatoxin 생성을 효과적으로 억제하였다.

Terpenoid계 화합물 : 쑥갓잎에서 생리활성성분 3종을 분리하고 다양한 spectral data를 종합한 결과, terpenoid인 monoterpene lactone, sesquiterpene lactone과 sterol 물질로, dihydrotulipinolide, loliolide, 5α, 8α-peroxyergosterol임이 동정되었다. 이들은 쑥갓에서 처음 분리되었고, 세포독성을 측정한 결과, 5α, 8α-peroxyergosterol은 인체 암세포주에 강한 활성을 보였다.

Sterol 성분① : 쑥갓을 분석한 결과, 혈중 cholesterol 강하 효과가 강한 phytosterol인 β-sitosterol이 가장 많이 함유되어 있었고, β-sitosterol과 campesterol이 64.5: 35.5비로 함유되어 있었다.

Sterol 성분② : 식용식물자원으로부터 활성물질을 탐색코자 쑥갓으로부터 sterol의 분리를 시도하였다. 쑥갓의 지상부 MeOH 추출물을 EtOAc, n-BuOH, 물로 분배추출한 결과, EtOAc 분획에서 3종의 sterol을 분리하였고, 다양한 기기분석 data를 종합해 stigmast-5-en-3β-ol(1β-sitosterol), stigmast-4-en-6β-ol-3-one(2), stigmast-4-en-6α-ol-3-one(3)을 동정하였다. (2)와 (3)은 육상식물에

서는 처음으로 분리된 것이다.

Amino acid : 쑥갓의 식용부의 amino acid로 serine, asparagine, threonine, alanine, glutamine, valine, leucine, proline, tyrosine, aspartic acid, glutamic acid 등이 확인되었다.

효능과 이용

1) 효능 : 지상부 - 이이변(利二便), 소담음(消痰飮), 비장보익(胃腸補益).

2) 식용 : 생으로 쌈이나 겉절이로, 숙채로 먹으며, 독특한 향기가 강하여 생선찌개의 부재료로 쓰면 비린내가 가신다.

3) 약용 : 한방에서는 심기를 안정시키고 가래를 삭이는데, 장과 위를 보호하고, 소화력을 증진시키며 대소변 배설을 촉진하고, 가벼운 거담 등에 응용한다.

참고문헌

1) 강현정, 이은주, 성상현, 김영중, 송은숙, 박미정, 이흠숙, **식품과학회지**, 2003, 35(1), 138 (쑥갓의 간독성 보호작용)

2) 김대진, 윤수현, 조영수, **생명과학회지**, 1999, 36, 497 (쑥갓과 머위의 잎과 줄기의 구조탄수화물의 변화)

4) 박종철, 유영법, 이종호, 김남재, **식품영양과학회지**, 1994, 23(1), 116 [한국산 식용식물의 화학성분 및 생리활성(VI) : 참죽나무잎, 미나리, 쑥의 항염증 및 진통작용]

5) 송명종, 홍윤희, 김동현, 김대근, 정인식, 이윤형, 김성훈, 박미현, 김인호, 권병옥, 백남인, **응용생명화학회지**, 2003, 46(4), 376 (식용식물자원으로부터 활성물질의 탐색-VI. 쑥갓으로부터 Sterol의 분리)

6) 양용준. **산업과학연구**, 상명대학교 산업과학연구소, 1996, 4, 25 (CA 저장이 잎상추, 쑥갓 및 오이의 외과품질과 비타민 C 의 함량)

7) 연미영, 현태선, **영양학회지**, 2005, 38(7), 586 (한국인 상용 식품의 엽산 함량 분

석에 의한 식품 영양가 표의 보완)

8) 오세인, 이미숙, **식품영양과학회지**, [한국인 상용채소 7종(깻잎, 돌나물, 돌미나리, 시금치, 쑥갓, 참취, 부추)의 항산화능 및 돌연변이 검색을 검색]

9) 이경동, 하태정, 이병원, 이종록, 이준, 황선우, 조동령, 남상해, 양민석, **응용생명화학회지**, 2003, 46(1), 55 (쑥갓잎에서 Terpenoid계 화합물의 분리 및 동정)

10) 이경동, 하태정, 한효심, 장기창, 장대식, 조동령, 양민석, **응용생명과학회지**, 2003, 46(3), 235 (쑥갓의 꽃에서 분리한 Sesquiterpene Lactones의 항균활성)

11) 장대식, 남상해, 최상욱, 양민석, **응용생명화학회지**, 1996, 39(4), 315 (*Chrysanthemum*속 식물의 항균성)

12) 정덕화, 김종규, 장진규, 최수철, **식품위생안전성학회지**, 1986, 1(1), 23 [*Aspergillus parasiticus* R-716의 aflatoxin 생성저해물질-효과적인 채소(쑥갓, 양배추, 무, 마늘, 생강) 추출 및 그 영향]

13) 조세연, 한용봉, 신국현, **식품영양과학회지**, 2001, 30(1), 133 [식용식물의 항산화효과 검색(쑥갓잎, 가지잎, 감자껍질, 머위잎, 참취잎)]

14) 한용봉, 우원식, 황은희. **사대논집**, 고려대학교, 1982, 11, 105 (식물성 식품의 Microsomal enzyme유도 효과)

15) 한용봉, 정성희, **사대논집**, 고려대학교, 1985, 10, 58 (*Chrysanthemum coronarium*의 Sterol성분)

16) 황기욱, 이용범, 천현욱, **경성대환경연보**, 1998, 8(1), 45 (쑥갓의 생리활성 연구(II) : STZ에 유도된 흰쥐에서의 과산화지질 생성계에 미치는 영향)

17) 황기욱, 최종원, **경성대논문집**, 1998, 19(2), 1239 (쑥갓의 생리활성 연구(I) : 당뇨성 고지혈증에 미치는 영향)

18) Bohlmann, F. et al., Chem. Ber., 1963, 96, 226 ; 1964, 97, 1179 {oil, 1-Methylthio-5-phenyl-1-penten-3-yne, 5-(Methylthio)-1-phenyl-4-penten-2-yn-1-one}

19) Bohlmann, F. et al., Chem. Ber., 1964, 97, 1179 ; 1969, 102, 4209 {5-[5-(Methylthio)-4-penten-2-ynyl]2furanacrolein}

20) Bohlmann, F. et al., Chem. Ber., 1971, 104, 11 (isol, roots, Mycosinol ; Ac)

21) D' Agostino, M. et al., Phytochemistry, 1990, 29, 353, (isol, 3,4',5,6,7-Penta-

hydroxy-3'-methoxyflavone-7-*O*-β-D-glucopyranoside)

22) El-Nasry, S. et al., Phytochemistry, 1984, 23, 2953 (Cryst, Dihydrocumambrin A)

23) Hohmann, F. et al., Chem. Ber., 1971, 104, 11 (isol, roots, Mycosinol ; Ac)

24) Jang, D. S., Nam, S. H., Choi, S. U., Jang, M. S., Agric. Chem. Biotechnol., 1996, 39(4), 315 (Antibacterial activity of some *Chrysanthemum* spp.)

25) Jang, D. S., Park, K. H., Kim, H. M., Hong, D. H., Chun, H. K., Kho, Y. H., Yang, M. S., Korean J. Pharmacogn., 1998, 29, 243 (Biological activities of sesquiterpene lactone isolated from several compositae plants. part 1. Cytotoxicity against cancer cell lines.)

26) Katz, M. et al., J. Nutr., 1970, 10, 1141 (Inhibition of Cholesterol Deposition in Liver of mice Fed Phytosterol in Short-term Experiments)

27) Sanz, J. F. et al., Justus Liebigs Ann. Chem., 1990, 303 {oil, 2-[(5-Methylsulfinyl)-4-penten-2-ynylidene]-1,6-dioxaspiro[4,4]non-3ene, 2-(2-Thienylmethylene)-1,6-dioxaspiro{4,4}non-3-ene}

28) Tada, M. et al, Agric. Biol. Chem., 1984, 48, 1367 (struct, whole plant, Chrycolide, Chrycorin)

29) Walton, D. R. M. et al., J. Organomet. Chem., 1972, 37, 45 (Cryst, 1-Phenyl-2,4-pentadiyn-1-one)

28 앵두 *Prunus tomentosa* Thunderg

장미과(Rosaceae)

Nanking cherry, Chinese bush fruit
Korean cherry(英),
Yuzura-ume(日), 含桃, 櫻桃(中)

원산지 : 북반구 온대

용도 : 열매(식용)

식물학적 특성

인가 부근에서 재배되는 키 3m의 낙엽교목. 수피는 흑갈색이며, 난형잎은 호생(5~7㎝)으로 가장자리가 겹톱니 모양이다. 잎의 윗면에는 잔털이 많고, 뒷면은 흰융모가 밀생한다. 흰색이나 분홍색 꽃은 잎보다 먼저 개화하며, 1-2 송이씩 잎겨드랑이에 붙는다. 열매는 핵과로 붉게 익으며 둥글다.

동속식물에는 살구나무(*P. armeniaca*)와 매실나무(*P. mume*) 등 약 15종이 우리나라에 있다.

성분

1) 영양성분

앵두(8110) 가식부 100g 중 열량 29.0kcal, 단백질 0.6g, 지질 0.3g, 당질 6.8g, 조섬유 0.4g, Ca 6.0mg, P 17.0mg, Fe 1.10mg, Zn 0.10mg, vitamin A 1.0RE, β-

carotene 6.0㎍, B_1 0.02mg, B_2 0.02mg, B_6 0.08mg, C 13.0mg, niacin 0.5mg, 엽산 2.3㎍, E 0.80mg.

2) 특수성분

Amygdalin(H-02819), Amygdaloside(H-02819), Catechin(P-00500), Prunasin(H-02819), Quercetin(P-00565) 및 Tomenin(목부, T-01972) 등이 분리되었다.

생리활성

항균 효과 : 앵두의 70%(v/v) EtOH 추출물에서 flavonoid 함량이 가장 많았고, quercetin(12.70mg%)도 많았다. 앵두 EtOH 추출물은 *Staplylococcus aureus*와 *St. epidermidis*에, 항균력은 flavonoid를 많이 함유한 EtOAc 분획에서 가장 높았다. 또 앵두의 EtOH 추출물은 인체피부에 손상을 주는 UVB 290~320㎚을 포함한 210~380㎚에서 자외선 차단 효과가 있었다. 이들 흡수대는 catechin과 quercetrin과 동일하였다.

Tyrosinase저해 효과 : tyrosinase는 tyrosine이 tyrosinase에 의해 최종적으로 melanin 생성에 관여하고, melanin 생성을 억제하는 tyrosinase 저해로 피부색소형성억제 효과가 있다고 본다. 앵두과즙과 EtOH 추출액의 tyrosinase활성억제 효과는 반응초기에 높았으나, 점차 감소하는 경향을 보였으며, 앵두과즙 농도의존성 저해율을 보였다. 앵두 EtOH 추출액의 tyrosinase활성저해 효과는 농도의존성을 보여, 70%(v/v) EtOH 추출물에서 가장 높았다. 70%(v/v) EtOH 추출액의 전처리 시료 중 EtOH 층이 73.8%로, tyrosinase 저해 효과가 높았다.

Quercetin의 생리활성(항HSV활성) : Quercetin(flavonoid)의 HSV-1와 HSV-2의 vero세포 내에서 증식억제 실험을 한 결과, HSV-1에 대한 EC_{50}은 18.7㎍/ml, SI는 4.8, HSV-2에 대한 EC_{50}은 24.5㎍/ml, SI는 3.7을 나타냈으며, 용량의존적으로 plaque형성을 억제하였고, HSV-1에 더 큰 활성을 보였다. quercetin과 nucleoside계 항 Herpes virus제인 acyclovir 및 vidarabine과의 병용실험 결과, HSV-1에는 acyclovir와 병용 시 CI value가 0.19~0.57을, vidarabine과 병용

시에 0.97~1.46을 보였다. 또 HSV-2에 acyclovir 병용 시 0.61~0.89를, vidarabine 병용 시 0.43~1.42를 보여 acyclovir와 HSV-2 병용이 더 우수한 상승 효과를 나타내었다.

앵두씨의 지방질과 단백질 : 앵두씨의 지방질 조성과 단백질 패턴을 알아본바, 앵두씨의 조지방과 조단백은 각각 40.38%, 26.59%이며, 지방 중 중성지질이 95.49%, 복합지질이 4.51%였다. 중성지방 중 triglyceride는 89.86%, sterol은 4.14%, monoglyceride는 2.98%, sterol ester는 1.77%, 유리지방산은 1.07%, diglyceride는 0.18%였다. 중성지방 및 triglyceride에서는 oleic acid(65.06~66.05%)와 linoleic acid(26.56~28.4%)가 주성분이고, 당지질과 인지질에는 oleic acid(40.55~51.46%), palmitic acid(17.64~21.43%), stearic acid(4.14~8.07%)가 관찰되었으며, 소량의 lauric acid도 있다.

열매의 성분 : 열매의 organic acid는 citric acid, tartaric acid 등을 함유하며, 종자는 cyanoglycoside를 함유한다.

기타 연구 : 앵두씨의 amygdalin과 prunasin은 cyanogenic 물질로 antiinflammatory, antitussive, cancer preventive, expectorant effect 물질이며, amygdalin과 quercetin은 antioxidant, antitumor, antiviral, vasodilator, spasmolytic effect 물질로 보고되었다.

효능과 이용

1) 효능 : 열매 - 익기(益氣), 고정(固精)

2) 식용 : 신선한 과실로, 향기롭고 새콤달콤한 맛과 색이 아름다워 생즙으로 이용하며, 얼렸다가 필요할 때 조금씩 녹여서 사용하기도 한다. 그 외에 앵두정과, 앵두전, 앵두화채 등으로 이용하고 있다.

3) 약용 : 동의에서는 씨를 부종, 이뇨, 진통(요통, 슬통), 소염, 변비에 쓰며. 열매는 이질, 설사, 구갈, 이뇨, 유정, 몽정, 기관지 천식, 만성대장염, 촌백충(寸白蟲)구제, 동상치 치료에 이용된다.
민간에서는 열매로 건강주를 만들어 식전에 마시면 소화촉진 효과가 있고, 전신불수, 사지 감각마비, 풍습성 요통 등에도 효과가 있다. 또 앵두나무 뿌리를 다려 마시면 촌충과 회충구제에 효과적이며, 앵두즙을 동상(凍傷)에 바르면 재발되지 않는다고 한다. 뱀에 물렸을 때 앵두잎을 짓찧어 즙으로 마시거나, 그 즙을 환부에 바르기도 한다.

참고문헌

1) 김영소, 한성순, **생약학회지**, 1999, 30(2), 151 [천연 Quercetin (flavonoid)의 항 Herpes virus 작용과 Nucleoside계 항 Herpes virus제의 병용 효과]

2) 유재영, 이효지, **조리과학회지**, 1986, 2(1), 45 (재료배합비에 따른 앵도편의 Texture 특성)

3) 윤형식, 박진상, **식품과학회지**, 1985, 17(4), 248 (앵두씨의 지방질 조성 및 단백질 패턴)

4) 심상용, **한방식료해전**, 창조사, 1976

5) 정삼택, 김유신, 전상항, **경북대새마을연구논총**, 1990, 11, 105 (Calcium Hydroxide 처리가 양앵두 과실의 품질에 미치는 영향)

6) 한국 영양학회, **한국인 영양 권장량**, 제 7개정판, 2000 (영양소)

7) 홍인혁, **원광대대학원학위논총**, 1981, 6, 149 (앵두씨 중의 Amygdalin에 관한 연구)

8) 황호선, 김중만, 송영애, 전예정, **식품과학회지**, 2001, 33(6), 760 (앵두과즙과 Ethanol 추출액의 in vitro에서 Tyrosinase활성저해 효과)

9) 황호선, 김중만, 전예적, 송영애, 박효숙. **식품영양과학회지**, 2003, 32(6), 833 (앵두 Ethanol 추출물의 항균력과 Flavonoid)

10) Alina, B., Juan, R. A., Transition Metal Chemistry, 2001, 26, 20 (Anacona, Metal complex of the flavonoid quercetrin antibacterial properties)

11) Chemesova, I. I., Khim. Prir. Soein., 1990, 24, 115 (Tomenin, deriv)

12) Hawarth, W. N. et al., J. Chem. Soc., 1924, 1337 (Amygdalin, Amygaloside)

13) Hong, I. H., Master's dessertation, Dept. of Pharmacy Wonkwang Univ.,

Iksan, Korea, 1981 [Studies of amygdalin in seed of Korean cherry(*P. tomentosa*)]

14) Mine, E., Inai, A. K., Toxicology, 2000, 154, 21 (Protective effect of flavonol quercetin against ultraviolet a induced oxidative stress in rats)

15) Norio, N., Hideo, N., Shoyakugaku Zasshi, 1988, 42, 81 (Active components having anti-inflammatory and analgesic activities from Armeniacae semen, *Pruni japonicae* semen and almond seed)

16) Perrissoud, D., Prog. Clin. Biol. Res., 1986, 213, 559 (rev, pharmacol, Catechin)

17) Power, F. B. et al., J. Chem. Soc., 1910, 97, 1099 (Prunasin)

18) Voirin, B., Phytochemistry, 1983, 22, 2107 (Querecetin, Antioxidant)

29 양배추

Brassica oleracea Linné var. *capitata* Linné

십자화과(Cruciferae)

Cabbage(英), 甘藍(中)

원산지 : 유럽 서북부

용도 : 잎(식용)

식물학적 특성

밭에서 재배되는 2년초. 잎은 두껍고 근생엽은 로제트 모양이나 둥근 모양이다. 분백색으로 그 가장자리는 불규칙한 톱니 모양인데 서로 겹쳐서 둥글게 된다. 꽃은 총상화서, 연한 황색, 십자 모양, 열매는 단각, 짧은 원기둥 모양이다.

동속식물에는 갓(*B. juncea*)과 배추(*B. campestris*) 등이 우리나라에 있다.

성분

1) 영양성분

① 양배추 생것(6221) 가식부 100g 중 열량 31.0kcal, 단백질 1.4g, 지방 0.2g, 당질 7.3g, 조섬유 0.80g, Ca 38.0mg, P 26.0mg, Fe 0.40mg, Zn 0.16mg, vitamin A 3.0RE, β-carotene 20.0㎍, B_1 0.04mg, B_2 0.04mg, B_6 0.10mg, C

29.0mg, niacin 0.3mg, 엽산 57.3㎍, E 0.10mg. 〈식이섬유 1.84g〉

② **양배추 삶은 것**(6222) 가식부 100g 중 열량 24.0kcal, 단백질 1.2g, 지방 0.1g, 당질 4.9g, 조섬유 0.70g, Ca 40.0mg, P 26.0mg, Fe 0.40mg, Zn 0.18mg, vitamin A 3.0RE, β-carotene 20.0㎍, B_1 0.03mg, B_2 0.03mg, B_6 0.07mg, C 24.0mg, niacin 0.1mg, 엽산 22.9㎍, E 0.10mg.

③ **양배추샐러드**(6223) 가식부 100g 중 열량 78.0kcal, 단백질 1.3g, 지방 2.6g, 당질 11.8g, 조섬유 0.6g, Ca 45.0mg, P 32.0mg, Fe 0.60mg, Zn 0.21mg, vitamin A 48RE, B_1 0.07mg, B_2 0.06mg, B_6 0.13mg, C 33.0mg, niacin 0.3mg, 엽산 26.5㎍, E 0.20mg.

④ **양배추, 코울슬로우**(6224) 가식부 100g 중 열량 148.0kcal, 단백질 1.5g, 지방 11.1g, 당질 12.2g, 조섬유 0.60g, Ca 34.0mg, P 36.0mg, Fe 0.73mg, Zn 0.2mg, vitamin A 50.0RE, B_1 0.04mg, B_2 0.03mg, B_6 0.11mg, C 8.0mg, niacin 0.1mg, 엽산 39.0㎍, E 0.20mg.

⑤ **꽃양배추 생것**(6061) 가식부 100g 중 열량 27.0kcal, 단백질 2.6g, 지방 1.2g, 당질 2.9g, 조섬유 0.80g, Ca 15.0mg, P 87.0mg, Fe 0.10mg, Zn 0.28mg, vitamin A 9.0RE, β-carotene 51.0㎍, B_1 0.09mg, B_2 0.24mg, B_6 0.27mg, C 55.0mg, niacin 0.6mg, 엽산 22.2㎍, E 0.20mg.

⑥ **꽃양배추 삶은 것**(6062) 가식부 100g 중 열량 24.0kcal, 단백질 2.5g, 지방 0.1g, 당질 3.9g, 조섬유 0.80g, Ca 21.0mg, P 34.0mg, Fe 0.60mg, Zn 0.25mg, vitamin A 1.0RE, β-carotene 7.0㎍, B_1 0.05mg, B_2 0.05mg, B_6 0.21mg, C 42.0mg, niacin 0.2mg, 엽산 53.2㎍, E 0.20mg.

⑦ **녹색 꽃양배추 생것**(6067) 가식부 100g 중 열량 32.0kcal, 단백질 4.6g, 지방 1.0g, 당질 2.3g, 조섬유 1.10g, Ca 14.0mg, P 108.0mg, Fe 0.10mg, Zn 0.90mg, vitamin A 2.0RE, B_1 0.08mg, B_2 0.64mg, B_6 0.17mg, C 106.0mg, niacin 0.9mg, 엽산 76.7㎍, E 0.20mg.

⑧ **녹색 꽃양배추 삶은 것**(6068) 가식부 100g 중 열량 35.0kcal, 단백질 4.0g, 지방 0.1g, 당질 5.8g, 조섬유 1.00g, Ca 38.0mg, P 80.0mg, Fe 1.10mg, Zn 0.38mg, vitamin A 79.0RE, β-carotene 630.0㎍, B_1 0.03mg, B_2 0.07mg, B_6

0.44mg, C 50.0mg, niacin 0.2mg, 엽산 50.0㎍, E 1.69mg.

2) 특수성분

Jasmonic acid(J-00057), Kaempferol(T-00770), Lutein(L-00885), Neoxanthin(all E, N-00292), *N-Methylphenethylamine(P-00983), Progoitrin(P-01865), Violaxanthin(V-00342), 1-Ferulyol-β-D-glucose(C-01941), 1-p-Coumaroyl-β-D-glucose(C-01941), 2-Propenyl glucosinolate(P-01888), 4-Hydroxy-glucobrassin (H-02054), Caffeic acid(D-02670), 5-Methoxy glucobrassin(H-02054), 4-Methoxyglucobrassin(N-00198, N-), *Allylisothiocyanate(I-00887), Antheraxanthin(A-01866), Crocetin(C-02016), Ferulic acid(H-02285), Glucobrassin(I-00140), Glucoiberin(M-01421), *Indole-3-acetonitrile(I-00122), Indol-3-Carboxyaldahyde(I-00123), Quercetin(P-00565) 등이 분리되었다.

동속식물에서 Dioxibrassinin(-, D-03369), Brassicanal C(B-00777), 3H-1,2-Dithiol-3-thione(D-03481), Ascorbalamic acid(A-02868), 2-Amino-3-hydroxybenzoic acid(A-01372), Raphanusol B(H-01519), *Coumesterol(C-01950), Octacosanol(O-00087), 15-Nonacosane(N-00548), Nonacosane(N-00541) Triacontanal(T-01641)등이 분리 동정되었다.

Flavonoide계 물질은 Rubrobrassin(T-00787)과 Cyanidin(색소), Alkaloid 물질은 3-Cyanomethyl-3-OH-1H-indol-2(3H)one(-, C-02202), *Gramine(D-03025), Sinapoyl spermine(S-00769), Methoxy brassein A(M-00650)와 B(M-00651), glucosinolate 물질, 2-Methyl propyl glucosinolate(M-01313), Glucoiberin(M-01421), Butylglucosinolate(B-01129) 등이 있다.

생리활성

항돌연변이 효과[①] : Aflatoxin B_1과 4-NQO에 대한 녹황색 채소류의 항돌연변이 효과를 알아보았더니, *S. typhimurium* TA98과 TA100에 들깻잎, 상치, 브로콜리, 쑥갓, 미나리, 들미나리, 홍고추, 고춧잎, 비름, 시금치, 무의 MeOH 추출물에서 강한 항돌연변이 원성율이 나타났고, 50% 저해 효과를 보였다. 그러나

direct mutagen인 4-NQO에 60% 이상 저해 효과를 보인 시료는 양배추, 케일, 상치, 브로콜리, 갓, 풋고추, 피망, 시금치, 비름, 콩나물, 애호박이었다. 주스의 aflatoxin B_1에 대한 항돌연변이 효과는 들깻잎, 들미나리, 시금치, 양배추에서 용량의존적(50~500㎕/plate)으로 증가하였으나, 오이와 당근은 큰 저해 효과가 없었다.

항돌연변이 효과② : 10종의 십자화과 채소류(양배추, 적채, 배추, 케일, 콜리플라워, 브로콜리, 무우, 열무, 유채, 냉이)의 항돌연변이 효과를 *Salmonella* 시험계에서 검토한 결과, 양배추, 케일, 콜리플라워, 무즙액이 간접돌연변이원인 AFB_1의 돌연변이성을 상당히 저해하였다. 양배추, 브로콜리의 즙액은 직접 돌연변이활성은 MNNG보다 AFB_1의 돌연변이성을 더 강하게 억제하는 것으로 나타났다. MeOH 추출 케일, 브로콜리, 냉이는 *S. typhimurium* TA100과 TA98에서 AFB_1과 MNNG의 돌연변이성을 크게 저해하였다.

항산화 및 Tyrosinase억제 효과 : 적채(붉은 양배추)의 생리활성성분 중 비극성 부분에서 노화억제의 항산화 활성물질과 피부의 흑색화를 방지할 수 있는 tyrosinase 활성억제 효과가 강한 미백효과물질이 인정되어 식용 외의 기능성 개발이 기대된다.

미생물 번식저해 작용 : 121℃, 100℃에서 가압멸균한 양배추즙은 미생물 번식저해 작용이 있었으나, 미생물에 따라 감수성이 달랐다. 대체로 gram(+)균에서 젖산균은 내성이 컸으나, 기타 gram(+)균에는 낮았고, 효모도 번식저해 작용을 받았으며, gram(-)균에는 저해 정도가 낮았다. *S. aureus*와 *C. utilis*가 번식저해 작용을 받았다. 100℃에서 20분, 30분 가열 시에는 번식저해 효과가 없었으나, 121℃, 5분, 10분, 15분 가열 시 미생물 번식저해 효과가 있었고, 가열온도와 가열시간이 길수록 번식저해물질이 더 많이 생성되었으며, 이 저해 작용은 cysteine과 glutathione에 저해 정도가 낮아졌다.

Listeria균 항균활성 : 12종의 채소 $CHCl_3$ 추출물에 대하여 *L. monocytogenes* F-78에 항균성을 실험한 결과, 마늘이 가장 강하였고, 다음 부추, 양파, 양배추였다.

Peroxidase의 포도당 분석 : 양배추의 peroxidase와 glucose oxidase를 사용한

포도당 분석의 최적 조건은 pH 6.0, 35~45℃였고, 포도당 분석은 Hg, Pb, Ag, Mo, T, Cu ion에 의해 저해되었다. 양배추의 peroxidase와 glucose oxidase를 이용한 포도당 분석의 표준 곡선은 포도당 농도가 8.33mM 이하에서는 흡광도 460mM와 포도당 농도와의 직선적인 관계를 보였다.

가공 및 저장 중 Glucosinolate : 십자화과 채소에서 glucosinolate(GS) indole glucosinolate(IGS)를 배추(6종), 양배추(5종), 무(5종), 케일(2종)에서 분리 동정하였다. 겨자에서 4종을 분리 동정하였으나, IGS는 분리되지 않았다. 배추의 GS는 속〉줄기〉잎 순으로 함유되었고, 총 GS 함량은 배추〉양배추〉무〉케일〉겨자 순이었으며(dry basis), 신선한 상태〉자연건조〉가열건조〉조리 상태 순이었다. 또 총 GS 함량은 저장기간이 경과함에 따라 감소하였다.

붉은 양배추의 색소 : TLC, HPLC로 조사한 결과, Anthocyanin 색소성분은 품종에 관계없이 cyanidin으로 확인되었다. 생육은 Red rookie종이 가장 양호하였으며, Rubby star종이 상대적으로 떨어졌고, Ruby ball과 Red ball종은 큰 차이가 없었다. anthocyanin 생성은 4품종 모두 광량이 저하됨에 따라 비례적으로 감소하였고, Ruby star종의 anthocyanin 색소가 조금 높았다. anthocyanin 색소 합성의 주요효소인 CHS, CHI, DFR의 발현은 DFR〉CHS〉CHI 순으로 많았으며 특히 CHS와 CHI 발현은 광량이 많을수록 증가하였으나, DFR은 인정되지 않았다. 이 결과로 붉은 양배추의 anthocyanin 합성제어를 분자수준에서 가능함을 보였다.

기타 연구 : Stomach ulcer에 생잎주스가 효과 있고(antiulcer), 최근 어류 성장 촉진물질에 대한 연구가 보고되고 있다.

효능과 이용

1) 효능 : 지상부 - 위궤양, 보신장골(補腎壯骨).
2) 식용 : Salad, 생채, 김치, 찜, 쌈, sauer kraut(독일 발효음식) 등에, 또 여러 음식의 부재료로 이용된다.
3) 약용 : 장복하면 신장과 뇌가 좋아지며, 근골이 튼튼해지고, 화농성 상처와 암 치료에 쓰기도 한다.

생잎은 소화 효과, 관절염, 근육통, 두통에 효과, 항균 효과, 상처치료, 피부궤양, 항감염 효과가 있고, 또한 간(肝)해독작용에도 응용한다.

참고문헌

1) 경규향, **세종대학교 논문집, 제20집**, 1993, 423 (양배추의 세균번식저해작용과 작용물질의 규명)

2) 고선옥, 박인식, **동아대대학원논문집**, 1990, 15, 375 (양배추 Peroxidase에 의한 효소적 포도당 분석에 미치는 환원제의 영향)

3) 고은희, **덕성여대자연과학논문집**, 1997, 3, 341 (양배추 포스포리파제 D 활성부위의 히스티딘 잔기 특성연구)

4) 박인식, 고선옥, 남인, **식품영양과학회지**, 1990, 19(3), 224 (양배추 Peroxidase의 포도당 분석에의 이용)

5) 배태식, 강동수, 조영철, **여수대학교 수산과학연구소논문집**, 2001, 10, 40 (양배추에 함유된 어류성장촉진물질의 추출 및 이용)

6) 부희옥, 이병일, **원예학회지**, 1999, 40(3), 322 (붉은 양배추, 광의 안토시아닌 생합성)

7) 심기환, 성낙계, 강갑석, 양철우, 서권일, **식품영양과학회지**, 1992, 21(1), 43 [십자화과 (채소, 배추, 양배추, 무 및 케일)의 가공 및 저장 중 Glucosinolate의 분석과 그 함량 변화]

8) 연미영, 현태선, **영양학회지**, 2005, 38(7), 586 (한국인 상용 식품의 엽산 함량 분석에 의한 식품 영양가 표의 보완)

9) 윤경아, 박윤자, 배송자, **식품영양과학회지**, 2004, 33(1), 7 (적채 분획물의 항산화 및 Tyrosinase 억제 효과)

10) 이경임, 박건영, 이숙희, **식품영양과학회지**, 1992, 21(2), 143 (Aflatoxin B_1과 4-NQO에 대한 녹황색 채소류의 항돌연변이 효과)

11) 이선미, 이숙희, 박건영, **식품위생안전성학회지**, 1997, 12(4), 321 [*Salmonella* 실

험계에서 십자화과 채소류(양배추, 배추, 케일, 콜리플라워, 브로콜리, 유채)의 항돌연변이 효과]
12) 장학길, **국민영양**, 1998, 204, 36 (양배추류; 양배추 · 꽃양배추 · 녹색꽃양배추 · 아기양배추)
13) 정종화, 김동술, 조태웅, 강성조, 김성영, 정덕화, **식품위생안전성학회지**, 1995, 10(1), 7 [채소 추출물(양파, 마늘, 부추, 양배추 등)이 *Listeria monocytogenes*의 생육에 미치는 영향]
14) 한덕철, 경규항, **식품과학회지**, 1995, 27(1), 74 (미생물 번식 저해작용)
15) Alexander, B., Spers, G. M., J. Agric. Food Chem., 1985, 33(2), 226 (Distribution of quercetin and kaempferol in lettuce, kale, chive, garlic chive, leek horseradish, red radish, and red cabbage tissues.)
16) Asen, S. et al., Phytochemistry, 1962, 1, 169 (occur, 1-*p*-Coumaroyl-β-D-glucose)
17) Bano, S. et al., J. Nat. Prod.(Lloydia), 1986, 49, 549 (isol, Indol-3-Carboxyaldahyde)
18) Battery, R. G., Guadiagni, D. G., Ling, L. C., Serfert, R. M., Lipton, W., J. Agric. Food Chem., 1976, 24, 829 (Additional volatile components of cabbage, broccoli and cauliflower)
19) Benkert, K., Naturwissenschaften, 1966, 53, 200 (Glucoiberin)
20) Bilyk, A., Spears, G. M., J. Agric. Food Chem., 1985, 33(2), 226 (Distribution of quercetin asnd kaemferol in lettuce, kale, chive, garlic chive, leek, horse radish, red radish and cabbage tissues)
21) Bradfield, C. A., Bjeldanes, L. F., J. Agric. Food Chem., 1987, 35, 46 (HPLC analysis of anticarcinogenic indoles in Brassica olercea)
22) Bresnick, E., Birt, D. F., Wolterman, J., Wheeler, M., Markin, R. S., Carcinogenesis, 1990, 11(7), 1159 (Reduction in mammary tumorigenesis in the rat by cabbage and cabbage residue)
23) Buchecker, R. et al., Phytochemistry, 1975, 14, 797 (struct, Neoxanthin)

24) Chang, C., J. Am. Soc. Hort. Sci., 1983, 108, 688 (Changes in glucosinolates during refrigerated storage of cabbage)

25) Cheny, G., California Med., 1952, 77, 248(Antiulcer, Vitamin U)

26) Chin, H. W., Zeng, G., Lindsay, R., J. Food Sci., 1986, 61, 101 (Occurance and flavour properties of sinigrin hydrolysis products in fresh cabbage)

27) Collison, D. L. et al., Biochem. J., 1931, 25, 606 (15-Nonacosanone)

28) Couchman, R. et al., Phytochemistry, 1973, 12, 707 (Ascorbalamic acid)

29) Davies, B. H., Int. Rev. Biochem., 1977, 14, 51 (rev, Lutein)

30) Daxenbichler, M. E. et al., J. Agric. Food Chem., 1964, 12, 127 (occur, *Allylisothiocyanate)

31) Doetsch, P. W. et al., J. Chromatogr., 1980, 189, 79 (occur, *N-Methylphenethylamine)

32) Ensminger, Ensminger, Konalande, Robson, Food and Nutrition Encyclopedia, 2nd Ed., CRC press, 1994, 288, 970 (Nutritive value)

33) Fujiwara, M, Itokawa, Y., Urchino, H., Inoue, K., Experimenta, 1972, 28, 254 (Antihypercholesterolemic effects of a sulfur containing amino acid, S-methyl-L-cysteine, sulfoxide, isolated from cabbage)

34) Hanley, A. B. et al., J. Sci. Food Agric., 1983, 34, 869 (isol, 2-Propenyl glucosinolate)

35) Hanley, A. P. et al., Phytochemistry, 1985, 24, 598 (isol, struct, 4-Methoxyglucobrassin)

36) Hasegawa, K. et al., Plant Cell Physiol., 1980, 21, 363; 1981, 22, 303 (Raphanusol, B, Seedling Inhibition)

37) Henbest, H. B. et al., J. Chem. Soc., 1953, 3796 (isol, *Indole-3-acetonitrile)

38) Karrer, P. et al., Helv. Chim. Acta, 1932, 15, 1218, 1399 (struct, Crocetin)

39) Kreula, M. et al., Acta Chem. Scand., 1959, 13, 1375 (occur, Progoitrin)

40) Kyung, K. H., Fleming, H. P., J. Food Prot., 1997, 60, 67 (Antimicrobial activity of sulfur compouds derived from cabbage)

41) Lawson, T., Nunnally, J., Walker, B., Brensick, E. Wheeler, D., Wheeler, M., Agric. Food Chem., 1989, 37, 1363 (Isolation of compounds with antimutagenic activity from savoy chieftain cabbage)

42) Lee, H. H., Lee, J. W., Rhim, J. W., Kor. J. Postharvest Sci. Technol., 2000, 7, 285 (Characteristics of anthocyanins from various fruits and vegetables)

43) Lee, J. W., Lee, H. H., Rhim, J. W., Kor. J. Food Sci. Technol., 2001, 33(2), 149 (Extraction characteristics of red flower cabbage pigment.)

44) Lewis, R. J., Sax' s Dangerous Properties of Industrial Materials, 8th ed., Van Nostrand-Reinhold, 1992, COF 350 (Coumesterol, Oestrogenic, *DF 8077000)

45) Lewis, R. J., Sax' s Dangerous Properties of Industrial Materials, 8th ed., Van Nostrand-Reinhold; 1992, DYC 000 (Gramine, Alkaloid, *NL 7525000)

46) Lewis, R. J., Sax' s Dangerous Properties of Industrial Materials, 8th ed., Van Nostrand-Reinhold. 1992, AKE 750 (2-Amino-3-hydroxybenzoic acid, *DG 2625000)

47) Litvinenko, V. I. et al., Planta Med., 1975, 27, 372 (rev, 1-Ferulyol-β-D-glucose)

48) Macleod, A. J. et al., Phytochemistry, 1989, 28, 1405 (Butylglucosinolate, 2-Methylpropylglucosinolate, seeds)

49) MacLeod, A. J., Nussbaum, M. L., Phytochemistry, 1977, 16, 861 (The effects of different horticultural practices on the chemical flavour composition of some cabbage cultivars)

50) Micheli, R. A. et al., J. Med. Chem., 1962, 5, 321 (Coumesterol, pharmacol)

51) Miersch, O. et al., Phytochemistry, 1986, 26, 1037; 1989, 28, 339 (isol, derivs, Jasmonic acid)

52) Mithen, R. F., Lewis, B. G., Heaney, R. K., Fenwick, G. R., Phytochemistry, 1987, 26, 1969 (Glucosinolates of wild and cultivated Brassica species)

53) Molnár, P. et al., Phytochemistry, 1986, 25, 195 (isol, Violaxanthin)

54) Monde, K. et al., Phytochemistry, 1991, 30, 2915 (Dioxibrassinin, alkaloid, Brassicanal C, Methoxy brassein A, B, 3-Cyanomethyl-3-hydroxy-1H-indol-

2(3H)-one, Phytoalexin)

55) Mortin-Tanguy, J. et al., Phytochemitry, 1978, 17, 1927 (Sinapoylstermine)

56) Murai, K., Wilkins, D., Food Technol., 1990, 44, 131 (Natural red color derived from red cabbage)

57) Nakano, K. et al., Phytochemistry, 1983, 22, 1249 (isol, Kaempferol)

58) Oh, S. H., Seo, K. W., Choi, D. S., Han. K. S., J. Kor. Soc. Agric. Chem. Biochnol., 2000, 43, 34 (Application effects of chitosan fertilizer on the growth of cabbage and GABA contents in the cabbage)

59) Omran, H., Buchenhuskes, H., Zapo, B., Giersher, K., Food Biotechnol., 1989, 3, 59 (Technical enzymes for the liquifaction of white cabbage and sauerkraut)

60) Pederson, C. T., Adv. Heterocycle Chem., 1982, 31, 63 (3H-1,2-Dithiol-3-thione, rev)

61) Radler, F. et al., Aust. J. Chem., 1965, 18, 1059 (Octacosanal, Antiaterosclerosis)

62) Ranganna, S., Setty. L., J. Agric. Food Chem., 1969, 16, 529 (Nonezymatic discoloration in dried cabbage; Ascorbic acid - amino acid interaction)

63) Sang, J. P., Minchinton, I. R., Johnstone, P. K., Truscot, R. J. W., Can. J. Plant Sci., 1984, 64, 77 (Glucosinolate profiles in seed, root and leaf tissue of cabbage, mustard, rape seed, radish and swede)

64) Schmid, H. H. O. et al., Hoppe Seyler' s Z. Physiol. Chem., 1969, 350, 462 (Triacontanal)

65) Scholar, E. M., Wolterman, K., Birt. D. F., Bresnick, E., Nutr. Cancer, 1989, 12(2), 121 (The effect of diets enriched in cabbage and collands on murine pulmonary matastasis)

66) Schrandolf, H. Experientia, 1965, 21, 520 (occur, 5-Methoxyglucobrassin, Gluco-brassin)

67) Shewfelt, R. L., Ahmed, E. M., Food Development, 1977, 11, 52 (Anthocyanin extracted from red cabbage shows promis as coloring for dry beverage mixes)

68) Slominski, B. A., Campbell, L. D., J. Agric. Food Chem., 1988, 454, 285 (GC

determination of indoleacetonitriles in rapeseed and Brassica vegetables)

69) Tappi, G. et al., Helv. Chim. Acta, 1949, 32, 50 (isol, Antheraxanthin)

70) Tillett, R. et al., Arch. Mikrobiol., 1990, 154, 206 (isol, Ferulic acid)

71) Truscott, R. J. W. et al., J. Sci. Food Agric., 1983, 34, 247 (isol, 4-Hydroxy-glucobrassin)

72) Ulubelen, L. et al., Planta Med., 1976, 29, 258 (Nonacosane)

73) van Etten, C. H., Daxenbichler, M. E., Williams, P. H., Kwolek, W. F., J. Agric. Food Chem., 1976, 24(3), 452 (Glucosinolates and derived products in cruciferous vegetables, Analysis of the edible part from twenty two varieties of cabbage)

74) van Etten, C. H., Daxenbichier, M. E., Tookery, H. L., Kwolek, W. F., Williams, P. H., Yoder, O. C., J. Am. Soc. Hort. Sci., 1980, 105, 710 (Glucosinolates potential toxicants in cabbage cultivars)

75) Vogt, T. et al., Phytochemistry, 1988, 27, 3712 (isol, Quercetin)

76) Walker, J., McLellan, K., Robinson, D., Food Chem., 1987, 23, 245 (Heat stability of superoxide dismutase in cabbage)

77) Whitty, J. P., Bjeldanes, L. F., Food Chem. Toxicol., 1987, 25(8), 581 (The effects of dietary cabbage on xenobiotic-metabolizing enzymes and the binding of aflatoxin B_1 to hepatic DNA in rats)

30 연근 *Nelumbo nucifera* Gaertner

수련과(Nymphaeaceae)

Lotus, East Indian lotus(英)
Hasu(日), 蓮, 蓮藕(中)

원산지 : 인도

용도 : 잎, 연근, 열매, 씨(약용)
연근(식용)

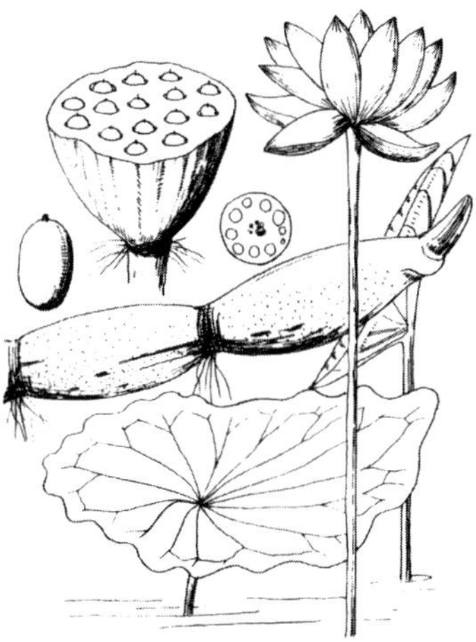

식물학적 특성

못에 재배하는 단년생 수초. 잎자루와 꽃자루에 가시돌기가 있고, 둥근 모양의 잎은 물에 솟는다. 흰색이나 분홍색 꽃이 피고, 잎은 난형이며 꽃밥은 선형으로 황색인데, 끝에 쑥 나온 돌기가 있다. 자방은 다심피, 큰화탁은 해면질로 위는 평편하다. 타원형 열매는 견과로 벌집 모양의 구멍 속에 있고, 검은색을 띤다. 세계에 2종뿐이다.

성분

1) 영양성분

① 연근 생것(6236) 100g 중 열량 67.0kcal, 단백질 2.1g, 지질 0.1g, 당질 15.6g, 조섬유 0.8g, Ca 22.0mg, P 67.0mg, Fe 0.9mg, Zn 0.16mg, vitamin B_1 0.11mg, B_2 0.01mg, B_6 0.29mg, niacin 0.3mg, C 57.0mg, 엽산 12.7μg, E

0.4mg. 〈식이섬유 1.47g〉

② **연근 삶은 것**(6237) 100g 중 열량 66.1kcal, 단백질 1.6g, 지질 0.1g, 당질 16.0g, 조섬유 0.9g, Ca 25.8mg, P 77.8mg, Fe 0.9mg, Zn 0.33mg, vitamin B_1 0.2mg, B_2 0.01mg, B_6 0.22mg, niacin 0.3mg, C 25.9mg, 엽산 6.9μg, E 0.1mg.

③ **연씨, 미숙생것**(5039) 100g 중 열량 121.0kcal, 단백질 8.1g, 지질 0.2g, 당질 21.1g, 조섬유 1.40g, Ca 95.0mg, P 220.0mg, Fe 1.80mg, Zn 9.0mg, vitamin B_1 0.19mg, B_2 0.08mg, B_6 0.22mg, niacin 1.0mg, 엽산 57.5μg, E 1.0mg.

④ **연씨, 조미한 것**(5040) 100g 중 열량 335.0kcal, 단백질 17.1g, 지질 1.9g, 당질 62.0g, 조섬유 1.90g, Ca 190.0mg, P 650.0mg, Fe 3.10mg, Zn 7.44mg, vitamin A 2.0RE, β-carotene 12.0μg, B_1 0.26mg, B_2 0.10mg, B_6 0.09mg, niacin 2.0mg, 엽산 57.4μg, E 1.0mg.

2) 특수성분

① **연눈**(Embryo) : Liensinine(N-00138), Isoliensinine(N-00138), Neferine(N-00138), Nuciferine (N-00842), Pronuciferine(R, P-01871), Lotusine(I-00354), Methylcorypalline(T-00463), dl-Armepavine(A-02768), Demethylcoclaurine(C-01599), Galuteolin(T-00771), Hyperin(H-03226), Rutin(R-00494)

② **화탁**(Receptacle) : Nelumbine(P-00565), Quercetin(P-00565), *N*-Nornuciferine(N-00762), Oxoushinsunine (L-00636), *N*-Noramepavine(N-00650), Nuciferine(N-00842)

③ **연화**(Flower) : Quercetin(P-00565), Luteolin(T-00771), Isoquercetin(I-00760), Kaempferol (T-00770)

④ **수술, 웅예**(Stamen) : Quercetin(P-00565), Isoquercitrin(I-00760), Luteolin (T-00771)

⑤ **연씨**(연자, Seed) : Raffinose(R-00031), Oxoushinsunine(N-00762), β-Sitosterol(S-01368), N-Norarmepavine(N-00650), Palmitic acid(H-00575), Polysaccharide

⑥ **연엽**(Leaf) : Roemerine(R, R-00324), Nuciferine(N-00842), Nornuciferine(N-

00762), Armepavine(A-02768), Pronuciferine(P-01871), Anonaine(R, A-015851), Liriodenine(L-00636), Quercetin(P-00565), *N*-methylcoclaurine(C-01599), Isoquercitrin(I-00760), Nelumboside(P-00565), 3-Hexenol(H-00820), α-Longifolene(L-00715), Dehydronuciferine(D-00326), Dehydroanonaine(A-01851), *N*-Methylisococlaurine(C-01599), Dehydroroemerine(D-00332), Quercitrin-3-glucoside(Q-00019), Isoquercitrin(I-00760)

⑦ 연근(Rhizome) : Anomine(R, A-01851), Asparagine(A-02880), Dehydroaninaine(A-01851), Dehydronuciferine(D-00326), Dehydroroenerine (D-00332), Demethylcoclaurine(C-01599), Isoliensinine(N-00138), Liensinine(N-00138), Lotusine(I-00354), *N*-Methylasimilobine(R, M-00797), *O*-Methylcorypalline(T-00428), 4'-Methyl-N-methylcoclaurine(C-01599), Neferine(N-00138), Nelumboside(P-00565), Pronuciferine(R, P-01871), Roemerine(R, R-00324) 등 외에 Asimilobine(R, A-02875)와 Liriodenine(L-00636) 등이 분리되었다.

생리활성

일반성분(연근) : 냉동건조한 죽순은 단백질 3.05%, 지질 0.48%, 섬유소 2.46%, 우엉은 당질이 18.64%로 가장 많았고, 섬유는 죽순과 우엉에서 각각 62.5%, 41.9%, 연근에서 17.9%, 유리당은 죽순과 연근에서 sucrose가 가장 많았고, 우엉에서 fructose와 sucrose가 비슷한 함량을 보였다. 지방산은 죽순, 연근, 우엉에서 palmitic acid 24.5~37.6%, linoleic acid 44.6~65.2%, linolenic acid는 죽순에서만 많았으며, 아미노산은 aspartic acid, glutamic acid 및 lysine 함량이 높았으며, 죽순은 다른 시료보다 단백질과 단맛 아미노산이 많았다. 이 결과 섬유소는 죽순과 우엉, 감미 아미노산과 linolenic acid는 죽순에 많았다.

지질과산화 억제작용(부위별) : 연꽃의 잎, 씨, 뿌리, 싹 및 꽃의 부위별 MeOH로 추출하여, bromobenzene 유도 간 독성 흰쥐에 투여한 결과, 0.3mg/ml, 1.0, 1.5에서 대조군보다 각각 34%, 47%, 55%의 지질과산화 억제작용이 있었으며, 이 중 씨 추출물이 가장 강한 억제활성을 보였다.

혈소판 활성 인자 길항(연근) : 천연물(연근포함)에서 혈소판 활성인자(PAF) 길항제를 검색한 결과, 시료의 EtOAc와 BuOH 분획에 활성이 있었다.

부위별 ADH inhibition : ethanol(3g/kg) 투여 30분 후, 건조시킨 근경 달인 즙 420.0mg/kg을 쥐의 위장 내 투여한 결과, alcohol dehydrogenase(ADH) inhibition 활성을 보였다. alcohol 투여 1시간 후와 6시간 후에 liver cytosol에서 ADH 활성을 측정하였다. ethanol 처리 30분 전에 투여하거나, ethanol과 동시 투여했을 때 효과가 없었다. 건조시킨 종자의 달인 즙 332.0mg/kg을 ethanol 3mg/kg 투여 30분 뒤에 쥐의 위장 내 투여 1시간 후와 6시간 후에 측정한 결과, liver cytosol에서 ADH inhibition 활성을 보였다. ethanol 처리 30분 전에 투여했거나 ethanol과 같이 투여해서 1시간과 6시간 후 관찰한 결과, 활성이 나타나지 않았다.

진통작용(연근) : 근경의 ethanol/water(1 : 1) extract 0.5mg/kg을 mice에게 복막 내 투여한 결과, analgesic activity(진통 효과)는 비활성적이었다. 종자의 ethanol/water(1 : 1) extract를 mice에게 위장 내 투여한 결과, 비활성을 보였다.

부위별 항균활성 : 건조시킨 종자 달인 즙이 agar plate에서 *Staphylococcus aureus* (MIC 125.0mg/ml), *Bacillus cereus* (MIC 250.0mg/ml), *Salmonella typhitype* 2 (MIC 250.0mg/ml), *Sarcina lutea* (MIC 250.0mg/ml), *Bordetella bronchiseptica* (MIC 62.5mg/ml), 및 *Micrococcus flavus* (MIC 62.5mg/ml)에 대해 antibacterial activity(항균활성)이 없었고, 건조시킨 꽃수술의 95% ethanol extract 100.0mg/disc가 agar plate에서 *Escherichia coli, Salmonella typhosa, Shigells dysenteriae, Staphylococcus aureus*, 및 *Bacillus subtilis*에 대해 항균활성은 없었다. stamen 물 추출물 20.0mg/disc은 agar plate에서 *Staphylococcus aureus*에 대해 항균활성을 보였으나, *Bacillus subtilis, Escherichia coli, Salmonella typhos* 및 *Shigella dysenteriae*에 대해 비활성을 나타냈다. stamen 물 추출물은 *Staphylococcus mutans*에 약한 활성을 보였으나 (MIC 122.2mg/ml), 씨 추출물은 *S. aureus*에 항균활성은 없었다. 근경의 ethanol/water(1 : 1) extract 25.0mcg/ml보다 높은 농도에서 *Bacillus subtilis, Escherichia coli, Salmonella typhosa, Staphylococcus aureus*, 그리고 *Agrobac-*

*terium tumefaciens*에 대해 비활성을 보였다(agar plate).

항 출혈활성(꽃받침) : 건조시킨 꽃받침과 근경의 물 추출물 0.5gm/kg을 수컷 mice에게 복강 내 투여시킨 결과, antihemorrhagic activity(지혈작용)를 나타냈으며, 이 시료를 볶았을 때 활성이 증가되었다.

항 간 독성작용(종자) : 건조 종자의 MeOH ex 300.0mg/kg을 α-naphthyl isothiocyanate로 간 독성을 유발시킨 수컷과 암컷 쥐에게 복강 내 투여한 결과, 불확실한 결과를 보였다. 또 100.0mg/kg을 CCl_4로 간 독성을 유도시킨 암컷과 수컷 쥐에게 피하주사 결과, 약한 antihepatotoxic activity를 보였다.

항 콜레스테롤 작용(연잎) : 냉동건조시킨 연잎의 95% EtOH extract 0.16gm/kg을 콜레스테롤성 쥐에 위장 내 투여했을 때 antihyper-cholesterolemic activity를 보였다($p<0.01$).

항 고혈당 효과(꽃) : 건조시킨 꽃의 100% EtOH과 물 추출물 1.0gm/kg을 포도당으로 유도시킨 고혈당성 토끼 위장 내에 투여시킨 결과, 경미한 당뇨동물의 공복 시 혈당에는 효과가 있었으나, 심한 당뇨병성 동물에서는 효과가 없었다. 100% EtOH과 물 추출물을 매일 1.0gm/kg을 포도당 유도 고혈당 쥐에 6주간 위장 내 투여한 결과, 항고혈당 효과(antihyperglycemic activity)를 보였다. 햇볕에 말린 꽃의 95% EtOH과 물 추출물 1.0gm/kg을 epinephrine 유도 고혈당 토끼에 위장 내 투여한 결과, 항 고혈당 효과를 보였다. 건조 종자의 물 추출물 1.0gm/kg을 streptozotocin(STZ) 유도 고혈당 mice에 위장 내 투여한 결과, 혈당저하작용은 없었다. STZ 투여 1시간 후에 시료를 3일 연속 매일 2회 투여한 결과, 대조구의 혈당 236.3mg/*dl*에 비해 실험구의 혈당은 269.5mg/*dl*l로 나타났다.

항 고지혈 작용(잎) : 냉동건조시킨 연잎의 95% EtOH ex 0.16gm/kg을 콜레스테롤 유도 쥐에 위장 내에 투여한 결과, antihyperlipemic activity를 보였다.

이뇨 효과(연근, 종자) : 근경 EtOH/water(1 : 1) 추출물 0.25mg/kg을 생리식염수와 함께 쥐의 복강 내 투여한 결과, diuretic activity가 있었으나, 종자 추출물은 750.0mg/kg 에서는 이뇨 효과가 없었다.

항산화작용(과실과 종자) : 과실과 종자의 methanol 추출물 50.0 microliters에서 강한 antioxidant activity를 나타냈다.

보체효소억제(종자) : 건조시킨 종자의 물 추출물이 강한 complement enzyme inhibition(보체효소억제)을 나타냈다.

Ethanol 대사촉진(연근) : 건조시킨 근경 달인 즙 420.0mg/kg을 쥐에 ethanol 3gm/kg을 투여하기 30분 전 혹은 동시에 위장 내 투여하였을 때, ethanol elimination increase 활성을 나타냈다. 건조시킨 종자의 달인 즙 332.0mg/kg을 쥐에 ethanol 3.0gm/kg을 투여하기 30분전 혹은 동시에 위장 내 투여하였을 때도 활성을 나타냈다.

Ethanol 산화 진(연근) : 건조 근경 달인 즙 420.0mg/kg을 쥐에 ethanol 3gm/kg 투여 30분 후 혹은 동시에 투여했을 때, ethanol oxidation enhanced (알콜산화 증진) 활성을 보였다($p<0.05$). 건뿌리 달인 즙 332.0mg/kg을 쥐에 위장 내 투여하였을 때 ethanol 3gm/kg 투여 30분 전이나 동시에 또는 30분 후에 투여하였을 때, 1시간 후에 혈중 lactate/pyruvate 비율이 감소하였다.

Hemostatic activity(꽃받침) : 건조 꽃받침 열수 추출물(1.0gm/kg)을 mice에게 복막 내 투여했을 때, 건조 근경의 열수 추출물(1.0gm/kg)을 mice에게 복막 내 투여했을 때, hemostatic activity을 나타냈다.

저혈당활성(꽃, 연근) : 건조 꽃의 100% EtOH과 물 추출물 1.0gm/kg을 토끼에 위장 내 투여한 결과, hypoglycemic activity를 보였고 500.0mg/kg에서는 약한 활성을 보였다. 1.0gm/kg을 매일 6주 동안 쥐에 투여했을 때 급성적으로 효과를 나타냈다. 또한 근경의 EtOH/H2O(1 : 1) extract 250.0mg/kg을 쥐에 경구 투여했을 때 비활성을 보였다. 혈당 농도가 30% 미만 감소하였다.

혈당 강하 효과(연자육) : 연자육의 MeOH ex을 STZ 유도 당뇨쥐에 투여한 결과, 7일 후 혈당강하 효과가 있었으나 유의성은 없었다.

장내 유해효소 억제 효과(연근) : 상용하는 근채류(감자, 고구마, 더덕, 무, 연근 등)에 대하여 대장암 등의 질병예방과 장내 균총의 불균형으로 야기될 수 있는 설사와 변비 등의 예방 효과 등에 관여하는 β-glucuronidase(β-Glu)와 tryptophanase(Try) 저해 효과를 측정한 결과, 장내 유익균(*B. breve K-110*)의 증식 효과는 연근이 147%로 높았고, 감자(139%), 더덕(145%), 마(164%), 토란

(144%) 등이며, β-Glu와 Try에 저해활성이 큰 시료는 감자, 더덕, 마, 토란 순이었고, 연근은 효과가 미미하였다.

신장보호 효과(연근) : Cisplatin 유도 신장손상 흰쥐에 연근 추출물(시료)를 투여한 결과, 증가된 혈청 내 creatinine이 감소하였고, 증가된 BUN도 감소하였으나, 신장피질의 지질과산화는 시료투여로 변하지 않았다. 또한 손상된 흰쥐의 신장피질조직 내 GSH 함량은 영향이 없었으나, 손상 신장피질 내 microsome에서의 NA-K-ATPase활성이 시료투여로 증가되었다.

항HSV활성 : Quercetin(flavonoid)의 HSV-1와 HSV-2의 vero세포 내 증식억제 실험 결과, HSV-1에 대한 EC_{50}은 18.7㎍/ml, SI는 4.8, HSV-2에 대한 EC_{50}은 24.5㎍/ml, SI는 3.7을 나타냈으며, 용량의존적으로 plaque형성을 억제하였고, HSV-1에 더 큰 활성을 보였다. Quercetin과 nucleoside계 항 Herpes virus제인 acyclovir 및 vidarabine과의 병용 실험 결과, HSV-1에는 acyclovir와 병용 시 CI value가 0.19~0.57을, vidarabine과 병용 시에 0.97~1.46을 보였고, HSV-2에 acyclovir와 병용 시 0.61~0.89를, vidarabine과 병용 시에 0.43~1.42를 보여 acyclovir 와 병용이 더 우수한 상승 효과를 나타내었다.

독성평가(연근) : 근경의 EtOH/H_2O(1 : 1) extract를 mice에게 복막 내 투여했을 때, LD_{50} 1.0gm/kg으로 종자의 EtOH/H_2O(1 : 1) extract를 mice에 복막 내 투여했을 때, LD_{50}〉1gm/kg을 나타냈다.

독성 효과(꽃받침) : 건조시킨 꽃받침의 물 추출물을 mice에게 복막 내 투여하였을 때, LD_{50} 2.5gm/kg에서 독성을 나타냈다.

백혈구, 대식세포 자극 효과(종자) : 냉동건조시킨 종자의 물 추출물 2.0mcg/ml에서 WBC macrophage stimulant활성이 없었다. 거대식세포 자극작용의 지표로 nitrile formation을 사용하였다.

Polyphenol Oxidase의 특성(연근) : 박피절편 연근의 갈변 주 효소 polyphenol oxidase(PPO)를 분리 정제한 결과, 분자량은 56KDa으로 2개의 isoform LP-II, LP-III이 있고, LP-II는 5℃와 30℃에서 catechol과 기질 친화력이 높았으며, LP-III는 5℃와 30℃에서 pyrogallol과 기질 친화력이 높았다. 최적 pH 7.0이며, 열 안정성은 40℃에서 60분 열처리에 안정하였고, 60℃ 40분, 80℃ 10분 열처

리에 효소가 불활성화되었다. 연근 PPO isoform, LP-II, LP-III 모두 5℃에서 효소활성을 보였고, 가온에 따라 반응속도가 감소하였다.

연근의 일반성분 : 냉동건조한 죽순은 단백질 3.05%, 지질 0.48%, 섬유소 2.46%, 우엉은 당질 18.64%로 가장 많았고, 섬유는 죽순과 우엉에서 각각 62.5%, 41.9%, 연근 17.9%, 유리당은 죽순과 연근에서 sucrose가 가장 많았고, 우엉에서 fructose와 sucrose는 비슷한 함량을 보였다. 지방산은 죽순, 연근, 우엉에서 palmitic acid 24.5~37.6%, linoleic acid 44.6~65.2%, linolenic acid는 죽순에서만 많았으며, 아미노산은 aspartic acid, glutamic acid 및 lysine 함량이 높았으며, 죽순은 다른 시료보다 단백질과 단맛 아미노산이 많았다. 이 결과 섬유소는 죽순과 우엉, 감미 아미노산과 linolenic acid는 죽순에 많았다.

연근의 무기질 : 8월에 채취한 연근의 무기성분을 분석한 결과, K가 3185ppm, P는 468, Ca는 327, K〉P〉Ca 순이었다. 한국인영양권장량에는 K가 2800, Ca은 220, P은 660ppm이었다.

연밥의 유지와 단백질 : 연밥의 수분 12.8%, 조지방 2.3%, 조단백질 19.5%, 탄수화물 61.3%, 섬유 2.1%, 회분 4.1% 유지의 요오드가는 97.9로 콩기름이나 참기름보다 낮았으나, 땅콩과 면실류와 비슷. 구성지방산은 linoleic acid 58.3%, SF/UF 20.9 : 79.1, behenic acid는 6.9%, 연밥의 단백질 함량은 19.5%, 16종 amino acid로 구성되었고, 이 중 glutamic acid가 4.5%로 가장 많았고, 필수 아미노산 함량은 전체 amino acid의 35.1%, 이 중 lysine 함량이 1.2%로 가장 많았다. 탈지땅콩의 glutamic acid는 10.91%로 가장 많았다.

기타 연구 : 연근경에 있는 alkaloid는 소화불량, 설사, 이질 등에 효과가 있다. 또한 Liriodenine과 Oxoushinsunine은 Nasopharyngenol carcinoma cell에 Antitumor effect, *Trichophytonmenta graphytes, Syneephalestrum racemosum*에 Antimicrobial effect가 연구되었고, Liensinene, Methylliensinine, Neferine과 Methylliensinine은 Antiarrhythmic effect가, Quercetin은 Antioxidant 및 Antihemorrhagic effect가, Liensinine, Neferine, S-*N*-Methylisococlaurine은 Ca-antagonistic effect, Nuciferine, *N*-Nornuciferine은 Cytotoxic effect, Liensinine은 Hypotensive effect가 보고되었다. Isoquercitrin과 Quercitrin-3-glucoside는

Blood coagulation effect, Roemerine과 Nuciferine은 Analgesic effect와 Sedative effect, Nuciferin은 Antispasmodic, Antitumor, Hypotensive, Menbranomodulator effect가, 그 외에 ATPase-inhibitory effect, Pentobarbital sleep potentiation 등도 연구되었다. 또한 잎은 Smooth muscle relax effect 및 Essential body energy 증가 효과가 보고되었다.

Diphenylamine은 Hypoglycemic, Nornuciferon은 Antispasmodic effect 물질로 보고되고 있다.

효능과 이용

1) 효능 : 연밥송이 - 지혈(止血), 부인병, 혈임(血淋), 혈리(血痢).
연자심(씨눈) - 淸心, 지혈(止血), 지한(止汗).
연밥 - 삽장(澁腸), 지사(止瀉), 지갈(止渴).
연근 - 지혈(止血).

2) 식용 : 연뿌리는 연근전과, 연근조림, 연근볶음 등의 고급식품재료이며, 연근차는 diet식품으로 좋다. 연근에는 B_{12}가 있어 소모성 질환 환자식으로 좋다. 생즙은 nicotine해독 효과가 있다. 연밥은 죽을 끓이거나 차를 만들어 먹기도 한다.

3) 약용 : 연근 - B_{12}가 있어 소모성 질환에 유효하고, 정력증강에 도움이 되며, 폐결핵, 객혈, 하혈, 항염, 지혈, 혈압강하에 사용된다. 심장병 예방, 치매예방, 니코틴 해독, 진정작용도 있다.
연밥(연실) - 자궁출혈, 대하증, 만성설사에 효능이 있다.
씨(연자) - 흡수불량, 설사, 대하, 자궁출혈, 빈맥, 불면증에 쓴다.
연의 눈(Embryo) - 열병, 갈증, 빈맥, 불면증, 고혈압, 허약증, 정신착란 등에 유효하다.
연의(蓮衣) - 출혈에 쓴다.
연꽃 - 상처, 토혈, 내출혈, 치질, 습진 등에 이용된다.
화탁 - 자궁대출혈, 산후오로, 하복부통증, 혈뇨, 치질성 출혈에 쓴다.

수술 - 대하, 유뇨, 토혈, 정력강장, 폐결핵, 객혈, 이질, 빈뇨 등에 이용한다.

연잎 - 심장마비, 장염, 설사, 흑변, 부종, 식중독, 비출혈 등에 탕약으로 이용한다.

연자육 - 수렴작용에 응용한다.

하엽(荷葉) - 혈관확장, 항균 등에 응용된다.

참고문헌

1) 김안근, **숙대논문집**, 1988, 28, 511 (연근의 갈변)

2) 김영소, 한성순, **생약학회지**, 1999, 30(2), 151 [천연 Quercetin (flavonoid)의 항 Herpes virus 작용과 Nucleoside 계 항 Herpes virus제의 병용 효과]

3) 김종호, 김경순, 박정일, 이봉진, 허훈, 정기화, 정춘식, 김박광, **응용약물학회지**, 1996, 4(3), 291 [천연물(구기자, 연자육, 산약, 잡사 등)의 항당뇨 효과 검색]

4) 김준식, 조수민, 김지헌, 권영민, **약학회지**, 2001, 45(6), 599 (우절의 페놀성 화합물의 분리 및 동정)

5) 문상미, 김현진, 함경식, **식품과학회지**, 2003, 35(5), 791 (연근의 Polyphenol Oxidase 정제 및 특성조사)

6) 박종철, 홍철용, 최종원, **식품영양과학회 2000년도 제47차 학술발표회** 및 임시총회, p. 124 (흰쥐의 in vitro 지질과산화생성)

7) 손건호, 김소희, 정근영, 장현욱, **생약학회지**, 1994, 25(2), 167 (혈소판 활성화인자 길항제)

8) 신동화, 김인원, 권경순, 김명숙, 김미라, 최웅, **식품영양과학회지**, 1999, 28(6), 1187 (연밥의 유지와 단백질의 구성)

9) 양희천, 김용희, 이태규, 차연숙, **응용생명화학회지**, 1985, 28(4), 236 (연근전분의 이화학적 특성)

10) 연미영, 현태선, **영양학회지**, 2005, 38(7), 586 (한국인 상용식품의 엽산함량 분석에 의한 식품영양가 표의 보완)

11) 장경미, 이미순, **조리과학회지**, 1999, 15(5), 545 (수확시기, 무기성분)

12) 조성희, 박헌영, **중앙대자연과학연구소논문집**, 1988, 2, 23 (연근 중 Polyphenol Oxidase의 특성에 관한 연구)

13) 조수인, 김형우, **본초학회지**, 2003, 18(4), 127 (Cisplatin 유도 신장독성에 대한 연근 추출물의 보호 효과)

14) 한명주, 김나영, **조리과학회지**, 1999, 15(6), 555 (장내 세균의 유해효소 억제 효과)

15) 한수정, 구성자, **조리과학회지**, 1993, 9(2), 82 (연근, 유리당, 지방산, 아미노산, 식이섬유의 조성)

16) 황희자, **건국대생활문화연구소연구보고**, 1977, 1, 7 (연근 중의 Vitamin B_1 분해 인자)

17) Abraham, Z., Bhakuni, S. D., Garg, H. S., Goel, A. K., Mehrotra, B. N., Patnaik, G. K. Indian J. Exp. Biol., 1986, 24, 48-68 (Screening of Indian plants for biological activity. Part XII)

18) Avirutnant, W., Pongpan, A., Mahidol Univ. J. Pharm. Sci., 1983, 10(3), 81-86 (The antimicrobial activity of some Thai Flowers and plants)

19) Bermauer, K., Helv. Chim. Acta, 1963, 46, 1783 (strong local anesthetic, Pronuaciferine)

20) Bhakuni, D. S. et al., Phytochemistry, 1972, 11, 1819 (isol, insecticidal, Anonaine, Dehydroanonaine)

21) Bick, I. R. C. et al., Tetrahedron Lett., 1964, 1629 (isol, Nasopharyngeal carcinoma cell cytotoxicity, good against *Trichophytonmenta graphytes, Syneephalestrum racemosum*, Liriodenine, Oxoushinsunine)

22) Chen, C. P., Lin, C. C., Namba, T., Shoyakugaku Zasshi., 1987, 41(3), 215 (Development of natural crude drug resources from Taiwan. VI. In vitro studies of the inhibitory effect on 12 microorganisms)

23) Chen, W. Z. et al., Yueh Hsueh Hsueh Pao, 1962, 9, 271, 277 (Hypotensive)

24) Dhawan, B. N., Patnaik, G. K., Rastogi, R. P., Singh, K. K., Tandon, J. S., Indian J. Exp. Biol., 1977, 15, 208 (Screening of Indian plants for biological

activity. VI.)

25) French, D., Ach. Carbohydr. Chem. Biochem., 1954, 9, 149 (rev, Raffinose)

26) Furukawa, H. et al., Yakugaku Zasshi, 1965, 85, 472 ; CA, 13, 5692 (α-Lotusine)

27) Furukawa, H., Yakugaku Zasshi, 1965, 85, 335, 353 ; CA, 63, 4351ad (seed alkaloid, Neferine)

28) Guinaudeau, H. et al., Planta Med., 1975, 27, 304 ; 1976, 29, 54 ; 30, 201 (Dehydronuciferine)

29) Han, C. Q., Pan, J. X., Li, C. L., Tu, F., Int. J. Chinese Med., 1991, 16(1), 1 (The screening of Chinese traditional drugs by biological assay and the isolation of some active components.)

30) Hsieh, Y. Y. et al, Sci. Sin(Engl. ed.), 1964, 12, 2018 ; CA, 62, 9183h (seed embryo, alkaloid, Liensinine)

31) Huang, K. C., The Pharmacology of Chinese Herbs, 2nd ed., CRC Press, New York, 1999

32) Huralikuppi, J. C., Christopher, A. B., Stephen, P. M., Phytother Res., 1991, 5(2), 54 (Antidiabetic effect of *Nelumbo nucifera* Gaertn. Part I. Preliminary studies in rabbits)

33) Huralikuppi, J. C., Christopher, A. B., Stephen, P. M., Phytother Res., 1991, 5(5), 217 (Antidiabetic effect of *Nelumbo nucifera* Gaertn. Extract. Part II.)

34) Ishida, H., Umino, T., Tsuji, K. Kosuge, T., Chem. Pharm. Bull., 1988, 36(11), 4585 [Studies on the antihemorrhagic substances(quercetin) in herbs classified as hemostatics in Chinese Medicine. VIII. On the antihemorrhagic principle in *Nelumbins receptaculum*]

35) Ishida, H., Umino, T., Tsuji, K., Kosuge, T., Yakugaku Zasshi, 1989, 109(3), 179 (Studies on the antihemorrhagic substances in herbs classified as hemostatics in Chinese Medicine. X. On hemostatic activities on the parched herbs for hemostatics)

36) Johns, S. R. et al., Aust. J. Chem., 1968, 21, 1383 (isol, Roemerine)

37) Johns, S. R. et al., Aust. J. Chem., 1970, 23, 363 (isol, alkaloid, Asimilobine)
38) Kim, C. J., Cho, S. K., Shin, M. S., Cho, H., Ro, D. S., Park, J. S., Yook, C. S., Arch. Pharm. Res., 1990, 13(4), 371 (Hypoglycemic activity of medicinal plants.)
39) Kim, S. Y., Kim, J. H., Kim, S. K., Oh, M. J., Jung, M. Y., J. Amer. Oil Chem. Soc., 1994, 71(6), 633-640 (Antioxidant activities of selected Oriental herb extracts)
40) Kosuge, T., Yokota, M., Yoshida, M., Ochiai, A., Yakugaku Zasshi., 1981, 101, 501 (Studies on antihemorrhagic principles in the crude drugs for hemostatics. I. On hemostatic activities of the crude drugs for hemostatics)
41) Kunitomo, J. et al., Phytochemistry, 1973, 12, 699 (occur, Dehydroroemerine)
42) Li, G. R. et al., Chin. J. Pharmacol. Toxicol., 1987, 1, 268 (Antiarrhythmic, Neferine, Calcium-antagonistic)
43) Masaki, N. et al., J. Chem. Soc., Perkin Trans. 1, 1977, 717 (alkaloid, seed embryo, Demethylcoclaurine)
44) Mata, R. et al., Phytochemistry, 1980, 19, 673 (alkaloid, *O*-Methylcorypalline)
45) Mukherjee, P. K. et al., J. Ethnopharm., 1996, 54, 63 (Pentobarbital sleep, Potentiation, Effect on alteration in general behaviour pattern)
46) Nakaoki, T. et al., Yakugaku Zasshi, 1956, 76, 323; 1961, 81, 1158 (Nelumboside)
47) Nishibe, S. et al., J. Nat. Prod. (Lloydia), 1986, 49, 547 (seed embryo, alkaloid, 4'-Methyl-*N*-methylcoclaurine)
48) NN0154 Dhawan, B. N., Patnaik, G. K., Rastogi, R. P., Singh, K. K., Tandon, J. S., Indian J. Exp. Biol., 1977, 15, 208 (Screening of Indian plants for biological activity. VI.)
49) Ohta, S., Sato, N., Tu, S. H., Shinoda, M., Yakugaku Zasshi., 1992, 113(12), 870 (Protective effects of Taiwan crude drugs on experimental liver injuries)
50) Omata, A. et al., J. Essent. Oil Res., 1991, 3, 221 (Flower scent)
51) Onishi, E., Yamada, K., Yamada, T., Kaji, K., Inoue, H., seyama, Y., Yamashita,

S., Chem. Pharm. Bull., 1984, 32(2), 646 (Comparative effects of crude drugs on serum lipids)

52) Osawa, T., Ishibashi, H., Namiki, M., Kada, T., Tsuji, K., Agr. Biol. Chem., 1986, 50(8), 1971 (Desmutagenic action of food components on mutagens formed by the sorbic acid nitrile reaction)

53) Pan, J. X. et al., J. Beijing Med. Univ., 1989, 21, 401 (Calcium-antagonistic)

54) Sakai, K., Yamane, T., Saitoh, Y., Ikawa, C., Nishihata, T., Chem. Pharm. Bull., 1987, 35(11), 4597 (Effect of water extracts of curde drugs in decreasing blood ethanol concentration in rats)

55) Shoji, N., Umeyama, H., Saito, N., Iuchi, A., Takemoto, T., J. Nat. Prod., 1987, 50, 773 (Serotonergic receptor antagonist, Asimilobine, lirinidine)

56) Thang, N. X. et al., Rev. Pharm., 1983, 82 (ATPase-inhibitory)

57) Thuan, B. T. et al., Tap Chi Duoc Hoc, 1980, (6), 19 (Blood-coagulation)

58) Tomita, M. et al., Tetrahedron Lett., 1964, 2637 (Seed alkaloid, Isoliensinine)

59) Tomita, M. et al., Yakugaku Zasshi, 1961, 81, 469 (isol, alkaloid, *N*-Methylasimilobine)

60) Wang. J. L. et al., Yaoxue Xuebao, 1992, 27, 881 (Antiarrhythmic, Liensinine, Methyliensinine)

61) Yang, T. H. et al., J. Chin. Chem. Soc. (Taipei), 1972, 19, 143 (Cytotoxic)

31 오이

Cucumis sativus Linné

박과(Cucurbitaceae)

Cucumber(英), Kiuri(日),
물외(일반명), 黃瓜, 胡瓜(中)

원산지 : 인도

용도 : 열매(식용)
잎, 열매, 씨 수액(약용)

식물학적 특성

재배하는 1년초. 엽액에 덩굴손 전체에 굵은 털이 났으며, 잎은 호생이며, 얕게 갈라진 손바닥 모양으로 끝이 뾰족하며 꺼칠꺼칠하다. 가장자리는 톱니 모양이다. 암수딴그루의 노란색 꽃을 피우며 단성화이다. 원기둥 열매는 연한 박과이다.

동속 식용식물에는 참외(*C. melo*)가 우리나라에 있다.

성분

1) 영양성분

① 오이 재래종(6246) : 가식부 100g 중 열량 9.0kcal, 단백질 0.8g, 지질 0.1g, 당질 1.7g, 조섬유 0.6g, Ca 26.0mg, P 33.0mg, Fe 0.2mg, Zn 0.20mg, vitamin A 30.0RE, B_1 0.03mg, B_2 0.30mg, B_6 0.04mg, niacin 0.8mg, C 10.0mg, 엽산

6.0μg, E 0.5mg. 〈식이섬유 0.6g, not pared〉

② **오이 개량종**(6245) : 가식부 100g 중 열량 9.0kcal, 단백질 0.8g, 지질 0.1g, 당질 1.8g, 조섬유 0.5g, Ca 20.0mg, P 29.0mg, Fe 0.3mg, Zn 0.03mg, vitamin A 158.0RE, β-carotene 948.0μg, B_1 0.08mg, B_2 0.12mg, B_6 0.14mg, niacin 0.2mg, C 10.0mg, 엽산 6.0μg, E 0.5mg. 〈식이섬유 0.70g〉

③ **늙은 오이**(6247) : 가식부 100g 중 열량 4.0kcal, 단백질 0.4g, 지질 0.1g, 당질 0.7g, 조섬유 0.3g, Ca 10.0mg, P 25.0mg, Fe 0.2mg, Zn 0.20mg, vitamin B_1 0.02mg, B_2 0.01mg, B_6 0.04mg, niacin 0.2mg, C 8.0mg, 엽산 6.0μg, E 0.5mg.

④ **오이지**(6248) : 가식부 100g 중 열량 8.0kcal, 단백질 0.8g, 지질 0.2g, 당질 1.3g, 조섬유 0.8g, Ca 33.0mg, P 17.0mg, Fe 0.4mg, Zn 0.20mg, vitamin A 19.0RE, β-carotene 104.0μg, B_1 0.03mg, B_2 0.01mg, B_6 0.04mg, niacin 0.1mg, 엽산 6.0μg, E 4.15mg.

⑤ **오이피클**(6249) : 가식부 100g 중 열량 103.0kcal, 단백질 0.4g, 지질 0.3g, 당질 27.8g, 조섬유 0.6g, Ca 18.0mg, P 6.0mg, Fe 0.3mg, Zn 1.07mg, vitamin A 9.0RE, β-carotene 53.0μg, B_1 0.01mg, B_2 0.01mg, B_6 0.33mg, niacin 0.1mg, 엽산 49.8μg, E 4.15mg.

⑥ **오이소박이**(6055) : 가식부 100g 중 열량 17.0kcal, 단백질 1.7g, 지질 0.4g, 당질 2.7g, 조섬유 1.3g, Ca 44.0mg, P 54.0mg, Fe 0.4mg, Zn 0.2mg, vitamin A 106.0RE, β-carotene 635.0μg, B_1 0.08mg, B_2 0.04mg, B_6 0.04mg, niacin 0.6mg, 엽산 6.0μg, E 0.5mg.

2) 특수성분

14-Taraxeren-3-ol (3β-form), 24-Dihydro-24-methylene-parkeol, 24-Methyl lathosterol(C-01214), 24-Methylene-cycloartanol(C-02236), 24-β-Ethyl-25(27)-dehydrolathosterol(C-01214), 24-β-Ethyl-25(27)-dehydrolophenol(M-00892), 24-β-Ethyl-31-norlanosta-8,25(27)-dien-3-β-ol(N-00753), 25(27)-Dehydroporiferasterol(C-01792), 25(27)-Dehydro-24-methylcycloartanol(C-02236), 25(27)-Dehydrochondrillasterol, 3-β-Hydroxy-stigmasta-7,22,25-triene,

3-β-Hydroxy-stigmasta -7,25-dien ; (5α, 24S, E-01661), 6-C-Glucopyranosyl-3',4',5,7-tetrahydroxyflavone(G-00472), Artecanin(C-01263), Caffeic acid(D-02670), Campesterol(K-00206), Chlorogenic acid(C-00083), Caffetannic acid(C-00083), Citrulline (S, L, C-01405), Codisterol(E-01421), Cucurbitacin C(C-02106), F(C-02108), A(C-02107) A~L, Cycloeucalenol(C-02305), Euphol(E-01976), Ferulic acid(H-02285), Isofucosterol(S-01326), Isomultiflorenol(M-01758), Lupeol(L-00847), Meloside A(I-00908), Mevalonic acid(D-02363), Multiflorenol(M-01757), 2,6-Nonadienol(N-00573), 2,6-Nonadienal(N-00566), Cucumber alcohol(N-00573), Cucumber aldehyde(N-00573), Rutin(R-00494), Stellasterol(E-01422), Stigmasterol (E-01661), α-Amyrin(U-00159), β-Amyrin(O-00383), β-Sitosterol(S-01368), Steroid계 물질로 Cucurbitacin C (C-02106), Schottenol (β-Spinasterol, S-01369), α-Spinasterol(S-01328)이 있으며 박과식물의 향기성분 Violet alcohol(N-00573)이 분리 동정되었다.

생리활성

항돌연변이 효과① : 오이 MeOH 추출물과 그 분획물에서 Ames 실험계를 이용한 항돌연변이 효과연구는 *Salmonella typhimurium* TA100에서 간접돌연변이원인 aflatoxin B_1에 MeOH 추출물은 1.25~5.0%에서 11~70%의 항돌연변이활성이 있었고, 직접돌연변이원인 MNNG에 46~85%의 활성을 보였다. MeOH 추출물분획에서는 aflatoxin B_1에 hexane 분획물이, MNNG에 BuOH 분획이 89%, 95%로 가장 높은 항돌연변이활성이 있었다. 또한 항균 효과에 대해서는 MeOH 추출물이 11균종 중 8종균이 활성이 있어, *K. pneumonia* KCTC 2008, *P. aeruginosa* KCTC 2004가 clear zone 13㎜로 가장 항균활성이 민감하였다. hexane 분획은 *V. parahaemolyticus* KCTC 2471에 항균 효과를, $CHCl_3$와 EtOAc 분획에서 약한 활성을 보였다. MeOH 추출물 500ppm에서 *V. parahaemolyticus*의 증식억제 효과를 보였는데, MeOH 추출물 증식억제 효과는 *P. aeruginosa*에서 1%가 0.5%보다 약 10배의 살균 효과를 보였다. 초기균수의 90%균을 살균하는 데 1%, 0.5%에서 각각 26분, 250분이 소요됨을 예측할 수 있었다.

항돌연변이 효과② : Aflatoxin B_1과 4-NQO에 대한 녹황색 채소류의 항돌연변이 효과연구에서, 녹황색 채소류의 MeOH 추출물과 주스의 항돌연변이는 *S. typhimurium* TA98과 TA100에 들깻잎, 상치, 브로콜리, 쑥갓, 미나리, 들미나리, 홍고추, 고추잎, 비름, 시금치, 무의 MeOH 추출물에서 강한 항돌연변이 원성율, 50% 저해 효과를 보였다. direct mutagen인 4-NQO에 60% 이상 저해 효과 시료는 양배추, 케일, 상치, 브로콜리, 갓, 풋고추, 피망, 시금치, 비름, 콩나물, 애호박이었고, 주스의 Aflatoxin B_1에 대한 항돌연변이 효과는 들깻잎, 들미나리, 시금치, 양배추에서 용량의존적(50~500㎕/plate)으로 증가하였으나, 오이와 당근에는 큰 저해 효과가 없었다.

항암 효과 : Curcurbitacin C는 anticancer activity가 동물실험에서 확인되었고, 독성은 비교적 낮았으며, curcurbitacin B는 hepatitis에 치료 효과가 있다.

특유 향기성분 : Violet alcohol은 청량감 있는 향기성분으로, perfume과 담배 flavoring agent로 이용된다. cucumber alcohol도 향기성분의 하나로 오이의 특유향기성분은 2,6-nonadienol이다.

Superoxide Dismutase의 성질 : 오이 추출물에 존재하는 superoxide dismutase의 성질을 알아본 결과, pH 8.0에서 가장 안정하였고, 25~60℃까지도 안정하였다. 100℃에서 5분간 보관했을 때 12%였고, pH 2.0, 36.7℃에서 3시간 보관하면 10%, pH 7.0에서 6시간 후 SOD활성은 25% 증가되었다. 100℃(끓임) 2분에서 25%, 데쳤을 때 27% 잔존하였다. 4℃에서 20일 보관은 81%, 30℃에서 17% 활성이 잔존하였다.

Petinesterase의 특성 : 오이의 petinesterase(PE)를 확인하였고, 최적 pH는 8.5, 온도 변화에 따른 PE의 활성은 20~70℃에서, 50℃가 최대치였다. 오이즙액의 온도와 pH, $CaCl_2$ 첨가에 따른 침전물질을 비교한 결과, 열처리와 pH 조절 시 침전속도가 빨랐으며, 열처리 효과가 pH 조절 효과보다 컸다. $CaCl_2$ 첨가할 때 오이즙액 자체 내 Ca^{++}의 이용보다 침전속도가 촉진되었고 침전양도 많았다. 반면 오이를 100℃, 10분 열처리하여 PE 실활시키면 pH, 온도, Ca^{++} 첨가여부에 관계없이 침전이 생기지 않았다. 따라서 오이피클 제조 시 PE를 활성화시키고 Ca^{++}을 침투시킴으로써, 연화현상이 방지될 수 있을 것으로 사료된다.

Lipoxygenase와 Hydroperoxide :오이의 향을 결정짓는 데 깊은 관계가 있는 lipoxygenase와 hydroperoxide lyase는 저장기간, 기질의 pH, NaCl 농도, 온도 변화에 의해 활성 변화가 있다. lipoxygenase의 최대 활성은 pH 5.5, hydroperoxide lyase는 pH 5.0이며 둘 다 최적온도는 40~50℃, NaCl 농도는 0.2M에서 높은 활성을 보였다.

Ascorbic acid oxidase : 오이에서 ascorbic acid를 분리하였고, 효소(ascorbic acid oxidase ; AAO)는 처음 10분 간 ascorbic acid 감소량이 가장 현저하였으며, 최저 pH 6.5이었다. AAO의 활성은 40℃까지 증가하다 40℃ 이상에서 감소하였다. 오이주스 제조 시 4℃ 물로 blending한 것은 ascorbic acid 함량이 높았고, orange juice(pH 3.4) 첨가 후, blending한 것이 ascorbic acid가 감소하지 않았다.

염장 중 이화학적 특성 : 각기 다른 염도에서 오이를 염장하고, 이화학적 특성을 조사한 결과, 염도가 높을수록 수축현상이 심하였고, 30일 동안 30% 염장을 제외한 모든 처리구에서 이론치와 유사한 농도를 나타내었다. pH는 25% 처리구에서 염장 120일까지 감소하였고, 30% 처리구에서 60일 이후부터 거의 변화가 없었다. 오이 녹색도는 염장 10일까지는 녹색(-1.33~2.87)이 유지되었으나, 염장기간이 길수록 적색으로 변화하였고, 이러한 현상은 염농도가 낮을수록 심하였다. 황색도는 염도가 낮은 15%에서 염장 전 기간에 가장 높은 황색도(6.15~12.52)를 보였다.

유리당과 지방산 : 오이에서 단당류는 fructose, galactose, mannose, rhamnose, 유기산은 linoleic acid, oleic acid, palmitic acid, stearic aicd 등이 분리되었다.

기타 연구 : 최근에는 키토산이 오이의 생장과 수량에 미치는 영향과 오이 건강음료 개발에 대한 연구도 있다. rutin은 antihemorrhagic, vasodilator effect 물질이다.

효능과 이용

1) 효능 : 열매 - 이수(利水), 제열(除熱), 해독(解毒).

2) 식용 : 신선한 열매는 청량감을 주어 오이생채, 오이냉채, salad로 만들어 먹으며, 오이지, 오이김치, 오이장아찌, 오이소박이, 오이피클 등 저장음식으로도 사용된다.

3) 약용 : 동의에서는 열매를 각기, 부종, 이뇨, 건위 효과에 쓰고, 열매의 수액은 수렴성이 강하여, 땀띠, 화상(물이나 불에 의한)에 짓찧어 환부에 외용하며, 화상치료(Sunburn)에 쓴다. 잎은 해열, intestinal flu에 응용한다.

4) 기타 : 생오이로 피부 마사지, 향장품에 이용된다. 오이(pulp)는 화상이나 피부 영양제 역할을 한다.

참고문헌

1) 강호민, 박권우, **원예학회지**, 1999, 40(1), 9 (포장방법, 수확 후 온도처리, 품질 변화)

2) 김수현, 오혜숙, 윤선, **조리과학회지**, 1986, 2(2), 55 (오이의 Pectinesterase에 관한 연구)

3) 김은애, 김기남, 김지은, 이민경, 김석환, 서정식, 박인식, **식품영양과학회지**, 1998, 27(6), 1105 (추출물, Superoxide dismutase의 열안정성)

4) 김정원, 박은순, 윤선, **영양학회지**, 1985, 18(4), 312 (오이의 Ascorbic acid Oxidase에 관한 연구)

5) 김학윤, 이인중, 신동현, **생명과학회지**, 1998, 28, 272 (UV-B 강도 변화가 오이의 생장, 광합성 및 색소에 미치는 영향)

6) 김희아, 정형석, **순천청암대학 논문집**, 제 25집, 2001, 385 (오이를 이용한 건강음료의 개발)

7) 박미원, 박용곤, 장명숙, **식품영양과학회지**, 1995, 24(1), 133 (담금 방법을 달리한 오이지의 숙성 중 펙틴질의 변화)

8) 박용곤, 박미원, 최인욱, 최희돈, **식품영양과학회지**, 2003, 32(4), 526 (피클 제조를 위한 취청오이의 염도에 따른 염장 중 이화학적 특성)
9) 안희수, **식품과 영양**, 1986, 26, 36 (가지 · 오이 · 호박의 영양과 조리법)
10) 연미영, 현태선, **영양학회지**, 2005, 38(7), 586 (한국인 상용식품의 엽산함량 분석에 의한 식품영양가 표의 보완)
11) 양용준, **산업과학연구(상명대학교 산업과학연구소)**, 1996, 4, 25 (CA 저장, 외관 품질, 비타민 C의 함량)
12) 오영애, 이만정, 김순동, **식품영양과학회지**, 1990, 19(2), 143 (염지 오이피클의 숙성 중 펙틴질의 변화)
13) 윤선, 이진실, 홍완수, **식문화학회지**, 1989, 4, 103 (열처리 조건이 오이지의 질감에 미치는 영향)
14) 이중섭, 박종한, 한경숙, **원예학회지**, 2000, 41(5), 480 (규산칼륨 처리가 오이의 생육, 광합성 및 무기이온 흡수에 미치는 영향)
15) 이진열, 정순주, 지연태, 김희경, **전남대학교농업과학기술**, 제36집, 2001, 109 (오이의 생장 및 수량에 미치는 키토산의 효과)
16) 이해근, 김영구, 박영선, **식품위생안전성학회지**, 1988, 3(4), 193 (시설재배 딸기와 오이 중 농약잔류에 관한 조사연구)
17) 이혜정, 김정근, 고정명, 허명제, **식품영양과학회지**, 2002, 15(3), 241 (국산 백침계 오이와 수출용 백침계 오이의 오이 물김치 제조가 저장 중 품질에 미치는 영향)
18) 이홍열, 정순택, 박현진, **식품영양과학회지**, 1995, 24(5), 796 (오이장아찌 제조 중 경도, 칼슘함량, Polygalacturonase 및 Pectinesterase 활성 변화에 관한 연구)
19) 장미진, 조일영, 이시경, **응용생명화학회지**, 1995, 38(5), 414 (피클용 오이, Lipoxygenase 효소활성의 변화와 효소의 분포)
20) 장미진, 조일영, 이시경, **식품과학회지**, 1997, 133, 314 (오이에 함유된 Hydroperoxide lyase와 Lipoxygenase 효소활성 및 특성)
21) 장미진, 조일영, 조현규, **응용생명화학회지**, 1995, 38(5), 408 (상업적 Pickle products의 Oxidant와Antioxidant로의 역할)
22) 정숙현, 문숙희, **식품영양과학회**, 1998년 제 44차 추계학습 발표회, p.105 (오이

추출물의 항돌연변이, 항균 효과)

23) 정숙현, 문숙희, **식품영양과학회지**, 2001, 30(6), 1164 (오이 추출물의 항돌연변이 및 항미생물 효과)

24) Akihisa, T. et al., Phytochemistry, 1987, 26, 1693 (sterols)

25) Ali, M. E. et al., Sci. Res. (Dacca), 1968, 5, 91 (isol, *Violet alcohol)

26) Arthur, H. R. et al., Aust. J. Chem., 1969, 22, 597 (Meloside A)

27) Arthur, H. R. et al., J. Chem. Soc., 1958, 2603 (isol, Stellasterol)

28) Banerji, N., J. Indian Chem. Soc., 1980, 57, 417, 1043 (isol, α-Spinasterol)

29) Begley, M. J. et al., Phytochemistry, 1989, 28, 940 (Artecanin)

30) Berti, G. et al., Tetrahedron Lett., 1967, 125 [isol, 25(27)-Dehydro-24-methyl cycloartanol], (Cycloartanol, rice oil ; 24-Methylene-cycloartanol)

31) Bittner, M. et al., Phytochemistry, 1973, 12, 1427 (Cucurbitacin F)

32) Bryce, T. A. et al., Tetrahedron, 1967, 23, 1283 (isol, 14-Taraxeren-3-ol)

33) Buescher, R. W., Hudson, J. M., Adams, J. R., J. Food Sci., 1979, 44, 1786 (Inhibition of polygalacturonase softening of cucumber pickles by calcium chloride)

34) Buescher, R. W., Hudson, J. M., J. Food Sci., 1984, 49, 954 (Softening of cucumber by Cx-cellulase and its inhibition by calcium)

35) Buescher, R. W., McGuire, C., Skulman, B., J. Food Sci., 1987, 52, 228 (Catalase, lipoxygenase, peroxidase activity in cucumber pickles as affected by fermentation, processing and calcium chloride)

36) Che, C-T. et al., J. Nat. Prod. (Lloydia), 1985, 24, 429 (Cucurbitacin C)

37) Comte, P. et al., C. R. Hebd. Seances Acad. Sci., 1957, 245, 1144 (Ferulic acid)

38) Conner, A. H. et al., Phytochemistry, 1981, 20, 2543 (Cycloeucalenol)

39) Cornforth, J. W., Chem. Soc. Rev., 1973, 2, 1 (Mevalonic acid, rev)

40) Demain, A. L., Phaff, H. J., Agric. Food Chem., 1957, 5(1), 60(Softening of cucumber during curing)

41) Duke, J. A., Ayensu, E. S., Medicinal Plants of China, Vol. 1,2, Reference Publ.

Inc. Michigan, 1985, p.705

42) Dunnill, P. M. et al, Biochem. J., 1963, 86, 338 (isol, β-Pyrazol-1-ylalanine)

43) Ensminger, Ensminger, Konalande, Robson, Food and Nutrition Encyclopedia, 2nd ed., CRC press, 1994, 517, 974, 2174 (Nutritive value)

44) Etchells, J. L., Jones, I. D., Food Ind., 1943, 15, 54 (Bacteriological change in cucumber fermentation)

45) Fedeli, E. et al., J. Am. Oil Chem. Soc., 1966, 43, 254 (occur, Campesterol)

46) Fleming, H. P. McFeeter R. F., Daeschel, M. A., Humphries, E. G., Thompson, R. L., J. Food Sci., 1998, 53, 127 (Fermentation of cucumbers in anaerobic tanks)

47) Fleming, H. P., Etchells, J. L., Thompson, R. L., Bell, T. A., J. Food Sci., 1975, 40, 1304 (Purging of CO_2 from cucumber brines to reduce bloater damage)

48) Fleming, H. P., McFeeter R. F., Thompson, R. L., J. Food Sci., 1987, 52, 653 (Effects of sodium chloride concentratrion on firmness retention of cucumbers fermented and stored with calcium chloride)

49) Fleming, H. P., Thompson, R. L., McFeeter R. F., J. Food Sci., 1996, 61, 832 (Assuring microbial and textural stability of fermented cucumbers by pH adjustment and sodium benzoate addition)

50) Gewali, M. B. et al, Phytochemistry, 1990, 29, 1625 (Euphol)

51) Hermann, F. X., Pharmazie., 1956, 11, 433 (Caffeic acid, rev)

52) Hori, T., Nippon Kagaku Zasshi, 1954, 75, 1144; CA, 52, 10443 [25(27)-Dehydroporiferasterol]

53) Hudson, J. M., Buescher, R. W., J. Food Sci., 1980, 45, 1450 (Prevention of soft center development in large whole cucumber pickles by calcium)

54) Jang, M. J., Cho, I. Y., Lee, S. K., Agric. Chem. Biotechnol., 1996, 39, 222 (Effects of dill pikling process, H_2O_2 and storages duration on lipoxygenase, peroxidase, catalase activity in cucumber and brine)

55) Jones, I. D., White, R. C., Gibbs, E., Food Technol., 1962, 3, 96 (Some pigment changes in cucumber during brining and brine storage)

56) Kemp, T. R., J. Agric Food Chem., 1974, 22, 717 (Perfume, Flavour, Cucumber alcohol, Cucumber aldehyde)

57) Kemp, T. R., Phytochemistry, 1975, 14, 2637 (Perfume, Flavour, Cucumber alcohol, Cucumber aldehyde)

58) Khalifa, T. I. et al., Anal. Profiles, Drug Subst., 1983, 12, 623 (rev, Antihemorrhagic, Vasodilater, Rutin)

59) Kim. K. Y. et al., Phytochemistry, 1971, 10, 2803 (derivs, β-Amyrine)

60) Kishada, Y., Chem. Ind. (London), 1960, 465 (3-β-Hydroxy-stigmasta-7,22,25-triene)

61) Kokke, W. C. et al., Helv. Chim. Acta, 1979, 62, 1310 (Codisterol)

62) Lewis, R. J., Sax' s Dangerous Properties of Industrial Materials, 8th ed., Van Nostrand-Reinhold, 1992, CMD 000 (24-Methyllathosterol), CMD 000 [24-β-Ethyl-25(27)-dehydrolathophenol]

63) Lewis, R. J., Sax' s Dangerous Properties of Industrial Materials, 8th ed., Van Nostrand-Reinhold, 1992, NMV 780 (Violet alcohol)

64) Lewis, R. J., Sax' s Dangerous Properties of Industrial Materials, 8th ed., Van Nostrand-Reinhold, 1992, NMV 780 (*RA 5394000, 2,6-Nonadienol), RSU 000 (*VM 2975000, Rutin)

65) Lin, H. -K. et al., Phytochemistry, 1972, 11, 2319 (isol, Schottenol, β-Spinasterol)

66) Mata, R. et al, Phytochemistry, 1990, 29, 2037 (Cucurbitacin, derivs)

67) McDonald, L. C., Fleming, H. P., Daeschel, M. A., J. Food Sci., 1991, 56, 1353 (Acidification effects on microbial populations during initiation of cucumber fermentation)

68) McFeeters, R. F., Senter, M. M., Fleming, H. P., J. Food Sci., 1989, 54, 366 (Softening effects of monovalent cations in acidified cucumber mesocarp tissue)

69) Monties, B. et al., Phytochemistry, 1976, 15, 1053 (isol, Lupeol)

70) Msall, M. et al., N. Engl. J. Med., 1984, 310, 1500 (Citrulline, Pharmacol)

71) Palma-Harris, C., McFeeters R. F., Fleming, H. P., J. Agric. Food Chem., 2002,

50, 4875 (Fresh cucumber flavor in refrigerated pickles comparison of sensory and instrumental analysis)

72) Prressy, R., Avants, J. K., J. Food Sci., 1975, 40, 937 (Cuccumber polygalacturonase)

73) Rabinowitch, H., Sklan, D., Physiol. Plant., 1981, 52, 380 (Superoxide dismutase activity in ripening cucumber and pepper fruit)

74) Rao, M. M., et al., J. Chem. Soc., Perkin. Trans. 1, 1974, 2552 (Cucurbitacin R)

75) Rizvi, S. H. et al., Phytochemistry, 1980, 19, 2409 (Isomultiflorenol)

76) Schreiber, K. et al., Tetrahedron, 1964, 20, 1803 (Struct, 24-Dihydro, 2,4-methylene-parkeol); 2575 [isol, 24-β-Ethyl-23(27)-dehydrolophenol]

77) Seifert, K. et al., Pharmazie, 1977, 32, 125 (isol, Schottenol ; 3-O-β-D-glucopyranoside)

78) Seifert, R. M. et al., J. Agric. Food Chem., 1968, 16, 880 (Cucumber odour, 2,6-Nonadienol)

79) Sengupta, P. et al., Tetrahedron, 1963, 19, 123 (isol, Multiflorenol)

80) Shannon, J. S., Aust. J. Chem., 1963, 16, 683 (struct, α-Amyrin)

81) Srivastava, S. K., Phytochemistry, 1980, 19, 1250 (isol, Isofucosterol)

82) Thimson, R. L., Fleming, H. P., Monroe, R. L., J. Food Sci., 1979, 44, 843 (Effects od storage conditions on firmness of brined cucumbers)

83) Thompson, M. J. et al., Phytochemistry, 1972, 11, 1781 [struct, 25(27)-Dehydrochondrillasterol]

84) Ulubelen, A. et al., Planta Med., 1976, 30, 221 (Schottenol, β-Spinasterol)

85) Wardale, D. A., Lambert, E. A., Phytochemistry, 1980, 19, 1013 (lipoxygenase cucumber fruit: Localization and properties)

86) Zhou, A., McFecters, R. F., Fleming, H. P., J. Agic. Food Chem., 2000, 48, 193 (Development of oxidized odour and volatile aldehydes in fermented cocumber tissue exposed to oxygen)

32 우엉

Arctium lappa Linné

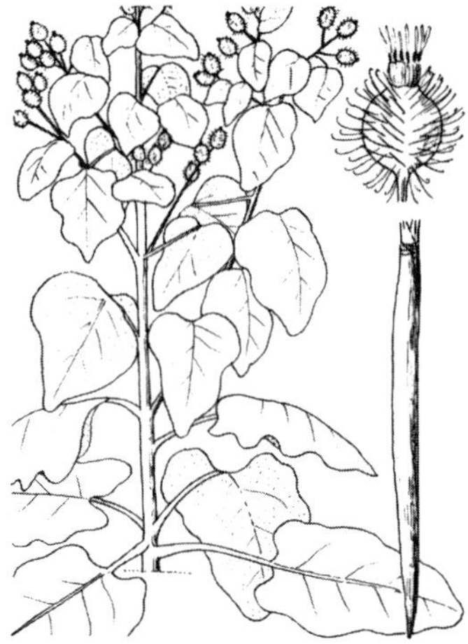

국화과(Compositae)

Edible Burdock(英),
Gobo(日), 牛蒡(中)

원산지 : 유럽

용도 : 뿌리, 어린잎(식용)
뿌리, 잎, 열매(약용)

식물학적 특성

밭에 재배되는 귀화 식물로 2년초이다. 키는 약 1.5m로 뿌리는 육질로 곧다. 경생엽은 호생이고 근생엽은 총생으로 대형이다. 잎자루가 길고 심장 모양과 유사하며, 가장자리에 톱니가 있고, 뒷면에는 털이 있다. 꽃은 짙은 자주색이나 흰색이고 두상화서로 모두 관상화이다. 총포는 둥근 모양이고 총포편은 비늘 모양인데 끝이 갈고리 모양으로 굽었다. 우리나라에는 1종뿐이다.

성분

1) 영양성분

① 우엉뿌리, 생것 (6256) 100g중 열량 62.0kcal, 단백질 3.1g, 지질 0.2g, 당질 13.5g, 조섬유 1.2g, Ca 56.0mg, P 68.0mg, Fe 0.8mg, Zn 0.27mg, vitamin B_1 0.03mg, B_2 0.07mg, B_6 0.24mg, niacin 0.5mg, C 3.0mg, 엽산 22.8㎍, E

0.60mg. 〈식이섬유 8.84g〉

② **우엉뿌리, 삶은 것** (6257) 100g중 열량 65.0kcal, 단백질 1.8g, 지질 0.1g, 당질 15.3g, 조섬유 1.40g, Ca 60.0mg, P 62.0mg, Fe 1.10mg, Zn 0.27mg, vitamin B_1 0.06mg, B_2 0.04mg, B_6 0.24mg, niacin 0.2mg, 엽산 22.8㎍, E 0.6mg. 〈식이섬유 3.58g〉

2) 특수성분

Arctiin(A-02692), Arctigenin(-)(A-02692), Arctinol A(P-01918), B(A-00269), Arctinal(P-01918), Arctic acid B(O-00789), C(O-00789), Lappaol F(L-00292), Lappahen a(L-00293), b(L-00293), Lappaol A-E, H(L-00291~292), 5-Deoxylongilobol(E-01890), 2-Hexenoic acid(E, H-00817), 1-Tridecene-3,5,7,9,11-pentayne, 12,13-Epoxy-2,4,6,8,10-tridecapentayne(T-01839), 2-(1-Undecen-3,5,7,9-tetranyl)oxirane(T-01794), 5-(2-Acetoxy-1-oxoethyl)-5'-(1-propynyl)-2,2'-bithiophene(A-00269), α-Amyrin(U-00159), β-Amyrin(O-00383), Lupeol(L-00847), ψ-Taraxasterol(T-00098), Apoltaxene(H-00280), Dihydro-aplotaxene, Cyperene(C-02472), βElemene(E-00156), Caryophyllene(C-00482), α-Guaiene(G-00788), Clovene(V-00300), 2-Methoxy-3-methyl-pyrazine(M-00727), *2-Methylpropionic acid(M-01296), Costic acid(E-01821), Dehydrocostuslactone(G-00836), Ubiquinone(C-01618), Inulin(I-00201) 등이 분리 동정되었다.

1(5), 11-Guaiadiene(G-00788), 1,2-Epoxytridec-trans-3-ene-5,7,9-triyne, 1,3,11-Elematriene(E-00156), 1,3,5-Tri-*O*-Caffeoyl-4-*O*-succinoylquinic acid(Q-00030), *2-Methoxy-3-methylpyrazine, *2-Methylbutyric acid(B-01095), 2-Methylpropionic acid(P-01878), 9(10)-Dehydrofukinone(E-01373), α-Amyrin; acetate(U-00159), Arctic acid(P-01918), Artignan A~E, Artignan G, H, Arainone A; acetate(A-00269), *Artinone B(A-00269), Arctiol(E-01890), Atropine(T-02971), Benedictinolide, β-Amyrin(O-00383), β-Eudesmol(E-01913), Clovene(C-01540), *Cnicinolide(D-01967), Diarctigenin(A-02692), Dihydro-aplotaxene(H-00280), Eremophilene(E-01336), Fukinone(E-01373), γ-Guanidinobutyric acid(G-00859), Heptadec-1-ene(H-00327), Heptadeca-1-cis-8-cis-15-triene-11,13-diyne(H-00299), Isolappaol A(L-00291), Lactucone(T-00098), Matairesinol(M-00323), Octenoic acid(3,1), *Phenylacetaldehyde(P-00961), Pseudotaraxasterol; acetate(T-00097), Taraxasterol; palmitate(T-00098), Trachelogenin(T-01604), Trideca-1,11-eiene-3,5,7,9-tetrayne(T-01795), Arctium acidic xylan(X-00092), Arctium lappa antimutagen, Arctium lappa sesquilignan AL-D, AL-F, Desmutagenic factor(Arctium lappa) 등도 분리되었다.

생리활성

항진균 효과 : 우엉성분 중 1,11-tridecadiene-3,5,7,9-tetrayne, 1,3,11-trideca-triene-5,6,7-tryne은 여러 병원균과 진균류에 antimicrobial effect를 보였다.

우방자의 LDL산화 억제 : Relative electrophoretic mobility를 측정한 결과, LDL보다 유방자 분획물을 가한 산화 LDL의 mobility가 현저히 감소하여 항산화 효과가 인정되었고, 우수한 효과는 BuOH 분획에서 8시간 산화로 mobility가 감소하였다. TBA법으로 농도별 BuOH 분획에 대해 산화억제 효과를 측정한 결과, 시료 4ppm에서 현저한 효과를 보였다. LDL 중 vitamin E 함량(HPLC 측정)은 산화로 현저히 감소하였고, BuOH 분획에 의해 항산화 효과를 보였다. 이로써 우방자는 동맥경화유발인자로 알려진 LDL의 Cu^{2+}에 의한 산화를 억제하는 효과가 인정되었다.

혈당강하와 에너지원 : 한국산 야생식용식물(결명자, 구기자, 하늘타리, 둥굴레, 우엉)이 당뇨유발 흰쥐의 혈당 및 간과 근육 내 에너지원 조성에 미치는 영향을 알고자, 결명자, 구기자, 하늘타리, 둥굴레, 우엉 5종을 STZ 유발당뇨 흰쥐에 급여하고 항당성을 검토하였다. 그 결과, 모든 시료군에서 증체량이 있었고, 식이효율은 구기자, 하늘타리, 둥굴레에서 높았으나, 구기자와 우엉군에서 간장 및 신장비대를 보였으며, 하늘타리에서 당뇨개선 효과를 보였다. 결명자, 하늘타리, 둥굴레 섭취 1주 후 혈당 감소가 시작되었다. 혈중 cholestetol 농도는 둥굴레 투여 3주 후부터 효과가 나타났고, 구기자, 우엉군에서는 높았다. 둥굴레와 하늘타리군에서 간장 내 단백질 함량이 유의적으로 높았으며, 하늘타리군은 간장 내 TG와 glycogen을 증가시켰다. 하늘타리군에서 근육 내 단백질은 감소시켰으나, glycogen이 증가되었다. 하늘타리와 둥굴레군에서 뇨당이 현저히 감소되었다.

일반성분 : 냉동건조한 죽순은 단백질 3.05%, 지질 0.48%, 섬유소 2.46%, 우엉은 당질 18.64%로 가장 많았고, 섬유는 죽순과 우엉에서 각각 62.5%, 41.9%, 연근 17.9%, 유리당은 죽순과 연근에서 sucrose가 가장 많았고, 우엉에서 fructose와 sucrose가 비슷한 함량을 보였다. 지방산은 죽순, 연근, 우엉에서 palmitic acid 24.5~37.6%, linoleic acid 44.6~65.2%, linolenic acid는 죽순에서만 많았으며, 아미노산은 aspartic acid, glutamic acid 및 lysine 함량이 높았으며, 죽순은 다른 시료보다 단백질과 단맛 아미노산이 많았다. 이 결과 섬유소는 죽순과 우엉, 감미 아미노산과 linolenic acid는 죽순에 많았다.

무기성분 : 6월(9월)에 채취한 우엉의 무기성분은 각각 Na 49mg(444ppm), Mg 299(319), Al 10(ND), K 1817(1813), Ca 570(377), Mn 6(ND), Fe 17(4), Zn 1(ND), P 789(832)이었다.

부위별 성분① : 우엉뿌리(牛蒡根)의 정유성분은 0.06-0.18%, 잎에서 약 0.03%, 수증기증류로 정유채취가 가능하며 그 중에서 artigenin, arcetin 등의 정유물질이 많았고, inulin은 27~45%이다.

부위별 성분② : 열매의 특수성분 arctiin은 15~20% 있고, arctigenin, mtairesinol, acetic acid, butyric acid, caffeic acid, chlorogenic acid, inulin, mucilage, pectin, lauric acid, linoleic acid, tiglic acid, lapaol 등도 분리되었다.

부위별 성분③ : 열매(牛蒡子)의 지방은 25~30%이었고, linoleic acid 38.5%, oleic acid 19.1%이었으며 유기산은 acetic acid, butyric acid, caffeic acid, chlorogenic acid, lauric acid, linoleic acid, oleic acid, stearic acid, tiglic acid, palmitic aicd, propionic acid 등이 분리되었다.

향기성분 : phenylacetaldehyde, benzaldehyde, heptanal, decanal, 2-hexanal, 3-hexanal, 2-octanal, 2-alkyl(C_3-C_5)-3-methoxypyrazine, 2-methylpropionic acid, 2-methylbutyric acid, 3-hexenoic acid, 3-octenoic acid, costic acid, dehydrocostus lactone, dehydrodihydrocostus lactone 등이 분리되었다.

영양적 가치 : 우엉의 영양적 가치는 다당류인 inulin, cellulose, hemicellulose가 많아 당뇨병, 심장병, 동맥 경화증의 성인병 예방과 변비로 인한 대장암 예방 효과가 있다.

우방자의 항알레르기 효과 : 면역조절작용의 이상으로 인식되고 있는 알레르기에 대한 우방자의 물 추출액의 항알레르기 실험 결과, IgE 생성억제 효과를 보여 항알레르기 효과가 인정되었다.

Linoleic acid 정량 : 우엉씨에서 linoleic acid, α-linolenic acid, γ-linolenic acid를 측정하였다. 우방자의 불포화지방산 함량은 linoleic acid 2.8872㎕/g, 우방자의 유기용매추출에서 5.8872㎕/g, 물 추출물에서 0.1942㎕/g이었고, 열탕추출(3시간)에서 0.1942㎕/g으로 가장 많았다. 우방자 파쇄 후, linoleic acid 함량은 추출 2시간 일때 0.6137㎕/g로 최대함량을 보였다.

기타 연구 : 수침액은 antibiosis effect가 있고, arctigenin은 anticancer effect와 anti-HIV effect(in vitro)가 규명되었다. lignans인 arctigenin과 arctiin은 anticancer, hypoglycemic 및 paralysis effect가 있으며, 우엉씨 추출물이 LDL 산화에 미치는 영향이 연구되었고 또 breast cancer에 anticancer(arctigenin, lupeol), antiinflammatory, diuretic(arctiin), rheumatism과 nephritis(lupeol)에 효과 있다. 또한 우엉의 dietary fiber는 식용색소에 의한 독성예방과 개선 효과 및 중금속 흡수예방 효과도 보고되었다.

효능과 이용

1) 효능 : 뿌리(牛蒡根) - 상한(傷寒), 육식중독(肉食中毒), 종기통(腫氣痛), 거풍(祛風), 관절염, 해독, 당뇨병.
   씨(牛蒡子) - 해열(解熱), 해독(解毒), 이뇨(利尿), 소염(消炎).
2) 식용 : 뿌리는 우엉볶음, 튀김, 우엉찹쌀전병, 우엉장아찌, 우엉죽, 우엉술로 또 어린잎은 나물로 이용.
3) 약용 : 한방에서는 열매를 인후염증, 편도선염, 가래배출, 해열, 해독에 우방근은 피부발진(종기, 버짐, 옴), 부종, 당뇨 등의 치료에 쓴다.

민간에서는 뿌리를 거풍열(祛風熱), 발한, 이뇨(利尿)에, 씨는 이뇨, 해열, 볼거리에 쓰고, 해독에 응용한다. 외국에서는 잎과 뿌리는 dermatological agent(피부질환 치료제)로 쓴다.

4) 기타 : tea의 flavoring agent는 2-hexenoic acid (roots)로, 또 향장품(hand lotion)의 향료로도 쓰인다. 단, 뿌리는 생식을 금한다.

참고문헌

1) 강영화, **서울대 석사학위논문**, 1988 (우방자의 PAF Antagonist 활성성분에 관한 연구)

2) 김승진, **최신원예**, 1989, 325, 14 (우엉)

3) 김희선, 양기숙, **숙명여자대학교약학연구소**, 제18호, 2002, 41 (우엉과 지질과 산화)

4) 양기숙, 심정민, **생약학회지**, 1997, 28(4), 275 (우방자, 저밀도 지질단백질 산화)

5) 유한철, 김성훈, 김동희, **본초학회지**, 2001, 16(1), 111 (우방자의 항알레르기 효과에 관한 연구)

6) 장경미, 이미순, **조리과학회지**, 1999, 15(5), 545 (무기성분)

7) 조윤희, 성경화, 이은주, 안덕균, 박성규, **본초학회지**, 2002, 17(2), 11 (우방자의 추출조건에 따른 Linoleic acid 정량)

8) 최미정, **식품영양과학회지**, 1998, 27(4), 618 (우엉김치 재료배합비의 표준화)

9) 한수정, 구성자, **조리과학회지**, 1993, 9(2), 82 (유리당, 지방산, 아미노산, 식이섬유의 조성)

10) Aebi, A. et al., J. Chem. Soc., 1954, 4659 (struct, Clovene)

11) Anderson, A. B. et al., Phytochemistry, 1977, 16, 1829 (Aplotaxene, Dihydro-aplotaxene, 12,13-Epoxy-2,4,6,8,10-tridecapentayne)

12) Arthur, H. R. et al, Aust. J. Chem., 1969, 22, 597 (isol, Lactucone)

13) Attaway, J. A. et al., Phytochemistry, 1966, 5, 1273 (isol, Perfumery, Flavouring, *Phenylacetaldehyde)

14) Bankar, N. S. et al., Indian J. Chem., 1972, 10, 952 (Dehydroxcostuslactone)

15) Barton, G. M. et al., J. Org. Chem., 1962, 27, 322 (isol, Matairesinol)

16) Binder, R. G. et al., J. Agric. Food Chem., 1990, 38, 764, 1245 [2-(1-Undecen-3,5,7,9-tetranyl) oxime]

17) Bittner, M. et al., Phytochemistry, 1989, 28, 271 (1-Tridecene-3,5,7,9,11 pentayne)

18) Buckles, R. E. et al., Chem. Rev., 1955, 55, 659 (rev, Tiglic acid)

19) Chanda, S. K. et al., J. Chem. Soc., 1950, 1289 (isol, hemicellulose, pentosan, Arctium acidic xylan)

20) Chauhan, N. S., Medicinal and Aromatic Plants of Himachal Pradesh., Indus Publishing Co., New Delhi, India, 1999, 652p

21) Dabrowski, Z. et al, Phytochemistry, 1971, 10, 647 (Heptadec-1-ene)

22) De Pooter, H. et al., Bull. Soc. Chim. Belg., 1975, 84, 835 (derivs, 1,3,5-Tri-*O*-caffeoyl-4-*O*-succinoylquinic acid)

23) Eich, E. et al, Planta Med., 1990, 56, 506 (isol, pharmacol, Diarctigenin, Arctigenin)

24) Ensminger, Ensminger, Konalande, Robson, Food and Nutrition Encyclopedia, 2nd Ed., CRC press, 1994, 1432, 2325 (Nutritive value)

25) Greenberg, S. M. et al., Med. Clin. North Am., 1988, 72, 243 (Ubiquinone, Pharmacol)

26) Hayashi, K. et al., Phytochemistry, 1973, 12, 2931 [isol, 9(10)-Dehydrofukinone, oil, Fukonone]

27) Henter, G. L. K. et al., J. Food Sci., 1964, 29, 25 (β-Elemene)

28) Herz, W. et al., J. Org. Chem., 1966, 31, 1632 (β-Costic acid)

29) Hunter, G. L. K. et al., J. Food Sci., 1964, 29, 25 (isol, 1,3,11- Elematriene)

30) Ichihara, A. et al, Agric. Biol. Chem., 1977, 41, 1813 (Lappaol A, Seeds, Isolappaol A, Japanese Folk medicine)

31) Ichihara, A. et al., Tetrahedron Lett., 1976, 3961 (Lappaol A, B)

32) Ichihara, A. et al., Tetrahedron Lett., 1976, 3961 ; 1978, 3035; 1979, 3735 (Lappaol A, F)

33) Inagaki, I. et al., Phytochemistry, 1971, 10, 211 (isol, Trachelogenin)

34) Irreverre, F. et al., Nature(London), 1957, 80, 704 (occur, γ-Guanidinobutyric acid)

35) Ishida, T. et al., Chem. Ind. (London), 1970, 312 (isol, struct, Eremophilene)

36) Kagan, J., Prog. Chem. Org. Nat. Prod., 1991, 56, 87 (rev, yellow powder, Arctic acid, Arainone A ; acetate, Arctic acid, Arctinol B, Arctinal)

37) Kapakia, V. H. et al., Tetrahedron Lett., 1967, 4661 (oil, 1(5), 11-Guaiadiene, α-Guaiene)

38) Kennedy, J. F. et al., Carbohydr. Res., 1973, 26, 401 (Inulin, Diagnosis kidney function)

39) Kim, K. Y. et al., Phytochemistry, 1971, 10, 2803 (Amyrin, derivs)

40) Kimura, T. et al., J. Nutr., 1980, 110(3), 513 (Dietary fibre)

41) Kirshnaswamy, N. R. et al., Phytochemistry, 1975, 14, 1666 (drives, β-Amyrin)

42) Ku, H. Y., Luo, S. R., Acta Pharm. Sin., 1995, 30, 40 (Seed Lignans)

43) Lam, J., Phytochemistry, 1971, 10, 647 (Heptadeca-1-cis-8-cis-15-triene-11,13-diyne)

44) Lewis, R. J., Sax' s Dangerous Properties of Industrial Materials, 8th ed., Van Nostrand-Reinhold, 1992, IJU 000(NQ 4375000, Pheromone, 2-Methylpropanoic acid, Pungent odour)

45) Lou-Cam, C. A, Phytochemistry, 1973, 12, 475 (isol, α-Amyrin; acetate)

46) Majumder, P. et al., J. Imdian Chem. Soc., 1982, 29, 881 (Pseudotaraxasterol ; acetate)

47) Morita, K. Nishimura, Y., Kada, T., Agric. Biol. Chem., 1985, 49, 925 (Chemical nature of a desmatagenic factor from burdock (*Arctium lappa* L.)

48) Murakami, I. et al., Yakugaku Zasshi, 1970, 90, 846 (Taraxasterol ; palmitate)

49) Nicollier, G. F. et al., J. Agric. Food Chem., 1982, 30, 760 (Clovin)

50) Nishizawa, M. et al., Chem. Pharm. Bull., 1986, 34, 1419 ; 1987, 35, 2133 (deriv, chlorogmic acid)

51) Omar, A. A., J. Nat Prod.(Lloydia), 1978, 41, 638 (Arctiin, Artigenin)

52) Pietsch, R. et al., Mikrochim. Acta, 1968, 1287 (use, *2-Methylbutyric acid)

53) Rao, K. V., J. Indian Chem. Soc., 1962, 39, 749 (Lupeol)

54) Schulte, K. E. et al., Phytochemistry, 1965, 4, 481 (isol, Trideca-1,11-eiene-3,5,7,9-tetrayne)

55) Seifert, R. M. et al., J. Agric. Food Chem., 1972, 20, 135; CA, 76, 44863g [2-Methoxy-3-(-2-methylpropyl) pyrazine, Flavouring]

56) Shibata, S., Am. J. Chim. Med., 1979, 7, 103 (The Chemistry of Chinese drugs, fruits)

57) Shutt, L. E. et al., Anaesthesia, 1979, 34, 476 (rev, pharmacol, Atropine)

58) Suemitsu, R. et al., Sci. Eng. Rev. Doshisha Univ., 1990, 31(3), 235 (Heavy metal)

59) Takeda, K. et al., Biosci. Biotechnol. Biochem., 1992, 56(4), 551 (Dietary fibre)

60) Trivedi, B. et al., Tetrahedron Lett., 1964, 1197 (Cyperene)

61) Wahlberg, I. et al., Acta Chem. Scand., 1972, 26, 1383 (α-Amyrin)

62) Washino, T., Iwabuchi, H., Nippon Nogei Kagaku Kaishi, 1985, 59(4), 389 (Flavor compounds)

63) Washino, T. et al., Agric. Biol. Chem., 1986, 50, 263, 565 (isol, Artinone B)

64) Washino, T. et al., Agric. Biol. Chem., 1987, 51, 1475 (Lappaphen a, b)

65) Yoshioka, H. et al., J. Org. Chem., 1969, 34, 3697 (derivs, β-Eudesmol)

66) Zdero, C. et al, Phytocheimstry, 1989, 28, 3097 (isol, cryst, Arctiol, 5-Deoxy-longilobol)

67) "Zhongyao Zhi" Vol. 2, 1979, 252 (Hypoglycemic, Antibiosis, Anticancer, Paralysis)

33 유채 *Brassica campestris* Linné ssp. ***napus*** var. ***nippo-oleifera*** Makino

십자화과(Cruciferae)

Rape(英), Aburana(日)
油菜, 油白菜(中)

원산지 : 북유럽

용도 : 잎, 줄기(식용)
씨(제유용)

역사

스칸디나비아 반도에서 시베리아 및 코카서스지역까지 원산지, 기름을 목적으로 재배한 것은 16세기경부터라 하며, 우리나라는 1960년대부터 재배를 시작, 점차 증가되어, 1971년에는 37.000t까지 증가되었고, 제주도가 전체 생산량의 50% 이상이며, 전남을 합하여 90% 이상이다.

우리나라에 도입 연도는 미상이나 평지라 하고, 산림경제 제5책에 농정회요(農政會要)에도 개자(芥子)와 함께 기록이 있고, 임원경제지(林園經濟志)에도 기술되어 있다. 평지는 운개(蕓芥)라고도 하고, 또 상기농서(上記農書) 중 하나에도 겨자와 병기되어, 평지가 유용(油用)과 숙채 외에도 생채로서 향신용(香辛用)로 생각되었다. 영국에서는 평지를 겨울철과 이른 봄에 Winter mustard(rape)라 하여 엽채(葉菜)으로 쓰며, 내한성이 강하여 이른 봄의 채소로 쓰였던 것이다. 일본에서는 평지의 식물체를 유채라 하고, 그 종자는 채종(菜種)이라하며, 씨에서 짜 낸 기름은 채종유(菜種油)라고 한다.

식물학적 특성

남부 특히 제주도에 많이 재배되는 2년생 초본으로 유료작물(유채)이다. 키는 약 1m, 잎은 깃모양으로 가장자리는 톱니모양이다. 표면은 진한 녹색이며 뒷면은 분백색이고 끝이 뾰족하다. 도란형 노란꽃이 원줄기 끝에 총상화서로 피고, 원주 모양 녹색 열매는 각과이다. 성숙하면 흑색, 적갈색 혹은 황색으로 종실표면은 거북의 등 무늬이며 종실은 둥글다. 적색종은 *B. campetris*이고, 흑색종은 *B. napus*이다.

동속식용식물에는 갓(*B. juncea*)과 양배추(*B. oleracea*) 등이 있다.

성분

1) 영양성분

① **유채 꽃대 생것**(6260) 가식부 100g 중 열량 31.0kcal, 단백질 4.1g, 지방 0.2g, 당질 4.2g, 조섬유 1.10g, Ca 150.0mg, P 80.0mg, Fe 2.7mg, Zn 0.33mg, vitamin A 483.0RE, β-carotene 2900.0㎍, B_1 0.15mg, B_2 0.26mg, B_6 0.21mg, C 120.0mg, niacin 1.2mg, 엽산 88.4㎍, E 4.00mg.
② **유채 꽃대 삶은 것**(6261) 가식부 100g 중 열량 23.0kcal, 단백질 3.8g, 지방 0.1g, 당질 2.3g, 조섬유 1.20g, Ca 110.0mg, P 70.0mg, Fe 1.40mg, Zn 0.33mg, vitamin A 517.0RE, β-carotene 3100.0㎍, B_1 0.06mg, B_2 0.11mg, B_6 0.21mg, C 30.0mg, niacin 0.4mg, 엽산 88.4㎍, E 4.00mg.
③ **유채잎**(6262) 가식부 100g 중 열량 36.0kcal, 단백질 3.1g, 지방 3.2g, 당질 0.6g, 조섬유 0.9g, Ca 24.0mg, Fe 0.8mg, Zn 0.33mg, vitamin A 348.0RE, β-carotene 2090.0㎍, B_1 0.16mg, B_2 0.33mg, B_6 0.21mg, C 26.0mg, niacin 0.21mg, 엽산 88.4㎍, E 4.00mg.
④ **어린유채**(6263) 가식부 100g 중 열량 50.0kcal, 단백질 2.2g, 지방 0.2g, 당질 11.2g, 조섬유 0.9g, Ca 74.0mg, P 22.0mg, Fe 0.6mg, Zn 0.47mg, vitamin은 A 110.0RE, β-carotene 659.0㎍, B_1 0.10mg, B_2 0.23mg, B_6 0.21mg, C 8.0mg, niacin 1.3mg, 엽산 88.4㎍, E 4.0mg. 〈식이섬유 2.96g〉

⑤ 유채기름(14020) 가식부 100g 중 열량 884.0kcal, 지질 100g, vitamin E 65.2mg

2) 특수성분

Glucobrassin(I-00140), Phylloquinone(V-00409), Progoitrin(P-01865), Glucobrassicanapin(P-00773), Glucoiberin(M-01421), Gadoleic acid(E-00099), Erucic acid(D-03530), Gluconapin(B-01112), 2-Hydroxy-4-pentenyl glycosinolate(H-02801), Kaempferol-3-*O*-(2'''-sinapoyl)-sophorosyl-7-*O*-glucopyranoside, Quercitrin(Q-00019), Rutin(R-00494), Cycloarytenol(C-02253), Cyclobrassinin(C-02267), β -Sitosterol(S-01368), Campesterol(E-01477), Brassicasterol(M-00888)등이 있다.

생리활성

Euric acid 생리활성 : 유채의 지방산 eruic acid는 성장부진, 갑상선종, 심장지방축적 및 심장조직 섬유화가 일어날 수 있으므로, 유채 식용유 제조 시 eruic acid를 제거해야 한다. euric acid는 antitumor 물질이기도 하나, 식용유는 eruic acid 5% 이하로 조절한다.

항돌연변이 효과 : 10종의 십자화과 채소류(양배추, 적채, 배추, 케일, 콜리플라워, 브로콜리, 무우, 열무, 유채, 냉이)의 항돌연변이 효과로 *Salmonella* 시험계에서 검토한 결과, 양배추, 케일, 콜리플라워, 무즙액이 간접돌연변이원인 AFB1의 돌연변이성을 상당히 저해하였으며, 양배추, 브로콜리의 즙액은 직접돌연변이활성은 MNNG보다 AFB1의 돌연변이성을 더 강하게 억제하는 것으로 나타났다. MeOH 추출 케일, 브로콜리, 냉이는 *S. typhimurium* TA100과 TA98에서 AFB1과 MNNG의 돌연변이성을 크게 저해하였다.

영양성분 : 유채는 고비타민 및 고무기질 식품으로 Ca, carotene, vitamin C가 풍부, Ca은 시금치의 5배. vitamin C도 많다. Fe의 흡수를 돕는 Cu가 있고, 식이섬유도 풍부하여, vitamin B_2, C, E, niacin도 많은 건강식품이다.

씨 기름의 지방질성분 : 한국산 평지 씨 기름(rape seed oil)의 지방질성분을 알고자, 6종의 평지 씨(한국산 5종, 캐나다산 1종)를 n-hexane으로 추출, CG, TLC, GLC를 분석한 결과, 조지방은 평균 43.3%, 국산이 캐나다산보다 약 3% 많았고, 유지, 굴절율, 비누화가, 요드가, 산가를 조사한 결과, 캐나다산은 국산보다 비중, 비누화가, 요드가가 약간 높았으나, 굴절율은 낮았다. 평지 씨 지방 중 극성지질과 비극성지질은 평균 2.75와 97.35%이었다. 비극성지질 중 triglyceride가 92.7%, sterolester, diglyceride가 각각 1.5%, 1.2%, monoglyceride, free fatty acid, free sterol, 극성지질 중 인지질(1.8%)과 당지질(0.7%)이 있다. 지방질 조성은 eruic acid가 46.7%, oleic(15.5%), linoleic(.4%), eicosanoic(9.3%), palmitic acid(4.3%) 순이었다. 캐나다산은 eruic acid가 0.7% 있고, linoleic, linolenic, palmitic acid 함량은 많았다.

품종별 유채박 단백질 : 유채박 단백질의 이용성을 증대코자, 품종별 유채[*Brassicia napus*(youngsan) : *B. campertris, B. juncea, B. napus* (Halla)]를 sodium hexametaphosphate(pH 6.9 ; SHMP)로 추출한 결과, *B. campestris*와 *B. juncea*가 우수하였으나, glucosinolate량이 높아 Halla 품종이 가장 우수하였고, Halla와 *B. juncea* 품종이 다소 다른 subunit를 갖고 있었다. glucosinolate는 대부분 다량 함유하고 있었고, *B. juncea*가 10mg/g이며, Halla는 7.26mg/g으로 가장 적은 함량을 갖고 있어, 가장 바람직한 품종이며, phytate도 2.7~4.6g%로 대두분리 단백질보다 많았다.

채종유의 Sterol : 한국산 식물식용유지의 재료 중 채종, 참깨, 들깨유의 sterol을 분석한 결과, 채종기름 중 campesterol과 β-sitosterol(주성분)이 있었고, 반치복법과 planimetry법으로 분석한 결과, 채종유(rape seed)에 campesterol 각각 24.31%, 26.16%, β-sitosterol 각각 58.90, 57.50%, brassicasterol 11.54, 11.70%, Δ^7sterol이 5.25, 4.64%있었으며, rape seed oil에는 brassicasterol은 있었으나, stigmasterol은 없었다.

개량 유채종실의 지질성분 : 개량 유채종자의 지질구성을 알고자, 유채품종 목포 70, 목포단교 12와 14 등 개량종자를 분리 정제하여, GLC로 분석한 결과, 조지방은 44.0~45.3%, 요드가는 100.3~101.3, 검화가 176.0~184.0, 산가는 0.7~0.9로 품종 간 별 차이가 없었다. 중성지질이 95.3%~96.3%, 복합지질은

3.7~4.7%, 총 지방질 중 중성지질 중 TG 92.1~92.5%, DG와 sterol ester가 각각 1.1~1.2%와 1.0~1.1%, FFA와 free sterol 등이 있었다. 유채유 중 erucic acid는 목표단교 12에 26.4%, 목포 70에 1.0%, 목포단교 14에 3.9%, oleic acid 증가에 따라 erucic acid량은 감소하였다. 목포 12는 oleic acid가 30%, 목포 70은 63.1%, 목포단교 14는 59.5%, linoleic acid와 linolenic acid는 큰 차이는 없었으나, erucic acid가 다량 함유되었고, 목포단교 12는 eicosenoic acid가 11.7%, 중성지질은 별 큰 차이는 없었다.

종실의 지질성분 : 종실에는 기름성분이 38-45%정도이고, erucic acid(50%)가 들어있는 것이 특색이며, oleic acid(32%), linoleic acid(15%), palmitic acid, stearic acid, linolenic acid, arachidonic acid, gadoleic acid와 불검화물 cytoatenol을 함유하고 있다. 요오드가가 95-106으로 반건성유에 속하며, 응고점이 낮다.

발아와 아미노산 및 Vitamin의 변화 : 발아 전 유채씨의 아미노산 함량은 glutamic acid 5.4g/16gN이었으며, Asp〉Leu〉His〉Pro〉Arg〉Lys〉Gly〉Ser〉Ala〉Val 순이었고, 발아 후 96시간까지 서서히 감소 하다가 120시간에 조금 증가하였다. 발아 전 유채씨의 vitamin 함량은 B_1, B_2, C가 각각 0.11, 0.21, 3.72mg%, E는 423㎍/g이었고, 발아 후 vitamin C 함량은 72시간 후 크게 증가하였으며, B군은 72시간에서 급격히 감소하였다.

발아와 아미노산 및 지방산의 변화 : 유채를 25℃에서 60시간 발아시키고, 성분을 관찰한 결과, 수분과 조회분은 발아로 별 영향이 없었으나, 조지방과 조단백질은 감소하였고, 섬유소는 증가하였다. 유채의 아미노산은 Glu, Lys, Asp가 많았고, Ile, Met가 적었으며, 제1제한 아미노산은 Ile이었다. 발아 유채의 아미노산은 Lys, His, Arg, Asp, Thr, Ser, Ala, Val, Ile, Leu가 증가하였고, Glu, Met, Tyr, Phe은 감소하였고, Met가 제1제한 아미노산이었다. 지방산은 oleic acid(49.3%), linoleic acid(22.0%), eicosenoic acid(10.5%), palmitic acid(5.9%), linolenic acid(5.7%), stearic acid(3.2%), eruic acid(2.8%)이었으나, 발아 후 oleic acid는 감소하였고, palmitic acid, linolenic acid는 발아 중기까지 증가하다가 그 후 감소하였다. linolenic acid, eicosenoic acid 및 eruic acid는 발아 중

기까지 감소하다가, 그 후 증가하였다.

필수 지방산과 생리활성 : 필수 지방산 linoleic acid, linolenic acid 및 arachidonic acid가 있고, 이들의 생리활성은 antidermatitic, cancer preventive, hepatoprotective 효과가 있고, rutin, phylloquinone, quercitrin이 있어, antihemorrhagic 효과가 있다. linoleic acid와 β-sitosterol은 antiarterioselerotic, hypocholesterolemic, hypolipidemic 효과가 있다.

기타 연구 : Euric acid의 생리활성은 antitumor, phylloquinone은 antihemorrhagic, fungicide, hypotensive, toxic effect, quercitrin은 aldose-redutase-inhibitor, cycloaltenol은 antiinflammatory effect, β -sitosterol은 hypocholesterolemic effect 물질로 보고되고 있다. brassinolide는 plant growth promoting substance이며, progoitrin은 goitrin의 전구물질이며, rutin은 항모세혈관 투과성 강화 효과가 있고, quercetin은 antioxidative effect가 있다.

효능과 이용

1) 효능 : 잎 - 소염(消炎), 지혈(止血), 소종(溯腫).
종자(蕓薹子, 운대자) - 산후복통, 소염, 이질.

2) 식용 : 황갈색 종자에서 양질의 기름을 얻는 것이 재배의 목적이나, 개화전에 잎과 줄기를 나물로 먹는다. 종실유는 샐러드유, 튀김용, 마아가린, 과자제조 등에 쓰인다.

3) 약용 : 잎은 부종치료, 유방염, 종양 등에 이용하고, 종자는 산후복통, 혈리(血痢), 치질, 부종, 몽정 등에 수침액을 이용한다.

4) 기타 : 종실유는 의약(연고기제), 공업용(비누 등) 등으로도 쓰이며, 깻묵은 주로 비료로 쓰인다.
Eruic acid는 항암작용이 있으나, 성장부진 및 심근지방증, 섬유화 등의 유발위험(동물실험)이 있어 식용유에는 5%이하로 조절한다.

참고문헌

1) 강동섭, 이장순, 강영주, **식품영양과학회지**, 1990, 19(4), 315 (품종별 유채박 단백질의 추출에 관한 연구)

2) 강동섭, 이장순, 강영주. **식품과학회지**, 1990, 22(7), 780 (유채박 단백질의 추출 및 정제에 관한 연구)

3) 강숙, 이강현, 신효선, **식품과학회지**, 1980, 12(2), 115 [한국산 평지씨 기름(Rape seed Oil)의 지방질 성분에 관한 연구]

4) 고영수, 장유경, 이효지, 우상규, 양차범, **영양학회지**, 1977, 10(2), 44 (한국산 식물식용유지의 성분에 관한 연구, 제1보, 채종, 참깨, 들깨유의 sterol에 대하여)

5) 권웅기, 김병완, 성경일, 김창주, **초지학회지**, 1996, 16(2), 147 (호밀과 유채의 혼합비율과 생육특성, 사초수량 및 영양소 수량에 미치는 영향)

6) 김병호, 김태환, 김기원, 정우진, **초지학회지**, 1995, 15(3), 157 (저장탄수화물과 질소의 월동성과 재생활력에 대한 이용성, I : 저온처리가 유채의 생육, 질소 및 비구조성 탄수화물의 총 함량에 미치는 영향)

7) 김인숙, **경희대연구논문집**, 1989, 9, 196 (발아에 의한 유채의 Glucosinolate 및 유리당 함량의 변화에 관한 연구)

8) 김인숙, 한성희, 한강완, **식품영양과학회지**, 1997, 26(6), 1058 (발아에 의한 유채의 아미노산 및 비타민 함량의 조성 변화)

9) 김충희, 김효선, 이장순, **식품영양과학회지**, 1992, 21(5), 519 (유채단백질의 Proteolysis에 의한 기능성 변화)

10) 문창규, **식품위생안전성학회지**, 1987, 2(2), 18 (추출방법과 용매가 채종유 중 수종 미량성분과 그 자동산화능에 미치는 영향)

11) 박연보, **식품과학회지**, 1989, 86, 486 (항산화제 또는 팜유로 보강된 유채유를 이용한 라면의 산화안정성)

12) 생약학 연구회, **현대 생약학편**, 학창사, 서울, 1999

13) 이선미, 이숙희, 박건영, **식품위생안전성학회지**, 1997, 12(4), 321 [*Salmonella* 실험계에서 십자화과 채소류(양배추, 배추, 케일, 콜리플라워, 브로콜리, 유채)의 항돌연변이 효과]

14) 이성호, 김정기, 김홍수, **응용생명화학회지**, 1985, 28(4), 245 (에루신산에 대한 개량 유채종자의 지질구성 성분)

15) 이장순, 강동섭, 강영주, **식품과학회지**, 1990, 22, 780 (유채박 단백질의 추출 및 정제에 관한 연구)

16) 이장순, 김효선, 김종희, 정용현, 강영주, **식품영양과학회지**, 1991, 20(6), 551 (유채박 단백질 정제 조건에 따른 이화학적 성질과 기능성에 관한 연구)

17) 조병미, 윤석권, 김우정, **식품과학회지**, 1985, 17(5), 371 (유채 발아중 아미노산과 지방산 조성의 변화)

18) 조희경, 윤재영, 이서래, **식품과학회지**, 1992, 24, 279 (분리 유채단백의 용해도와 소화율에 미치는 Phytate의 영향)

19) 천석조, 임영희, 송인상, 노정배, **식품위생안전성학회지**, 1988, 3(3), 105 (참기름의 진위판정에 관하여, 2. 참기름 중의 채종유의 검출)

20) Bailey, A. V., Delucca, A. J., Moreau, J. P., J. Am. Oil Soc., 1989, 66, 932 (Antimicrobial properties of some eruic acid and derivatives)

21) Barkhan, P., Proc. R. Soc. Med., 1977, 70, 93 (rev, Prothrombogenic, Anticoagulant, Phylloquinone)

22) Benkert, K., Naturwissenschoften, 1966, 53, 200 (Glucoberin)

23) Bolley, P. A., Justus. Liebigs. Ann. Chem., 1841, 37, 101 (isol, Quercitrin)

24) Clandinin, D. R., Robblee, A. R., JAOCS, 1981, 58, 682 (Rape seed meal in animal nutrition)

25) Classen, D. et al., Can. J. Bot., 1981, 59(8), 1382 (Rutin, Quercetin)

26) Davik, J. et al., J. Sci. Food Agric., 1993, 63(4), 385(Seed oil)

27) Dev, D. K., Mukherjee, K. D., J. Agric. Food Chem., 1986, 34, 775 (Functional properties of rape seed protein products with varing phytic acid contents)

28) Eklund, A., Agren, G., Langlar, T., J. Sci. Food Agric., 1971, 22, 650 [Rape seed protein fractions, I .preparation of a detoxified lipid protein concentration from rape seed (*B. napus* L.) by a water-ethanol extraction method]

29) El-Nockerashy, A. S., Mukherjee, K. D., Mangold, H. K., J. Agric. Food Chem.,

1977, 25, 193 (Rape seed protein isolates by counter current extraction and isoelectric precipitation)

30) El-Nockrashy, A. S., Kiewitt, M., Mangold, H. K., Mukhejee, K. D., Nutr. Metab., 1975, 19, 145 (Nutrive value of rape seed meals and rape seed protein isolate)

31) Ensminger, Ensminger, Konalande, Robson, Food and Nutrition Encyclopedia, 2nd Ed., CRC press, 1994, 1906 (Nutritive value)

32) Fenton, T. W., Leung, J., Clandinin, D. R., J. Food Sci., 1980, 45(6), 1702 (Phenolic components of rape seed meal)

33) Finnigan, T. J. A., Leuis, M. J., Dietz, M., J. Sci. Food Agric., 1989, 46, 33 (Detoxication of commercial United Kingdom rape seed meal by glucosinolate hydrolysis with exogenous myrosiase and the tractability of the aglycons by aqueous industrial methylated spirits)

34) Gallikienle, M., Cighetti, G., Lipids, 1976, 11(9), 670 (Effect of rape seed oil on fatty acid oxidation and lipid levels in rat heart and liver)

35) Gillberg, L., Tornell, B., J. Food Sci., 1976, 41, 1070 (Preparation of rape seed protein isolate, Precipitation of rape seed protein in the presence of polyacids)

36) Gmelin, R., CA, 1965, 63, 5584 (Glucobrassin)

37) Grob, K. et al., Phytochemistry, 1980, 19, 1789 (occur, 2-Hydroxy-4-pentenyl glycosinolate)

38) Grove, M, D. et al., Nature (London), 1979, 281, 261 (Brassinolide)

39) Gurraj Rao, A., Kantharaj Urs, M., Narasinga Rao, M. S., Can. Inst. Food Sci. Technol. J., 1978, 11, 155 [Studies on the protein of mustard Seed (*B. juncea*)]

40) Hanley, A. B. et al., J. Sci. Food Agric., 1983, 34, 869 (isol, Highly hygroscopic, Gluconapin)

41) Hasegawa, M. et al., Phytochemistry, 1940, 11, 299; CA, 35, 1403 (Campesterol)

42) Kjaer, A. et al., Acta Chem. Scand., 1956, 10, 1365 (isol, Glucobrassicanapin)

43) Kozlowska, H., Zadermowski, R., J. Am. Oil Chem. Soc., 1983, 60, 1119

(Phenolic acids in rape seed and mustard)

44) Kreula, M. et al., Acta Chem. Scand., 1959, 13, 1375 (Progoitrin)

45) Liu, R. F. K., Thompson, L. U., Jones, J. D., J. Food Sci., 1982, 47, 977 (Yield and nutritive value of rape seed protein concentration)

46) Lönnerdal, B., Janson, J. C., Biochem. Biophysiol.., 1973, 315, 424 [Studies on myrosinase, II, Purification and characterization of a myrosinase from rape seed (*Brassica napus* L.)]

47) Marczak, E. D., Usui, H., Fujita, H., Yang, Y., Yokoo, M., Lipkowski, A. W., Yoshikawa, M., Peptides, 2003, 24, 791 (New antihypertensive peptides isolated from rape seed)

48) Nowak, K., Kujawa, R., Zadernowski, R., Fat Sci. Technol., 1992, 94, 149 (Antioxidative and antibacterial properties of phenolic compounds in rape seed)

49) Owen, D. F., Chichester, C. D., Cereal Chem., 1971, 48, 91 (A process for producing a non-toxic rape seed protein isolate and an acceptable feed by product)

51) Sang, J. P., Minchiton, I. R., Johnstone, P. K., Truscot, R. J. W., Can. J. Plant Sci., 1984, 64, 77 (Glucosinolate profiles in seed, root and leaf tissue of cabbage, mustard, rape seed, radish and swede)

52) Sarwar, G., Shanmon, D. W. F., Bowl, J. P., J. Inst. Can. Sci. Technol. Aliment., 1985, 8, 137 (Effect of processing conditions on the availability of amino acids in soybean and rape seed proteins when fed to rats)

53) Schraudolf, H. et al., Experietia, 1965, 21, 520 (occur, Glucobrassin)

54) Serraino, M. R., Thompson, L. U., J. Agric. Food Chem., 1984, 32, 38 (Removal of phytic acid and protein phytate interaction in rape seed)

55) Slominski, B. A., Cambell, L. D., J. Chromatogr., 1988, 454, 258 (GC determination of indoleacetonitriles in rape seed and brassica vegetables)

56) Sosulski, F. W., In Development in food protein-2(B.T.F Hudson ed), Rape Seed Protein for Food Use, Elservier Applied Science, 1983, 109

57) Tanhuanpaa, P. K. et al., Theor. App. Genet., 1995, 91, 477; 1996, 92, 952 (Seed oil)
58) Tamura, T. et al., Nippon Kagaku Kaishi, 1958, 79 (Brassicasterol, Cycloaltenol)
59) Thompson, L. U., Reyes, E., Jones, J. D., J. Food Sci., 1982, 47, 982 (Modification of the Sodium hexametaphosphate extraction-precipitation technique of rapeseed protein concentration preparation)
60) Thompson, L. U., Liv, R. F. K., Jones, J. D., J. Food Sci., 1982, 47, 1175 (Functional properties and food applications of rape seed protein concentrate)
61) Tzeng, Y. M., Diosady, L., Rubin, L. J., J. Food Sci., 1988, 53, 1537 (Preparation of rape seed protein isolate by sodium hexametaphosphate extraction, diafilteration and ion-exchange)
62) Wetter, L. R., Youngs, C. G., JAOCS, 1976, 53, 162 (A thiourea-UV assay for total glucosinolate content in rape seed meal)
63) Zadernowski, R., Sosulski, F., JAOCS, 1978, 55, 870 (Composition of total lipid in rape seed)

34 은행 *Ginkgo biloba* Linné

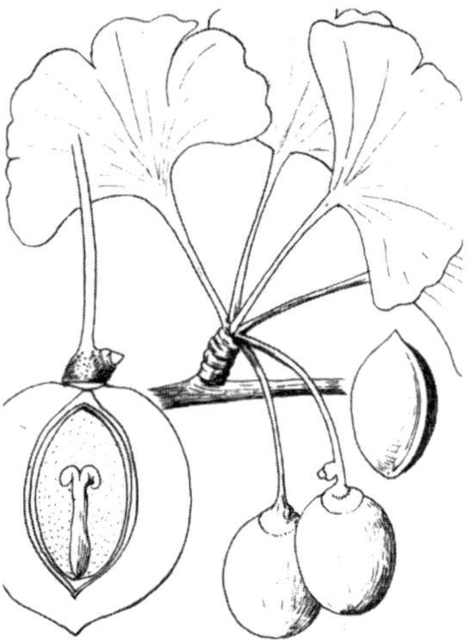

은행과(Ginkgoaceae)

Maidenhair tree(英), Icho(日)
銀杏, 白果(中)

원산지 : 중국

용도 : 열매, 잎(식용)
뿌리, 잎, 씨(약용)

식물학적 특징

세계 1종뿐이다. 암수딴그루로 오래 전부터 재배되어 왔다. 높이 60m이상, 지름 4m의 낙엽교목이다. 잎은 호생으로 부채모양이며 맥이 교상이다. 잎은 깊이 갈라지고, 꽃은 단성화로 단지에 달린다. 수꽃은 1~5개의 수상화서인데 암꽃은 한 가지에 6~7개씩 붙는다. 황색의 종의(種衣)는 악취가 나고, 난원상 흰 열매의 배유는 황록색이다.

성분

1) 영양성분

① 은행, 생것(5041) 100g 중 열량 183.0kcal, 단백질 5.4g, 지질 1.7g 당질 36.8g, 조섬유 0.60g, Ca 5.0mg, P 156.0mg, Fe 1.10mg, Zn 0.34mg, vitamin A 15.0RE, β-carotene 92.0㎍, B_1 0.40mg, B_2 0.04mg, B_6 0.33mg, niacin 1.6mg, C

14.0mg, 엽산 54.1㎍, E 2.1mg. 〈식이섬유 1.69g〉

② 은행, 삶은 것(5042) 100g 중 열량 165.0kcal, 단백질 4.3g, 지질 1.3g 당질 34.0g, 조섬유 0.20g, Ca 7.0mg, P 95.0mg, Fe 10mg, Zn 0.41mg, vitamin A 40.0RE, β-carotene 240.0㎍, B_1 0.26mg, B_2 0.07mg, B_6 0.33mg, niacin 0.9mg, C 19.0mg, 엽산 54.1㎍, E 2.1mg.

2) 특수성분

*Acacetin(D-02257), Acenaphthene, Afzelin; 2"-*O*-β-D-glucopyranosyl(A-00540), Amentoflavone(A-01191), Anacardic acid(H-02783), Apigenin(T-02175), Astragalin(G-00470), Auroxanthin(A-03080), β-Eudesmol(E-01913), β-Ionene(M-00395), Campesterol(E-01477), Cardanol(D-00403), Catechol(B-00228), Choline(C-01219), cis-β-Bergamotene(B-00291), cis-Violaxanthin(V-00342), Daucosterol(S-01368), Dolichol Ⅱ(D-03640), Flavoxanthin(E-00478), *Formic acid(F-00343), Ginkgopolyprenol 18, 120, 15, 16, 17, 19, 20, 21, 85, 90, 95, 22, Ginkgopolysaccharide GF_1, GF_2a, GF_2b, GF_3, Heptadeca-3,6,9-trien-1-ol(H-00295), *Hesperidin(T-02341), *Isoquercitrin(I-00760), Pinitol(I-00170), Linalyloxide(L-00586), Lutein(L-00885), Montanylalcohol, Neoxanthin(all E, N-00292), **p*-Cymene(I-00717), **p*-Hydroxybenzoic acid(H-01256), Procatechuic acid(D-01539), Sciadopitysin(A-01191), Syringetin-3-*O*-rutinoside(T-00659), Vanillic acid(D-01539), Violaxanthin(All E, V-00342), Zeaxanthin(All E, Z-00018), Sesamin(S-00634), Atlantone(E, B-00478), Atlantone(Z, B-00479), (P-Tolyl)-propylene(M-01300) 등이 분리.

열매에 Ginkgolic acid(H-00372), Bilobol(P-00389), Ginkgol(P-00403), Ginnol(N-Nonacosane, Q-00544), Hydroginkgol(P-00407), Hydroginkgolic acid(H-02788) 등이 있고, 잎에는 Ginkgenetin(A-01191), Isoginkgnetin(A-01191), Bilobetin(A-01191), Kaempferol 3-rhamnoside (T-00770), Rutin(R-00494), Kaempferol(T-00770), Quercetin(P-00565), Isorhamnetin(T-00872) 등이 있다. 苦味물질로는 Ginkgolide A와 B, Ginkgolide, Bilobalade, Shkimic acid(T-02043), Ginnol(Sellidoniol, N-00544), Ginnone(N-00547), β-Sitosterol (S-01368) 등이 있다.

심재에는 *d*-Sesamin(0.52%, S-00634)와 정유(Bilobanon 주성분)가 있다.

Atlantone(Z, B-00478), Bilobalide A(B-00397), Bilobanone(S, B-00398) (정유성분), Diflavone Bilobetin(A-01191), Bilobol(P-00389), Ginkgetin(A-01191), Minor Ginkgoic acid(H-02783), 지방의 주성분인 Ginkgol(P-00403), Ginkgolide A, B, C, J, M(G-00372), *Ginkgotoxin(P-02286), *2-Hydroxy-6-pentadecylbenzoic acid(H-00355), Isoginkgetin(A-01191), 10-Nonacosanol(+, Q-00544), (Wax中), 10-Nonacosanone(N-00547), Podocarpic acid(불포화지방산, P-01539), Quercetrin(Flavone glucoside, Q-00019)등이 분리 동정되었다.

생리활성

은행의 생리활성① : 성분 중 bilobol은 피부염 발생인자로 가장 강하고, ginkgoic acid, ginol, ginkgolic acid는 결핵균 억제 효과가 있으며, 그 중 ginkgolic acid가 가장 강하고, kampferol과 isorhmnetin은 blood vessel dilator 및 smooth muscle relaxant 효과가 있다.

은행의 생리활성② : 열매에는 lecithin이 있어 혈관벽에 지방, cholesterol 등의 침착을 막으며, provitamin D인 ergosterol이 있어, Ca 흡수를 도와 골다공증 예방을 돕고, vitamin B_1과 E, C, β-carotene도 있어 영양적으로 우수하다.

발암예방 효과 : *Camellia sinensis, Morus alba, Ginko biloba, Apium graveolens, Citrus limon, Malus pumila, Citrus unshiu*의 잎과 열매를 열수침출하여 증발건조하여 만든 시료 phyto-ex mixture)를 만들어, HPLC로 catechin, quercetin, epigallocatechin의 함량을 측정하였고, 각 시료에 대하여 DDPH와 superoxide free radical 소거 효과를 측정한 결과, quercitin이 가장 강하였고, EGCG, catechin, phyto-ex mixture, green tea 순이었다. 흡연자에 phyto-ex mixture를 투여한 결과, carcinogenic nitrosamines, oxidative DNA 손상, 지방산화 및 free radical oxidation, 돌연변이억제 효과, nicotine이 발암성 물질 nitrosamine으로의 변화를 억제하였다. 결과적으로 phyto-ex mixture는 항암

또는 발암예방 효과가 있으며, 흡연자의 위험요소를 감소시킬 가능성이 있다.

혈액 순환원활① : 잎의 추출물은 노인의 뇌와 말초혈액 순환을 도와, short term memory, 청각 및 집중력에 도움이 된다. 또한 현기증(혼란), 두통, 불안, 냉담(무관심)을 경감시키며, 치매나 Alzheimer 병에도 긍정적 효과를 보였다.

혈액순환원활② : 은행잎에는 혈액순환을 원활하게 하고, 노화예방 등의 생리활성물질 bioflavonoid가 발견되어 그 유용성이 더욱 증가되고 있다.

뇌신경세포의 건강① : 일차 배양한 계배의 뇌신경세포를 말혈청이나, 계배 추출물을 배제한 결핍 배양액에서 배양하여, 정상적인 성장을 억제시켜 비정상 상태를 유도하면서 ginkgolide(G)를 투여했을 때, G 투여군이 대조군보다 형태학적으로 건강하였고, 배양세포 내의 lactate dehydrogenase(LDH)양 측정결과, 대조군보다 많았다. choline성 신경계 길항제 atropine에 의한 신경세포 독성도 ginkolide 투여로 경감되었으며, LDH 양 역시 대조군에 비해 20% 이상 높았다. 이 효과는 G를 미리 투여했을 때 더욱 좋았다. G는 또한 흥분성 amino 산인 glutamate를 신경전달물로 하는 신경계에서도 영향이 있는 것으로 나타났다. 즉 G는 미리 투여하면 glutamate가 신경독성을 유도하더라도 형태학적, 이화학적으로 나타나는 세포독성의 발현이 저지됨을 알 수 있었다.

뇌신경세포의 건강② : 은행잎 추출물(GBE)는 임상에서 말초혈관개선제로 말초혈액순환을 원활하게 하고, 혈관이완작용이 있다. 또 노인성 뇌혈관 부전증 및 허혈에 쓴다. 즉 뇌혈류를 증가시켜 혈액순환을 돕고, 신경세포대사를 변화시키며, 신경전달물질의 정상화 및 free radical에 의한 membrane의 손상을 막는다. 특히 GBE 성분 중 Kc와 Qc 투여가 acetylcholine과 choline 함량에 관여하여 Kc는 acetylcholine과 choline을 모두 감소시켰으나, Qc는 acetylcholine을 크게 증가시켰으며, choline은 감소시켰다. Qc는 acetylcholine을 현저히 증가시킴으로 기억력 개선 효과가 클 것으로 생각된다. GBE는 늙은 쥐의 뇌 중 acetylcholine muscarine receptor 수를 증가시킬 뿐 아니라 노화와 연관 있는 결합도 방지하여, 노화에 의한 중추 choline계 신경의 감소는 치매 및 유사질병에 유용할 것으로 기대된다. 결론적으로 GBE는 뇌에서 특히 Qc는 dopamine계, norepinephrine계, acetylcholine계 신경의 신경전달물질에 관여하므로 긍정적 효과가 있을 것으로 기대된다.

항염증 효과 : 은행잎 MeOH 추출액은 carrageenan과 PAF(platelet aggregation factor)유도 족척부종과 모세혈관 투과도를 억제, 즉 항부종작용, 항염증 효과가 있었다. 은행잎에서 PAF specific inhibitor인 ginkolide B가 분리된 바 있다.

혈관이완 효과 : 은행잎 물 추출물은 흉부대동맥을 이완시켰고, 은행엽 물 추출물의 혈관 이완 효과는 농도의존적이었으며, 내피의존적인 혈관이완은 NO의 유리에 의하여 주로 일어났다. 주된 이완물질은 내피세포에 존재하는 EDRF(endothelium-derived hyperpolarizing factor)인 NO의 유리를 촉진하는 것으로 나타났다.

혈소판응집 저하 효과 : 은행유와 들깨유를 투여한 쥐의 혈청 중, 혈소판의 수는 각각 2.7×10^8/ml로 대조군(7.5×10^8/ml)보다 현저히 낮았고, 혈소판 응집능은 대조군보다 1.4배 낮았다. 은행유와 들깨유 투여 rat의 혈청 중, 총 cholesterol과 유리지방산 함량은 대조군과 유의차를 보이지 않았다. 은행유와 들깨유에는 다량의 linolenic acid가 있다.

Phospholipase Cr1 저해활성 : 은행종의의 $CHCl_3$ ex에서 phospholipidase Cr1(PL-Cr1) 저해활성을 추적, 분리 정제한 결과, (3R)-(-)-8-hydroxy-3-(6'-pentadecenyl)-3,4-dihydroisocoumarin과 3-heptadecen-2-one으로 동정되었다. dihydroisocoumarin은 PL-Cr1 저해활성이 isocoumarin계 물질로는 처음 보고되었다. PL-Cr1 저해활성은 항암활성물질로의 가능성이 있다.

Bradykinin inhibitor : Isoginkgetin은 bradykinin inhibitor(혈관확장 방지제)작용이 있고, 2-hydroxy -6-pentadecylbenzoic acid는 강한 자극작용과 은행나무의 allergy원인물질 allergen으로 알려졌다.

은행의 독성 : ginkgotoxin은 cytotoxic(convulsive) agent로 antivitamin B_6 작용이 있고, LD_{50}~11mg/kg(oral)의 독성이 있다. 또한 은행 과육의 유독성분은 ginkgoic acid, hydroginkgoic acid, hydroginkgolinic acid, bilobol, ginnol 등이며, 피부염을 일으키는 ginkotoxin도 함유하고 있어 과식(은행 10개 이상)은 금한다.

잎과 종실의 지방성분 : 은행종실 및 잎에서 추출정제한 유지의 지방질 구성과 지방산 조성을 분석한 결과, 신선한 종실과 잎의 총 지방은 각각 1.32%, 2.24%이며, 중성지질 약 89%, 복합지질 약 10%이고, 잎의 중성지질은 약 28%, 복합지질 약 72%이었다. 종실의 중성지질의 주성분은 triglyceride 약 86%, esterified sterol 약 9%, 잎에는 esterified sterol이 약 53%, triglyceride 약 18%이었다. 종실의 총지방질의 구성지방산은 oleic(37.5%)과 linoleic acid(44.5%)이고, 잎은 linolenic(45.2%)과 palmitic acid(25.1%)이며, 종실과 잎의 중성지방의 구성지방산은 oleic, linoleic, palmitic acid로 비슷하였다. 당지질 구성지방산은 종실에 oleic과 linoleic acid로 그 함량이 잎보다 많았으나, linolenic acid는 잎에 많았다. 인지질 구성지방산은 종실과 잎이 모두 당지질과 유사하였다.

잎의 Flavonoid① : 은행잎에서 현재까지 약 20여종의 flavonoid 물질 구조가 밝혀졌고, flavonol glycoside 중, 가장 많이 함유된 것은 kaempferol 3-*O*-(6'''-p-coumaroyl-β-D-glucopyranosyl(1→2)-α-L-rhamnopyranoside와 quercetin-3-*O*-(6'''-coumaroyl-β-D-glucopyranosyl(1→2)-α-L-rhamnopyranoside로 모두 rutinoside이었다.

잎의 Flavonoid② : 잎에서 33종의 flavonoide가 분리, kaempferol, quercetin, myricetin, isorhamnetin의 mono-, di 및 triglycoside이며, amentoflavone 기본 구조의 bioflavonoid로 antilipoperoxidant, antinecrotic, radical scavenging action이 확인되었다.

잎의 Flavonoid③ : 은행잎에 함유된 flavonoid 물질은 rutin, kaempferol 3-*O*-2'',6''-di-*O*-rhamnopyranosyl glucopyranoside, quercetin-3-*O*-2'',6''-di-*O*-rhamnopyranosyl glucopyranoside 등이 6-hydroxykynurenic acid, ginkgolide B 등을 분리 동정하였다.

잎 Flavonoid Glycoside 계절별 함량④ : 은행잎 중 flavonoid glycoside 성분을 계절별로 분석한 결과, kaempferol, quercetin, isorhamnetin의 rutinoside는 잎이 돋는 5월 초순에 가장 많았고(5월, 0.23%, 0.21%, 0.17%), 이후 감소하였으며, 초여름과 초가을에 다시 증가, 이후 감소하였다(11월, 0.08%, 0.08%, 0.04%). 또 kaempferol 및 quercetin-3-*O*-coumaroyl glucorhamnoside와 kaempferol-2,6-*O*-dirhamnosyl glucoside는 5월 초에 가장 함량이 많았고

(0.47%, 0.30%, 0.19%), 그 후 일정(11월, 0.07%, 0.08%, 0.04%)하였다. 은행잎 총 flavonol glycoside 함량은 5월 초에 1.57%로 가장 많았고, 11월에 0.39%로 나타났다.

잎의 Biflavone⑤ : 은행잎을 분석한 결과, biflavone은 amentoflavone, bilobetin, ginkgetin, isoginkgetin 및 sciadopitysin 등 5종이 나왔는데, 늦가을에 채집한 노란 은행잎에 가장 많았고, amentoflavone은 건조한 잎에서 함량의 변화가 없었다. 5월과 6월 사이에 약 3.1배, 급격히 증가한 후, 6~11월까지 2.5배로 완만한 증가를 보였다. isoginkgetin은 약 37.7%로 가장 많았고, sciadopitysin, ginkgetin, bilobetin 및 amentoflavone 순으로 감소하였다.

Ginkgolide의 생산 : ginkgolide가 은행의 어떤 기관에서 생합성되는지 실험한 결과, 뿌리가 ginkgolide 생합성에 필수적임을 알 수 있었다.

Ginkgolide 함량과 계절 : 은행잎 중 주 약효성분의 하나로 알려진 ginkgolide A, B의 계절, 성에 따른 변화를 관찰한 결과, 5~10월까지 암수나무 시료를 채취, ginkgolide 함량을 측정한 결과, ginkgolide 함량은 성에 관계없이 봄부터 증가, 8월에 최고치에 이르고, 수나무 잎은 암나무 잎보다 ginkgolide 함량이 더 많았다.

잎의 Phenol성 물질 : 은행잎의 phenol성 물질은 초임계 추출법으로 추출한 결과, ginkgolic acid와 anacardic acid로, 은행잎이나 종자에 있는 allergy유발 물질이다.

잎의 Polyphenol Oxidase 특성 : 은행잎의 polyphenol oxidase(PPO)는 pH 8.5에서 활성이 가장 크고, 최적 온도는 45℃이며, 효소 잔존율은 60℃에서 45분 후 50%이었으나, 90℃, 60분 후 활성이 완전히 소실되었다. 이 효소는 monophenol에 작용치 않으며, *o*-diphenol인 4-methylcatechol에 강한 친화력이 있었다. catechol, hydroquinone 및 4-methylcatechol에 대한 Km value는 각각 6.06×10^{-4}M, 1.20^{-3}M, 1.41^{-3}M이었고, 환원제는 낮은 농도(0.5mM)에서도 PPO활성을 완전히 저해, NaCl은 저해활성이 없었다. cysteine, 2-mercaptethanol, KCN은 효소활성을 경쟁적으로 저해하였으며, 각각의 Ki value는 1.1×10^{-5}M, 2.4×10^{-5}M, 8×10^{-5}M이었다. Cu^{2+}ion은 은행잎 PPO에 대

해 강한 activator로 작용하였고, Co^{2+}, Zn^{2+}, Mg^{2+} ion은 저 농도에서 효소활성을 증가시키다가, 고 농도에서 억제하였으며, Ni^{2+} ion은 강한 저해작용을 나타내었다.

은행 Glycerides : 은행의 glyceride 가수분해는 TG 50mg/lipase 9mg, 반응시간 5분이 적당하였고, 구성지방산은 oleic acid가 가장 많았고, linoleic acid 순이었으며, α, α' 위와 β위의 비율은 비슷하였고, 포화지방산 palmitic, stearic acid는 α, α' 위가 β위보다 많았다.

쓴맛성분 : 은행의 쓴맛으로는 ginkgolide C 성분에 의한다.

기타 연구 : bilobalide와 함께 ginkgolide A는 hexobarbital유도 수면 단축 효과가 있다. 은행잎 추출물이 antiradial effect, antibacterial effect, antifungal effect가 있고, antiobesity effect 대한 연구도 보고되었다.

효능과 이용

1) 효능 : 열매 - 수삽지대(收澁止帶) 천식, 살충, 임병(淋病), 청독(?毒).
어린잎 - 지해(止咳), 심통(心痛).

2) 식용 : 굽거나 기름에 볶아서 술안주로(4~5개), 찜의 부재료 등으로 먹는 고급 식품이다.

3) 약용 : 동의에서는 열매를 기침, 숨찬 데, 가래가 많고 소변이 맑지 않을 때, 동맥경화, 암, 노인성 치매, 고혈압에 이용한다. 잎은 해수, 천식, 관상동맥, 심장, 뇌혈관의 혈액순환개선 및 고지혈증에 응용한다. 외국 은행잎보다 국산 은행잎은 유효성분 10배 이상이라 한다. 중국에서는 뿌리와 잎을 백대하에 쓴다.
민간에서는 열매를 어린이 야뇨증, 가래, 기침, 천식이 심할 때, 여성의 백대하증, 유정(遺精), 조루증, 강정 강장 효과도 있으며, 이뇨 효과가 있어 핍뇨에도 복용한다.

4) 기타 : 은행잎을 작물에 모아두면 비료 겸 해충구제도 되고, 책갈피에 넣으면 좀벌레를 방지한다.
날로 먹지 말며, 익혀 먹어도 10개 이상 복용하면 복통, 구토, 고열,

경련이 일어날 수 있고, 특히 어린이는 용량을 조심한다.

참고문헌

1) 강규선, 염정록, 강삼식, **생약학회지**, 1993, 24(1), 47 (은행잎 중 Flavonol Glycoside 성분의 계절별 함량 변화에 관한 연구)

2) 강삼식, 고영민, 김주선, 이명환, 이동선, **생약학회지**, 1995, 26(1), 23 (노랑은행잎의 성분 분석)

3) 강삼식, 김주선, 곽의종, 김기협, **생약학회지**, 1990, 21(2), 111 (은행잎의 Flavonoid 성분에 관한 연구)

4) 강삼식, **생약학회지**, 1990, 21(1), 103 (은행잎의 Flavonoid 성분에 관한 연구)

5) 김소라, 박미정, 허훈, 김영중, **생약학회지**, 1994, 25(1), 90 (Ginkgolide가 일차 배양한 계배의 뇌신경세포에 미치는 영향)

6) 박기범, 은희철, 이유신, **피부과학회지**, 1986, 24, 22 (옻나무와 은행나무 항원의 감작 빈도)

7) 박동기, 박화진, **식품과학회지**, 1990, 19(2), 127 (은행, 은행잎 및 들깨잎에서 추출한 지용성 성분이 쥐의 혈소판 응집에 미치는 영향)

8) 박혜영, 주지연, 김명희, 신정희, **응용약물학회지**, 1995, 3(1), 28 (은행잎 추출성분이 고혈압쥐의 뇌중 신경전달물질 함량에 미치는 영향)

9) 설지연, 박수선, 김안근, **생약학회지**, 1999, 30(3), 306 (은행잎에서 분리한 Polyphenol Oxidase의 정제 및 특성)

10) 성상현, 전순화, 문영심, 이흠숙, 허훈, 김영중, **약학회지**, 1994, 38(1), 20 (계절, 성에 따른 은행잎 중의 Ginkgolides 함량의 변화)

11) 성상현, 허훈, 이흠숙, 김영중, **생약학회지**, 1994, 25(1), 85 (초임계 추출법을 이용한 은행잎 중의 phenol성 물질의 추출)

12) 심경구, **원예학회지**, 1985, 26, 350 (은행나무가지 수피조직 내의 저장단백질에 관한 연구)

13) 이규배, **조선대생명과학연구**, 1997, 5, 115 (은행나무 종자에서 자성배우체 조직

의 미세구조)
14) 이은방, 정수연, 이숙영, 류항묵, 승상애, 양지선, 유태무, **응용약물학회지**, 1998, 6(3), 269 [천연물(은행잎, 당귀 등)의 항염증작용에 관한 연구]
15) 이지숙, 조유선, 김진웅, 이현선, 안종석, **생약학회지**, 1999, 30(3), 280 [은행종의의 Phospholipase Crl 저해활성성분(2)]
16) 장수경, 염정록, 강삼식, **생약학회지**, 1993, 24(1), 54 (은행잎 중 Biflavone의 계절별 함량 변화에 관한 연구)
17) 전미희, 성상현, 전순화, 허훈, 김영중, **생약학회지**, 1993, 24(4), 304 (기내 배양한 은행 유식물에서의 Ginkgolide의 생산)
18) 전순화, 성상현, 문영심, 허훈, 김영중, **생약학회지**, 1994, 25(1), 90 (계절, 성에 따른 은행잎 중의 Ginkgolide 함량 변화)
19) 정권수, 김형환, 안덕균, 최호영, **본초학회지**, 2001, 16(2), 7 (은행엽 물 추출물이 흰쥐의 흉부대동맥 혈관이완에 미치는 영향)
20) 정안석, 신효선, **식품과학회지**, 1978, 10(2), 119 (은행종실의 지방성분에 관한 연구)
21) 한재숙, 박정융, **식품영양과학회지**, 1974, 3(1), 23 (Pancreatic Lipase에 의한 은행 Glyceride의 분석)
22) Ahmad, I. et al., Phytochemistry, 1981, 20, 1169 (Ginkgetin, derivs)
23) Attaway, J. A. et al., Phytochemistry, 1966, 5, 1273 (isol, Linalyloxide)
24) Bachecker, R. et al., Phytochemistry, 1975, 14, 797 (struct, Neoxanthin)
25) Billek, G. et al., Monatsh. Chem., 1962, 93, 85; 1964, 95, 1044 (isol, Vanillic acid)
26) Bolley, P. A., Justus Liebigs Ann. Chem., 1841, 37, 101 (Quercetrin, isol)
27) Boyer, M. L. et al., J. Chem. Ecol., 1989, 15, 649 [(p-Tolyl)-propylene]
28) Braham, N. C., Asakawa, Y., Lepoittevin, J. P., Tetrahderon, 1994, 35, 3949 (Isolation structure determination and synthesis of new dihydroisocoumarin from *Ginkgo biola* L.)
29) Brailowsky, S. et al., Restor. Neurol. Neurosci., 1991, 3, 267 (Cortical hemiplegia)

30) Brunello, N., Racagni, G., Clostre, F., Drieu, K., Braquet, P., Pharmacol. Res. Commun., 1985, 17, 1063 (Effects of an extract of *Ginkgo biloba* on noradrenergic system of rat cerebral cotrex)

31) Budzianowski, J., Phytochemistry, 1991, 30, 1679 (derivs, Astragalin)

32) Cadosch, H. et al., Helv. Chim. Acta, 1978, 61, 783 (isol, Flavoxanthin)

33) Cambie, R. C. et al., Tetrahedron, 1962, 18, 465 (Podocarpic acid, isol)

34) Cirigottis, K. A. et al., Aust. J. Chem., 1974, 27, 345 (Bilobol, fruits)

35) Davies, B. H., Int. Rev. Biochem., 1977, 14, 51 (rev, Lutein)

36) de Ropp, R. S. et al, Arch. Int. Pharmacodyn. Ther., 1969, 181, 127 (pharmacol, Procatechuic acid)

37) DeFeudis, F.V., Pharmacological Activities and Clinical Applications, Elsevier, Paris, 1991, 1-187 [*Ginkgo biolba* extract(EGb 761)]

38) Dory-Lefaix, M. T. et al., Drugs Exp. Clin. Res., 1991, 17, 571 (Antioxidant effect)

39) Ensminger, Ensminger, Konalande, Robson, Food and Nutrition Encyclopedia, 2nd ed., CRC press, 1994, 948, 1078 (Nutritive value)

40) Farkas, L. et al., Chem. Ber., 1969, 102, 2583 (synth, yellow needles, *Isoquercitrin)

41) Fedeli, E. et al., J. Am. Oil Chem. Soc., 1966, 43, 254 (occur, Campesterol)

42) Hashmi, M. H. et al., Anal. Chem., 1966, 38, 439 (use, *Formic acid)

43) Hino, M. et al., Chem. Lett., 1977, 277 (synth, perfumery, Flavour, **p*-Cymene)

44) Hiraoka, A. et al., Biochem. Syst. Ecol., 1978, 6, 171 (O''-xyloside, Afzelin ; 2''-*O*-β-D-glucopyranosyl)

45) Irie, H. et al., J. Chem. Soc., Chem. Commun., 1967, 678 (Bilobanone, struct)

46) Isono, H. et al., Yakugaku Zasshi, 1976, 96, 957 (10-Nonacosnal, wax)

47) Itokawa, H. et al., Chem. Pharm. Bull., 1985, 33, 3488 (isol, Atlantone)

48) Jaensch, M. et al., Phytochemistry, 1989, 28, 3497 (isol, Sesamin)

49) Joly, M. et al., Phytochemistry, 1980, 19, 1999 (Bilobetin)

50) Kamil, M. et al., Phytochemistry, 1987, 26, 1171 (deriv, Sciadopitysin)

51) Kleijnen, J., Knipschild, P., Br. J. Clin. Pharmac., 1992, 34, 352 (Ginkgo biloba for cerebral in sufficiency)

52) Krleglstein, J., Back, T., Seibert, A., Life Science, 1986, 39, 2327 (Influence of an extract of *Ginkgo biloba* on cerebral blood flow and metabolism)

53) Le Poncin Lafitte, M., Rapin, J., Rapin, J. R., Arch. Int. Pharmacodyn. Ther., 1980, 243, 236 (Effects of *Ginkgo biloba* on changes induced by conductive cerebral microembolism in rats)

54) Ley, S. V. et al., Tetrahedron, 1989, 45, 3463 (synth Hypoglycemic, Antidiabetic, Pinitol)

55) Liang-jun, Y., Marie, T., Lester, P., Biochem. Biophy. Res. Com., 1995, 212(2), 360 [*Ginko biloba* extract(EGb 761) protects human LDL against oxidative modification mediated by copper]

56) Loev, B. et al., J. Am. Chem. Soc., 1958, 80, 643 (Ginkgol, struct)

57) Major, R.T., Thomas, M., Phytochemistry, 1972, 11, 611 (Formation of hexenal from linolenic acid by macerated *Gingko* leaves)

58) Major, R.T., Marchini, P., Sproston, T., J. Biol. Chem., 1968, 243, 3298 (Isolation from *Gingko biloba* L. of an inhibitor of fungus growth)

59) Maruyama, M. et al, Tetrahedron Lett., 1967, 299 (Ginkgolide A, B, C, M)

60) Morton, R. A. Biochem. J., 1972, 128, 119 (rev, Dolichol II)

61) Nakanishi, K. et al., J. Am. Chem. Soc., 1971, 93, 3544 (Biolbalide A, isol, struct)

62) Naves, Y. R., Perfum. Essent. Oil Rec., 1964, 55, 658, 667 (occur, β-Ionene)

63) Nevskaya, E. M. et al., Zh. Anal. Khim., 1972, 27, 1699 (use, spasmolytic, Antiinflammatory, Capillary protective, *Acacetin, use, *Hesperidin)

64) Nonaka, G. et al., Chem. Pharm. Bull., 1990, 38, 2151 (struct, Casuarin)

65) Nozoe, S. et al., Tetrahedron Lett., 1976, 4625 (isol, cis-β-Bergamotene)

66) Oken, B. S., Storzbach, D. M., Kaye, J. A., Arch. Neurology, 1998, 55, 1409-1425 (The Effecacy of *Gingko biola* on cognitive function in Alzheimer disease)

67) Palermo, J. A. et al., Phytochemistry, 1991, 30, 2983 (isol, Zeaxanthin)

68) Pande, B. S. et al., Tetrahedron, 1971, 27, 841 (isol, struct, Atlantone)

69) Paul, V. J. et al., Nature(London), 1954, 174, 604 (Ginkgoic acid, deriv)

70) Pelter, A. et al., Experientia, 1969, 25, 350 (Isoginkgetin, leaves, Bradykinin inhibitor, Props)

71) Pelter, A. et al., Tetrahedron, 1971, 27, 1625 (props, Amentoflavone)

72) Petkov, V. D., Kehayov, R., Belcheva, S., Konstantinova, E., Petkov, V. V., Getova, D., Markovska, E., Planta Med., 1993, 59, 106 (Enhancing learned behavior)

73) Pietta, P., Simonetti, P., Gardana, C., Mauri, P., J. Pharm. Biomed. Anal., 2000, 23, 223 [Trolox equivalent antioxidant capacity(TEAC) of *Ginkgo biloba* flavonol and *Camellia sinensis* catechin metabolites]

74) Plantier, M. et al., Reserches, 1974, 19, 131 (10,11-Dihydroatlantone)

75) Ramassamy, C., Naudin, B., Christen, Y., Clostre, F., Costentin, J., Biochem. Pharmacol., 1992, 44, 2395 [Prevention by *Ginkgo biloba* extract(EGb 761) and trolox C of decrease in synaptosomal dopamine or serotonin uptake following incubation]

76) Sakabe, N. et al., J. Chem. Soc., Chem. Commun., 1967, 259

77) Sapozhnikov, D. I., Pure Appl. Chem., 1973, 35, 47 (rev, Violaxanthin)

78) Sasaki, K., Hatta, S., Wada, K., Ueda, N., Yoshimura, T., Endo, T., Sakada, M., Tanaka, T., Haga, M., Life Sci., 2002, 70, 1657 (Effects of extract of Ginkgo biloba leaves and its constituents on carcinogen metabolizing enzyme activities)

79) Schumann, K., Ger. Offen. DE, 4,023,788 1992 (Hyperbaric O theraphy)

80) Slessor, K. N., Nature(London), 1988, 332, 354 (**p*-Hydroxybenzoic acid)

81) Smith, P. F., Maclennan, K., Darlington, C. L., J. Enthopharmacol., 1996, 50(3), 131 [The neuroprotective properties of the Ginkgo biloba leaf: a review of the possible relationship to platelet activating factor(PAF)]

82) Soeder, R. W. et al., Phytochemistry, 1975, 14, 2508 (10-Nonaeosanone,

Ginnone)

83) Soudant, E. et al., Fr. Demande Fr., 2669, 537, 1992 (Antiobesity)

84) Stobart, A. K. et al., Phytochemistry, 1967, 6, 1467 (yellow cryst, Auroxanthin)

85) Tiwari, R. A. et al, Phytochemistry, 1979, 18, 2044 (treat prostatic hypertrophy, Daucosterol)

86) Toth, M. et al., Z. Naturforsch., C, 1991, 46, 257 (isol, Heptadeca-3,6,9-trien-1-ol)

87) Towers, G. H. N. et al., Phytochemistry, 1966, 5, 677 (Catechol)

88) Tyman, J. H. P., Chem. Soc., Rev., 1979, 8, 499 (Ginkgolic acid, rev, Anacardic acid, Cardanol)

89) Tyukavkina, N. A. et al., Khim. Prir. Soedin., 1974, 10, 157 (Syringetin-3-*O*-rutinoside)

90) Vanhaelen, M. et al., Planta Med., 1989, 55, 202 (Antiradical)

91) Voirin, B. Phytochemistry, 1983, 22, 2107 (Quercetin, derivs)

92) Wada. K, et al., Biol. Pharm. Bull., 1993, 16, 210 (Bilobalide, Ginkgolide, Pharmacol.)

93) Wada, K. et al., Chem. Pharm. Bull., 1985, 33, 3555 ; 1988, 36, 1779 (Ginko-toxin, Antivitamin B_6)

94) Wollenweber, E., Phytochemistry, 1974, 13, 2318 ; 1975, 15, 438 ; 2013 ; 1977, 16, 295 (occur, Apigenin)

95) Yabe, T. et al., Pharmacol., Biochem. Behav., 1992, 42, 595 (Vestibular syndrome)

96) Yoshioka, H. et al., J. Org. Chem., 1969, 34, 3697 (deriv, β-Eudesmol)

97) Zeisel, S. H. et al., Annu. Rev. Nutr., 1981, 1, 195 (rev, Choline)

35 잣 *Pinus koraiensis* Sieb.& Zucc.

소나무과(Pinaceae)

Korean pine(英), Chosen-matsu(日)
果松, 海松子(中)

원산지 : 북반구

용도 : 종자(식용, 약용)

식물학적 특성

제주도, 울릉도를 제외한 전국산지에 나는 상록성 침엽교목. 잎은 단지 위에 5개씩 모여 나고, 세모, 흰색의 기공선이 있고, 꽃은 암수한그루로 수꽃송이는 타원형이고 암꽃송이는 담녹색의 타원형이다. 열매는 구과, 씨는 난형 또는 일그러진 삼각형이다.

동속식물로는 눈잣나무(천리송, *P. pumila*)와 섬잣나무(*P. parviflora*)가 있고, 씨를 식용, 약용한다.

성분

1) 영양성분

① 잣, 말린것(5043) 가식부 100g 중 열량 665.0kcal, 단백질 14.7g, 지질 68.2g, 당질 10.6g, 조섬유 1.00g, Ca 18.0mg, P 560.0mg, Fe 5.8mg, Zn 4.28mg, vitamin B_1 0.56mg, B_2 0.18mg, B_6 0.11mg, niacin 3.6mg, 엽산 57.8㎍, E 12.9mg. 〈식이섬유 2.86g〉

② **잣, 볶은것**(5044) 가식부 100g 중 열량 634.0kcal, 단백질 14.6g, 지질 60.8g, 당질 17.2g, 조섬유 1.20g, Ca 15.0mg, P 550.0mg, Fe 6.20mg, Zn 6.00mg, vitamin B_1 0.61mg, B_2 0.21mg, B_6 0.11mg, niacin 3.6mg, 엽산 57.8㎍, E 12.9mg.

③ **잣, 미수가루**(5045) 가식부 100g 중 열량 422.0kcal, 단백질 14.7g, 지질 13.5g, 당질 63.4g, P 535.1mg, Fe 6.60mg, Zn 4.28mg, vitamin B_1 0.12mg, B_6 0.11mg, niacin 3.0mg, 엽산 57.8㎍, E 12.9mg.

④ **잣죽**(5046) 가식부 100g 중 열량 30.0kcal, 단백질 0.7g, 지질 0.9g, 당질 5.0g, Ca 12.0mg, P 13.0mg, Fe 0.5mg, Zn 0.32mg, vitamin B_1 0.01mg, B_2 0.01mg, B_6 0.01mg, niacin 0.4mg, 엽산 4.3㎍, E 0.95mg.

2) 특수성분

유지성분 중 Cembrene(C-00667), Palustral(A-00036), Pinusolide(L-00092)등이, 눈잣나무에는 Fichtelite(F-00161)과 Pumiloxide(E-00993), 섬잣나무에서 Torreyol(M-01863)이 분리되었다.

동속식물에서 Pinotol(I-00170), Pinosylin(D-02814), Pinocembrin(D-01883), Pinobanksin(T-02149), Cryptostrobin(D-02085), (+)β-Pinene(P-01321), α-Pinene(P-01320), γ-Cadinene(C-00038), δ-Cadinene(C-00034), Lambertianic acid ; Methyl ester(E-01006), 13-Epi-malonyl oxide, 18-Norcembra-2,7,11-triene-4-one, 1β, 4α(H), 7α(H), 10β(H)-Guaiane-5α14-diol, 7,15-Isopimaradiene(I-00605), 7,15-Isopimaradien-18-al(I-00632), 7α-Hydroxydehydroabietinol(A-00064), 8,15-Isopimaradien-18-al(I-00632), Abscisic acid(S, A-00096), Agathadiol(L-00028), α-Longipinene(L-00728), α-Muurolene(M-01849), α-Terpineol ; acctate(M-00566-α-Terpineol), Astringlnine(D-02627), β-Bisabolene(B-00465), β-Farnesene(D-03154), β-Phellandrene(M-00478), Borneol ; acctate(B-00691), cis-Abienol(L-00083),

Cubenol(C-00055), Dehydro abietinal(A-00043), Dehydro abietinol(A-00072), δ-Cadinol(M-01863), epi-Cubenol(M-01862), Isocembrol(C-00703), Isorhapontigenin(D-02627), Isorhapotin(D-02627), Koraidol, Terpinen-4-ol(M-00555), Labd-8(20)-13-dien-15-ol(L-00147), Linalool(D-03196), Longifolene(L-00715), Lambertianic acid(E-01006), Manoyl oxide(E-01012), Methyl dehydroabietate (A-00064), Methyl isopimarate(I-00632), Octadeca-cis-5, 11, 14-trienoic acid(Z,Z,Z O-00136), Octadeca-cis-5, 9-dienoic acid(O-00105), Palustrol(A-02786), Piceid(D-02648), Pinocampheol (P-01316), Pinocarveol(P-01329), Resvevatrol(D-02648), Sabinene ; hydrate(IR, 4R, 5R, T-01429) 등이 분리되었다.

생리활성

지방의 자동산화 : 잣 지방질의 자동산화에 따른 토코페롤 및 카로티노이드의 변화 연구에서, 잣의 총 tocopherol(Tc)함량은 조지방의 55.51mgg/100g oil, 이 중 α-tocopherol(α-Tc) 25.48mg, γ-tocopherol(γ-Tc) 23.94mg, β-tocopherol (β-Tc) 6.99mg, δ-Tc trace였다. 탈검 및 탈산 지방질에서도 α-Tc 23.85mg, 24.08mg, γ-Tc 19.79mg, 20.04mg, β-Tc 6.12mg, 5.33mg, carotenoid 중 β-carotene는 비비누화물 중 0.63%, lycopene은 미량 함유되었고, 지방자동산화 진행 중 carotene과 tocopherol은 감소했는데, 그 감소속도는 α-Tc, γ-Tc 순이었다.

지질대사 : 잣기름에 함유된 5-olefin계 지방산을 정상 토끼에 급여하였을 때, 지방, 지단백, 혈소판 응집 등의 변화를 조사하여, 동맥경화의 예방 및 치료 여부를 검토한 결과, 잣기름이 혈장 유리지방산을 감소시켜, 간에서 TG 합성을 저해함과 동시에 지방축적을 방지할 뿐 아니라, 혈소판 응집을 저해하였고, 동맥경화 예측인자인 Apo B/Apo A_1의 비를 저하시켜, 동맥경화 예방에 기여하는 것으로 나타났다.

항 Herpes virus 1형 물질 : 백자인으로부터 항 herpes virus 1형(HSV-1) 물질의 분리 : *Herpes simplex* virus(HSV)가 구순염, 비뇨생식기감염, 각막염, 뇌염(성인), 신생아감염, 자궁경부암, AIDS의 2차 기회감염의 원인이 되고 있어, 우수한 항virus물질 탐색이 중요한 시점에 있다. 80종의 sample 중 MeOH 추출물과 열수 추출물에 HSV-1에 강한 활성을 보인 백자인(잣) 추출물에 대하여 활성물질을 분리 정제하고, 분석기기들의 data를 검토한 결과, β-sitosterol이 항 HSV-1 활성물질임을 규명하였다.

항균활성 : 소나무속 수목의 부위별 추출물의 항균활성을 연구코자, 소나무속 3수종, 소나무, 리기다 소나무, 잣나무의 부위별 추출물을 병원진균인 *Colletotrichum gloesporiodes*에 대해 항균활성을 조사한 결과, 잣나무 수피 및 근피 EtOAc 획분으로 5.0mg/ l 에서 각각 98.8%, 100% 항균성을 보였다. 이 획분의 ED50 각각 469㎍/ml 및 588㎍/ml이었다. 잣나무 수피 EtOAc 획분은 *Alternaria brassicicola* 및 *Fusarium oxysporum* 진균에 ED_{50}은 각각 533㎍/ml, 2.277㎍/ml로 항균활성은 *F. oxysporum*보다 *C. gloeosporioides*나 *A. brassicicola*에 더 우수하였다. 또 소나무 잎 EtOAc 획분은 *C. gloeosporioides*에 5.0㎍/ l 에서 39.6% 활성을 보였으나, 잣나무잎과 리기다 소나무 잎에서는 활성이 거의 없었다.

Ganglioside : 견과류에서 N-acetylneuramic acid를 포함하는 ganglioside를 분석한 결과, 각 10g당 잣은 0.013㎛ol, 호도 0.015㎛ol, 살구 씨 0.05㎛ol, 아몬드 0.01㎛ol이었다. 당지질은 Folch-Suzuki법으로, N-acetylneuramic acid는 Periodate-resorcinol법으로 분석하였다.

잣지방질의 산화와 Tocopherol 및 β-Carotene : 잣지방에 α-tocopherol은 항산화제로 작용하여 0.05% 첨가에 항산화 효과를 나타냈으나, 그 이상에서는 오히려 산화가 촉진되었고, γ-tocopherol도 항산화 효과가 있으나, 농도에 따라 항산화력 차이는 없었다. 또한 α-tocopherol보다 γ-tocopherol의 항산화 효과가 크며, 동량혼합 시 상승 효과는 없었다. β-carotene을 0.01% 첨가 시 지방질 산화는 촉진되었으며, γ-tocopherol과 공존할 때 산화정도는 감소하였다. β-carotene 분해는 지방질 산화에 의존하며 tocopherol 공존 시 분해가 느렸다. 따라서 정제 잣지방질의 산화 안정성에는 β-carotene보다 tocopherol의 영향이 크며, 지방산 조성은 산화진행에 따라 linoleic acid가 급격히 감소되었고, 상대적으로 oleic acid가 증가되었으나, 포화 지방산은 큰 변화가 없었다.

지방산 조성 : 한국산 잣 지방질의 지방산 조성을 알고자 분석한 결과, 잣의 수분은 3.6%, 총 지질 70.4%, 회분 2.5%, 수확연도에 따른 일반성분의 차이는 없었다. 잣 총 지방질의 지방산은 C_{14}:0에서 C_{22}:0 까지 21종이 확인되었다. 이 중 5-olefin계 지방산으로 18 : 3(5, 9, 12), 20 : 2(5, 11), 20:3(5, 11, 14) 등 3종이 검출되었고, 지방산 조성도 수확년도 별 차이는 없었으며, 지방산 중 47.9%의 18:2w6, 28.4%의 18 : 1w9, 11.1%의 18 : 3(5, 9, 12) 등이 주요 지방산이었다.

결합지질의 지방산 조성 : 잣 지질성분의 분획정량 및 각 획분의 지방산 조성을 알고자 잣 지질을 분석한 결과, 중성지질이 총 지질의 95.9~96.7%, 당지질 2.5~3.2%, 인지질 0.8~0.9%, 중성지질 중 TG(80.8%), DG(6.3%), FFA(5.2%), sterol(4.6%), sterol ester 및 hydrocarbon 등이 정량되었고, 당지질은 monogalactosyl diglyceride 및 esterified steryl glycoside(23.5%), cerebroside 및 steryl glycoside(7.8%), digalactosyl diglyceride(2.3%) 등이, 인지질에서 phosphatidyl(P-) choline(40.2%), *p*-ethanolamine(19.4%), P-inositol(7.3%), lysop-choline(5.8%), P-serine(2.6%)이었다. 중성지질의 지방산 조성은 linoleic acid(48.7%), oleic acid(28.8%), arachidonic acid(14.4%), palmitic acid(5.7%), stearic acid(1.84%), linolenic acid(0.7%), myristic acid(0.1% 이하), lauric acid(0.1% 이하), 당지질과 인지질에서도 linoleic acid와 oleic acid가 주성분이나, 인지질은 palmitic acid(17.7%), stearic acid(6.0%)가 많았다.

향기성분 : 잣의 향기성분을 분석한 결과, 탄화수소류 26, 알데히드류 16, 알코올류 31, 케톤류 12, ester류 17, 산류 2, 염기 11, 기타 3, 총 109성분이며, 이중 주요성분은 α-pinene(22.9%), limonene(12.11%), β-pinene(6.50%), 1-hexanol(3.92%), pentadecane(2.60%), hexanal(2.37%) 등이었다.

잣죽의 특성 : 시료 잣의 일반성분을 분석한 결과, 수분 69.75~83.04%, 조단백 2.25~4.85%, 조지방 0.98~13.09%, 회분 0.13~0.51%, TG는 C_{54}가 74.76~75.50%, 지방산은 $C_{18:2}$(linoleic acid)가 44.77~44.94%로 가장 많았고, vitamin E는 잣에 22.60mg/100g, 잣죽에는 0.5~3.5mg/100g, L(명도)와 b(황색도)는 시료 첨가량의 증가에 따라 높아졌고, a(적색도)는 음의 값으로 나타났다. 관능평가 결과, 쌀 : 잣 : 물의 비가 1 : 1 : 5 배합비가 가장 기호도가 높았다.

잣죽의 Amylse 특성 : 잣죽의 점도 저하요인인 amylase를 잣죽에서 분리하고, 작용특성을 조사한 결과, 잣의 초산완충액 추출물에 ammonium sulfate를 가하여 35~55% 포화시켜 침전, 이 획분이 가장 높은 α-amylase의 specific activity를 보였고, 이 효소의 적정 작용조건은 75℃, pH 5.4이었으며, 쌀가루에 첨가하여 amylograph를 관찰한 결과, 쌀가루 점도를 크게 낮추는 것으로 나타났다.

잣성분의 유화특성 : 잣 단백질 추출물(PNPE)의 유화력은 pH 3.8(등전점) 부근에서 산성보다 알칼리 영역에서 높은 값을 보였고, 1% PNPE는 pH 8.0에 가장 높은 값(약 6.44m2/g)을 보였으며, 3% PNPE는 pH 4.0에서 가장 낮은 유화력 지표(약 0.10m2/g)를 보였다. PNPE의 유화 안정성은 3% PNPE에서 pH 8, 약 20으로 가장 높았고, 1% PNPE에서 전 pH 범위에서 5이하의 낮은 값을 보였다. 잣의 탄수화물 추출물(PNPE)의 유화력은 산성에서 알칼리로 갈수록 증가하였으며, pH 5.0 이후에 급격히 증가하였다. PNPE 유화 안정성은 PNPE 함량의 증가에 따라 증가하였으나, lecithin에 비하여 약 2.5~4.5배 낮은 유화특성을 보였다.

잣의 저장 : 잣의 산패를 억제하고자, 녹차 추출물 함유 단백질 필름으로 잣을 코팅하고, 35℃에서 4주간 저장한 후 측정한 결과, 과산화물가는 40%, 산가는 32%, TBA가는 21% 감소하였다.

기타 연구 : 필수지방산 linoleic acid와 linolenic acid가 많아 blood cholesterol lowering effect, arteriosclerosis prevent effect 및 조혈성분이 많아 anemia prevent effect 등이 있다.

성분 torreyol은 termiticide 물질이며, palustroside은 antiinflammatory effect, α-pinene 및 β-pinene은 insectifuge effect, resveratrol은 hypocholesterolemic, antimicrobial(bactericide, fungicide) effect, terpinen-4-ol과 terpineol은 antiashmatic, antitussive, antiseptic effect 물질로 보고되었다.

효능과 이용

1) 효능 : 열매 - 자양강장(滋養强壯), 보폐(補肺), 지해(止咳), 변통(便通)

2) 식용 : 영양성분이 많아 건강식품이며, 잣안주, 잣강정, 약식, 수정과, 식혜, 고기찜 등 고급 음식의 주재료나 부재료로 많이 쓴다.

3) 약용 : 예부터 잣은 자양강장제로 썼으며, 병후 회복이 빠르며, 12지장충 구제에도 썼다. 민간에서 꽃, 잎, 씨, 기름을 당뇨병, 폐결핵, 강장, 화상, 진통, 발모, 천식, 종창, 중풍에 이용하고 변비개선에도 쓴다.

참고문헌

1) 김명, **식품영양과학회지**, 1993, 22(1), 96 (잣 지방질의 자동산화에 따른 토코페롤 및 카로티노이드의 변화)

2) 김명, 이숙희, 유정희, 최홍식, **식품과학회지**, 1988, 20(6), 868 (잣 지방질의 산화 안정성에 관한 연구)

3) 김명, 이숙희, 최홍식, **식품영양과학회지**, 1984, 13(4), 406 (잣 지질성분의 분획 정량 및 각 획분의 지방산 조성)

4) 김영, 이숙희, 최홍식, **식품영양과학회지**, 1995, 24(1), 60 (토코페롤 및 카로틴이 정제 잣 지방질의 산화에 미치는 효과)

5) 김영호, 차월석, 김종수, 류성렬, **생물공학회지**, 1990, 5(4), 341 (호도와 잣기름 중의 트리글리세리드 조성)

6) 김용갑, 정규능, 석정심, 촌목반, **식품과학회지**, 1986, 18, 105 (잣의 향기성분에 관한 연구)

7) 김정상, 석호문, **식품과학회지**, 1994, 26, 398 (잣에 존재하는 아밀라제의 특성)

8) 김종진, 송홍근, 한창훈, **응용생명화학회지**, 2001, 44(4), 269 (소나무속 수목의 부위별 추출물의 항균활성)

9) 김현수, 전질자, **생화학회지**, 1992, 25(5), 429 [견과류(잣, 호도, 살구씨, 아몬드)에서 Ganglioside 분석]

10) 김호경, 강은정, 강봉주, 박갑주, 고병섭, **생약학회지**, 1998, 29(4), 277 [백자인으로부터 항Herpes virus 1형(HSV-1)물질의 분리]

11) 윤태현, **영양학회지**, 1987, 16(1), 93 (잣 지방질의 지방산 조성)

12) 윤태헌, **식품영양과학회지**, 1987, 16(2), 1093 (한국산 잣 지방질의 지방산 조성)
13) 윤태헌, 이상무, **영양학회지**, 1994, 27(4), 323 (한국산 잣기름이 정상 토끼의 혈중 지방질 및 지단백질의 대사에 미치는 영향)
14) 이명숙, 이세희, 박상규, 배동호, 하상도, 송경빈, **식품과학회지**, 2004, 36(5), 842 (녹차 추출물 함유 단백질 필름으로 코팅한 잣과 호두의 저장 중 품질 변화)
15) 이석원, 이철, **식품과학회지**, 2000, 32(5), 1093 (잣 구성성분의 유화 및 유동 특성)
16) 이승현, 장명숙, **조리과학회지**, 1994, 10(2), 99 (잣의 첨가량과 조리방법에 따른 잣죽의 특성에 관한 연구)
17) 이용억, 조후종, **유화학회지**, 1984, 1, 57 (들깨와 잣 참가식이가 흰쥐의 혈청지질에 미치는 영향)
18) 장선, 이범수, 금종석, 은종만, **식품과학회지**, 2002, 34(2), 225 (잣죽의 제조조건과 이화학적 특성)
19) 조종수, 박성배, 김사익, **진주산업대농업기술연구소보**, 1999, 12, 201 (잣나무 수피 추출물중의 플라보노이드)
20) 천석조, 박영호, **식품과학회지**, 1984, 16(2), 179 (잣기름의 Triglyceride조성)
21) 한상섭, 황병호, **임학회지**, 1990, 79(4), 345 (잣 종자의 아미노산, 지방산, 비타민 분석)
22) Acheson, G. G. et al., J. Chem, Soc., 1949, 812 (struct, β-Phellandrene)
23) Andersen, N. H. et al., Phytochemistry, 1970, 9, 1325 (isol, β-Bisabolene)
24) Antkowiak, W. et al., Can. J. Chem., 1965, 43, 1257 (struct, 8,15-Isopimaradien-18-al)
25) Banks, H. J. et al., Aust. J. Chem., 1971, 24, 2427 (deriv, Isorhapontigenin)
26) Banthorpe, D. V. et al., Chem. Rev., 1966, 66, 643 (rev, Pinocampheol, Pinocarveol)
27) Bohlmann, F. et al., Org. Magn. Reson., 1975, 7, 426 (Fragrance, α-Terpineol ; acetate)
28) Bohlmann, F. et al., Phytochemistry, 1982, 21, 2021 (entform, Pumiloxide)
29) Bowden, B. F. et al., Aust. J. Chem., 1981, 34, 1551 (isol, Isocembrol)

30) Braekman, J. C. et al., Bull. Soc. Chim. Begl., 1989, 98, 869 (isol, Palustrol)

31) Calderón, J. S. et al., Phytochemistry, 1987, 26, 2639 (deriv, Lambertianic acid; Methyl ester, isol, Pinusolide)

32) Caputo, R. et al., Phytochemistry, 1974, 13, 471 (Abietinol, Dehydroabietinal)

33) Carman, R. M. et al., Aust. J. Chem., 1970, 23, 1457 (7α-Hydroxy-dehydro-abietinol)

34) Chamy, M. C. et al., Phytochemistry, 1987, 26, 1763 (isol, Dehydroabietinol)

35) Cheng, Y. S. et al., J. Chem. Soc., Chem. Commun., 1967, 565 (isol, Torreyol, δ-Cadinol)

36) Cheng, Y. S. et al., Phytochemistry, 1970, 9, 2517 (isol, Manoyl oxide)

37) Connolly, J. D. et al., Phytochemistry, 1982, 21, 233 (isol, struct, epi-Cubenol)

38) Dauben, W. G. et al., J. Org. Chem., 1965, 30, 1693 (struct, Cembrene)

39) Dev, S., Prog. Chem. Org. Nal. Prod., 1981, 40, 49 (rev plant growth regulator, Longifolene)

40) Ensminger, Ensminger, Konalande, Robson, Food and Nutrition Encyclopedia, 2nd ed., CRC press, 1994, 950, 1627 (Nutritive value)

41) Erdman, H. et al., Acta Chem. Scand., 1963, 17, 2351 (isol, α-Longipinene)

42) Garzon, L. et al., Phytochemistry, 1987, 26, 2835 (Isol, Cryptostrobin)

43) Grant, P. K. et al., Aust. J. Chem., 1967, 20, 969 (isol, oil, 7,15-Isopimaradiene, 7,15-Isopimaradien-18-al, isopimaric acid, Methyl isopimarate)

44) Haeuser, J. et al., Tetrahedron, 1961, 12, 205 (isol, struct, Lambertianic acid)

45) Hopkins, C. Y. et al., Can. J. Biochem., 1969, 47, 433 (isol, pollen attract of Honey bee, Octadeca-cis-5, 11, 14-trienoic acid)

46) Jonsson, S. et al., J. Chem. Ecol., 1988, 14, 713 (cryst, Borneol ; acetate)

47) Juneja, R. K. et al., Phytochemistry, 1985, 24, 321 (deriv, Isorhapotin, Astrin-genin)

48) Kumar, N. et al., Phytochemistry, 1974, 13, 633 (Beneficalhealth effects, Re-sve-ratrol)

49) Ley, S. V. et al., Tetrahedron, 1989, 45, 3463 (Pinotol)

50) Mandai, T. et al., J. Org. Chem., 1983, 48, 2601 (Alarm pheromone, β-Farnesene)

51) Miyakado, M. et al., Phytochemistry, 1976, 15, 849 (Isol, Pinocembrin)

52) Nagasampagi, B. A. et al., Tetrahedron Lett., 1968, 1913 (struct, Essential oil, γ-Cadinene, δ-Cadinene)

53) Nonaka, G,-I, et al., Chem, Pharm. Bull., 1977, 25, 2300 (isol, derivs, Piceid)

54) Ohta, Y. et al., Tetrahedron Lett., 1967, 2073 (isol, struct, oil, Cubenol)

55) Radalgin, V. A. et al., Khim. Prir. Soedin, 1970, 6, 541 (Pinusolide)

56) Radalgin, V. A. et al., Khim. Prir. Soedin, 1974, 10, 674 (Palustral)

57) Rowe, J. W. et al., Phytochemistry, 1969, 8, 235 (Isol, Fungistatic, Pinosylin)

58) Rowe, J. W. et al., Tetrahedron Lett., 1965, 2633 (cryst, Agathadiol)

59) Ruzicka, L. et al., Helv. Chim. Acta, 1923, 6, 692 (peat, Fichtelite)

60) San Feliciano, A. et al., Phytochemistry, 1991, 30, 695 (isol, 13-Labdene-8, 15, 19-triol, Labd-8(20)-13-dien-15-ol)

61) Tabacik-Wlotzka, C., Bull. Soc. Chim. Fr., 1964, 618 (isol, Methyl dehydroabietate)

62) Takagi, T. et al., Lipids, 1982, 17, 716 (occur, Octadeca-cis-5,9-dienoic acid)

63) Tanaka, N. et al., Chem. Pharm. Bull., 1986, 34, 1015 (derivs, Linalool)

64) Verghese, J. Perfum. Essent. Oil Rec., 1966, 57, 694 (rev, Terpinen-4-ol)

65) Wenkert, E. et al., J. Am. Chem. Soc., 1964, 86, 2038 (Palustral)

66) Whitaker, D. et al., Chem. Rev., 1972, 72, 305 (rev, Sabinene ; hydrate)

67) Willows, R. D. et al., Phytochemistry, 1992, 31, 2649 (Abscisic acid)

68) Yoon, T. H., Im, K. J., Koh, E., Ju, J. S., Nutr. Res., 1989, 9, 357 (Fatty acid composition of *Pinus koraiensis* seed)

69) Zabza, A. et al., Collect. Czech. Chem. Commun., 1966, 31, 3373 (isol, struct, α-Muurolene)

70) Zinkel, D. F. et al., Phytochemistry, 1972, 11, 3387 (isol, cryst, cis-Abienol)

36 조 *Setaria italica* (Linné) Beauv.

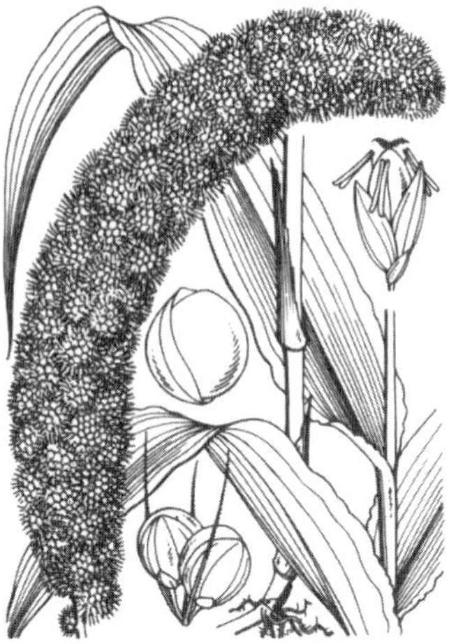

화본과(Gramineae)

Italian millet, Foxtail millet
Chinese corn(英), Awa(日),
메조, 차조(일반명), 陳粟米, 粟米(中)

원산지 : 동아시아

용도 : 열매(식용)

식물학적 특성

밭에 재배하는 키 1~1.5m의 1년초. 가지는 없고, 잎몸은 피침형으로 가장자리에 잔 톱니가 있다. 원기둥 모양의 화서는 20cm×2.5cm, 작은 이삭은 3mm, 불결실성 외영은 5맥, 완전한 작은 이삭은 겨드랑이에 1개의 강모가 있고, 불결실성 작은 이삭에는 겨드랑이에 3개의 강모가 있다.

동속식물에는 강아지풀(*S. viridis*)등 약 4종이 우리나라에 있다.

성분

1) 영양성분

① 조, 알곡(1277) 가식부 100g 중 열량은 307.0kcal, 단백질 9.9g, 지질 3.7g, 당질 63.5g, 조섬유 7.00g, Ca 21.0mg, P 240.0mg, Fe 5.0mg, Zn 3.12mg, vitamin B_1 0.40mg, B_2 0.10mg, B_6 0.20mg, niacin 4.5mg, 엽산 28.5㎍, E

0.54mg. 〈식이섬유 4.80g〉

② 조, 도정곡(1278) 가식부 100g 중 열량은 377.0kcal, 단백질 9.7g, 지질 4.2g, 당질 73.9g, 조섬유 2.10g, Ca 11.0mg, P 184.0mg, Fe 2.30mg, Zn 3.12mg, vitamin B_1 0.24mg, B_2 0.09mg, B_6 0.20mg, niacin 1.5mg, 엽산 28.5㎍, E 0.54mg.

③ 차조(1280) 가식부 100g 중 열량은 363.0kcal, 단백질 9.3g, 지질 3.0g, 당질 73.2g, 조섬유 0.80g, Ca 17.0mg, P 301.0mg, Fe 3.00mg, Zn 2.2mg, vitamin B_1 0.24mg, B_2 0.11mg, B_6 0.20mg, niacin 4.3mg, 엽산 28.5㎍, E 0.54mg.

2) 특수성분

Hypoletin ; 3',8-Di-methylether, 7-*O*-β-D-glucopyranoside(P-00578), Scoparin 2''-glucoside(G-00502), Scoparin 2''-xyloside(G-00502), Setarin(H-01259), Setatriol(H-01259) 등이 규명되었다.

생리활성

혈당조절 : 메밀, 메조, 멥쌀, 보리, 율무, 차조, 찹쌀, 현미 멥쌀, 현미 찹쌀, 차수수에 대하여 혈당지수(GI)를 측정한 결과, 보리 57±7%로 가장 낮았고, 찹쌀이 110±8%로 가장 높았다. 멥쌀을 기준한 GI-rice은 보리 63±6, 메밀 79±5, 메조 85±6, 현미 90±12, 찹쌀 100±0, 찹쌀 102±7, 현미찹쌀 106±6, 차조 115±13, 율무 116±13, 차수수 122±4%로 멥쌀군(멥쌀, 메조, 현미 멥쌀)이 찹쌀군(찹쌀, 차조, 현미 찹쌀)보다 GI가 낮았고, 혈당반응도 완만하여 혈당조절에 유리하였다.

GI=(식품 섭취 시의 혈당 반응 면적/포도당 섭취 시의 혈당반응 면적)×100

GI-rice=(식품 섭취 시의 혈당 반응 면적/멥쌀 섭취 시의 혈당반응 면적)×100

항균활성 : 황색포도상구균, 대장균, 녹농균에 항균 효과가 있으나 고초균에는 효과가 없다.

혈액의 응고성 : 혈액의 응고성을 감소시키며, thromboplastin 시간은 연장되나, heparin에 대한 혈액의 내성은 감소하였다.

제주도 좁쌀약주의 양조특성 : 차조의 당질은 71.27%, 조지방은 3.47%로 다른 양조원료보다 많았다. 양조원료를 좁쌀만을 사용하면 주정농도가 13.0~13.4%, 쌀이나 보리쌀을 10% 혼용하였을 때는 14.0~14.3%로 향상되었으며, 관능평가는 쌀이나 보리쌀 혼합경우가 좋았다. 좁쌀약주의 유기산은 lactic acid, malic acid, succinic acid였고, 당은 xylose와 소당류가 대부분이었다. methanol은 미량이었고, 휴젤유가 적고 유기산이 많았다. 최적 조건은 10% 쌀혼용과 충분한 침지와 증자, 가수량은 200%, 20℃에서 1주간 발효 후 압착여과 후 숙성시키는 것이었다.

좁쌀약주의 청징화 : 좁쌀 약주의 청징화법은 원심분리법, 단백질 효소법, 한외여과법 등이 있으나, 그 중 좁쌀약주의 향기손실이나 색도 등에서 우수한 법은 한외여과법이었다.

단백질 특성 : 조, 수수, 기장의 단백질을 6N-HCl로 가수분해하여 아미노산 조성을 분석한 결과, 가장 많이 함유한 것은 모두 tyrosine이며, 약 7.1%이었다. 다음 arginine과 phenylalanine이었고, 가장 적은 것은 glycine이고, 모두 2.93%이었다. 필수 amino acid인 tryptophan은 모든 시료에서 검출되지 않았다. 조 단백질 함량은 조와 기장이 8.9%, 수수는 11.1% 이었고, microkjeldahl 법으로 정량한 순 단백질은 수수 8.9%로 가장 많았고, 다음은 기장, 조 순이었다. 조, 수수. 기장의 전기영동 결과, 몇 개의 band가 뚜렷하였고, 수수는 35kDa, 조와 기장 단백질은 대부분 15kDa 이하의 저단백질이었다.

기타 연구 : Hypoletin-8-glucoside은 antiaggregant, antiinflammatory, antiulcer effect, scoparin은 diuretic, hypotensive effect 물질로 보고되고 있다.

효능과 이용

1) 효능 : 차조 - 폐병, 한열(寒熱), 음허(陰虛), 제열(除熱).
   메조 - 신기(腎氣), 위통, 곽란.
2) 식용 : 잡곡의 하나로 죽, 밥, 생선식혜 등에 이용한다.
3) 약용 : 한방에서는 위염, 위암, 소갈을 도우며, 이뇨에 쓰고, 정장작용, 욕창치료 효과, 불면증 해소, 폐병치료 등의 효능이 있다. 민간에서

는 허약자나 환자에 미음을, 또는 인삼과 함께 미음을 쑤어 장복시켜 건강을 회복시키는 데 응용한다.

참고문헌

1) 고정삼, 양영택, 고영환, 강영주, **응용생명화학회지**, 1993, 36(4), 277 (제주도 좁쌀약주의 양조특성)

2) 김효선, 양영택, 정용택, 고정삼, 강영주, **식품과학회지**, 1992, 24(1), 101 (좁쌀약주의 청징화)

3) 소함섭, 이삼빈, 하영득, **동아시아식생활학회지**, 2002, 12(2), 123 (조, 기장, 수수의 지방질과 지방산 조성)

4) 임상빈, 좌미경, 목철균, 박영서, 우건조, **식품과학회지**, 2004, 36(2), 233 (초고압처리 좁쌀탁주의 저장 중 미생물수, 효소활성 및 품질 변화)

5) 하영득, 이삼빈, **식품저장유통학회지**, 2001, 8(2), 187 (조, 수수 및 기장의 단백질 특성)

6) Ensminger, Ensminger, Konalande, Robson, Food and Nutrition Encyclopedia, 2nd ed., CRC press, 1994, 370, 1126, 1505 (Nutritive value)

7) Gluchoff-Fiasson, K. et al., Phytochemistry, 1989, 28, 2471 (Scoparin-2''-glucoside; 2''-xyoside)

8) Harborne, J. B. et al., Phytochemistry, 1968, 8, 207]isol, Hypoletin; 3',8-Dimethylether, 7-O-β-glucopyranoside (7-O-β-D-glucopyranoside)]

9) Jain, N. et al., Phytochemistry, 1991, 30, 3826 (cryst, Hypoletin; 3',8-Dimethylether, Stariol, Setarin)

37 참외

Cucumis melo Linné var. *makuwa* Makino

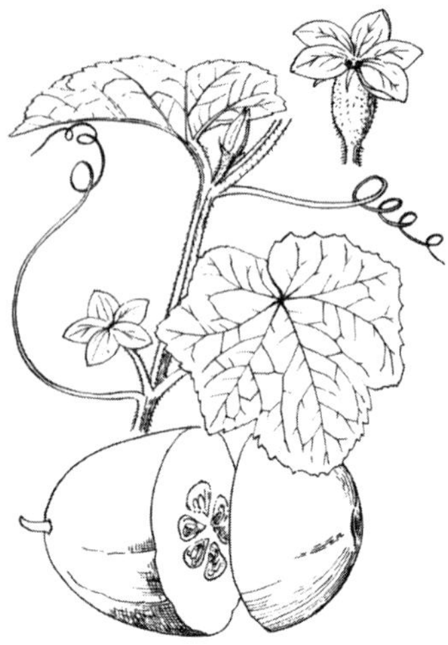

박과(Cucurbitaceae)

Oriental melon(英), Makuwa-uri(日),
瓜帶, 甘瓜, 甛瓜(中)

원산지 : 인도

용도 : 열매(식용)
참외꼭지, 씨, 설익은 열매(약용)

식물학적 특성

밭에 재배하는 덩굴성 1년초. 줄기는 길게 뻗고, 굽은 털 엽액에 덩굴손이다. 잎은 호생이고 잎자루는 길고 얕게 갈라진 손바닥 모양이다. 밑은 얕은 심장형이며, 가장자리에 톱니가 있다. 노랑꽃은 암수한그루로 단성화이다. 원주상 타원형 황록색 노란열매는 박과로 기와 단맛이 있다.

동속식물로는 오이(*C. sativus*)와 수박(*Citrullus vulgaris*) 등이 있다.

성분

1) 영양성분

① 은천참외(8134) 가식부 100g 중 열량 21.0kcal, 단백질 1.0g, 지질 0.7g, 당질 3.1g, 조섬유 0.5g, Ca 15mg, P 16mg, Fe 0.3mg, Zn 0.44mg, vitamin A 11RE, B_1 0.03mg, B_2 0.04mg, niacin 0.4mg, C 11mg, 엽산 15.8㎍, E 0.15mg.

② **참외**(8133) 가식부 100g 중 열량 26kcal, 단백질 1.0g, 지질 0.3g, 당질 5.6g, 조섬유 0.40g, Ca 18.0mg, P 14mg, Fe 0.5mg, Zn 0.44mg, vitamin A 15.0RE, B_1 0.05mg, B_2 0.02mg, B_6 0.05mg, niacin 0.4mg, C 25mg, 엽산 15.8㎍, E 0.15mg.
③ **금싸래기**(8132) 가식부 100g 중 열량 26kcal, 단백질 1.0g, 지질 0.7g, 당질 4.7g, 조섬유 0.3g, Ca 16mg, P 10mg, Fe 0.2mg, vitamin A 13.0RE, B_1 0.02mg, B_2 0.05mg, B_6 0.05mg, niacin 0.7mg, C 15mg, 엽산 15.8㎍, E 0.15mg.
④ **참외 생것**(8131) 가식부 100g 중 열량 31kcal, 단백질 1.0g, 지질 0.1g, 당질 7.3g, 조섬유 0.40g, Ca 6.0mg, P 35mg, Fe 0.3mg, Zn 0.44mg, vitamin B_1 0.03mg, B_2 0.01mg, B_6 0.05mg, niacin 1.0mg, C 22mg, 엽산 15.8㎍, E 0.15mg. 〈식이섬유 1.13g〉

2) 특수성분

Flavonoid계인 Meloside a(I-00908), Meloside I (I-00581), 3',4'5,7-Tetrahydroxy-6-C-Sophrosyl Flavone(I-00581)이, 지방족 화합물로는 3,6-Nonadien-1-ol (3Z, 6E, N-00574)과 (All Z), *6-Nonenal (Z, N-00600)이 또 Cucurbitacin B(C-02107, 1.4%), D(C-02107), Cucurbitacin B-2-O-β-δ-pyranoglucoside (C-02107), Cucurbitacin E(C-02110; Melatoxin, Elaterin C), Isocurcubitacin B(C-02107), α-Spinatsterol(S-01328)이 분리 동정되었다.

생리활성

간 보호 효과 : cucurbitacin B, E는 cucurbitacin B-2-O-β-D-pyranoglucoside나 crude preparation을 CCl_4처리 흰쥐(rats)에 피하주사하면, 간세포파괴나 지방간 등 병리적 변화가 쉽게 회복되었다.

Cucubitacins의 생리활성 : cucurbitacins는 anticancer(nasopharyngeal, cervical cancer) effect가 있고, 특히 Ehrlich ascites, carcinoma; solid melanoma, ascitic melanoma에 효과가 규명되었다. 또한 cucurbitacin D는 혈압강하, 심장수축 감소가 동물실험(dogs, cats)에서 나타났고, cucurbitacin E(melatoxin, elterin)는 antihepatotoxic, cytotoxic effect가 연구되었다.

혈당 조절 : 참외는 hypoglycemic effect가 있어 당뇨병의 혈당조절에 효과가 있다.

참외씨의 성분 : 조지방은 호박씨 40.24%, 참외씨 4.78%, 조단백은 호박씨 30.22%, 참외씨 32.73% 호박씨와 참외씨의 구성지질은 중성지질(96.02~96.56%)이 대부분이다. 중성지질성분은 TG(8.24~81.18%) 및 FFA(6.33~9.44%)순이었고, 지방산 조성은 호박씨와 참외씨가 유사하였고, 주지방산은 linoleic acid(51.8~70.5%) palmitic acid(11.0~27.8%) 및 oleic acid(7.8~16.4%), 염용해성 단백질은 1.0M $MgSO_4$에서 호박씨가 약 40%, 참외씨가 약 32%, 아미노산 조성은 glutamic acid와 arginine이 다같이 많았다. 참외씨는 tyrosine 18.38%, 필수아미노산으로는 lysine, threonine, valine, methionine, isoleucine, leucine, phenylalanine이었다. 전기영동에서 호박씨는 6개, 참외씨는 8개 band가 있었고, 분획 단백질의 수율은 각각 58.3%, 55.0%, 아미노산 조성은 arginine, glutamic acid가 많았고, 단백질의 분자량은 호박씨 약 48000, 참외씨 약 78,000이었다.

향기성분① : 참외를 수증기 증류하여 향기성분을 추출하고, GC, GC/MS로 분석하여, sniff GC에 의해 각 성분의 향기특성을 조사한 결과, 26종의 ester류, 17종의 alcohol류, 12종의 hydrocarbon류, 8종의 산류, 7종의 기타 성분 등 70종의 성분을 확인하였고, 가장 많은 성분은 benzyl acetate이었다. 참외의 향기성분을 column chromatography의 분획을 sniff GC로 각 성분의 향기특성을 조사한 결과, 참외의 특징적 향기(melon-like)는 주로 n-nonanol, cis-3-nonanol, cis, cis-3,6-nonadienol 등과 같은 C_6 화합물의 존재에 기인한 것으로 판명되었다.

향기성분② : GLC로 동전된 향기성분은 55종으로, 26종의 ester류, 16종의 alcohol류, 10종의 aldehyde류, 기타 3종의 화합물로 확인되었으며, 전체 상대적 농도의 63.8%를 차지한 ester류가 참외의 주요 향기성분으로, (Z)-3-nonenyl acetate, (Z)-6-nonenyl acetate와 (Z,Z)-3,6-nonadienyl acetate, C_9-불포화 ester류가 확인되었고, 황 함유 ester류인 ethyl (methylthio) acetate, ethyl-3-(methylthio) propanoate 또한 향기성분으로 중요하다.

휘발성 향기성분③ : 6-nonenal(Z)는 참외의 flavour component로, 3,6-nonadien-1-ol은 mexican, caribbean fruit flies의 sex pheromone으로 밝혀졌다.
휘발성 향기성분④ : 참외의 휘발성 향기성분은 GC로 57peak가 분리되었고, 주성분은 ethylacetate(17.39%), 2,3-butandioldiacetate(11.00%), nonanyl-acetate(8.94%), 1-acetoxy-2-propanol(7.11%), Z-3-nonenylacetate, (Z)-6-nonenylacetate, (Z, Z)-3,6-nonadienylacetate, ethyl(methylthio)acetate, ethyl 3-(methylthiopropanoate) 등이었다.
Alcohol 및 Acetic acid 발효 : 참외의 alcohol 발효에서 alcohol 함량은 초기 당 함량 17.83°Brix 및 82.65h의 조건에서, 최대치(7.47%)를 보였고, 산 함량은 초기 당 함량 12.17°Brix 및 60.56h의 조건에서, 최소치(0.46%)를 보였으며, 잔당 함량은 초기 당 함량 10.02°Brix 및 105.61h의 발효시간에서, 4.49%로 가장 낮았다. 초산 발효에서 잔류 alcohol 함량은 교반속도 200rpm 및 발효시간 150h에서 0.03%로 최소치를 나타내었으며, 산도는 교반속도 200rpm로 발효시간 250h 동안 발효시킨 경우, 5.27%로 최대치를 보였다.
Amino acid와 유리당 : 참외의 amino acid는 13종이, 유리당은 4종이 분리되었다. 참외에 많은 amino acid는 alanine, serine, aspartic acid이었고, 유리당은 과육에 glucose(2230.2mg), fructose(1757.7mg), sucrose(62.4mg), maltose (20mg), 과피에 glucose(2154.6mg), fructose(712.8mg), sucrose(97.2mg), maltose(81mg)이었다.
유산균 발효식품: 참외의 외피(15%)와 참외 속(15%)을 제거하고 과육(약70%)에 물엿, 자당, 감자전분, 탈지분유 및 콩가루첨가 참외발효 배지로 적합함이 밝혀졌고, 찹쌀가루 이용은 관능검사 결과, 부적합하였다. 참외발효 배지를 95℃, 10분간 살균 후, 1% 젖산균을 접종하여, 35℃에서 12시간 발효시키고, 이후 8℃에서 3일 숙성하여, 참외 발효식품을 제조하였다. *Pediococcus acidilactici* 균주로 12시간 발효, 산이 생성, 이후 균이 소멸되었고, *Lactobacillus plantarum* 균주는 발효기간 중 꾸준히 균수와 산 생성이 증가되었다. *P. acidilaccticic*균과 *L. plantarum*균의 혼합 발효에 의한 참외 발효식품은 각각의 발효 시보다 더욱 왕성한 균수의 증가를 보였으나, 숙성기간 중 *L. plantarum*

의 계속적 성장을 *P. acidilactici* 균주가 억제시켰다.

기타 연구 : 참외씨는 구충작용이 있고, 곰팡이균 발육억제 효과도 있다.

효능과 이용

1) 효능 : 과실 - 해번갈(解煩渴). 이소변(利小便), 청서열(淸暑熱).
꼭지 - 소화(消化), 간염(肝炎).
종자 - 청폐화담(淸肺火痰), 윤장(潤腸).

2) 식용 : 과실을 생과실로 먹고, 화채나 과실 salad의 재료로 쓴다. 참외장아찌, 참외지짐이, 참외김치도 만들어 먹는다.

3) 약용 : 동의에서는 참외는 황달에 쓰고, 씨는 인후염, 해수, 천식, 변비에 쓰고, 참외꼭지는 천식에 쓴다. 민간에서는 구토제, 부종, 충독, 월경과다, 최토 등에 쓰며, 꼭지는 토제로 식상곽란에 이용하며, 이뇨, 황달에 이용한다.

4) 향료 : 열매는 독특한 향기와 단맛이 있어, 향미제로도 쓴다.

참고문헌

1) 김경수, 이해정, 김선민, **식품과학회지**, 1999, 31(2), 322 (한국산 수박과 참외의 휘발성 향기성분)

2) 김신기, 박학봉, 김형회, 김도연, 김명곤, **원예학회지**, 1997, 38(1), 33 (참외의 휘발성 향기성분)

3) 박동금, 권준국, 이재한, **생물환경조절학회지**, 2000, 9(3), 151 (토양수분조건이 시설재배 참외의 수량과 품질에 미치는 영향)

4) 박종대, 홍석인, 박형우, 김동만, **식품과학회지**, 2000, 32(3), 481 (MA 포장기법과 참외의 신선도)

5) 배수곤, 신용습, 연일권, 도한우, **생물환경조절학회**, 2001, 10(4), 237 (멀칭재료가 시설참외의 생육과 품질에 미치는 영향)

6) 신용습, 연일권, 배수곤, **생물환경조절학회지**, 2001, 10(1), 23 (시설내 공기순환

이 참외발효와 발생에 미치는 영향)
7) 신용습, 연일권, 최진국, **생물환경조절학회지**, 2000, 9(3), 141 (과실비대기 담수처리가 참외의 품질 및 수량에 미치는 영향)
8) 연미영, 현태선, **영양학회지**, 2005, 38(7), 586 (한국인 상용식품의 엽산함량 분석에 의한 식품영양가 표의 보완)
9) 유근창, 송융남, 김승제, 박병훈, **원예학회 논문발표요지**, 1987, 5, 42 (참외의 당축적)
10) 윤형식, 오만진, 최청, **농화학회지**, 1983, 26(3), 163 [폐기종실의 식량자원화에 관하여(제3보), 호박 및 참외 종실의 화학적 조성]
11) 이기동, 권승혁, 이명희, 김숙경, **식품과학회지**, 2002, 34(1), 30 (참외의 알콜 및 초산발효 특성 모니터링)
12) 이명희, 오영애, 노홍균, 김순동, **대구효성가톨릭대학교 식품과학지**, 1992, 4, 37 (절임식품의 품질)
13) 이숙희, 김찬용, 서영진, 김창배, **식품과학회 1999년도 식품관련학회 춘계 연합학술대회 논문초록집**, p. 317 (식초제조 시 당첨가의 효과)
14) 이희봉, 양차범, 유태종, **식품과학회지**, 1972, 4(1), 36 (참외의 유리아미노산과 당의 함량)
15) 차성관, 전형일, 홍석산, 김왕준, 구영조, **식품과학회지**, 1993, 25(4), 386 (유산균과 참외 발효식품)
16) Akihisa, T. et al, Phytochemistry, 1987, 26, 1693 (Sterols)
17) Amonker, A. A. et al, Phytochemistry, 1985, 24, 429 (Elaterin, Cucubitacin I)
18) Banerji, N., J. Indian Chem. Soc., 1980, 57, 417, 1043 (α-Spinasterol)
19) Chang, H. -M., But, P. P. -H. ed., Pharmacology and Applications of Chinese Materia Media, 1102, 1989 (Chinese Medicinal Research Institute, The Chinese University of Hong Kong)
20) Ensminger, Ensminger, Konalande, Robson, Food and Nutrition Encyclopedia, 2nd Ed., CRC press, 1994, 894, 1442 (Nutritive value)
21) Flath, R. A. et al., J. Agric. Food Chem., 1978, 26, 835 (3,6-Nonadien-1-ol)

22) Goetz, M. et al., Helv. Chim. Acta, 1978, 61, 1373 (3',4'5,7-Tetrahydroxy-6-C-Sophrosyl Flavone, deriv)

23) Hostettman, K. et al., Helv. Chim. Acta, 1975, 58, 130 (Meloside I)

24) Huang, K. C., The Pharmacology of Chinese Herbs, 2nd ed., CRC Press, New York, 1999, 512p (Cucurbitacin B LD_{50}, 14+/-3.0mg/kg oral in mice)

25) Kemp, T. R., Knavel, D. E., Stoltz, L. P., Phytochemistry, 1973, 12, 2921 (*Cucumis melo* components : Indentification of additional compounds and effects of storage conditions)

26) Kemp, T. R., Knavel, P. E., Stoltz, L. P., Lundin, R. E., Phytochemistry, 1974, 13, 1167 (3,6-Nonadien-1-ol from *Citrullus vulgaris* and *Cucumis melo*)

27) Khan, L., Shave, N., Yunis, M., Arfan, M., Harvard Medicus July-September, 1999. Quart. J. Sci. Med., 45(3), pp. 38~45 (An overview of plants used in the traditional system of medicine for the control of diabetes)

28) Lavie, D. et al., J. Org. Chem., 1963, 28, 1790 (Cucubitacin A, B, D, Iso-cucubitacin B)

29) Lewis, R. J., Sax' s Dangerous Properties of Industrial Materials, 8th ed., Van Nostrand-Reinhold, 1992, NNA 325 (6-Nonenal), COE 250 (*RC 6305500, Elaterin)

30) Monties, B. et al., Phytochemistry, 1976, 15, 1053 (Amorph, Meloside A, Meloside)

31) Nielsen, J. K. et al., Phytochemistry, 1977, 16, 1519 (isol, Antihepatotoxic, Cucurbitacin E, Melotoxin, Elaterin)

32) Willyie, S. G., Leach D. N., J. Agric. Food Chem., 1990, 38, 2042 (Aroma volatile of *Cucumis melo* cv. Golden Crispy)

33) Wyllie. S. G., Leach, D. N., J. Agric. Food Chem., 1992, 40(2), 253 [Sulfur containing compounds in the aroma volatiles of melons (*Cucumis melo*)]

38 해바라기 *Helianthus annuus* Linné

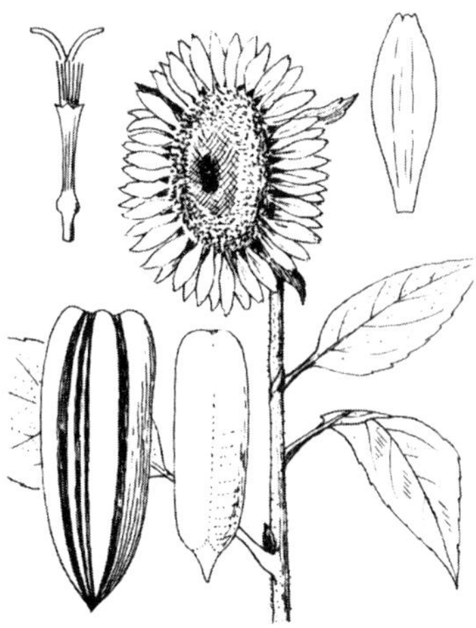

국화과(Compositae)

Sunflower(英), Himawari(日),
葵花, 向日葵(中)

원산지 : 북아메리카

용도 : 열매(식용, 제유용)

역사

Columbus가 America대륙에 상륙한 후, Indian들이 아끼는 해바라기를 처음 보았고, 스페인 사람 Monardes에 의해 〈식물지〉(1569년)에 소개되었다. 100년 이후 동양에 소개되었고, 오늘날 중국과 소련에서 많이 이용하며, olive oil과 같은 정도로 애용되고 있으며, 줄기나 꽃의 섬유는 가벼워 구명대 재료가 된다.

우리나라에 유지작물(油脂作物)장려정책으로 1974년에 Canadian sunflower가 선택, 재배되었다. 또한 해바라기씨 기름은 다른 종실유보다 vitamin A, E가 많고, choline이 많아, 부신 호르몬분비를 촉진시키며, 무기질인, Ca, K, Fe도 많아 보건식품으로 분류되고 있다.

식물학적 특성

재배되는 2m 정도의 1년초. 전체에 강모가 있으며, 줄기는 곧고, 대형 잎은 호생이다. 잎자루는 길고, 넓은 난형으로 끝은 뾰족하다. 가장자리에 큰 거치가 있고, 노란꽃은 양성화, 두상화 가장자리는 설상화이다. 도란형 흰색 또는 회색, 검은색 줄이 있는 열매는 수과로 결실한다.

동속식물로는 돼지감자(*H. tuberosus*)가 있다.

성분

1) 영양성분

① **해바라기씨 말린 것**(5061) 가식부 100g중 열량 611.0kcal, 단백질 19.9g, 지질 56.4g, 당질 14.4g, 조섬유 2.7g, Ca 95.0mg, P 540.0mg, Fe 5.0g, Zn 5.20mg, vitamin A 2.8RE, β-carotene 17.0㎍, B_1 2.10mg, B_2 0.24mg, B_6 0.80mg, niacin 6.8mg, 엽산 237.4㎍, E 2.2mg. 〈식이섬유 8.45g〉

② **해바라기씨 볶은 것**(5062) 가식부 100g중 열량 589.0kcal, 단백질 19.6g, 지질 50.3g, 당질 24.3g, 조섬유 1.80g, Ca 71.4mg, P 1171.0mg, Fe 3.90g, Zn 0.91mg, vitamin A 1.0RE, β-carotene 5.0㎍, B_1 0.33mg, B_2 0.28mg, B_6 0.06mg, niacin 9.8mg, 엽산 10.1㎍, E 0.20mg.

③ **해바라기씨 조미한 것**(5063) 가식부 100g중 열량 588.0kcal, 단백질 19.5g, 지질 54.8g, 당질 15.2g, 조섬유 2.90g, Ca 85.0mg, P 751.0mg, Fe 4.90g, Zn 0.15mg, vitamin A 3.0RE, β-carotene 15.0㎍, B_1 0.05mg, B_2 0.03mg, B_6 0.06mg, niacin 0.3mg, C 1.0mg, 엽산 10.1㎍, E 0.20mg.

2) 특수성분

Albigenic acid(D-02450), Annulin A(A-01834), Annulin B(A-01835), Heliangolide(H-01872), 8β-Angeloyloxy-15-hydroxy-1α,10R-dimethoxy-3-oxo-11(13)-germacren-12,6α-olide(T-00957), Dicaffeoylputrescine(D-00835), Di-4-coumaroylputrescine(D-00835), Isochlorogenic acid(D-00789), Calenduladiol diacetate(L-00833), Chlorogenic acid(C-00083), Neochlorogenic acid(C-00085), Dehydrofalcarinone(H-00260), N',N^{10}-Dicoumaroylspermidine(D-00837), 15,

19-Dihydroxy-7-trachylobanone(ent-15β, D-02843), 3-Epigiberellin A_{72}(G-00318), 1,3,11(13)-Eudesmatrien-12-oic acid(E-01874), Faradiol(T-00091), 3-*O*-Feruloylquinic acid(C-00083), Gibberellin A_{64}(G-00328), A_{65}(G-00333), A_{66}(G-00334), A_{67}(G-00331), A_{72}(G-00318), A_{75}(G-00323), A_{76}(G-00331), Glandulone A(H-02608), B(D-03373), C(H-02608), Heliantriol A_1(O-00381), BO(T-00094), B_1(T-00096), B_2(L-00842), C(T-00093), F(T-00095), 15-Hydroxy-19-trachylobanoic acid(ent-15β,H-03097), 16-Kauren-19-ol(K-00169), 25-Methyl-24-methlenecholesterol(M-01154), 3-*O*-Methylniveusin A(E-01199), Niveusin A(E-01199), B(E-01258), C(E-01253), Stigmasta-7,24-dien-33, ol(3β, 5α, S-01329)), ent-19-Trachylobanal(T-01607), 19-Trachylobanoic acid(ent, T-01607) 등이 분리되었다.

동속식물에서 6-Acetyl-2,2-dimenthyl-2H-1-benzopyran(D-03049-8-ol, H-01521-6-ol), *Acetoin(H-01330), Aconitic acid(A-00304), α-Amyrin(U-00159), α-Pinene(P-01320), α-Terpineol(M-00561), Annuinone B(D-01646), Agrophyllin A, Ayapin(M-00978), Bensoic acid pentyl ester(B-00243), β-Amyrin(O-00383), Borneol acetate(B-00691), Brassicasterol(M-00888), Brassinolide(B-00780), Brassinone(T-00618), Caffeic acid(D-02670), Castasterone(T-00710), Choline(C-01219), Chrysanthemin(P-00583), 1,8-Cineol(E-01060), cis-9-Lutein(L-00885), cis-13-Violaxanthin(V-00342), Cyanidin-3-*O*-(6'-malonyl)-glucopyranoside(P-00583), Cyanidin-3-*O*-oxyloside(P-00583), Cycloartenol(C-02253), Daucosterol(S-01368), Campesterol(E-01477), δ-Cadinol(M-01863), Demethoxylencecalol, Dihydrophaseic acid(D-01390), Dioxindole-3-acetic acid(D-01285), ent-19-Trachylobanal(T-01607), *8-Epixanthine(X-00007), 5,6-Epoxy-9-hydroxy-7-megastigmen-3-one(M-00401, M-00402), 5,13-Epoxy-3,9-metastigmanedione(M-00388), Eugenol(M-00754), Ferulic acid(H-02285), Gibberellin A_1(G-00318), A_{19}(G-00330), A_{20}(G-00331), A_{100}, A_{101}, A_{102}, *Gossypol(+, G-00672), Grandifloric acid(H-02131), Helianone B, Helianone C', Heliannuol A, B, Helianol, Gibberellin A_{20}(G-00331), Heliespirone A,

Helinorbisabone, Hex-trans-2-en-1-al(H-00819), Histamine(H-00922), (15-Hydroxyleptocarpin(E-01265), 5-Hydroxy-4,4',6-trimethoxyaurone(D-01527), Isofucosterol(s-01326), Jasmonic acid(J-00057), Leucinopine(L-00472), Loliolide(L-00693), Lutein(L-00885), Malonic acid(P-01875), Methyl-cyclopentane, 24-Methylene-cycloartanol(M-00971), 2-Methylpropan-1-al(M-01297), Myrtenal(P-01330), Nevadenine(N-00366), n-Heneicosane(H-00205), n-Hentricosane, Niveusin A(E-01199), Niveusin B(E-01258), n-Nonadecane(N-00556), n-Octadecane(O-00119), Nopalinic acid(N-00638), n-Tetracosane(T-00275), n-Tricosane(T-01761), 3-*O*-α-D-Glucopyranuronysyl-D-xylose, 3-*O*-Methlniveusin A(E-01199), *Pentan-2-one(P-00763), Peposterol, Perillyl acetate(M-00494), Petasitin(D-01798), Phenylacetaldehyde(P-00961), Phosphatidylcholine, p-Menthan-3-ol(1R, 3R, 4R), Propiovanillone(D-02666), Quercimeritrin(Q-00014), Quercetin(P-00565), Seryvalyglycylglutamic acid, Succinic acid(S-01524), trans-Lutein-5,6-epoxide(L-00886), 2,3,4-Trimethyl-hexane, Vanillin(D-01528), Verbenone(+, P-01331), Violaxanthin(all- E, V-00342) 등이 분리되었다.

생리활성

지질 대사(혈중 cholesterol)① : n-3계 PUFA와 n-6계 PUFA 배합비율을 달리하여 SD계 흰쥐(♂)에 돈지(3.0%), 버터(12%) 및 cholesterol(0.75%) 첨가식이를 3주간 투여, 고지혈증을 유발시키고, 돈지(3.0%), 버터(12%) 식이군을 대조군으로, 아마인유(n-3)와 해바라기 종자유(n-6)를 혼합 비율을 달리한 군 및 항고지혈증약제를 2주간 급여 사육한 후 혈중 지질성분을 검토한 결과, 총 cholesterol은 대조군보다 실험군에서 낮았으며, 아마인유 12%군에서 현저히 낮았다. HDL-cholesterol은 아마인유군과 해바라기 종자유군에서 높았고, 동맥경화지수는 3군과 5군에서 낮았다. 유리 cholesterol 및 cholesterol ester 는 시험군에서 유의적으로 낮았고, 특히 5군이 낮았다. LDL도 3군과 5군이 낮았다. 인지질과 중성지질은 시험군에서 현저히 낮았다. 이로써 혈청지질 개선 효과는 아마인유 12%군에서 가장 높았다[1군 : 돈지 3.0%+butter 12.0%, 2군 : 돈지 3.0%+olive oil 12.0%, 3군 : 돈지 3.0%+olive 12.0%+cholestyramin 2.0%, 4군 : 돈지 3.0%+olive 12.0%+lipraroid 120mg/kg diet, 5군 : 돈지 3.0%+아마인유 12.0%, 6군 : 돈지 3.0%+아마인유 9.0%+해바라기씨유 3.0%, 7군 : 돈지 3.0%+아마인유 6.0%+해바라기씨유 6.0%, 8군 : 돈지 3.0%+아마인유 3.0%+해바라기씨유 9.0%, 9군 : 돈지 3.0%+해바라기씨유 12.0%].

지질대사(간의 지방산조성)[②] : n-3계 PUFA와 n-6계 PUFA 배합비율을 위 실험과 같이 조성한 식이로 SD계 흰쥐(♂)에 3주간 급여, 고지혈증을 유발시키고, 돈지 3%와 버터 12% 식이군을 대조군으로 하여, 아마인유와 해바라기 종자유를 배합비를 달리하여 2주간 사육한 후, 혈청 지단백의 지방산 조성을 분석하였다. 그 결과, 각 성분 모두 $C_{18:2}$의 함유비율이 높았고, $C_{20:5}$의 비율은 LDL과 HDL성분에, $C_{22:6}$은 chylomicron 성분에서 높았으며, n-3 P/n-6 P 비는 5군에서 9군으로 감에 따라 저하경향을 보여, 식이유지의 지방산조성이 반영된 것으로 나타났다.

지질대사(간지질 개선 효과)[③] : 위의 실험과 같이 실험하여, 간장의 지질성분과 조성을 분석한 결과, 간장의 총 cholesterol 및 인지질 농도는 대조군에 비해 2군(올리브유 12%)에서 높았고, 다른 군은 낮았으며, 특히 3군과 9군(해바라기 종자유 12.0%)에서, 중성지질도 현저히 낮았다. 간지질의 지방산조성에서 각 성분 모두 $C_{18:2}$의 함유비가 높았고, n-6계 PUFA 함유비율은 5군(아마인유 12%)에서 9군으로 감에 따라 증가되는 반면 n-3계 PUFA 함유비율은 감소경향을 보여 식이지방산조성이 반영된 것으로 보였다. 이로써 간장의 cholesterol, 인지질, 중성지질 함량 등으로 미루어 간장지질 개선 효과는 해바라기 종자유(12%) 급여군이 가장 높았으며 간지질의 지방산조성은 시료지방산조성의 영향으로 나타났다. 그러므로 간장지질 개선 효과는 돈지 3.0%와 해바라기 종자유 12.0% 급여가 가장 좋았으며, 간장 지방산 조성은 식료유지의 지방산조성에 영향을 받는 것으로 나타났다.

지질대사(뇌와 심장의 지방산조성)[④] : n-3계와 n-6계 PUFA의 배합비를 달리하여 위의 실험과 같은 식이로 SD계 흰쥐(♂)에 2주간 급여 사육 후, 뇌와 심장

지질의 지방산 조성을 분석한 결과, 뇌지질의 총 지방산 조성은 $C_{20:4}$ 및 $C_{22:6}$(n-3)의 함유비가 높았고, 각 군 간에 큰 차이는 없었으며, 심장지질의 지방산조성은 각 성분 모두 $C_{18:2}$의 함유비가 높았고, $C_{20:4}$의 함유비는 총 지질과 인지질 성분이 높았으며, 그 비율은 5군(아마인유 12%)에서 9군(해바라기 종자유 12%)으로 감에 따라 높아지는 경향으로 시험유지의 지방산조성이 반영되었으며, $C_{22:6}$(n-3)은 인지질성분에서 함유비율이 높았으나 시험유지의 지방산조성이 반영되지 않은 것으로 나타났다.

화분립과 알콜대사① : 쥐에 화분립과 alcohol을 각각 농도별로 투여하고, 간 alcohol dehydrogenase(ADH)활성과 간 조직 변화를 실험한 결과, ADH활성은 alcohol 농도에 비례하여 대조군보다 현저히 감소하였으나, 화분립과 alcohol 복합 투여군에서는 ADH활성이 증가하였고, alcohol 농도가 낮을수록, 효소활성은 증가하였다. alcohol 투여군에서 간 조직에 지방침착이 나타났으나, 화분립과 alcohol복합 투여군에서는 지방침착은 현저히 감소하였다. 또 화분립의 아미노산 조성을 분석한 결과, 18종의 아미노산이 정량되었으며, 필수아미노산 중 phenylalanine, leucine, threonine, lysine의 함량이 특히 많았다.

화분립의 Cholesterol대사② : 화분립의 지질은 neutral lipid 84.10%, glycolipid 10.50%, phospholipid 5.40%이었고 중성지방질의 조성은 TG 71.20%로 가장 많았고, sterol ester, DG, MG, FFA, sterol 순이었다. neutral lipid, glycolipid, phospholipid의 주요 지방산은 linoleic acid 28.48~33.70%, palmitic acid 12.90%~47.50%, oleic acid 11.20~12.20%, phospholipid는 palmitic acid가 더 많이 함유되어있다. 해바라기 화분립 투여 mouse의 체중은 대조군보다 현저히 증가하였고, 간장의 지질 대사가 대조군보다 활발하였으며, mouse의 간 cholesterol치가 초기에 증가하였으나, 말기에는 대조군과 비슷하게 감소하였다.

진통, 소염 및 관절염 : 진통작용은 초산법으로 13.4g/kg 투여군에서 대조군보다 감소하였고, 소염작용은 부종유발 후 해바라기씨 투여에서 대조군보다 감소경향을 보였으며, 관절염에 미치는 영향은 시료 투여군에서 관절염 유발 확인 후 5일과 7일 후에 대조군보다 부종이 억제되었다. 혈액검사에서 시료 투여군이 대조군보다 백혈구수가 증가하였고, 총 단백질은 변화가 없었으며,

glucose 함량은 시료 투여군이 대조군보다 증가되었으나 유의성은 없었다. 혈소판수는 시료 투여군에서 대조군보다 유의성 감소를 보였다.

씨의 유지성분 : 해바라기씨 유지성분 중 triglyceride 조성으로 trilinolein 57.74%로 주성분이었고, triolein이 25.28%, 포화 TG로는 tristerin과 tripalmitin이 각각 9.43과 7.55%, HPLC로 분석한 지방산은 oleic acid(27.19%), linoleic acid(56.72%), stearic acid(8.59%), palmitic acid(7.50%)이며, preparative TLC, Planimetry법으로 분석한 sterol은 campesterol(13.2%), stigmasterol(14.1%), sitosterol(60.7%), Δ^{7}-stigmasterol(10.5%), $\Delta^{7.24(25)}$-stigmasterol(3.6%), cholesterol(미량)이었다.

씨의 저장 조건과 지질성분 : 해바라기의 저장조건에 따른 지질성분의 변화를 연구한 결과, 해바라기 종자유중에 중성지질, 당지질, 인지질의 함량은 각각 94.1%, 3.2%, 2.7%, 지방산 조성은 채종 직후 oleic acid 59.84%로 가장 많았고, linoleic acid는 29.48%, 다음 palmitic acid 및 stearic acid가 각각 6.21%, 4.50%, 외국산 종자유는 linoleic acid가 20~30%로 적었고, oleic acid는 20~30%로 많았다. 처리 후 linoleic acid 함량은 100℃, 180℃에서 각각 1.48%, 5.32%로 감소하였으나, oleic, palmitic, stearic acid는 상대적으로 증가하였고, 중성지질은 TG, DG, FFA는 처리 직후 TG는 감소하였으나, DG, MG는 증가, FFA는 100℃에서 점차 증가하였다. 180℃ 16시간 이후 약간 감소하였고, 요드가는 처리 후 감소하였으나, 과산화물가는 100℃에서 점차 증가하였고, 180℃ 16시간까지 증가하다가, 그 후 감소하였다.

부위별 성분① : 씨의 유지성분은 약 40%이고, 주성분은 linoleic acid와 oleic acid가 34~57%, stearic acid와 palmitic acid가 각 4~5%, arachic acid, linolenic acid 0.5% 이하이었고, 잎과 꽃에는 quercitrin, coumarin, oleanolic glycoside, β-sitosterol, β-carotene, anthocyanin이 있으며, 꽃 색소물질은 cryxanthophyll이 있다.

부위별 성분② : 씨에는 lemonic acid, 포도산, chlorogenic acid, quinic acid, caffeic acid, β-carotene, sugar 등이 있고, phytic acid(7.7%), 3,4-benzopyrene이 있다. 열매껍질에는 주로 cellulose, lignin, pentosane, 단백질 등이 있다.

부위별 성분[3] : 잎에는 neochlorogenic acid, isocholorogenic acid, 4-O-caffeoylquinic acid, caffeic acid, scopolin, helliangin이 있고, organic acid (9~12%)가 있으며, 이 중 lemonic acid 45%, malic acid는 27%이며, lutein(가을)이 있다. 뿌리에는 cytokinin과 kinetin 등이 있다.

기름의 Triglyceride 분자종 : 해바라기씨 기름의 triglyceride 분자종을 알고자, Bio-beads SX-2, sephadex LH-20 column chromatogrphy로 분획, HPLC로 분석한 결과, 총 triglyceride 분자종은 26종으로 10% 이상 점유한 triglyceride 분자종은 PLL : 10.4%, OLL : 22.3%, LLL : 31.9%이었다.

씨의 단백질 : 해바라기씨의 단백질을 10% NaCl-0.02M Na_2SO_4 buffer로 추출하고, 필수아미노산 조성을 살펴본 결과, 양질의 단백질이었으며, disc전기영동에서 7개 band가 확인되었다. 염용해성 단백질의 주단백질은 sephadex G-150과 A-25 column으로 정제한 결과, 분자량은 약 86,000이었다.

씨 단백질에서 Plastein 합성 : 세계 인구의 증가에 따라 앞으로 단백질 자원이 부족할 것으로 생각되어, 단백질을 효과적으로 이용할 수 있는 방법의 하나로, plastein을 합성코자 하였다. 해바라기씨를 pepsin으로 가수분해하고, plastein을 합성하는 것으로, 최적조건을 실험한 결과, 가수분해 최적조건은 pH 1.5, 45℃, 2% 기질 농도와 2% pepesin 농도에서 24시간 반응시키는 것이었고, plastein합성 최적조건은 기질농도 50%, pH 4.5, 50℃, 0.25% pepsin 농도에서 18시간 반응시키는 것이었다. plastein 생성을 TLC로 확인, 한 개의 spot를 확인하였다.

우유의 필수 Amino acid와 비교 : 해바라기 씨(Kernels)와 우유의 필수 amino acid를 비교한 결과, 씨의 histidin 25mg/g protein (우유 27mg), isoleucine 55mg(47), leucine 75mg(95), lysine 38mg(78), methionine + cystine 39mg(33), phenylalanine + tyrosine 81mg(102), threonine 40mg(44), tryptophan 15mg(14), valine 59mg(64)로 양질의 단백질이었다.

기타 연구 : 성분 중 isocholorgenic acid, 16-kauren-19-oic acid, trachyloban-19-oic acid은 antiseptic effect 물질이며, linoleic acid는 hypocholesterolemic, antithrombogenic effect 물질이고, prostaglandin E 합성을 촉진하여 혈소판 응

고 억제 효과가 연구되었다.

효능과 이용

1) 효능 : 씨 - 血痢, 消腫

2) 식용 : 견과류와 함께 술안주나 간식으로 이용된다.

3) 약용 : 동의에서는 거풍, 식욕부진, 소화불량, 심한 두통, 어지럼증, 급성 위장염, 해열 등에 쓰며, 눈을 밝게 하며 생기 나게 하는 데 이용한다.

민간에서는 잎과 꽃받침은 이뇨 식욕촉진, 거담, 류머티즘에, 줄기(껍질제거)를 다려 위암 치료에, 꽃받침은 고혈압, 자궁출혈에도 쓴다.

4) 기타 : pectin 원료로도 쓴다 한다.

참고문헌

1) 김종덕, 고병희, **사상체질의학회지**, 1999, 11(1), 221 (아욱, 접시꽃, 닥풀, 해바라기에 대한 문헌고찰)

2) 노재문, 김재욱, **응용생명화학회지**, 1991, 34(1), 1 (해바라기씨 단백질에서 Plastein의 합성)

3) 박옥윤, 송영민, 김철호, **진주농전논문집**, 1990, 28, 75 (해바라기, 아몬드, 땅콩의 급여가 생쥐의 증체량 장기중량 및 혈액상에 미치는 영향)

4) 박해심, 김용재, **알레르기학회지**, 1993, 13(1), 75 (해바라기씨에 대한 알레르기 : 쑥 화분과의 교차 알레르기 반응)

5) 서부일, 변부행, **본초학회지**, 2002, 17(1), 55 [향일규자(해바라기씨)가 진통 소염 및 관절염에 미치는 영향]

6) 안명수, 조희숙, **성신여대생활문화연구**, 1999, 13, 107 (탈지 해바라기씨박 중 페놀산의 대두유에 대한 항산화 효과 II)

7) 윤수홍, 안정임, 권정숙, **식품영양과학회지**, 1985, 14(1), 27 (화분립의 영양 생화

학적 연구 2. 해바라기 화분립의 아미노산 조성과 Rat의 간 Alcohol Dehydrogenase 활성에 미치는 영향)

8) 윤형식, **경북대논문집**, 1977, 23, 291 (항산화제 및 유색용기가 해바라기기름의 항산화 효과에 미치는 영향)

9) 윤형식, **경북대논문집**, 1978, 25 · 26, 587 [식용유(해바라기)의 저장조건에 따른 변화]

10) 이영근, **동아시아 식생활학회지**, 1999, 25, 74 (Sunflower Seed Sprout의 성분조성에 관한 연구)

11) 전영건, 윤수홍, 권정숙, 배만종, **식품영양과학회지**, 1984, 13(2), 169 (화분립의 영양 생화학적 연구 1. 해바라기 화분립의 지질조성과 Mouse 간장 Cholesterol 대사에 미치는 영향)

12) 조성희, 김준평, **식품과학회지**, 1977, 9(2), 153 (해바라기씨 중의 식용단백질에 관한 연구; 단백질 분리 및 화학적 조성에 관한 연구)

13) 천석조, 박영호, **식품영양과학회지**, 1987, 16(4), 4311 (해바라기씨 기름의 Triglyceride 분자종에 관한 연구)

14) 최기영, 고영수, **영양학회지**, 1979, 12(2), 2075 (한국산 식물식용유지의 성분에 관한 연구 제3보-해바라기씨의 유성성분)

15) 최운정, 김한수, 강정옥, 김성희, 서인숙, 정승용, **식품영양과학회지**, 1994, 23(1), 23 (아마인유와 해바라기 종자유의 혼합 급여가 식이성 고지혈증 흰쥐의 혈청 지질성분에 미치는 영향)

16) 최운정, 김한수, 김군자, 서인숙, 정승용, **식품영양과학회지**, 1994, 23(1), 31 (아마인유와 해바라기 종자유의 혼합급여가 식이성 고지혈증 흰쥐 혈청 지단백의 지방산 조성에 미치는 영향)

17) 최운정, 김한수, 김성희, 서인숙, 김군자, 정승용, **식품영양과학회지**, 1994, 23(2), 198 (아마인유와 해바라기 종자유의 혼합급이가 식이성 고지혈증 흰쥐의 간장 지질성분 및 지방산 조성에 미치는 영향)

18) 최운정, 김한수, 김성희, 이호신, 서인숙, 정승용, **식품영양과학회지**, 1994, 23(2), 205 (아마인유와 해바라기 종자유의 혼합급이가 식이성 고지혈 흰쥐의 뇌 및 심

장지질의 지방산 조성에 미치는 영향)

19) 황용호, 윤형식, **식품영양과학회지**, 1981, 10(1), 17 (식용유-해바라기의 저장 조건에 따른 지질성분의 변화)

20) Aasen, A. J. et al., Acta Chem. Scand., 1972, 26, 2573 (oil, 5,6-Epoxy-9-hydroxy-7-megastigmen-3-one)

21) Abe, H. et al., Experientia, 1983, 39, 351 (isol, plant growth promoter, Brassinone)

22) Adam, G. et al., Phytochemistry, 1986, 25, 1787 (rev, Castasterone)

23) Ageta, H. et al., Phytochemistry, 1984, 23, 2875 (isol, 24-Methylene-cycloartanol)

24) Akihisa, T. et al., Phytochemistry, 1996, 43(6), 1255 (Antiinflammatory)

25) Alfatafta, A. A. et al., Phytochemistry, 1992, 31, 4109 (isol, 15,19-Dihydroxy-7-trachylobanone, , 3-*O*-Methylniveusin A)

26) Attway, J. A. et al., Phytochemistry, 1966, 5, 1273 (isol, Perfumery, Flavour, Phenylacetaldehyde)

27) Audier, R. et al., Tetrahedron Lett., 1966, 4341 (deriv, Isofucosterol)

28) Bader, G. et al., Pharmazie, 1996, 51(6), 414 (Cytotoxicity, Hemolytic)

29) Banthorpe, D. V. et al., Chem. Rev., 1966, 60, 643 (rev, oil, Verbenone, α-Pinene)

30) Bartos, J. et al., Pure Appl. Chem., 1984, 56, 467 (use, Aconitic acid)

31) Bentley, L. E., Nature(London), 1972, 170, 847 (occur, Malonic acid)

32) Bertaccini, G., Handb. Exp. Pharmacol., 1982, 59, 201 (rev, Histamine)

33) Bohlmann, F. et al., Chem. Ber., 1962, 95, 1320 (Dehydrofalcarinone)

34) Bohlmann, F. et al., Chem. Ber., 1973, 106, 841 (isol, Cryst, 16-Kauran-19-ol), 1977, 110, 3572 (Heliangolide)

35) Bohlmann, F. et al., Justus Liebigs Ann. Chem., 1984, 495 (heads, 15-Hydroxy-19-trachylobanoic acid)

36) Bohlmann, F. et al., Phytochemistry, 1978, 17, 2101 (isol, derivs, 6-Acetyl-2,2-dimenthyl-2H-1-benzopyran)

37) Bohlmann, F. et al., Phytochemistry, 1976, 15, 1318 (perfumery, flavoring, Eugenol)
38) Bohlmann, F. et al., Phytochemistry, 1977, 126, 786; 1978, 17, 483, 1981, 20, 522, 751 (derivs, Gibberellin-like activity, Grandifloric acid)
39) Bosson, G. A. et al., C. R. Hebd. Seances Acad. Sci., 1982, 294, 819 (isol, n-Heneicosane)
40) Bowden, B. F. et al., Aust. J. Chem., 1975, 28, 91 (derivs, Caffeic acid)
41) Bryce, T. A. et al., Phytochemistry, 1967, 6, 727 (isol, α-Amyrin)
42) Cabanne, F. et al., C. R. Hebd. Seances Acd. Sci. Ser. D, 1976, 282, 1959 (uv, Dicaffeoylputrescine)
43) Carnduff, J. et al., Phytochemistry, 1966, 5, 1059 (isol, cryst, n-Tricosane, n-Nonadecane)
44) Chang, C. C., Proc. Natl. Acad. Sci., USA, 1983, 80, 3573 (isol, plant tumor, Leucinopine)
45) Cheban, P. L. et al., Khim. Prir. Soedin., 1969, 129 (Helianthoside C)
46) Cheng, Y. S. et al., J. Chem. Soc., Chem. Commun., 1967, 565 (isol, δ-Cadinol)
47) Comte, P. et al., C. R. Hebd. Scances Acad. Sci., 1957, 245, 1144 (Ferulic acid)
48) Couchman, F. M. et al., Tetrahedron, 1964, 20, 2037 (isol, Myrtenal)
49) Cuesta, C., Sanchez-Muniz, F. J., Garrido-Polonio, C., Lopez-Valera, S., Arooyo, R., J. Am. Oil Chem. Soc., 1993, 70, 1069 (Thermoxidative and hydrolytic changes in sunflower oil used in fryings with a fast turn over of fresh oil)
50) Cummins, D. G. et al., J. Am. Oil Chem. Soc., 1967, 44, 581 (Fatty acids)
51) Curl, A. L., J. Food Sci., 1963, 28, 623 ; 1964, 29, 241 (occur, trans-Lutein-5,6-epoxide, cis-9-Lutein-oxide)
52) Davies, B. H., Int. Rev. Biochem., 1977, 14, 51 (rev, pigment, cis-9-Lutein, Lutein)
53) Dieterman, L. J. et al., Arch. Biochem. Biophys., 1964, 106, 275 (isol, Ayapin)
54) El Sherbeiny, A. E. A. et al., Planta Med., 1978, 34, 335 (isol, 5-Hydroxy-4,4',6-

trimethoxyaurone)

55) Ensminger, Ensminger, Konalande, Robson, Food and Nutrition Encyclopedia, 2nd Ed., CRC press, 1994, 2073, 2076 (Nutritive value)

56) Erkelens, J. et al., J. Catal., 1975, 39, 173 (ir, n-Octadecane)

57) Escarrilla, A. M. et al., Anal. Chim. Acta, 1969, 45, 199 (use, Bensoic acid pentyl ester)

58) Faulkner, D. F. et al., Planta Med., 1985, 354 (Sunflower oil, ent-19-Trachylibanol)

59) Fedeli, E. et al., J. Am. Oil Chem. Soc., 1966, 43, 254 (occur, Campesterol)

60) Fremont, L., Gozzelino, M. T., Lipids, 1996, 31, 871 (Dietary sunflower oil reduces plasma and liver triacylglycerols in fasting rats and is associated with decreased liver microsomal phosphatidate phosphohydrolase activity)

61) Gastellaro, S. J. et al., J. Chem. Soc., Perkin Trans. 1, 1990, 145 (3-Epigiberellin A72)

62) González, A. G, et al., Heterocycles, 1985, 23, 2979 (struct, Nevadenine)

63) Goryaev, M. I. et al., CA, 1969, 70, 70998a (isol, α-Terpineol)

64) Grove, M. D. et al., Nature(London), 1979, 281, 216 (isol, cryst, Brassinolide)

65) Hamilton, J. G. C. et al., J. Chem. Ecol., 1985, 11, 1399 (flavour, Hex-trans-2-en-1-al)

66) Helmclen, G. Tetrahedron Lett., 1974, 1527 (cryst, Borneol acetate)

67) Homberg, E. E. et al., Phytochemistry, 1973, 12, 1767 ($\triangle^{7,9(11),24(28)}$ Stigmasterol)

68) Hunter, G. L. K. et al., Phytochemistry, 1966, 5, 807 (cryst, isol, n-Tetracosane)

69) Jolad, S. D. et al., J. Org. Chem., 1969, 34, 1367 (isol, Cryst, Calendula-dioldiacetate)

70) Kasprzyk, Z. et al., Phytochemistry, 1971, 10, 1946 (Erythrodiol diacetate)

71) Kawai, S. et al., Chem. Pharm. Bull., 1966, 14, 618 (use, Pentan-2-one)

72) Kinashi, H. et al., Agric. Biol. Chem., 1976, 40, 2465 (Dioxindole-3-acetic acid)

73) Knipe, A. C. et al., J. Org. Chem., 1973, 38, 3429 (flavoring in beer, wine, Acetoin)

74) Kobayashi, M. et al., Steroids, 1975, 26, 605 (isoi, cryst, Brassicasterol)

75) Krishnaswamy, N. R. et al., Phytochemistry, 1975, 14, 1666 (derivs, β-Amyrin)

76) La, Manna, A. et al, J. Org. Chem., 1961, 26, 2401 (synth, Propiovanillone)

77) Leun, J., Fewton, T. W., Clandinin, D. R., J. Food Sci., 1981, 46(5), 1386 (Phenolic compunds of sunflower flour)

78) Lin, M. J. Y., Humbert, E. S., J. Food Sci., 1974, 39, 368 (Certain functional properties of sunflower meal products)

79) Lowry, J. B., Phytochemistry, 1976, 15, 1395 (Chrysanthemin)

80) Macias, F. et al., Phytochemistry, 1996, 43(6), 1205 (Allelopathic)

81) Mackenzie, S. L. et al., J. Chromatogr., 1975, 111, 413 (use, 2-Methylpropan-1-al)

82) MacMillan, J. et al., Tetrahedron, 1960, 11, 60 (Gibberellin A1)

83) Martin-Tanguy, J. et al., Phytochemistry, 1978, 17, 1929 (occur, N^1,N^{10}-Dicoumaroylspermidine, Di-4-Coumaroylputrescine)

84) Matsumoto, T. et al., Phytochemistry, 1983, 22, 2619;, 1988, 27, 629, 3231 (isol, 25-Methyl-24-methylenecholesterol)

85) McDonald, B. E., Gerrard, J. M., Bruce, V. M., Corner, E. J., Am. J. Clin. Nutr., 1989, 50, 1382 (Comparison of the effect of canola oil and sunflower oil on plasma lipids and lipoproteins and on in vivo thromboxane A_2 and prostacyclin production in healty young men)

86) Miersch, O. et al., Phytochemistry, 1986, 26, 1037 ; 1989, 28, 339 (isol, derivs, Jasmonic acid)

87) Mizuno, H. et al., Bull. Chem. Soc. Jpn., 1969, 42, 3099 (cryst, *8-Epixanthine)

88) Molnár, P. et al., Phytochemistry, 1986, 25, 195 (isol, cis-13-Violaxanthin, red cryst, Violaxanthin)

89) Morris, W. W., J. Assoc. off. Anal. Chem., 1973, 56, 1037 (ir, 1,8-Cineol)

90) Murakami, T. et al., Chem. Pharm. Bull., 1981, 29, 866 (5,13-Epoxy-3,9-metastigmanedione)

91) Murofushi, N. et al., Agric. Biol. Chem., 1966, 30, 917; 1979, 43, 1159 (Gibbe-

rellin A_{19})

92) Murofushi, N. et al., Agric. Biol. Chem., 1968, 32, 1239 (struct, Gibberellin A_{20})

93) Naito, M. et al., Yakugaku Zasshi, 1957, 77, 1251 ; CA, 52, 4015 (pharmacol, pleasant odour, Vanillin)

94) Naves, Y. -R, et al., C. R. Hebd. Seances. Acad. Sci., 1959, 249, 306 (isol, Perillyl acetate)

95) Nishizawa, M. et al., Chem. Pharm. Bull., 1986, 34, 1419; 1987, 35, 2133 (deriv, 3-*O*-Feruloylquinic acid)

96) Ohno, N. et al., Phytochemistry, 1980, 19, 609 (oil or gum, Niveusin A, Niveusin B)

97) Onofrio, L., Renato, I., Sandro, P., J. Food Sci., 1985, 50, 88 (Purification and properties of lipoxygenase in germinating sunflower seeds)

98) Owsley, D. C. et al., J. Org. Chem., 1973, 38, 901 (derivs, Succinic acid)

99) Pérez., C. A. L. et al., Phytochemistry, 1984, 23, 823 (Gum, 15-Hydroxy-leptocarpin)

100) Ravi, B. N. et al., Aust. J. Chem., 1982, 35, 171 (isol, Loliolide)

101) Reiser, R., Prrobstfield, J. L., Silver, A., Insull, W., Am. J. Clin. Nutr., 1985, 42, 190 (Plasma lipid and lipoprotein response of human to beef fat, coconut oil and sunflower oil)

102) Rice, E. L., Physiol. Plantarum, 1965, 18, 255 ; Corse, J. W. Nature, 1953, 172, 771 ; Tetrahedron, 1962, 1202 (Chlorogenic acid)

103) Sabatier, S., Amiot, M. J., Tacchini, M., Aubert, S., J. Food Sci., 1992, 57, 773 (Identification of flavonoids in sunflower honey)

104) Saito, N. et al., Phytochemistry, 1983, 22, 1735 [deriv, Cyanidin-3-*O*-(6'-malonyl)-glucopyranoside]

105) Scarpati, M. L. et al., Tetrahedron Lett., 1963, 1147; Zane, A. et al. Nature, 1966, 209, 81 (Neochlorogenic acid, 3-*O*-feruloylquinic acid)

106) Scott, I. M. et al., Phytochemistry, 1978, 17, 1103 (Biosynth, Nopalinic acid)

107) Sega, S. J. et al., Gossypol, Plenum Press, New York, 1985 (book, Gossypol)

108) Smiles, A., Kakuda, Y., MacDonald, B. E., JAOCS, 1989, 66, 348 (Pffect of degumming reagent on the composition and emulsifing properties of canola, soybean, and flower acetone insolubles)

109) Smiles, A., Kakuda, Y., MacDonald, B. E., JAOCS, 1989, 66, 1151 (Effect of degumming reagent on the recovery nature of lecithins from crude canola, soybean, and sunflower oils)

110) Spring, O. et al., Phytochemistry, 1992, 31, 1541 (brown oil, Glandulone A, B, C)

111) St. Pyrek, J., J. Nat. Prod. (Lloydia), 1984, 47, 822 (Cryst, 19-Trachyolanoic acid)

112) St. Pyrek, J., Pol. J. Chem. (Rocz. Chem.), 1979, 53, 2465 (Cryst, Heliantiol A1, B0, B1)

113) St. Pyrek, J. et al., Tetrahedron Lett., 1973, 809 (Cryst, Faradiol)

114) Sultanbawa, M. U. S. et al., Phytochemistry, 1989, 28, 599 (dark yellow solid, Cycloartenol)

115) Takagi, I. et al., Bull. Chem. Sco. Jpn., 1977, 50, 3320 (oil, Petasitin)

116) Takeda, K. et al., Phytochemistry, 1986, 25, 1337 (derivs, Cyanidin-3-O-oxyloside)

117) Tiwari, K. P. et al., Phytochemistry, 1979, 18, 2044 (treat prostatic hypertrophy, Daucosterol)

118) Trost, V. W., JAOCS, 1999, 66(3), 325 (Characterization of corn oil, soybean oil and sunflower seed nopolar material)

119) Voirin, B., Phytochemistry, 1983, 22, 2107 (derivs, Quercetin)

120) Walton, D. C. et al., Planta, 1973, 112, 87 (isol, Dihydrophaseic acid)

121) Wikomorski, B. et al., Phytochemistry, 1985, 24, 3066; 1986, 25, 2667 (Cryst, Heliantiol B_2, F)

122) Yokota, T. et al., Agric. Biol. Chem., 1971, 35, 583 (derivs, Gibberellin A_{20}, Gibberllin A_{64}~A_{96})

123) Zeisel, S. H. et al., Annu. Rev. Nutr., 1981, 1, 195 (rev, Choline)

124) Zeltser, L. E. et al., Talanta, 1987, 34, 873 (use, Quercimeritrin)

찾아보기

G

H

I

L

N

O

P

Q

S

T

Z

상용식용식물 II

초판발행 2006년 3월 15일
초판 1쇄 2006년 3월 15일

지은이 한 용 봉
펴낸곳 **고려대학교출판부**
www.kupress.com
kupress@korea.ac.kr
136-701 서울 성북구 안암동
02-3290-4230~2
Fax. 923-6311

찍은곳 이환기획인쇄

ISBN 89-7641-573-6
ISBN 89-7641-528-0(세트)

값 18,000 원